Python 全案例学习与实践

沈红卫 著

电子工业出版社
Publishing House of Electronics Industry
北京·BEIJING

内 容 简 介

本书从学习者的角度组织每个章节的内容体系，所有的知识点均借助精心设计的举例加以阐述。书中的综合性工程案例具有较高的参考价值，对难点和要点的讨论完整而通俗易懂，语言风趣幽默，十分有利于学习者学习和模仿。

本书共包括 4 篇：第 1 篇——营造环境，主要阐述学习 Python 的环境及其安装、IDLE 与 PyCharm 的使用、常见的内/外部模块及其安装；第 2 篇——掀起盖头，重点讨论 Python 的主要语法，包括数据类型、数据运算、输入/输出、语句、函数、模块化、文件、对象与类、异常；第 3 篇——实战演习，主要讨论 4 个完整的应用案例，涵盖桌面小游戏、数据挖掘与分析、图像识别与机器学习、智能控制；第 4 篇——继续前进，着重讨论脚本文件的打包、代码的 Pythonic 化和 Python 的迭代器与生成器。

本书是一本适合不同层次学习者的基础教程，非常适合作为计算机、电子、通信、机电、自动化及其他专业的本/专科教材，也可作为 Python 学习者的参考用书。

注：在每章的学习目标下方均有两个二维码，分别对应多媒体课件和导学微视频，通过手机扫码可直接观看。

未经许可，不得以任何方式复制或抄袭本书之部分或全部内容。
版权所有，侵权必究。

图书在版编目（CIP）数据

Python 全案例学习与实践 / 沈红卫著. —北京：电子工业出版社，2019.10
ISBN 978-7-121-37300-8

Ⅰ. ①P… Ⅱ. ①沈… Ⅲ. ①软件工具－程序设计 Ⅳ. ①TP311.561

中国版本图书馆 CIP 数据核字（2019）第 180372 号

责任编辑：牛平月　　　　特约编辑：田学清
印　　刷：北京盛通数码印刷有限公司
装　　订：北京盛通数码印刷有限公司
出版发行：电子工业出版社
　　　　　北京市海淀区万寿路 173 信箱　邮编：100036
开　　本：787×1092　1/16　印张：36.25　字数：928 千字
版　　次：2019 年 10 月第 1 版
印　　次：2025 年 1 月第 7 次印刷
定　　价：128.00 元

凡所购买电子工业出版社图书有缺损问题，请向购买书店调换。若书店售缺，请与本社发行部联系，联系及邮购电话：（010）88254888，88258888。
质量投诉请发邮件至 zlts@phei.com.cn，盗版侵权举报请发邮件至 dbqq@phei.com.cn。
本书咨询联系方式：（010）88254454，niupy@phei.com.cn。

前　言

　　Python 语言是非常值得学习的计算机语言。究其原因，可归纳为以下 3 个方面。

　　第一，广泛性。Python 几乎涉及现今热门的所有领域，如机器视觉、机器学习、数据挖掘、全栈 Web 开发、桌面游戏、人工智能、自动化运维等。它不仅对工科生、理科生十分有用，对文科生同样非常有用。例如，Newspaper 就是一个基于 Python 的新闻和文章提取与分析工具。正因如此，与 Python 相关的岗位需求十分旺盛。

　　第二，新颖性。Python 具有诸多其他语言所没有的特点和特性，从而使得程序开发更加高效和便捷。普遍认为，Python 语言具有"所见即所得"的特性，无论学习者是否拥有计算机语言的学习经历，均能轻松入门，非常适合所有年龄段的学习者学习。

　　第三，开源性。由于 Python 的开源性和公益性，各种免费的资源和资料正以意想不到的速度不断涌现。对于项目开发而言，这些都是十分可贵的基础资源或参考资料，使得程序开发更加快捷和稳健。

　　由于 Python 存在不同的版本，很多学习者常纠结于版本的选择。对于初学者，笔者的建议是，直接学习 3.0 以上版本的 Python。

　　"工欲善其事，必先利其器。"学习计算机语言，离不开开发环境。由于 Python 的开发平台较多，导致不少学习者无所适从。对于大多数学习者而言，最熟悉的计算机操作系统恐怕就是 Windows 了。因此，本书选择两个在 Windows 环境下最常用的开发平台：Python 自带的 IDLE 和 PyCharm。毫不夸张地说，这两个平台足以满足学习者学习与开发过程中的绝大多数需求，具有安装简便、使用方便的特点。前者适用于语法的学习和练习阶段；后者适用于项目的开发阶段。

　　笔者从教近 30 年，深知学习方法对于学习者的重要性。对于每个学习者而言，要实现高效学习，一定要摸索一套好的学习方法。在多年的教与学的经历中，笔者越来越觉得，学习计算机语言，"学中练、练中学、边学边练"是一种非常好的方法。学习计算机语言最忌讳的是不敢下手，觉得应该把整个理论体系看完、看懂才能动手实践。这是一种非常低效的学习方法。笔者的忠告："君子"要动手！每看完一个语法点，掌握和理解它的最好办法是"练一练"，即直接写一两条相应的语句加以尝试，这样才会对该语法点产生更加深刻的认识和理解。

　　写一本教材不难，但是要写一本好教材却很难。平心而论，关于 Python 的图书很多，但是真正适合作为教材的并不多。如何站在学习者的角度去构思、设计、组织和编写本书，是笔者花费心思最多的地方。为此，笔者拟定了以下 3 个撰写原则。

　　（1）学习性。如果一本教材有很好的主题与内容，但是缺乏学习性，那么也很难激起学习者的兴趣。什么是好的学习性？就计算机语言而言，最好的学习性就是举例。所以，本书自始至终贯穿着案例，而且这些案例都经过了精心选择和设计，既能准确例证和揭示知识点的主要含义，又具有很好的应用性，以帮助学习者尽快学以致用。

　　（2）完整性。学习计算机语言，最好的练习方法是模仿，在模仿中学习，在模仿中提高。但是，模仿的前提是资料必须完整。正因如此，笔者在写作时尽量完整地呈现案例的整个过程、完整代码和设计思想。学习者只要足够细心和耐心，则书中涉及的所有举例、案例均可被直接模仿。

（3）典型性。从学习的逻辑性和规律性出发，精心设计框架、组织内容，精心选用案例，不仅使本书的体系完整，还使配合知识点的案例和综合性案例均具有相当的典型性和较强的应用性。这么做的目的只有一个，就是把每个知识点阐述到位、分析透彻，而且尽可能照顾到不同领域学习者的不同需求。

本书具有比较完整的配套学习资料，其中最主要的是多媒体课件和导学微视频。之所以花费大量的时间准备这些学习材料，是希望它们能与本书相得益彰，有助于学习者学习。在每章的学习目标下方均有两个二维码，分别对应多媒体课件和导学微视频，通过手机扫码可直接观看。在前言的最后有一个本书导学、导读微视频二维码，为了更好地把握全局，建议学习者在开始阅读本书前，通过手机扫码，观看该视频。

书中所涉及的源代码和其他学习资料均可从华信教育资源网下载。请登录华信教育资源网（http://www.hxedu.com.cn）免费注册后下载。

笔者一直在绍兴文理学院从事教学与研究工作。作为一名大学教授，笔者的学术建树十分有限。除行政管理工作外，笔者将大部分精力投入到两件事中：一是教书育人，笔者发自内心地视学生为己出，努力培养真正合格的学生，因此对学生的要求是严格的；二是写书著述，通过这些著述，把笔者教书育人的"野心"和用心扩大至校门外。迄今为止，笔者出版的图书大致有以下六种，均已重印，平均发行量超过 10000 册。正是因为被需要，才支撑笔者走过了那些艰苦和孤独的写作历程。

（1）《单片机应用系统设计实例与分析》，北京航空航天大学出版社，2003。
（2）《基于单片机的智能系统设计与实现》，电子工业出版社，2005。
（3）《电工电子实验与实训教程：电路·电工·电子技术》，电子工业出版社，2012。
（4）《电工电子实验与实训教程：单片机·传感器·综合实训》，电子工业出版社，2013。
（5）《单片机通信与组网技术实例详解》，电子工业出版社，2014。
（6）《STM32 单片机应用与全案例实践》，电子工业出版社，2017。

教材的设计是一项复杂的系统工程，教材的撰写是一个艰苦的过程。虽然笔者努力追求尽善尽美，但遗憾的是，能力和水平有限，缺憾和错误在所难免。恳请学习者在阅读过程中带着批判性思维，如果发现任何缺漏、谬误之处，请及时予以指正，笔者欢迎并期待任何善意的批评。

本书导学、导读微视频二维码

沈红卫
于绍兴文理学院风则江畔
2018 年 10 月 19 日

目 录

第 1 篇 营造环境

第 1 章 Python 及其安装 ·· (2)
  1.1 为什么要学习 Python ·· (2)
      1.1.1 Python 的广泛性 ··· (2)
      1.1.2 Python 的新颖性 ··· (3)
      1.1.3 Python 的生态性 ··· (4)
      1.1.4 Python 的应用领域举例 ··· (5)
      1.1.5 Python 的局限性 ··· (6)
  1.2 学习 Python 的必备"神器" ·· (6)
      1.2.1 Python 概况 ··· (6)
      1.2.2 常用的 Python 集成开发环境 ··· (8)
  1.3 安装和设置 Python ··· (9)
      1.3.1 获取 Python ··· (9)
      1.3.2 安装 Python ·· (11)
      1.3.3 设置 Python ·· (15)
  思考与实践 ·· (19)

第 2 章 IDLE 的使用 ·· (20)
  2.1 IDLE 的安装与设置 ·· (20)
      2.1.1 IDLE 的安装 ·· (20)
      2.1.2 IDLE 的启动 ·· (21)
      2.1.3 IDLE 的个性化设置 ·· (21)
  2.2 Edit 编辑模式与 Shell 命令行模式的切换 ··· (25)
      2.2.1 Edit 编辑模式与 Shell 命令行模式的切换方式 ·························· (25)
      2.2.2 IDLE 的文本编辑功能 ·· (27)
  2.3 在 IDLE 中运行程序 ·· (29)
      2.3.1 在 Edit 模式下运行程序 ·· (30)
      2.3.2 在 Shell 模式下运行程序 ··· (30)
  2.4 IDLE 的程序调试功能 ·· (31)
      2.4.1 两种调试方法 ·· (31)
      2.4.2 在 Shell 模式下的程序调试 ·· (32)
      2.4.3 在 Edit 模式下的程序调试 ·· (34)
      2.4.4 断点调试 ··· (35)

2.5　在 Shell 模式下如何清屏 ··· (35)
　　思考与实践 ··· (37)
第 3 章　安装 PyCharm ·· (38)
　3.1　PyCharm 及其安装 ··· (38)
　　3.1.1　PyCharm 的 3 种版本形式 ·· (38)
　　3.1.2　获取 PyCharm ··· (40)
　　3.1.3　安装 PyCharm ··· (42)
　3.2　PyCharm 的个性化设置 ··· (45)
　　3.2.1　设置入口 ·· (45)
　　3.2.2　外观设置 ·· (47)
　　3.2.3　Editor 与自动代码补齐设置 ·· (47)
　　3.2.4　解释器设置 ··· (48)
　　3.2.5　运行键设置 ··· (50)
　　思考与实践 ··· (52)
第 4 章　Python 的标准资源 ·· (53)
　4.1　Python 内置的标准模块 ··· (53)
　　4.1.1　通过 help()命令查看内置模块 ··· (53)
　　4.1.2　通过 IDLE 的【Help】菜单查看内置模块 ·· (58)
　　4.1.3　常用内置模块及其功能介绍 ··· (59)
　　4.1.4　内置模块的主要函数（方法）简介 ·· (60)
　4.2　内置模块的应用举例 ·· (66)
　　4.2.1　与路径相关的应用举例 ·· (66)
　　4.2.2　与时间相关的应用举例 ·· (67)
　4.3　Python 的内置函数 ··· (68)
　　4.3.1　如何查看 Python 有哪些内置函数 ·· (68)
　　4.3.2　内置函数及其功能 ·· (69)
　　4.3.3　内置函数的应用举例 ··· (72)
　　思考与实践 ··· (75)
第 5 章　Python 的外部资源 ·· (76)
　5.1　为什么要安装外部模块 ··· (76)
　5.2　如何安装外部模块 ··· (77)
　　5.2.1　升级安装工具 ·· (77)
　　5.2.2　使用 pip 安装外部模块 ··· (79)
　　5.2.3　使用 easy_install 安装外部模块 ··· (81)
　5.3　将安装后的外部模块导入 PyCharm 中 ·· (83)
　5.4　通过 PyCharm 安装外部模块 ·· (86)
　　5.4.1　通过 Project Interpreter 方式安装外部模块 ··· (87)
　　5.4.2　通过 Plugins 方式安装外部模块 ·· (92)

5.5　常用的外部模块及其应用 ································· (93)
  5.5.1　常用的外部模块 ································· (93)
  5.5.2　外部模块的应用举例 ····························· (94)
思考与实践 ··· (95)

第 2 篇　掀起盖头

第 6 章　我的 Python 处女作 ······························ (97)
6.1　新建工程 ··· (97)
  6.1.1　新建工程文件 ··································· (97)
  6.1.2　新建 Python 文件 ······························· (100)
  6.1.3　配置工程并运行 ································ (101)
6.2　关于工程及其要注意的 3 个事项 ······················· (102)
  6.2.1　关于首次运行程序的注意事项 ····················· (102)
  6.2.2　关于工程的必要设置 ···························· (103)
  6.2.3　关于运行与调试功能的设置问题 ··················· (106)
  6.2.4　关于 3 种运行方式 ····························· (108)
思考与实践 ·· (110)

第 7 章　Python 的数据类型 ····························· (111)
7.1　Python 程序的基本组成 ······························ (111)
  7.1.1　一个温度转换的例子 ···························· (111)
  7.1.2　程序的注释 ··································· (112)
  7.1.3　语句 ··· (113)
  7.1.4　常量 ··· (115)
  7.1.5　变量 ··· (117)
  7.1.6　标识符 ······································· (118)
  7.1.7　函数 ··· (118)
7.2　Python 的数据类型及其有关特性 ······················ (119)
  7.2.1　Python 的数据类型分类 ························· (119)
  7.2.2　Python 变量的基本特性 ························· (120)
7.3　Python 中的常量 ··································· (121)
  7.3.1　数字 ··· (121)
  7.3.2　字符串 ······································· (123)
  7.3.3　布尔值 ······································· (125)
  7.3.4　空值 ··· (125)
7.4　Python 中的基本类型变量 ···························· (127)
  7.4.1　变量的使用 ··································· (127)
  7.4.2　基本变量的赋值 ································ (127)
  7.4.3　变量的地址 ··································· (128)

7.5 Python 中的构造类型变量 …………………………………………………… (129)
　　7.5.1 字符串 …………………………………………………………………… (129)
　　7.5.2 列表 ……………………………………………………………………… (132)
　　7.5.3 元组 ……………………………………………………………………… (134)
　　7.5.4 集合 ……………………………………………………………………… (137)
　　7.5.5 字典 ……………………………………………………………………… (139)
7.6 归纳与总结 …………………………………………………………………… (141)
　　7.6.1 各种类型的相互转换 …………………………………………………… (141)
　　7.6.2 字符串、列表、元组、字典和集合的异同点 ………………………… (142)
思考与实践 ………………………………………………………………………… (143)

第 8 章　Python 的数据运算 …………………………………………………… (144)
8.1 运算符的分类 ………………………………………………………………… (144)
8.2 运算符的功能与特点 ………………………………………………………… (145)
　　8.2.1 算术运算符 ……………………………………………………………… (145)
　　8.2.2 比较运算符 ……………………………………………………………… (146)
　　8.2.3 赋值运算符 ……………………………………………………………… (147)
　　8.2.4 逻辑运算符 ……………………………………………………………… (149)
　　8.2.5 成员运算符 ……………………………………………………………… (150)
　　8.2.6 身份运算符 ……………………………………………………………… (151)
　　8.2.7 位运算符 ………………………………………………………………… (153)
8.3 运算符的优先级 ……………………………………………………………… (155)
　　8.3.1 优先级与结合性 ………………………………………………………… (155)
　　8.3.2 优先级的使用举例 ……………………………………………………… (157)
思考与实践 ………………………………………………………………………… (158)

第 9 章　键盘输入与屏幕输出 …………………………………………………… (159)
9.1 键盘输入与 input()函数 …………………………………………………… (159)
　　9.1.1 input()函数的功能 ……………………………………………………… (159)
　　9.1.2 数据类型之间的转换 …………………………………………………… (160)
9.2 屏幕输出与 print()函数 …………………………………………………… (162)
　　9.2.1 print()函数的功能 ……………………………………………………… (162)
　　9.2.2 print()函数的 3 种使用形式 …………………………………………… (163)
9.3 练一练：通用倒计时器 ……………………………………………………… (172)
　　9.3.1 程序设计要求与具体程序 ……………………………………………… (172)
　　9.3.2 程序的两种运行方式 …………………………………………………… (173)
9.4 归纳与总结 …………………………………………………………………… (175)
思考与实践 ………………………………………………………………………… (176)

第 10 章　学会选择靠 if 语句 …………………………………………………… (177)
10.1 选择问题与 if 语句 ………………………………………………………… (177)

10.2　if 语句的 3 种语法形式 ……………………………………………（178）
　　10.2.1　if 语句的第一种语法形式 …………………………………（178）
　　10.2.2　if 语句的第二种语法形式 …………………………………（180）
　　10.2.3　if 语句的第三种语法形式 …………………………………（182）
10.3　多重 if 语句与 if 语句的嵌套 ……………………………………（184）
10.4　关于 if 语句的重要小结 …………………………………………（186）
10.5　练一练——正整数分离 …………………………………………（188）
思考与实践 ……………………………………………………………（190）

第 11 章　重复操作与循环语句 ………………………………………（191）
11.1　循环及其应用 ………………………………………………………（191）
11.2　while 和 for 语句 …………………………………………………（192）
　　11.2.1　while 语句 ……………………………………………………（192）
　　11.2.2　for 语句 ………………………………………………………（193）
11.3　break 和 continue 语句 …………………………………………（196）
11.4　练一练——摄氏与华氏温度转换 ………………………………（198）
　　11.4.1　程序设计要求与具体程序 …………………………………（198）
　　11.4.2　程序的详细分析 ……………………………………………（201）
11.5　归纳与总结 …………………………………………………………（204）
　　11.5.1　循环语句 for 与 while 的 else 扩展 ………………………（204）
　　11.5.2　break 与 continue 语句的区别 ……………………………（205）
思考与实践 ……………………………………………………………（206）

第 12 章　函数让程序优雅 ……………………………………………（207）
12.1　什么是函数 …………………………………………………………（207）
　　12.1.1　函数的概念 …………………………………………………（207）
　　12.1.2　为什么要使用函数 …………………………………………（208）
12.2　函数的定义与调用 …………………………………………………（209）
　　12.2.1　如何定义一个函数 …………………………………………（209）
　　12.2.2　如何调用函数 ………………………………………………（211）
12.3　函数的参数传递与不定长参数 ……………………………………（213）
　　12.3.1　不可变类型参数的传递与可变类型参数的传递 …………（213）
　　12.3.2　必须参数、默认参数与关键词参数 ………………………（215）
　　12.3.3　不定长参数 …………………………………………………（218）
12.4　匿名函数 ……………………………………………………………（223）
12.5　变量的作用范围 ……………………………………………………（224）
12.6　练一练——"剪刀、石头、布"游戏 ……………………………（225）
　　12.6.1　程序设计要求与算法设计 …………………………………（225）
　　12.6.2　完整程序与运行结果 ………………………………………（227）
12.7　归纳与总结 …………………………………………………………（231）

12.7.1　函数的意义……………………………………………………（231）
　　12.7.2　return 语句…………………………………………………（231）
　　12.7.3　关于默认参数…………………………………………………（232）
　　12.7.4　if __name__ == '__main__'的作用………………………（233）
　思考与实践……………………………………………………………（234）

第13章　"分而治之"与程序的模块化……………………………………（235）
13.1　模块化及其意义………………………………………………………（235）
　　13.1.1　为什么要模块化………………………………………………（235）
　　13.1.2　什么是模块……………………………………………………（236）
13.2　如何定义和使用模块…………………………………………………（237）
　　13.2.1　中模块——文件模块的定义与应用…………………………（238）
　　13.2.2　模块是如何被找到并引用的——模块搜索路径……………（243）
13.3　大模块——包的定义与应用…………………………………………（245）
　　13.3.1　什么是"包"……………………………………………………（245）
　　13.3.2　如何定义包……………………………………………………（246）
　　13.3.3　包的使用………………………………………………………（253）
13.4　归纳与总结……………………………………………………………（256）
思考与实践……………………………………………………………………（257）

第14章　文件与数据格式化…………………………………………………（258）
14.1　文件及其操作…………………………………………………………（258）
　　14.1.1　文件概述………………………………………………………（258）
　　14.1.2　打开文件——open()函数……………………………………（259）
　　14.1.3　打开文件举例…………………………………………………（270）
　　14.1.4　读文件…………………………………………………………（271）
　　14.1.5　写文件…………………………………………………………（274）
　　14.1.6　文件指针及其移动……………………………………………（276）
　　14.1.7　关闭文件………………………………………………………（277）
14.2　文件的应用举例——词频统计………………………………………（277）
　　14.2.1　英文文献的词频统计…………………………………………（277）
　　14.2.2　jieba 模块与中文文献的词频统计……………………………（279）
14.3　CSV 格式文件与 JSON 格式文件的操作……………………………（281）
　　14.3.1　CSV 格式文件及其操作………………………………………（281）
　　14.3.2　JSON 格式文件及其操作………………………………………（283）
14.4　归纳与总结……………………………………………………………（286）
　　14.4.1　关于文件的几点注意事项……………………………………（286）
　　14.4.2　文件的迭代……………………………………………………（288）
思考与实践……………………………………………………………………（289）

第15章 面向对象与类——让程序更人性化 (290)
15.1 面向对象与类 (290)
15.1.1 面向过程的程序设计 (290)
15.1.2 面向对象的程序设计 (291)
15.1.3 类 (292)
15.2 类的定义 (292)
15.2.1 类的定义与__init__()方法 (292)
15.2.2 实例方法、类方法和静态方法 (295)
15.2.3 实例变量与类变量 (298)
15.2.4 私有属性和私有方法 (300)
15.3 类的使用 (304)
15.3.1 不带默认属性的类及其使用 (304)
15.3.2 带默认属性的类及其使用 (306)
15.3.3 类的组合使用 (308)
15.4 类的封装性 (310)
15.4.1 什么是封装 (310)
15.4.2 如何封装 (310)
15.5 类的继承性 (318)
15.5.1 什么是继承 (318)
15.5.2 类的单继承 (319)
15.5.3 构造函数的继承 (321)
15.5.4 类的多继承 (324)
15.5.5 类的多级继承 (328)
15.5.6 类的混合继承 (329)
15.6 类的多态性 (331)
15.6.1 什么是多态性 (331)
15.6.2 多态性举例 (332)
15.7 从模块中导入类 (334)
15.8 归纳与总结 (336)
15.8.1 类方法的属性化 (336)
15.8.2 关于内置变量__mro__ (338)
15.8.3 关于内置函数 issubclass() 与 isinstance() (340)
15.8.4 关于内置函数 dir() (340)
思考与实践 (341)

第16章 异常处理让程序健壮 (342)
16.1 错误与异常 (342)
16.1.1 错误（Error） (342)
16.1.2 异常（Exception） (346)

16.1.3 常见的标准异常·······(347)
16.1.4 自定义异常·······(350)
16.1.5 为什么要进行异常处理·······(352)
16.2 异常处理的一般方法——try 语句·······(354)
16.2.1 try 语句的一般语法·······(354)
16.2.2 try 语句的执行过程分析·······(355)
16.3 异常处理的特殊方法——with 语句·······(363)
16.3.1 上下文管理·······(363)
16.3.2 为什么要使用 with 语句·······(364)
16.3.3 with 语句的一般形式·······(365)
16.3.4 with 语句的工作机制·······(365)
16.3.5 自定义上下文管理器·······(367)
16.3.6 以 Socket 通信举例说明上下文管理器的定义·······(369)
16.4 归纳与总结·······(373)
16.4.1 关于 try 语句·······(373)
16.4.2 关于异常的其他问题·······(374)
16.4.3 关于 Socket 通信的再说明·······(375)
思考与实践·······(376)

第 3 篇　实战演习

第 17 章　桌面小游戏——剪刀、石头、布·······(378)
17.1 图形化人机界面 GUI 及其应用·······(378)
17.2 基于 GUI 的"剪刀、石头、布"游戏的算法与类的设计·······(380)
17.2.1 算法设计·······(380)
17.2.2 类的设计·······(382)
17.2.3 计算机出拳的实现·······(385)
17.2.4 最高得分的保存与读取·······(386)
17.2.5 图形化界面·······(389)
17.2.6 按键和鼠标的捕捉与处理·······(390)
17.3 编辑程序·······(392)
17.3.1 新建 PyCharm 工程·······(392)
17.3.2 完整的源程序·······(398)
17.3.3 程序运行效果·······(405)
17.4 归纳与总结·······(406)
17.4.1 设置解释器时出现"Cannot Save Settings"错误及其解决办法·······(406)
17.4.2 将代码生成可执行文件·······(407)
思考与实践·······(410)

第 18 章　数据挖掘与分析——Bilibili 视频爬虫 (411)
18.1　数据挖掘与网络爬虫 (411)
18.1.1　数据挖掘 (411)
18.1.2　网络爬虫 (412)
18.1.3　网络爬虫的工作原理 (413)
18.1.4　实现网络爬虫的关键技术 (415)
18.1.5　爬虫的基本框架 (425)
18.1.6　反爬虫与 Robots 协议 (427)
18.2　Python 网络爬虫的开发平台与环境 (431)
18.3　爬虫的案例——B 站网络爬虫 (432)
18.3.1　功能与设计要求 (432)
18.3.2　目标 URL 和应用接口的获取 (433)
18.3.3　举例：如何快速找到 B 站全站视频信息的公共接口（API） (438)
18.3.4　算法与流程图 (439)
18.3.5　多进程与多线程的选择 (442)
18.3.6　完整的程序代码 (446)
18.4　归纳与总结 (451)
18.4.1　关于 requests 中 get()方法的几点注意事项 (451)
18.4.2　爬虫尺寸 (452)
18.4.3　反爬虫技术 (452)
思考与实践 (453)

第 19 章　图像识别与机器学习——字符型验证码自动识别 (454)
19.1　机器视觉与机器学习 (454)
19.1.1　机器视觉 (454)
19.1.2　机器学习 (455)
19.1.3　机器学习与神经网络 (456)
19.2　TensorFlow 及其卷积神经网络 (457)
19.2.1　TensorFlow 及其介绍 (457)
19.2.2　TensorFlow 的程序举例 (459)
19.2.3　基于 TensorFlow 的卷积神经网络 (460)
19.3　字符型验证码的自动识别 (463)
19.3.1　字符型验证码 (463)
19.3.2　自动识别字符型验证码的两种方法 (463)
19.4　字符型验证码自动识别程序的实现 (465)
19.4.1　字符型验证码自动识别程序的算法设计 (465)
19.4.2　字符型验证码自动识别程序架构 (466)
19.4.3　字符型验证码自动识别程序 (468)
19.4.4　程序运行结果及其分析 (483)

19.5 归纳与总结 (485)
    19.5.1 关于 CNN 模型 (485)
    19.5.2 关于 TensorFlow 的一些问题 (487)
    19.5.3 关于深度学习框架的问题 (491)
思考与实践 (492)

第 20 章 智能控制——基于串口控制的二极管花样显示 (493)

20.1 项目的设计目标 (493)
    20.1.1 项目设计要求 (493)
    20.1.2 串口及其设置 (494)
20.2 Pyboard 开发板及其应用 (497)
    20.2.1 Pyboard 开发板 (497)
    20.2.2 Pyboard 开发板的安装 (498)
    20.2.3 Pyboard 开发板的控制方式 (499)
    20.2.4 Pyboard 开发板与上位机的串口通信测试 (501)
20.3 发光二极管显示板 (502)
20.4 项目的算法及其分析 (504)
    20.4.1 上位机程序的算法 (504)
    20.4.2 下位机程序的算法 (505)
20.5 项目的程序 (505)
    20.5.1 上位机程序 (505)
    20.5.2 下位机程序 (508)
20.6 实际运行效果及其分析 (512)
    20.6.1 样机及其运行演示 (512)
    20.6.2 程序运行要点 (513)
    20.6.3 Pyboard 开发板的资源 (514)
20.7 归纳与总结 (516)
思考与实践 (516)

第 4 篇 继续前进

第 21 章 程序的调试、测试与断言 (518)

21.1 程序的调试与测试 (518)
    21.1.1 程序调试的方法 (518)
    21.1.2 使用 Python 内置单步调试器(Pdb)调试程序 (522)
    21.1.3 利用 IDE 集成开发环境调试程序 (525)
21.2 程序测试的方法 (525)
    21.2.1 为什么要对程序进行测试 (525)
    21.2.2 通过 unittest 实现一般测试 (526)
    21.2.3 使用 TestSuite 进行测试 (530)

21.3　归纳与总结 ·· (535)

思考与实践 ·· (535)

第22章　Python 程序的打包与发布 ·· (536)

22.1　为什么要将程序打包 ·· (536)

22.2　如何将程序打包 ·· (537)

  22.2.1　打包成.pyc 文件 ··· (537)

  22.2.2　Python 程序的运行过程 ·· (540)

  22.2.3　打包成.exe 文件 ··· (541)

22.3　归纳与总结 ·· (544)

思考与实践 ·· (545)

第23章　Python 那些不得不说的事情 ·· (546)

23.1　如何使程序更 Pythonic ·· (546)

  23.1.1　Python 程序的基本原则 ·· (546)

  23.1.2　交换变量值（Swap Values） ··· (548)

  23.1.3　合并字符串 ·· (549)

  23.1.4　使用关键字 in ·· (550)

  23.1.5　Python 的 True 值（Truth Value） ··· (551)

  23.1.6　enumerate——索引和元素（Index & Item） ····································· (552)

  23.1.7　Python 方法中参数的默认值 ··· (553)

23.2　迭代器 ··· (554)

  23.2.1　迭代器及其应用 ·· (554)

  23.2.2　列表生成式 ·· (556)

23.3　生成器 ··· (557)

  23.3.1　生成器及其应用 ·· (557)

  23.3.2　yield 及其使用 ··· (558)

23.4　归纳与总结 ·· (560)

思考与实践 ·· (561)

后记 ·· (562)

致谢 ·· (563)

参考文献 ·· (564)

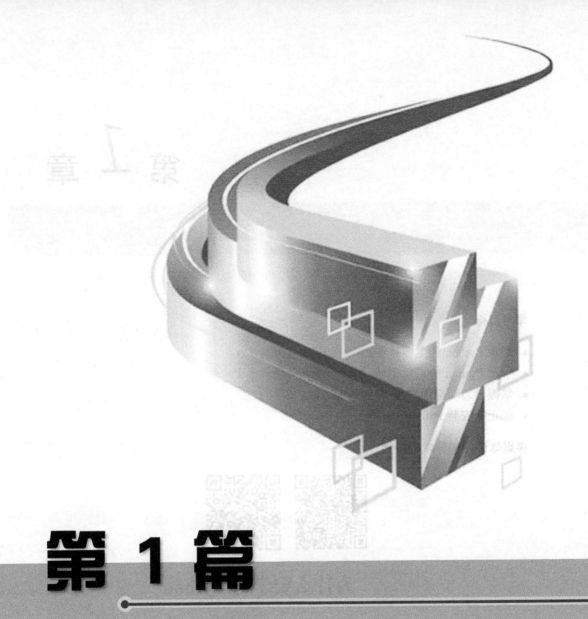

第 1 篇

营造环境

第 1 章 Python 及其安装

学习目标

- 理解 Python 的主要特性。
- 了解 Python 的应用领域。
- 掌握学习和应用 Python 的基本环境。
- 能正确安装 Python。

多媒体课件和导学微视频

1.1 为什么要学习 Python

Python 语言正以出乎意料的速度进入人们的工作和生活。国内诸多省市（如浙江省）已将 Python 作为中学信息技术课程的唯一修读语言，美国很多大学向新生推荐的第一门计算机语言就是 Python。

无论对于理科生、工科生还是文科生，无论是成年人还是青少年，Python 都是值得学习的一门语言。它具有上手快、入门容易等特点，被广泛应用于各个领域。

1.1.1 Python 的广泛性

Python 的应用十分广泛，涵盖数据挖掘、全栈 Web 开发、桌面游戏、人工智能、自动化运维等众多领域。它不仅对工科生、理科生十分有用，对文科生同样十分有用。正因如此，与 Python 相关的岗位需求十分旺盛，而且在不断地高涨。

在 PC 时代，大多数嵌入式系统监控程序、PC 底层代码和桌面应用均是基于 C 或 C++ 语言实现的。因为 C 或 C++语言最接近底层，而且代码执行速度快。

未来 10 年将是大数据、人工智能爆发的时代。大数据、人工智能需要处理的数据将是海量的，而 Python 最大的优势在于强大的数据处理能力。可以说，Python 顺应了技术发展的大势，它的流行是一种必然。

1. 上升势头猛

从年份来看，Python 并不年轻，但是它越来越流行。TIOBE 编程语言指数排行榜（2016）显示，Python 的排名从 2015 年的第六名上升至第四名，位列 Java、C、C++之后。神奇的是，IEEE Spectrum 发布的研究报告（2017）显示，在 2016 年排名仅为第三的 Python，在 2017 年已成为世界排名第一、最受欢迎的语言，而 C 和 Java 分别居于第二位和第三位。

2. 是主流语言

Google、Facebook、Yahoo！、YouTube、Dropbox、NASA、Rackspace 等世界性知名大公司、机构均采用 Python 开发产品和项目。Instagram、Pintrest、Mozilla、Quora、知乎、豆瓣等为大家所熟知的应用均是采用 Python 开发的。

3. 应用领域广

Python 的触角遍及几乎所有领域，如网络编程、数据库应用、多媒体编程、科学计算、企业与政务应用、Windows 桌面应用，也包括目前很热门的云计算领域，尤其是近年来发展势头迅猛的人工智能、机器学习、数据挖掘与可视化等，更是 Python 擅长的应用领域。图 1-1 归纳了 Python 的主要应用领域。

图 1-1 Python 的主要应用领域

1.1.2 Python 的新颖性

Python 是一种新颖的语言。虽说它诞生于 1991 年，算不上是很新的语言，但是，Python 有许多其他语言所没有的特点和特性。

1. 简单易学

对于任何初学者而言，编程都不是一件容易的事情。但是，Python 的出现的确是编程者的福音。Python 是一种解释型语言，它具有"所见即所得"的特性。学习者可从直观的运行结果中得到即时反馈，从而增强进一步学习的信心。从入门的角度来看，由于它与自然语言很接近，没有过于烦琐的语法要求，所以，无论学习者是否具有计算机语言基础，均可轻松地进入 Python 的大门。

"人生苦短，我用 Python"，这句话形象地概括了 Python 语言的"王者风范"和简单易学的特点。

2. 简洁高效

Python 的语法非常接近英语，它抛弃了 C++、Java 等语言使用大括号的传统做法，而采用强制缩进的形式。因此，Python 代码不仅风格统一，而且形式优美。更令人欣喜的是，Python 内置了诸多高效的标准库，它们极大地方便了程序的开发。有人做过研究，要完成同一项工作，采用 C 语言开发的程序可能需要 1000 行代码，采用 Java 语言开发的程序可能需要 100 行代码，而采用 Python 语言开发的程序可能只需要 10 行代码。

3. 可跨平台

与诸如 Java、C++和 C 等流行编程语言相似，Python 具有出色的跨平台特性。由于 Python 是完全开源的，所以具有更好的可移植性。优越的跨平台特性是 Python 日益被追捧的主要原因。由于可跨平台，所以在 Windows 系统上开发的 Python 代码，可直接在 Linux 和 Mac 系统上运行；当桌面应用被迁移至移动端时，同样非常方便。

4. 优化思维

图灵奖得主 Allan Perlis 说过："如果一门语言没有改变你的编程思维，那么它不值得你去学习。"而 Python 正是一门可改变学习者编程思维的语言。有人说，Java 初学者与 Java 大师设计的代码往往相差不多，但是 Python 初学者与 Python 高手设计的代码一定有天壤之别。因为 Python 将不断改变学习者的思维！

Python 是面向对象的语言，它面向对象的思想类似于 JavaScript、C++和 C#等语言，但是比它们更易于理解和实践。从 Python 中学到的许多编程思想（例如类的继承、多态等）均可很好地被迁移至其他语言中。

1.1.3 Python 的生态性

1. Python 是完全开源的

Python 是一种完全开源的语言。正因为它的开源性和公益性，免费的资源和资料才源源不断地得以出现。对于项目开发者而言，这些都是非常可贵的，因为它们可以让开发者少走很多弯路。Python 拥有数量惊人的标准库和第三方库，例如，在涉及数据计算时，可使用 NumPy 库或 SciPy 库；在 Web 开发中，可使用 Django 库。难能可贵的是，大多数第三方库表现出极高的专业度，例如，被机器学习者所熟知的 Scikit-learn，它适用于机器学习，而 NLTK（Natural Language Tool Kit）则适用于自然语言处理。

2. Python 是胶水语言

所谓"胶水语言"，是指该语言与其他语言具有良好的黏结性。胶水语言可调用其他语言开发的功能模块,并将它们有机地融合。Python 就是这样一种语言。例如,Python 可调用 C++或 Java 开发的功能模块,以此来实现将 C++适合开发底层代码的优势、Java 面向对象的优势融合于项目中。正是由于 Python 的"胶水特性",使得 Python 几乎无所不能。

3. Python 具有很强的拓展性

Python 具有很强的拓展性,这不仅体现在它具有很强的适应不同操作系统的能力、可跨平台特性、广泛的软件应用领域,也体现在它可应用于与硬件相关的自动化测量与控制领域,更体现在它能运行于包括单片机在内的不同的 CPU 上。

例如,近年来,树莓派在世界范围内十分流行。树莓派的功能十分强大,利用树莓派可以开发机器人、遥控车、收音机、数码相机等许多具有创意的应用。而树莓派的主要开发语言正是 Python,这从一个侧面体现了 Python 强大的拓展性。

1.1.4 Python 的应用领域举例

从云端、客户端到物联网终端,Python 的应用无处不在。Python 被公认为人工智能首选的编程语言。

1. Web 应用开发

大家经常使用的豆瓣、知乎等 Web 应用均采用 Python 语言开发。之所以选择 Python 开发 Web 应用,主要是因为它有大量的第三方库可供开发者使用,借助第三方库,可大大降低开发 Web 应用的难度。当然,目前开发 Web 应用的主流语言还是 Java 和 PHP。

2. 网络爬虫

网络爬虫是 Python 语言从小众语言走向大众语言的一根导火索,因为采用 Python 语言开发网络爬虫十分简便,而且爬虫运行的效率也非常高。正因如此,Python 语言被尊称为"第一爬虫语言"。

3. 人工智能

相当一部分学习者之所以选择 Python 作为入门级的计算机语言,主要是因为看重人工智能(AI)的前景。目前多数主流的人工智能开源框架均是基于 Python 开发的。除此之外,另一个根本原因是 Python 语言的"胶水特性",因为真正涉及效率和速度的部分可通过调用底层的 C 或 C++模块加以实现,在非常强调效率的人工智能开发领域,这一点无可比拟。

4. 数据处理

当今是数据的时代,无论从事何种专业,均将涉及数据的获取与分析。例如,文科专业的师生在进行文献处理的过程中,往往涉及分词与词频统计的问题;而理工科专业的师生在进行数据分析与处理的过程中,往往希望以报表、数据地图等形式对数据进行可视化呈现。对于上述应用,Python 均是最佳选择。也正因如此,很多基于 Python 的开源大数据分析框架应运而生。

5. 服务器运维工作

所有手机用户均有类似的经历：前一天浏览了一则新闻，那么，以后此类新闻将被不断地推送。其实，这里面不仅涉及人工智能，也涉及自动化运维和自动化工具。通过这些技术可实现计算机自动地与用户交互，例如，发送预警短信等。类似功能可极大地提高服务器的运行效率，减轻运维人员的工作压力。

1.5 Python 的局限性

任何一门语言都有缺点和局限，Python 也不例外。

1. 运行速度较慢

这是 Python 的第一个缺点。与采用 C 语言等编译型语言开发的程序相比，Python 程序的运行速度确实要慢很多。因为 Python 是解释型语言，代码在被执行时必须由解释器逐行解释并执行，从而导致运行速度降低。

2. 代码无法被加密

这是 Python 的第二个缺点。因为代码无法被加密，所以很难有效地保护开发者的知识产权。幸运的是，大部分基于 Python 开发的应用程序均被用于为用户提供服务，用户很少关心源码。所以，代码能不能被加密就不再是一个令人头痛的大问题。

1.2 学习 Python 的必备"神器"

为了学习 Python，使用 Python 开发应用程序，手头必须有得力的工具。在笔者看来，Python 和 PyCharm 是最基本的学习和开发工具。如果要成为教育家或作家型的 Python 程序员，那么还必须准备 Jupyter Notebook。

这里所说的 Python，准确地说，是指 Python 程序的"解释器（Interpreter）"，它相当于 C 语言的"编译器"。而 PyCharm 是编写和调试 Python 程序的集成开发环境，被简称为"IDE"，它相当于 Visual C++ 6.0。

1.2.1 Python 概况

Python 是一种解释型、面向对象、动态数据类型的高级程序设计语言。

Python 是由 Guido van Rossum 于 1989 年年底发明，并于 1991 年公开发行的。像 Perl 语言一样，Python 源代码同样遵循 GPL（GNU General Public License）协议。这里所说的 Python 不是指语言本身，而是指 Python 程序的"解释器"，它通常有 Python 2.x 和 Python 3.x 版本之分，两者有较大区别。如果要学习 Python 语言，则必须首先安装 Python 解释器。如果你是 Python 初学者，那就不存在烦人的版本选择问题，笔者建议直接从 Python 3.x 开始学习。

以下所说的 Python 均是指 Python 解释器。

如果想知道在计算机上已经安装的 Python 是哪个版本的，则可通过在终端方式下使用以下方法获得。

1. 查看 Python 版本的第一种方法

打开 Windows 操作系统的【开始】菜单下的【命令输入框】，如图 1-2 所示。

首先在命令输入框内输入"cmd"并回车，即可进入终端状态，如图 1-3 所示。

 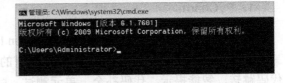

图 1-2　命令输入框　　　　　　　　图 1-3　终端状态（命令行）

然后输入"python –V"并回车（注意是大写的 V）。执行该命令后，即可看到在计算机上安装的 Python 的版本信息，如图 1-4 所示。

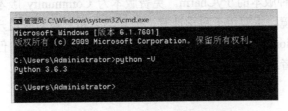

图 1-4　Python 版本信息查看结果

由图 1-4 可知，在当前计算机上安装的是 Python 3.6.3 版本。

2. 查看 Python 版本的第二种方法

直接按"Win（Windows 键）+R"组合键，即可进入如图 1-5 所示的命令行输入状态。
然后输入"cmd"并回车，也可以进入如图 1-3 所示的终端状态。

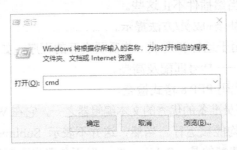

图 1-5　通过按"Win+R"组合键进入命令行输入状态

余下的步骤与第一种方法相同。

在安装 Python 3.x 的同时，也安装了 Python 官方的 IDLE，它是一个相对比较简陋的 Python 程序开发调试环境。不过，对于初学者而言，IDLE 也是一个功能基本完备的集成开发环境（IDE）。在后续章节中，将会详细讨论如何使用 IDLE。

1.2.2 常用的 Python 集成开发环境

Python 的集成开发环境有多种，它们各有千秋，但综合起来，被公认为最优秀的是 PyCharm。当然，学习者可以根据各自的喜好选择适合自己的 Python 集成开发环境。

在讨论如何安装 PyCharm 之前，首先简要地介绍以下几种常用的 Python 集成开发环境。

1. PyCharm

PyCharm 是由 JetBrains 打造的一款 Python IDE。

PyCharm 具备大多数 Python IDE 所具有的功能，比如，调试、语法高亮、项目管理、代码跳转、智能提示、代码补全、单元测试、版本控制等。PyCharm 还提供了一些特别的功能，例如，用于 Django 开发的功能、支持 Google App Engine 的功能等。

更让人称奇的是，PyCharm 支持 IronPython。

PyCharm 的官方下载地址为 http://www.jetbrains.com/pycharm/download/。

JetBrains 提供多种版本的 PyCharm。免费版本为 Community 版本，即社区版本，它是轻量化的集成开发环境，主要用于科学计算，但对学习和一般的应用开发完全适用、够用。全功能版本为 Professional 版本，即专业版，它支持 Web 应用开发，但不是免费的，而且价格不菲，通常让学习者难以承受。

2. Sublime Text

Sublime Text 也是 Python 集成开发环境，它具有漂亮的用户界面和强大的功能。Sublime Text 的主要功能包括拼写检查、书签、完整的 Python API、Goto 功能、即时项目切换、多选择、多窗口等，还支持代码缩略图、Python 的插件，可自定义键绑定、菜单和工具栏。

Sublime Text 是一个跨平台的编辑器，同时支持 Windows、Linux、Mac OS 等操作系统。借助 Sublime Text 2 的插件扩展功能，可以轻松地打造一个完善的 Python 集成开发环境。以下推荐几款常用的插件，当然插件不止这些。

- CodeIntel——自动补全+成员/方法提示。
- SublimeREPL——用于运行和调试一些需要交互的程序，如使用 Input()的程序。
- Bracket Highlighter——括号匹配及高亮。
- SublimeLinter——代码 PEP 8 格式检查。

Sublime Text 是为程序员准备的优秀的文本编辑器之一，它在 Windows、Linux 和 Mac OS 三大主流桌面操作系统上均能被运行。当然，这并不表示 Sublime Text 是完美的，它还有不少缺陷，而最让人深感遗憾的是，Sublime Text 既不免费也不开源。

3. Eclipse+PyDev

作为集成开发环境，Eclipse+PyDev 是完全开源的。Eclipse 最初是被用于开发 Java 程序的，但是，它的外挂功能特别强大，可通过 PyDev 等插件形式，实现对 Python 等多种语言的支持。必须指出的是，相对于 PyCharm 而言，安装 Eclipse+PyDev 的过程是比较烦琐的。

以下是安装 Eclipse+PyDev 的大致步骤。

1）安装 Eclipse

可以在 Eclipse 的官方网站 Eclipse.org 上找到并下载 Eclipse。下载时，必须选择合适的 Eclipse 版本，比如，Eclipse Classic。下载完成后，将它解压到某个指定的目录。当然，在执行 Eclipse 安装之前，必须首先安装 Java 运行环境，即必须安装 JRE 或 JDK。可以在 http://www.java.com/en/download/manual.jsp 网站上找到 JRE。下载 JRE，然后安装它。

2）安装 PyDev

运行 Eclipse 之后，选择【Help】→【Install new Software】命令，即可安装所需的插件，这里主要是指 PyDev。从此，Eclipse 具有了开发 Python 应用程序的功能。

3）设置 PyDev

设置 PyDev 的过程有点烦琐。幸运的是，在网上可以找到很多关于设置的资料，所以在这里不再赘述设置问题。

1.3 安装和设置 Python

1.3.1 获取 Python

可从官方网站上免费下载最新版本的 Python，不过，下载时一定要注意与计算机操作系统的匹配关系。假如操作系统是 Windows XP 或更早的版本，则不能安装 Python 3.5 以上版本。另外，由于 Python 有 Windows、Linux、Mac OS 等多种版本，因此，千万不要下载与操作系统不对应的版本。也就是说，在选择版本时一定要充分考虑安装环境，如图 1-6 所示。

图 1-6 Python 的安装环境选择

Python 的官方下载地址为 https://www.python.org/。进入官方网站后的界面如图 1-7 所示。

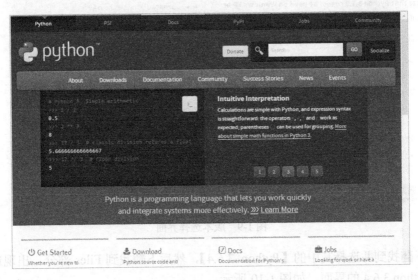

图 1-7 Python 官方网站主界面

将鼠标指针移至【Downloads】菜单，出现图 1-8 所示的下载页面。

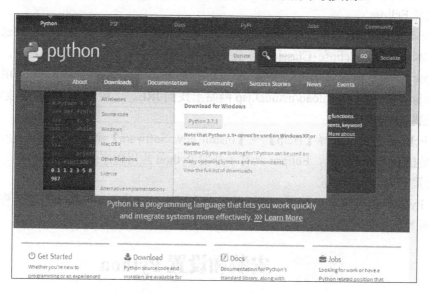

图 1-8　Python 的下载页面

选择【Windows】后，出现类似于图 1-9 所示的版本选择界面。

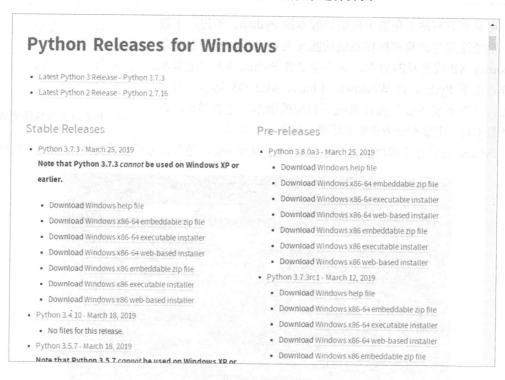

图 1-9　版本选择界面

通过下翻找到并选择其中的【Python 3.6.4】，然后下翻找到 Files 部分，出现选择 32 位或 64 位 Python 3.6.4 的界面，如图 1-10 所示。

第1章　Python 及其安装

Files					
Version	Operating System	Description	MD5 Sum	File Size	GPG
Gzipped source tarball	Source release		9de6494314ea199e3633211696735f65	22710891	SIG
XZ compressed source tarball	Source release		1325134dd525b4a2c3272a1a0214dd54	16992824	SIG
Mac OS X 64-bit/32-bit installer	Mac OS X	for Mac OS X 10.6 and later	9fba50521dffa9238ce85ad640abaa92	27778156	SIG
Windows help file	Windows		17cc49512c3a2b876f2ed8022e0afe92	8041937	SIG
Windows x86-64 embeddable zip file	Windows	for AMD64/EM64T/x64, not Itanium processors	d2fb546fd4b189146dbefeba85e7266b	7162335	SIG
Windows x86-64 executable installer	Windows	for AMD64/EM64T/x64, not Itanium processors	bee5746dc6ece6ab49573a9f54b5d0a1	31684744	SIG
Windows x86-64 web-based installer	Windows	for AMD64/EM64T/x64, not Itanium processors	21525b3d132ce15cae6ba96d74961b5a	1320128	SIG
Windows x86 embeddable zip file	Windows		15802be75a6246070d85b87b3f43f83f	6400788	SIG
Windows x86 executable installer	Windows		67e1a9bb336a5eca0efcd481c9f262a4	30653888	SIG
Windows x86 web-based installer	Windows		6c8ff748c554559a385c986453df28ef	1294088	SIG

图 1-10　选择 32 位或 64 位 Python 3.6.4 的界面

接下来，根据计算机操作系统是 32 位还是 64 位的实际情况进行合理选择。如果操作系统是 64 位的，则选择 32 位或 64 位的 Python 版本均可。由于笔者所用的操作系统是 64 位的 Windows 7，所以，此处选择的是 64 位的 Python 安装程序，如图 1-11 所示。

Windows x86-64 executable installer	Windows	for AMD64/EM64T/x64, not Itanium processors

图 1-11　64 位的 Python 安装程序

单击该文件，即可进入下载状态。不过，在下载前必须指定某个文件夹作为保存下载文件的路径，例如，图 1-12 中指定的文件夹为"K:\Python 及其资料"。单击【下载】按钮，经数秒后，即可完成下载。

图 1-12　指定下载文件保存路径

1.3.2　安装 Python

打开被下载的文件所在的文件夹，找到刚刚下载的 Python 安装文件，也就是 python-3.6.4-amd64.exe，如图 1-13 所示。

图 1-13　找到下载后的文件

双击 python-3.6.4-amd64.exe 文件，即可进入安装界面，如图 1-14 所示。

图 1-14 中出现两种安装方式：【Install Now】（立即安装）和【Customize installation】（自定义安装），前者为默认安装方式。

图 1-14　Python 安装界面

- 【Install Now】：默认安装方式，安装的路径也是默认的。这种方法相对简单，只要按默认设定一步一步地往下操作即可完成安装。
- 【Customize installation】：自定义安装方式，该方式可以指定安装的路径，也可选择要安装的模块与功能。特别需要提醒的是，如果要自定义安装 Python 的路径，那么必须选择该安装方式。

这里以自定义安装方式为例，详细介绍安装 Python 的过程。

首先，勾选【Add Python 3.6 to PATH】复选框，通过它将 Python 3.6 的路径信息加入环境变量 PATH 中（该变量在后面会被提到），如图 1-15 所示。

图 1-15　勾选【Add Python 3.6 to PATH】复选框

这里必须补充和提醒的是，在安装前，必须在计算机上新建安装 Python 的文件夹，例如，在 D 盘上新建一个名为"python364"的文件夹，如图 1-16 所示。

图 1-16　新建安装 Python 的文件夹

然后，单击【Customize installation】链接，出现图 1-17 所示的 Python 基本选项设置界面。

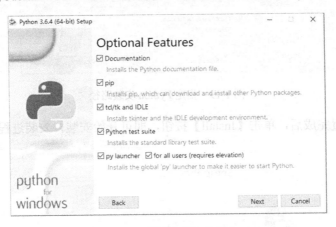

图 1-17　Python 基本选项设置界面

从图 1-17 中可以看出，默认勾选了全部特性，用户可自行选择相关特性。这些特性包括 Documentation（说明文档）、pip（安装器）、tck/tk and IDLE（图形库和 IDLE）、Python test suite（测试套装）、py launcher（Python 启动器）、for all users（对所有用户）。

接着，单击【Next】按钮继续安装，出现图 1-18 所示的 Python 高级选项设置界面。

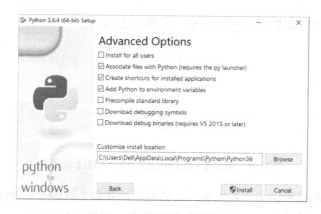

图 1-18　Python 高级选项设置界面

从图 1-18 中可以看出，默认勾选了 3 个高级选项，它们分别代表文件关联、快捷键和将 Python 加入环境变量。如果需要，则可勾选【Install for all users】复选框，此时会自动勾选【Precompile standard library】复选框。【Customize install location】栏目用于自定义安装路径（文件夹）。将【Customize install location】栏目下的路径通过右侧的【Browse】按钮切换为指定的路径"D:\python364"，如图 1-19 所示。

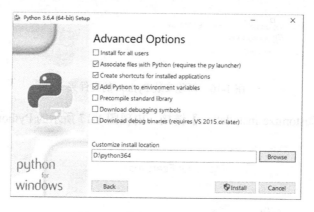

图 1-19　指定 Python 安装路径

上述这些设置完成后，单击【Install】按钮，即可开始安装，安装进程如图 1-20 所示。

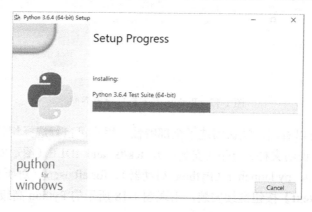

图 1-20　Python 安装进程

完成安装后，出现图 1-21 所示的提示信息界面，表示 Python 安装成功。

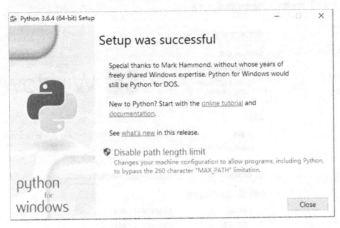

图 1-21　Python 安装成功界面

单击【Close】按钮，圆满完成安装过程。也就是说，学习 Python 的基本环境已经被建立，可以开启学习之路了，这是不是让人有点激动呢？

完成安装后，在计算机的【开始】菜单中，如果出现图 1-22 所示的内容，则说明安装大功告成！当然，完成 Python 的安装后，还必须进行一些必要的设置，下一节将讨论设置问题。

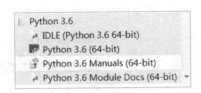

图 1-22　Python 出现在【开始】菜单中

1.3.3　设置 Python

在通常情况下，按照 1.3.2 节所述步骤完成 Python 的安装后，不需要再做任何设置。但是，也有可能出现需要设置的情况，主要就是设置环境变量。那么，如何判断需不需要设置呢？可通过查看环境变量加以确定。

如何查看环境变量呢？

将鼠标指针移至桌面的"计算机"或"我的电脑"图标上，然后单击鼠标右键，在弹出的快捷菜单中选择【属性】命令，出现图 1-23 所示的系统属性界面。

在图 1-23 中，可以看到计算机所用的操作系统等信息。单击左侧的【高级系统设置】，出现图 1-24 所示的高级系统设置界面。

在图 1-24 所示的【高级】选项卡中，可以看到【环境变量】按钮。单击【环境变量】按钮后，出现图 1-25 所示的环境变量设置界面。

图 1-23　系统属性界面

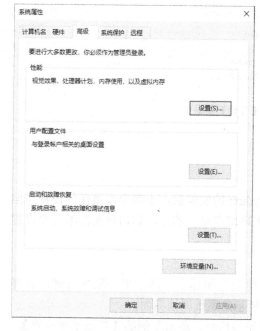

图 1-24　高级系统设置界面

图 1-25　环境变量设置界面

在【系统变量】选项组中，如果能看到图 1-26 所示的环境变量信息，则说明 Python 已经安装完成，并且不再需要做环境变量设置。

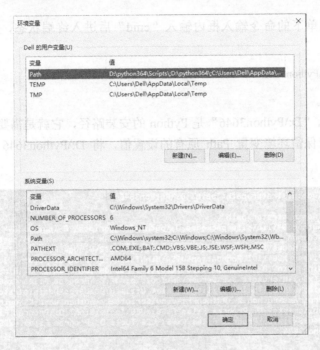

图 1-26　当前环境变量信息

当然，还有一种更加简便的办法可以直接判断是不是需要设置环境变量：在【cmd】输入框内输入"python"，如果出现图 1-27 所示的界面，主要是出现 Python 的">>>"终端提示符，则说明 Python 已经安装成功，不需要设置环境变量了。

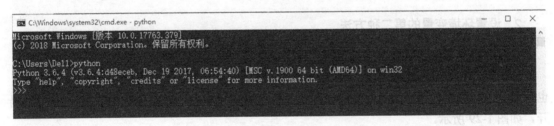

图 1-27　Python 的终端方式

如果上述两种方式都不行，也就是说，没有出现所说的情况，则需要手动设置环境变量。

对于 Python 而言，所谓设置环境变量，其实就是设置 Path 或 PYTHONPATH 参数。

为什么要设置环境变量？这是一个很有意义的问题！环境变量的作用就是使得 Python 程序在运行时能找到相应的路径，包括 Python.exe 所在的路径及脚本程序所要使用的外部模块所在的路径。

下面一起讨论如何设置环境变量。

对于初学者而言，通常有以下两种方式可以设置环境变量。

1．设置环境变量的第一种方法

通过"cmd"命令添加 Path 环境变量。

在【开始】菜单下的命令输入框内输入"cmd"后进入终端状态,然后直接输入以下命令:

```
path=%path%;D:\Python3646
```

接着按回车键。

在上述命令中,"D:\Python3646"是 Python 的安装路径,它就是需要被添加的设置项;而"%path%"表示保留环境变量 Path 原有的设置值,将 D:\Python3646 添加在它们之后,如图 1-28 所示。

图 1-28 编辑环境变量

需要提醒的是,使用该方法设置的环境变量是临时有效的。在重启计算机后,新设置的内容自动被放弃。

2. 设置环境变量的第二种方法

在【环境变量】中添加 Python 路径。

单击图 1-26 中的 Path 变量,在这个变量现有值(字符串)的最前面或最后面(当然,也可以是中间位置)手工输入 Python 路径"D:\python3646\",注意各路径要用分号";"隔开,如图 1-29 所示。

图 1-29 环境变量 Path 的编辑

最后,给出一幅完整的环境变量设置示意图,如图 1-30 所示。

至此,就可以使用 Python 语言编写 Python 程序了。请大胆尝试,用 Python 程序向世界发出"Hello,world!"的问候吧!

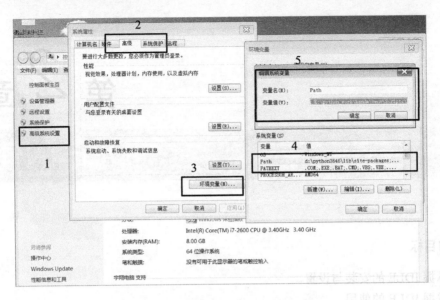

图 1-30　完整的环境变量设置示意图

思考与实践

1．请用各种方式查询 10 份以上关于 Python 语言的资料，进一步理解 Python 的基本特点和应用领域。

2．以下是一个 Python 程序，请通过学习，了解 Python 程序的基本语法和基本组成。

```
'''
这是一个简单的 Python 程序
你通过学习，看看能理解多少
'''

def helloyou():                    #定义一个函数
    name = input("输入姓名：")
    print("-"*20)
    print("Hello,%s"%name)
    print("-"*20)
    return

helloyou()                         #调用函数
```

3．Python 是编译型语言还是解释型语言？请找出两种以上同类语言。

4．请在计算机上安装 Python，并对它进行正确的配置。

5．为什么要设置环境变量？设置环境变量要注意哪些问题？如何检验环境变量设置完成与否？

6．请用 Python 语言编写一个小程序，向世界发出第一声问候："Hello,world!"

第 2 章

IDLE 的使用

学习目标

- 掌握 IDLE 的安装与设置。
- 掌握 IDLE 的使用。
- 理解 IDLE 的调试功能。

多媒体课件和导学微视频

  IDLE 是 Python 自带的一个简易集成开发环境。它集编辑、运行、浏览和调试功能于一体，其本身是基于 Tkinter GUI 工具包开发的 Python 程序，可以在几乎任何 Python 平台上运行。借助 IDLE，初学者可方便地创建、运行、测试和调试 Python 程序。

  对于大多数学习者来说，IDLE 就是一个简单易用的命令行输入的替代方案。

2.1 IDLE 的安装与设置

2.1.1 IDLE 的安装

  IDLE 是在安装 Python 时被自动安装的，只是在安装 Python 时，一定要确保选中了组件"tcl/tk"。准确地说，应该是不要取消选择该组件，因为在默认情况下该组件是处于被选中状态的。

  也就是说，IDLE 不是被单独安装的，也不需要被单独安装。因此，对于 IDLE 而言，实际上是不存在安装这个问题的。此处之所以单独列出来加以阐述，是为了保证叙述逻辑上的连贯性。

2.1.2 IDLE 的启动

安装 Python 后,可逐级通过菜单【开始】→【所有程序】→【Python】→【IDLE】找到 IDLE 并启动。IDLE 被启动后的初始窗口如图 2-1 所示。

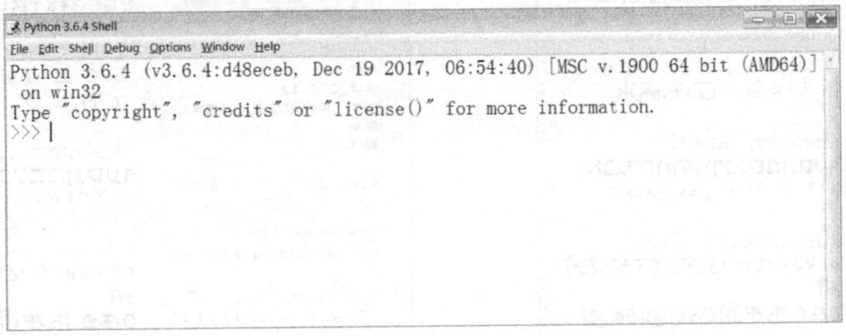

图 2-1 IDLE 被启动后的初始窗口

从图 2-1 中可以看出,启动 IDLE 后,首先映入眼帘的是它的 Python Shell,可以通过它在 IDLE 环境下执行 Python 命令。除此之外,IDLE 还带有一个编辑器,用于编辑 Python 程序。概括地说,IDLE 有一个编辑器用于编写脚本程序;有一个交互式解释器用于解释、执行 Python 的语句;有一个调试器用于调试 Python 脚本程序。

2.1.3 IDLE 的个性化设置

单击【Options】,在下拉菜单中出现【Configure IDLE】选项,如图 2-2 所示。

图 2-2 IDLE 的 Configure IDLE 选项

单击【Configure IDLE】后,进入如图 2-3 所示的界面。

从图 2-3 中可以看出,【Configure IDLE】共涉及【Fonts/Tabs】【Highlights】【Keys】【General】【Extensions】5 个选项卡,分别用于设置字体/缩进空格、字体高亮、快捷键、窗口总特性、插件(扩展)。

1. Fonts/Tabs 设置

Fonts/Tabs 设置界面如图 2-4 所示。

从图 2-4 中可以看出,该选项卡的设置内容主要有 3 项:字体、字号和缩进的空格数。缩进是 Python 很重要的语法特征,从图 2-4 中可以看出,默认缩进 4 个空格,当然,也可以自行选择缩进 2 个空格或更多;Edit 和 Shell 两种模式的默认字号均为 16,字体是新宋体。

图 2-3 Configure IDLE 的设置内容

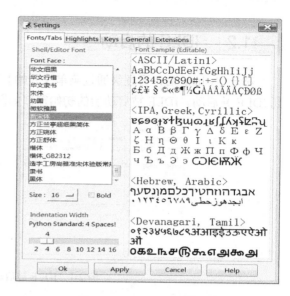
图 2-4 Fonts/Tabs 设置界面

2. Highlights 设置

【Highlights】选项卡主要用于设置 Shell 和 Edit 模式下的高亮显示（配色方案），以及 IDLE 的界面模式（外观），如图 2-5 所示。从图 2-5 中可以看出，需要配色的内容较多，每项都可以单独设置前景色和背景色。IDLE 的 3 种界面模式分别是 IDLE Classic、IDLE Dark 和 IDLE New，如图 2-6 所示。这 3 种界面模式的风格差异较大，可根据个人的喜好自由选择其中一种。

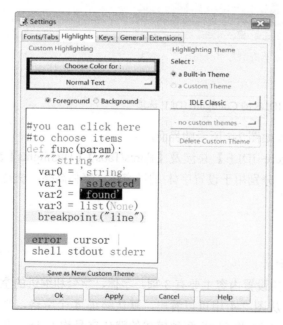
图 2-5 Highlights 设置界面

图 2-6 3 种界面模式

图 2-7 展示的是 Shell 和 Edit 模式下的高亮显示（配色方案），其中包括正常文本、关键词、定义等多个选项。如果需要，则可逐项设置相应的前景色和背景色。配色方案被保存后，可以永久使用。当然，如果懒得设置，那就使用默认的配色方案。

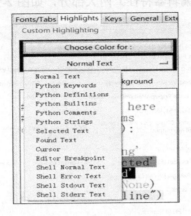

图 2-7　Choose Color for（配色方案）设置界面

3. Keys 设置

【Keys】选项卡主要用于设置 IDLE 的各种快捷键，也就是说，可以对 IDLE 默认的快捷键进行定制（Customize）。默认使用的是 Built-in Key Set（系统默认快捷键集）。在通常情况下，不需要调整快捷键，除非使用者对部分快捷键有特殊需要和偏爱，或者部分快捷键与其他软件存在冲突。图 2-8 所示是 Keys 设置界面。必须注意的是，如果对快捷键进行了设置，则必须通过单击【Save as New Custom Key Set】按钮保存配键方案。

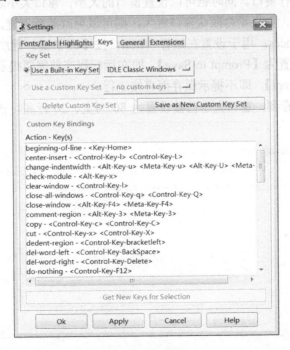

图 2-8　Keys 设置界面

4. General 设置

【General】选项卡设置的内容主要跟窗口的特性有关,包括 Window Preferences(窗口特性)和 Editor Preferences(编辑器特性)两大部分,如图 2-9 所示。

图 2-9　General 设置界面

- Window Preferences:用于设置 IDLE 启动后默认的窗口类型是【Open Edit Window】还是【Open Shell Window】。也就是说,在启动 IDLE 时,是打开编辑窗口,还是打开 Shell 命令行窗口。同时也可以设置窗口的大小,窗口大小默认为 80 列×40 行。在有些情况下,如果觉得默认窗口过大,则可以更改此项设置。
- Editor Preferences:用于设置在运行(Run,按【F5】键)程序前是否需要提示保存文件,默认设置为【Prompt to Save】,即在运行程序前需要提示保存文件。也可以设置为【No Prompt】,即不提示保存而直接运行。

从图 2-9 中可以看到,窗口大小已被设置为 80 列宽、20 行高,该参数下的窗口效果如图 2-10 所示。

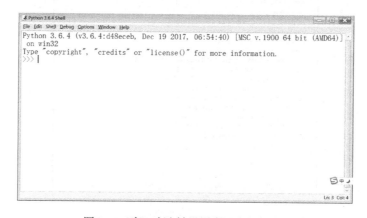

图 2-10　窗口大小被设置为 80 列×20 行

5. Extensions 设置

【Extensions】选项卡主要用于设置扩展 IDLE 功能的插件及其有关特性。IDLE 默认只有一个名为 ZzDummy 的插件,该插件只是一个测试插件,仅被用于插件演示,无实质性意义。

从图 2-11 中可以发现,除 ZzDummy 之外,还增加了一个 ClearWindow 插件,顾名思义,它是一个用于清屏的插件。需要指出的是,所有的插件都必须被另外安装,因为它们不是标准插件。关于清屏插件 ClearWindow 的详细内容,请参阅 2.5 节的讨论。

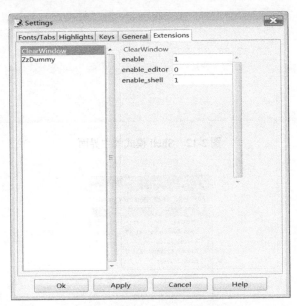

图 2-11　Extensions 设置界面

2.2　Edit 编辑模式与 Shell 命令行模式的切换

2.2.1　Edit 编辑模式与 Shell 命令行模式的切换方式

IDLE 有两种工作模式,分别是:
- Edit 编辑模式——用于编写程序。
- Shell 命令行模式——用于逐条执行语句。

IDLE 的 Edit 和 Shell 模式可以相互切换,它们之间相互切换的方式如下。

1. 从 Shell 模式切换至 Edit 模式

如果首先打开的是 Shell 模式(Shell 窗口),那么另一种模式就是 Edit 模式。Shell 模式也被称为"终端模式"。Shell 模式的主界面如图 2-12 所示。

如果当前模式是 Shell 模式,则可通过菜单命令【File】→【New File】进入 Edit 模式,如图 2-13 所示。此时的主界面如图 2-14 所示。

进入 Edit 模式后，就可以编写 Python 程序了。该模式包含了文本编辑常用的基本功能，主要包括选择、复制、粘贴、高亮、自动缩进、括号"()"的左右匹配提示等。

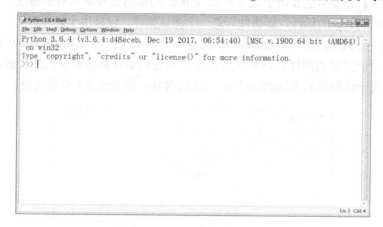

图 2-12　Shell 模式的主界面

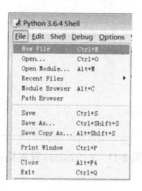

图 2-13　通过菜单命令【File】→【New File】进入 Edit 模式

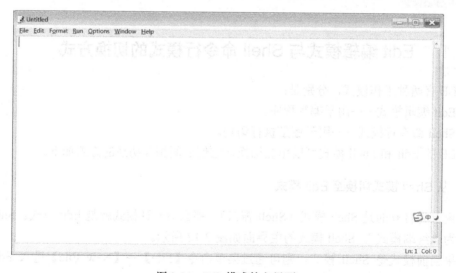

图 2-14　Edit 模式的主界面

2. 从 Edit 模式切换至 Shell 模式

在 Edit 模式下的【Window】菜单中，有一个命令为【Python 3.6.4 Shell】（注：不同的版本，该命令的信息会相应地有所不同），如图 2-15 所示。

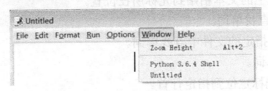

图 2-15　Edit 模式下的【Window】菜单

单击【Python 3.6.4 Shell】，即可从 Edit 模式切换至 Shell 模式。同理，在 Shell 模式下的【Window】菜单中，同样会出现正在编辑的程序选项。如果该程序没有被保存过，那么文件名即图中的【Untitled】；如果该程序已被保存过，则文件名为已使用的文件名。单击该文件名也可以从 Shell 模式切换至 Edit 模式。

2.2.2　IDLE 的文本编辑功能

IDLE 具有比较完备的文本编辑功能，例如，代码自动缩进、语法高亮显示、单词自动补齐及命令历史等。借助这些功能，开发者能够比较高效地编写程序。

因为 IDLE 具有 Edit 和 Shell 两种工作模式，所以以下所述的特性在这两种模式下均适用，它们可用于文字或代码的编辑。

在 Shell 模式下【Edit】菜单的具体内容如图 2-16 所示。

而在 Edit 模式下【Edit】菜单的具体内容如图 2-17 所示。

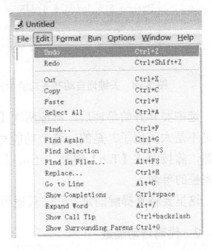

图 2-16　Shell 模式下的【Edit】菜单　　　　图 2-17　Edit 模式下的【Edit】菜单

从上述两图的对比中可以看出，在两种模式下【Edit】菜单的功能完全相同。以下对各项功能简单地加以分析。

- Undo：撤销上一次的修改。

- Redo：重复上一次的修改。
- Cut：将所选文本剪切至剪贴板。
- Copy：将所选文本复制到剪贴板。
- Paste：将剪贴板上的文本粘贴到光标所在位置。
- Find：在窗口中查找单词。
- Find in Files：在指定的文件中查找单词。
- Replace：替换单词。
- Go to Line：将光标定位到指定行首。
- Show Completions：关键词自动补齐。
- Expand Word：单词自动补齐（只针对自定义的单词）。

在上列项目中，后两项的功能非常实用。遗憾的是，在默认的快捷键集中，【Show Completions】命令的快捷键【Ctrl+Space】往往与 Windows 操作系统的输入法切换的快捷键发生冲突，因此，强烈建议自行设定该快捷键。幸运的是，无论是在 Edit 模式下，还是在 Shell 模式下，关键词自动补齐功能还有更好的快捷方式，那就是【Tab】键。

1. 关键词自动补齐

关键词自动补齐功能示例如图 2-18 所示。

在图 2-18 所示的状态下，按下【Tab】键，则出现图 2-19 所示的情况。

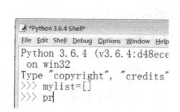 

图 2-18　关键词自动补齐功能示例　　　　图 2-19　关键词自动补齐选择

选中要补齐的单词后，再按两次【Tab】键，"pr"就被自动补齐为"print"了。这个功能是不是太实用了？是的，这个功能对于程序开发者而言，简直是一个妙不可言的"神器"！当然，除按两次【Tab】键外，还可以通过上下移动光标选择需要的单词，直接按回车键得到完整的单词。

这里要特别提醒的是，此法只适用于 Python 的关键字，不适用于自定义单词的补齐。

2. 代码自动缩进

实际上，很少有语言能像 Python 如此重视缩进了。在其他语言中，如 C 语言，缩进对于代码的设计而言，是"有了更好"，而不是"没有不行"，它充其量是个人书写代码的风格问题。但是，对于 Python 语言而言，缩进是语法的强制性要求和刚性规定。在 Python 程序里，语句块（复合语句）不是用大括号"{}"之类的符号表示的，而是通过缩进加以表示的。这样做的好处就是减少了程序员的自由度,有利于统一风格,使得人们在阅读代码时感觉更加轻松。为此,IDLE 提供了代码自动缩进功能,它能将光标自动定位到下一行的指定空白处。当输入与控制结构对应的关键字,例如,输入关键字 if 及其条件表达式,或者输入关键字 def 和函数名,并按下回车键后,IDLE 就会启动代码自动缩进功能。

图 2-20 演示了代码自动缩进功能。

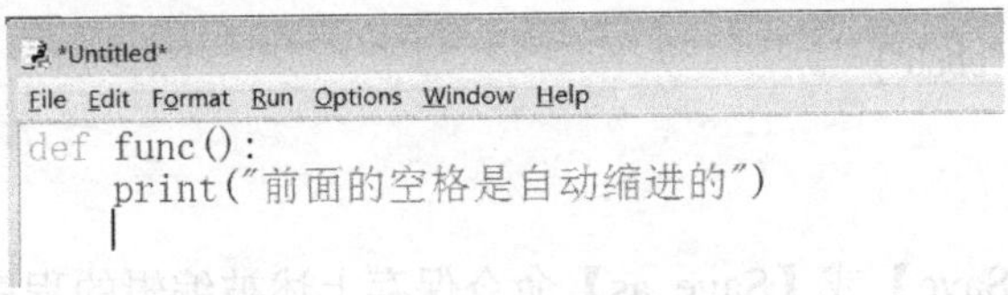

图 2-20 代码自动缩进功能演示

当在自定义函数 func()所在行的冒号后面按回车键之后,IDLE 自动做了缩进处理。也就是说,语句 print()前的空格是被自动插入的。

在一般情况下,IDLE 每将代码缩进一级,相当于自动输入 4 个空格。如果想改变这个默认的缩进量,则可以修改【Options】→【Configure IDLE】→【Fonts/Tabs】→【Indentation Width】选项以实现缩进量的调整。对于初学者来说,需要注意的是,尽管自动缩进功能非常方便,但是不能完全依赖它,因为有时候自动缩进未必能完全符合设计的真实意图和要求,所以要仔细检查自动缩进所对应的层次关系,以确保层次正确。

3. 语法高亮显示

所谓"语法高亮显示",就是将代码中的不同元素通过不同的颜色加以突出显示。在默认情况下,关键字显示为橘红色,注释显示为红色,字符串显示为绿色,定义和解释器的输出显示为蓝色,控制台输出显示为棕色。在输入代码时,会自动应用这些颜色突出显示,这就是语法高亮显示。

语法高亮显示的好处是:可以更方便地区分不同的语法元素,从而提高程序的可读性;与此同时,降低了程序出错的可能性。比如,如果输入的变量名显示为橘红色,那么你需要注意了,这说明该名称与预留的关键字重名了,因为关键字是以橘红色显示的,所以,它给出了一种提示:请给变量更换名称,否则可能会导致冲突。

4. 单词自动补齐

所谓"单词自动补齐",指的是当用户输入单词的一部分后,从【Edit】菜单中选择【Expand Word】命令,或直接按【Alt+/】组合键,可自动补充该单词的余下部分。这个功能只适用于自定义的单词,即自定义的函数名、变量名、类名或属性名等。

2.3 在 IDLE 中运行程序

在 IDLE 环境下,运行一个 Python 程序通常有两种方式。

2.3.1 在 Edit 模式下运行程序

在 IDLE 的 Edit 模式下，要运行程序，可从【Run】菜单中选择【Run Module】命令，其功能是执行当前文件，即当前编辑区中正在被编辑的程序。

举例 1：Edit 模式下的程序运行。

首先，在 Edit 模式下，在编辑区中写入如下程序：

```
listdemo=["aaa","sss","bbbb"]
for ll in listdemo:
    print(ll)
```

通过【File】→【Save】或【Save as】命令保存上述被编辑的程序文件。对于首次保存，两者的效果是一样的，都必须为文件命名，例如，myrundemo1.py。请注意，文件类型默认为.py。

在 Edit 模式下，文件被保存后的界面如图 2-21 所示。

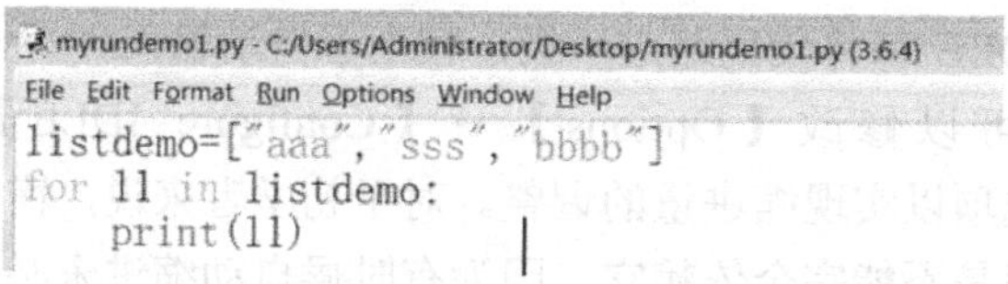

图 2-21 在 Edit 模式下文件被保存后的界面

然后，选择【Run】→【Run Module】命令（如图 2-22 所示）或直接按功能键【F5】，运行当前正在被编辑的模块（程序）myrundemo1.py。程序被运行后，其结果会在 Shell 窗口中输出，如图 2-23 所示。

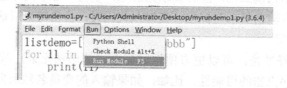

图 2-22 运行程序菜单选项

图 2-23 程序运行结果在 Shell 窗口中输出

2.3.2 在 Shell 模式下运行程序

在 Shell 模式下，只能通过命令行方式逐条输入语句，逐条执行语句。

举例 2：在 Shell 模式下运行与举例 1 相同的程序。

该例的程序代码与举例 1 的程序代码完全相同，只不过它只能一条语句接一条语句地以命令行方式被输入和运行，如图 2-24 所示。

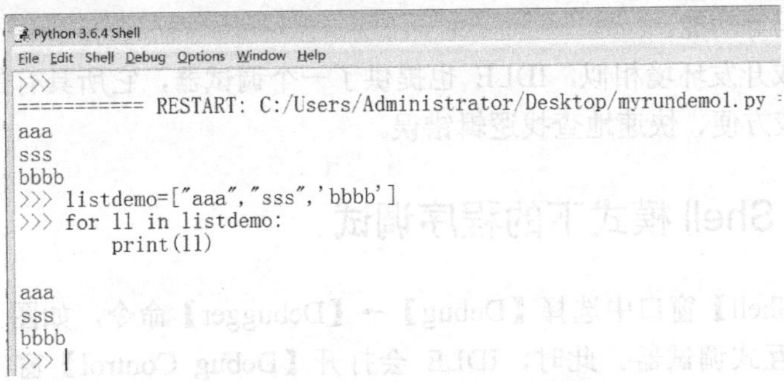

图 2-24　在 Shell 模式下输入与运行程序

在本例中，自动缩进功能也得到了很好的演示，因为语句 print(ll)是被自动缩进的。
上述代码的运行结果与在 Edit 模式下的运行结果完全一致。

2.4　IDLE 的程序调试功能

2.4.1　两种调试方法

在软件开发过程中，总免不了出现这样或那样的错误。在这些错误中，有些是属于语法方面的，有些是属于逻辑方面的。对于语法错误，Python 解释器能轻而易举地将它们检测出来。因此，如果程序中存在语法错误，那么 Python 会停止运行程序并给出错误提示。而对于逻辑错误，Python 解释器是无能为力的。如果程序中存在逻辑错误，那么虽然程序可以被运行，但是会出现死机或抛出异常的问题。显然，在这样的情况下，程序的运行结果一定是错误的。面对逻辑错误，最简单而可靠的解决方法就是对程序进行调试，也就是常说的"Debug"。

单词 debug 可以被分为两部分——de 和 bug，将两者合在一起，就是找出臭虫的意思；在计算机领域，被引申为发现错误的"调试"。

调试程序的方法有很多，有些需要借助工具，而有些需要借助程序开发者的经验。当然，经验是在长期的调试过程中积累起来的。

1. **经验调试法**

最简单的调试方法是直接显示程序运行中的有关数据，这是一种基于经验的调试方法。例如，可在某些关键位置用 print()语句显示有关变量的值，然后通过输出值与期望值的对比，确定当前程序段有没有出错。该方法最大的问题是，开发者必须在所有可疑的地方插入 print()语句，但是由于它们本身不是程序的真正代码，所以，等到程序被调试完后，还必须将这些打印显示语句全部清除。尽管如此，笔者还是非常喜欢这种方法，虽然比较烦琐，但是很管用，而且是人人学得会的调试方法。

2. 工具调试法

除经验调试法外，还可以使用调试器进行调试。借助调试器，可分析被调试程序的数据，同时监视程序的运行流程。调试器通常具有暂停程序运行、检查和修改变量、调用方法而不更改程序代码等功能。

与大多数集成开发环境相似，IDLE 也提供了一个调试器，它所具有的程序调试功能也可帮助开发者比较方便、快速地查找逻辑错误。

2.4.2 在 Shell 模式下的程序调试

在【Python Shell】窗口中选择【Debug】→【Debugger】命令，如图 2-25 所示，即可启动 IDLE 的交互式调试器。此时，IDLE 会打开【Debug Control】窗口，并在【Python Shell】窗口中输出 "[DEBUG ON]"，后跟一个 ">>>" 提示符，如图 2-26 所示。可像正常情况那样使用【Python Shell】窗口，只不过在调试状态下输入的任何命令都处于调试模式。借助调试器，可在【Debug Control】窗口的【Locals】下查看局部变量的值及与程序运行有关的其他内容。当然，为了查看全局变量，必须勾选【Globals】复选框。

图 2-25 选择【Debug】→【Debugger】命令　　　　图 2-26 Debug 的开关示意

如果要退出调试器，则可再次选择【Debug】→【Debugger】命令，IDLE 会关闭【Debug Control】窗口，并在【Python Shell】窗口中输出 "[DEBUG OFF]"。

需要注意的是，在 Shell 模式下，只能对语句进行编辑和调试。也就是说，只能先写一条语句，然后通过 Debugger 单步调试该语句。换句话说，Debug 开关要被反复切换，类似于图 2-27 所示的效果。

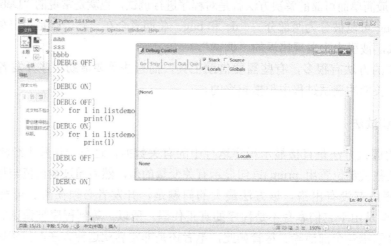

图 2-27 打开和关闭 Debugger 的界面

下面通过一个例子较为详细地讨论调试的过程。

首先，选择【Debug】→【Debugger】命令，打开 Debug 调试器，如图 2-25 所示。

在出现"[DEBUG ON]"后，在">>>"提示符后输入待调试的语句。例如，输入如下 for 语句：

```
[DEBUG ON]
>>> for ll in listdemo:
        print(ll)
        print("_____")
```

输入完成后，按回车键，即可进入调试状态，如图 2-28 所示。

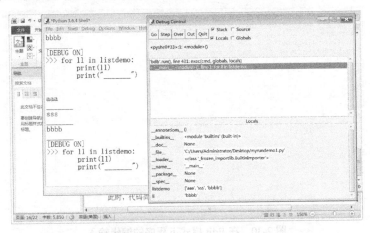

图 2-28　处于单步调试状态[DEBUG ON]的程序调试演示

此时，代码尚未被执行，必须通过【Debug Control】窗口中的 Step、Over 等单步调试命令一步一步地执行，从而得到每一步的执行结果。

这里需要说明的是：

- Step 相当于 Step in，即进入被调用函数或方法内部。
- Over 相当于 Step Over，即直接运行被调用函数或方法。
- Out 相当于一次性执行该代码。
- Go 相当于 Out。

图 2-29 所示是单击【Over】按钮两次后，该代码输出的结果。

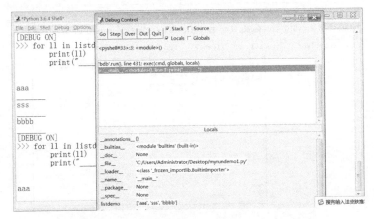

图 2-29　单击【Over】按钮两次后，该代码输出的结果

通过【Debug Control】窗口中的 Step、Over 等单步功能，可以单步方式调试程序代码。通过查看每一步的执行结果和变量的变化，来判断、确定程序代码的正确性。单步调试是所有调试器中最为强大、最为常用的功能。

2.4.3 在 Edit 模式下的程序调试

进入 Edit 模式后，在编辑区中写入与上面一样的代码并保存，如图 2-30 所示。

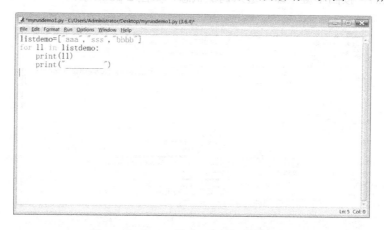

图 2-30　在 Edit 模式下程序的编辑输入

在 Edit 模式下，通过选择【Run】→【Python Shell】命令，如图 2-31 所示，打开 Shell 窗口，进入 Shell 模式。

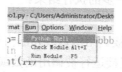

图 2-31　在 Edit 模式下选择【Run】→【Python Shell】命令

选择【Debug】→【Debugger】命令，即可进入 Debug 状态，如图 2-32 所示。

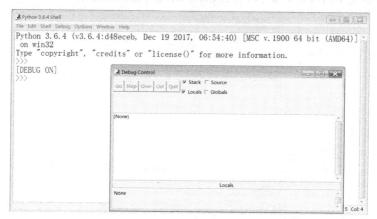

图 2-32　进入 Shell 模式的 Debug 状态

然后切换回 Edit 模式，选择【Run】→【Run Module】命令，执行运行程序的命令，从而使 IDLE 正式进入 Debug 状态。接下来，通过【Debug Control】窗口中的各种单步调试功能来实现单步调试，它们的具体用法与在 Shell 模式下的用法相同。

不过，需要特别指出的是，在 Edit 模式下，使用 Over 与 Step 单步调试功能，一定要注意它们的区别，而这只能靠多实践才能领会。

2.4.4 断点调试

单步调试让人感觉效率低下，有时候甚至觉得无法忍受。相对而言，断点调试的效率要高很多。

所谓断点调试，就是先在程序中怀疑有问题的地方设置一个标志——断点标志，然后让程序全速运行，运行到此处，程序被暂停运行，此时，开发者可以通过程序呈现的结果（例如，某些变量的值）与预期的结果的比对，从而判断刚被运行的程序段是否存在问题，也就是找到程序错在哪里、是什么问题。

断点调试的主要步骤如下。

1. 设置断点

在 Python 的源程序编辑器中，在需要进行断点调试的代码行上单击鼠标右键，在弹出的快捷菜单中选择【Set Breakpoint】命令，之后该行的底色就变为黄色，用以指示在此行设置了一个断点。如果要设置多个断点，就按此法对其他语句进行设置。

2. 打开 Debugger

通过菜单【Run】切换到 Python 的 Shell 模式，在 Shell 模式下选择【Debug】→【Debugger】命令，使 IDLE 进入 Debug 状态。

3. 切换到编辑模式

在 Edit 模式下，按【F5】键或选择【Run】→【Run Module】命令，运行当前编辑区中正在被编辑的程序。如果出现在运行前先保存文件的提示，则请先保存文件。

4. 运行到断点处

在【Debug Control】窗口中单击【Go】按钮，即可全速运行程序，遇到断点则自动暂停。注意，断点所在的那条语句此刻尚未被执行。此时，调试者要做的是比对工作，即比对此刻的结果与预期的结果，以判断刚被执行的代码是否存在问题。之后，可以继续运用【Go】【Over】或【Step】执行该断点语句及其后的语句。如果后面还有断点，那么，当遇到断点时，程序的运行又被暂停。

2.5 在 Shell 模式下如何清屏

在学习和使用 Python 的过程中，少不了要与 Python 的 IDLE 打交道。但在使用 IDLE

的时候，学习者和开发者都会遇到一个常见而又懊恼的问题：无法清屏。

如何让 IDLE 具有清屏功能？

可以为 IDLE 增加一个专门用于清屏的扩展插件 ClearWindow，该插件其实就是一个 Python 程序。下面简要地讨论如何安装与使用该插件。

1. 下载 ClearWindow 插件

在网上下载插件程序 clearwindow.py。它的具体下载地址请读者自行搜索。

2. 安装插件

将 clearwindow.py 文件复制到 Python 安装目录的 Python XXX\Lib\idlelib 文件夹下，例如，D:\python364\Lib\idlelib。注意，一定要正确地选择目录。也就是说，一定要根据具体的安装位置来确定具体的目录。

3. 设置 IDLE

用记事本软件打开 Python XXX\Lib\idlelib 目录下的 config-extensions.def 文件，它是 IDLE 扩展（插件）的配置文件。当然，从安全的角度来看，为了防止操作出错，可在打开它之前先备份一份。

打开后，修改 config-extensions.def 文件的内容，主要是在文件末尾添加如下内容，然后保存并退出。

```
[ClearWindow]
enable=1
enable_editor=0
enable_shell=1
[ClearWindow_cfgBindings]
clear-window=<Control-Key-l>
```

4. 查看效果

此后，再次打开 Python 的 IDLE，即可看到在【Options】菜单中增加了【Clear Shell Window】命令，如图 2-33 所示。

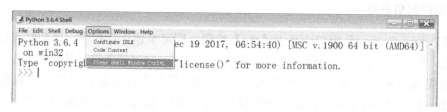

图 2-33　在【Options】菜单中增加了【Clear Shell Window】命令

由于增加了一个清屏插件，因此，在【Options】→【Configure IDLE】→【Extensions】下增加了一个 ClearWindow 插件，如图 2-34 所示，右侧的选项可以对该插件进行使能/失能的设置：enable=1 表示使能，enable=0 表示失能（该插件无效）。

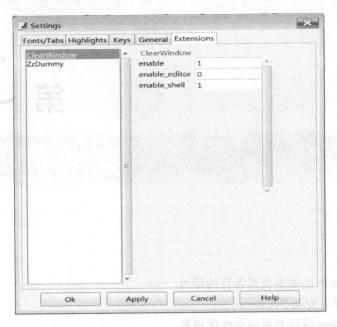

图 2-34 ClearWindow 插件的使能设置

在 IDLE 命令行方式下输入代码，然后按【Ctrl+1】组合键，会发现刚输入的代码被全部清除了，也就是实现了清屏功能。

这里要特别提醒一下，以上设置的快捷键为【Ctrl+1】，也可修改成其他快捷键，方法是：将 config-extensions.def 文件的设置选项"clear-window=<Control-Key-l>"中的 Control 和 1 修改成其他键即可。

思考与实践

1．在 IDLE 的 Shell 模式下，输入以下程序，并进行单步调试，以确定程序的错误所在。

```
sel=input("请选择（1、2）：1—显示 20 个*，2—显示 20 个-")
if sel==1:
    print("*"*20)
else:
    print("-"*20)

print("Bye!")
```

2．在 IDLE 的 Edit 模式下，通过设置断点的方式调试上述程序，以确定程序的错误所在。

3．按照本章所述，为 IDLE 安装一个清屏插件。

4．请在 Shell 模式和 Edit 模式下，分别编写并运行以下程序。

```
print("Hello,world!")
print("我是一个 Python 的学习者")
```

5．编写一个自主创意的 Python 程序。

第 3 章

安装 PyCharm

学习目标

- 了解 PyCharm 的版本及其各自的特点。
- 能正确选择并安装 PyCharm。
- 能对 PyCharm 进行必要的个性化设置。
- 能熟练使用 PyCharm 的基本功能。

多媒体课件和导学微视频

3.1 PyCharm 及其安装

3.1.1 PyCharm 的 3 种版本形式

PyCharm 有 3 种版本形式，分别是教育版（Edu Edition）、社区版（Community Edition）和专业版（Professional Edition）。专业版是收费的，而教育版和社区版都是免费的。

1. 教育版

教育版具有教学功能，更适合学生。教师可以用它创建教学场景，学生可以通过它完成课堂作业。它集成了一个 Python 的课程学习平台，有指导学习的题目等教学要素，对学习者唯一的挑战是要有较好的英语基础。当然，学习者可以使用汉化版。但是，由于汉化版滞后于英文版，所以，如果 Python 官方提供了新的课程，则需要重新被汉化。

对于新手而言，教育版是十分适合的，因为教育版完整地包含了社区版所有的功能，而且增加了教学功能。

2. 社区版

社区版就是专业版的删减版，除部分功能被删减以外，它的功能是完备的，对于一般的应用开发毫无问题。被删减的功能包括 Web 应用开发、Python Web 框架、Python 的探查、远程开发能力、数据库和 SQL 支持。

3. 专业版

专业版的功能最为丰富，对于开发者而言，它是一款十分出色、专业的开发工具。如果经费允许，则建议联系 https://www.jetbrains.com/idea/buy/，购买并下载正版的专业版。图 3-1 所示是团体和商业用户的价格信息，图 3-2 所示是个人用户的价格信息。

图 3-1 团体和商业用户的价格信息

图 3-2 个人用户的价格信息

如图 3-3 所示，对于在校学生、教育与培训用户，分别有 50%的优惠和免费使用特权，但是必须以教师和学生身份申请，被确认并得到许可才行。

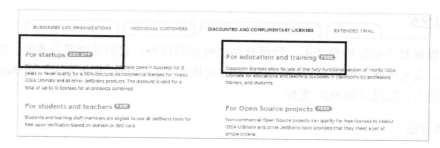

图 3-3 在校学生、教育与培训用户的价格信息

JetBrains 公司提供了一个时长为 90 天的免费试用版，如图 3-4 所示。

图 3-4 90 天的免费试用版

从上述讨论中可见，个人用户至少需要支付 149 美元，才能够买到正版的专业版。这个价格对初学者和一般用户来说是有点昂贵的。与专业版相比，社区版只是少了 Web 框架（自带 Django 插件）、数据库功能（自带数据库插件）和一些专业级的调试工具，对于学习者和一般的应用开发者而言，完全够用。假如社区版也要具有这些功能，则可另辟蹊径，即在社区版的基础上自行安装插件。安装和设置这些插件并不复杂，读者可以自行尝试。

3.1.2 获取 PyCharm

可从 JetBrains 公司的官方网站上获取 PyCharm。

JetBrains 公司官方网站的网址是 https://www.jetbrains.com/。官方网站的首页如图 3-5 所示。

图 3-5 JetBrains 公司官方网站的首页

在图 3-5 中可以看到 PyCharm（方框所示），双击该项目后，即可进入 PyCharm 的下载页面，如图 3-6 所示。

图 3-6　PyCharm 的下载页面

单击【DOWNLOAD NOW】按钮，出现如图 3-7 所示的 PyCharm 的版本选择界面。

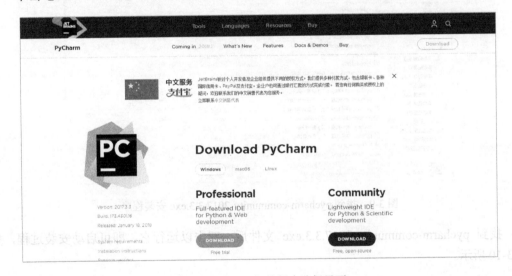

图 3-7　PyCharm 的版本选择界面

把在图 3-7 中出现的局部信息放大，可以更加清晰地看到专业版、社区版及操作系统平台的选择，如图 3-8 所示。

图 3-8　专业版、社区版及操作系统平台的选择

由图 3-8 可以看出，每个版本分别对应 3 种平台：Windows、macOS、Linux。在专业版下载按钮下注明"Free trial（免费试用）"字样，在社区版下载按钮下注明"Free,open-source（免费，开源）"字样，表示前者可下载试用版本，后者则是完全免费的。根据个人喜好和计算机操作系统的类型，选择下载一种合适的版本。需要提醒的是，专业版在试用期过后，如果不付费购买，就会被锁住而无法正常使用。

3.1.3 安装 PyCharm

这里以社区版为例，详细讨论安装问题，其他版本的安装过程基本与之相同。

首先，找到下载后的社区版安装程序 pycharm-community-2017.3.3.exe。在本例中，该文件在"K:\Python 及其资料"目录下，如图 3-9 所示。

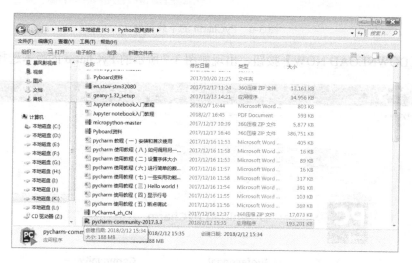

图 3-9　找到 pycharm-community-2017.3.3.exe 安装程序

找到 pycharm-community-2017.3.3.exe 文件后，双击以运行它，即可启动安装过程，如图 3-10 所示。

图 3-10　PyCharm 社区版的安装启动界面

单击【Next】按钮，进入安装路径选择界面，如图 3-11 所示。

图 3-11　安装路径选择界面

从图 3-11 中可看出，默认的安装文件夹是"C:\Program Files\JetBrains\PyCharm Community Edition 2017.3.3"。如果单击右侧的【Browse】按钮，则可将 PyCharm 安装到指定的文件夹下。

本例选择"D:\PyCharmCommunityEdition201733"作为自定义安装路径，如图 3-12 所示。该文件夹必须事先被新建，而且是一个空的文件夹。

选中该文件夹，单击【确定】按钮，出现如图 3-13 所示的界面。

图 3-12　选择安装文件夹　　　　　　　　图 3-13　选定安装路径

单击图 3-13 中的【Next】按钮，继续安装进程，出现如图 3-14 所示的安装选项界面。

从图 3-14 中可以看到安装选项包括创建桌面快捷启动图标、设定文件关联（.py）、下载并安装 JRE（Java Runtime Environment，Java 运行时环境）3 项。对于第一个选项，可根据实际情况和需要，选择 32 位或 64 位的桌面启动器（Launcher）。第二个选项的功能是可直接双击 .py 程序以启动运行。选择第三个选项，以安装 Java 运行时环境。建议将 3 个选项全部选上。本例的选项设置如图 3-15 所示。

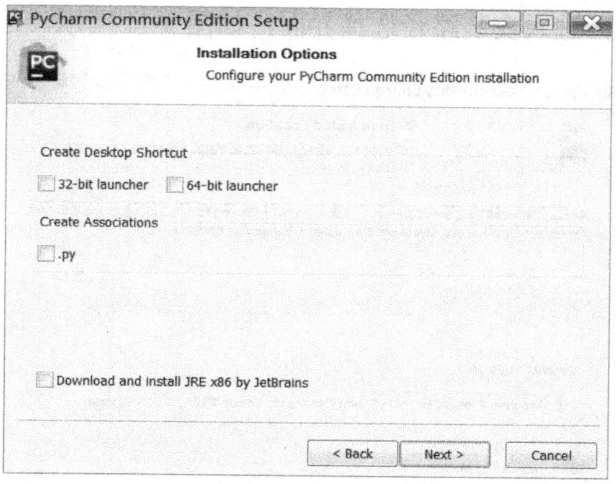

图 3-14　安装选项界面

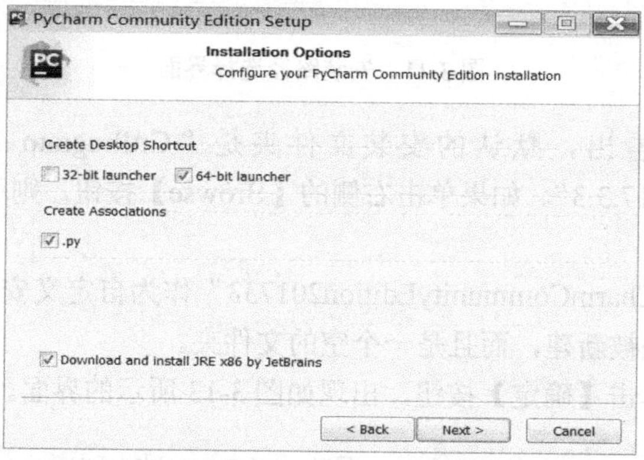

图 3-15　本例的选项设置

单击图 3-15 中的【Next】按钮继续安装进程，出现设置和更改 Windows 启动（开始）菜单中关于 PyCharm 的文件夹名称的输入框，默认内容为"JetBrains"，如图 3-16 所示。如果需要，则可更改为自行设定的名称。单击【Install】按钮开始正式安装，如图 3-17 所示。

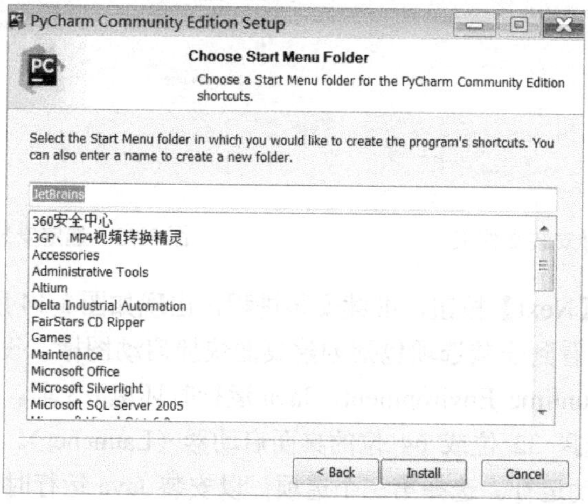

图 3-16　PyCharm 在"开始"菜单中的文件夹名称设定

第 3 章　安装 PyCharm

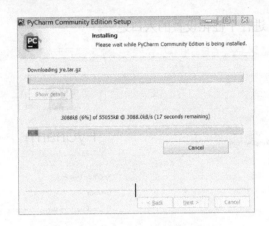

图 3-17　PyCharm 安装进度界面

安装 PyCharm 的时间并不长，数秒以后，即可安装完成，出现如图 3-18 所示的界面。

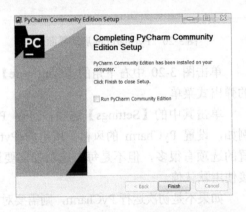

图 3-18　PyCharm 安装完成的最后界面

单击图 3-18 中的【Finish】按钮，安装 PyCharm 社区版的过程至此结束。此时，桌面上出现快捷启动图标，如图 3-19 所示，双击该图标即可运行 PyCharm。

图 3-19　PyCharm 的桌面快捷启动图标

3.2　PyCharm 的个性化设置

3.2.1　设置入口

初次安装 PyCharm 并启动后，出现与图 3-20 相似的界面，其中右下角有【Configure】

45

选项，它是对 PyCharm 进行个性化设置的入口之一。

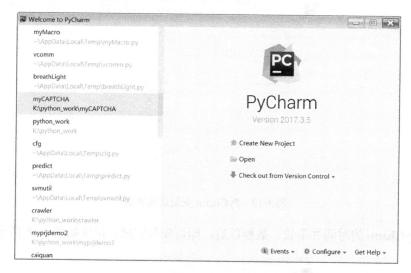

图 3-20 PyCharm 的启动界面

图 3-21 【Configure】的菜单选项

单击图 3-20 中右下角的【Configure】选项，出现图 3-21 所示的弹出式菜单。

单击其中的【Settings】选项，可对 PyCharm 进行个性化设置，例如，设置 PyCharm 的风格、所用的 Python 解释器等。虽然可设置的选项有很多，但不是每个选项都需要设置，因为不少选项可直接使用默认值。

如果不是初次运行 PyCharm，则需要对 PyCharm 或某个 PyCharm 工程进行个性化设置，设置入口是图 3-22 所示的【File】菜单下的反白显示部分，即【Settings】选项，该选项被执行后的设置内容与前述【Settings】完全相同。

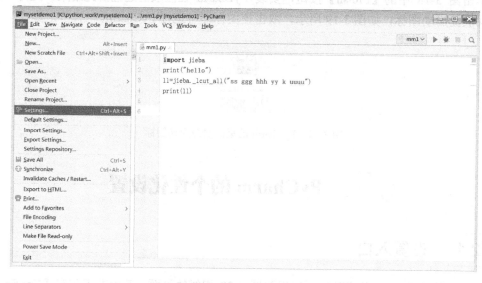

图 3-22 【Settings】选项的另一个入口

特别要指出的一点是，所有设置一定要注意被设置的对象，即是对所有 PyCharm 的工程适用，还是针对某个具体的工程。那么，如何做到使设置值适用于所有工程或针对某个具体的工程呢？

解决问题的奥妙在于图 3-23 所示的两个选项。

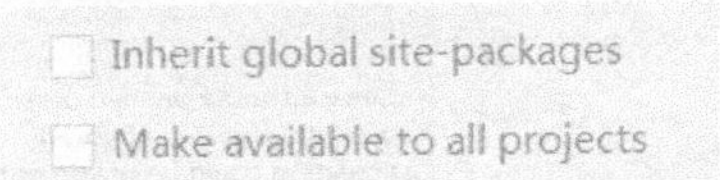

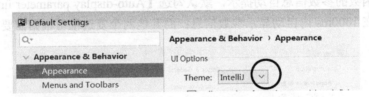

图 3-23　设置适用范围的两个选项

- Inherit global site-packages：意为继承所有外部模块。如果勾选该复选框，那么当前工程或所有工程将继承所有已被安装的外部模块，也就是所有被安装的外部模块均可直接被引用。
- Make available to all projects：意为使设置对所有工程适用。如果勾选该复选框，那么本次设置将适用于其后新建的所有工程。

建议在首次进行设置时选择上述两个选项，那么此后新建的工程不再需要单独设置，除非有特别的要求。

3.2.2　外观设置

所谓外观设置，也就是编辑器的风格设置，它的设置入口如图 3-24 所示。

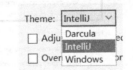

图 3-24　外观设置入口

单击下拉箭头，可以看到图 3-25 所示的 3 个外观设置选项。

图 3-25　3 个外观设置选项

默认选项是 IntelliJ，另外还有 Darcula 和 Windows 两种风格可选。选择哪个外观设置选项完全取决于个人喜好，对工程本身并没有任何实质性的影响。

3.2.3　Editor 与自动代码补齐设置

【Editor】选项的子选项较多，但是代码检查【Inspections】、自动代码补齐【Code

Completion】等选项是必须设置的，因为它们不仅是必要的，也是十分有用的。

图 3-26 所示是代码检查选项的设置界面，它涉及的选项主要是与 PEP 8 相关的两个选项，在【Editor】→【Code Style】→【Inspections】选项下。建议取消选中这两个与 PEP 8 相关的选项，否则，在编程过程中会不断出现有关 PEP 8 的错误提示信息。

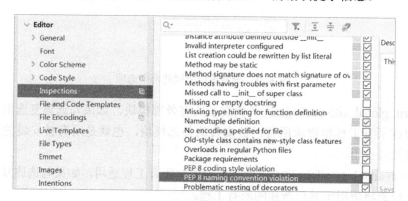

图 3-26　代码检查选项的设置界面

图 3-27 所示是自动代码补齐选项的设置界面，它在【Editor】→【General】→【Code Completion】选项下。自动代码补齐主要设置的是选择代码补齐和代码自动显示唤醒时间两个选项，如方框中所示。前者决定要不要启用代码自动补齐功能；后者决定被补齐代码自动显示的时间，默认是 1000ms。当然，除这两个选项以外，【Parameter Info】（参数信息）选项用于方法或函数的参数信息自动提示，默认勾选【Auto-display parameter info in 1000ms】复选框，意为在 1000ms 内自动显示参数信息；而其他两个复选框可根据需要勾选。

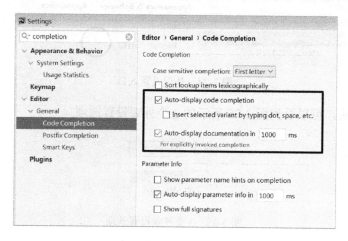

图 3-27　自动代码补齐选项的设置界面

3.2.4　解释器设置

对于一个工程而言，解释器是非常重要的，它决定了程序如何被执行、能不能被执行。笔者的建议是，解释器选项最好被设置成对所有新建工程都适用。

1. 解释器设置的基本过程

以下是设置解释器的具体过程。

在图 3-20 中的【Configure】→【Settings】选项被执行后，可在左侧找到【Project Interpreter】选项，它就是设置工程解释器的选项。

但在有的时候，启动 PyCharm 以后，出现的不是如图 3-20 所示的界面。在这样的情况下，如何进入如图 3-20 所示的界面呢？

解决方法是：选择【File】→【Close Project】命令，关闭当前工程，此后即可出现如图 3-20 所示的界面。

在图 3-20 中，单击【Configure】下的【Settings】选项后，出现如图 3-28 所示的界面。在图中可发现左侧有一个解释器选项【Project Interpreter】，而右上侧有一个工程解释器存储的虚拟机路径。可根据需要自行新建并设定路径，例如，图中的解释器虚拟机路径是：

Python 3.6(venv)(1) D:\Users\Administrator\venv

其中，子文件夹"venv"必须在设置前新建。按照该上述方法设置的工程解释器不是只针对某个工程的，而是对其后新建的工程均适用的。

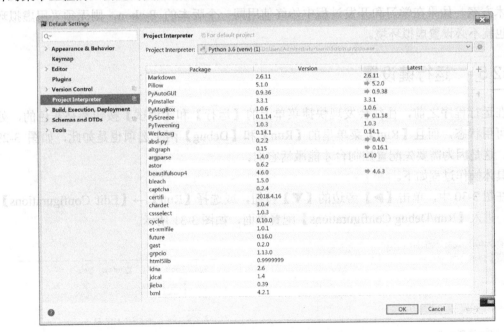

图 3-28 设置工程解释器的界面

从图 3-28 中可以发现，在设置工程解释器的选项后，右侧出现所有已被安装的外部模块。对于该解释器而言，所有这些已被安装的外部模块均是可用的和合法的。

2. 关于解释器的几个重要概念

1）本地解释器和远程解释器

解释器有本地解释器和远程解释器之分，后者需要远程服务器的支持，对于学习者而言，意义不大，所以常使用本地解释器。

2）本地解释器

本地解释器是指安装在本地机上的 Python 解释器，常被分为系统解释器（System Interpreter）和虚拟环境（Virtualenv Environment）等。

3）虚拟环境

为什么要引入虚拟环境？

一是由于 Python 的版本众多，二是由于数量众多的第三方模块（库）各自又适用于不同版本的 Python，从而导致在开发项目时，已开发项目对 Python 版本和第三方模块存在严重的依赖性。为了解决不同项目对 Python 和依赖库的版本管理，方便开发，引入虚拟环境的方案。从理论上说，每开发一个项目，必须建立与之相对应的虚拟环境。当然，不同的开发项目可使用同一个虚拟环境。PyCharm 紧密集成了 Virtualenv 功能，借助它，可快捷地为开发项目创建虚拟环境。

对于初学者而言，在创建项目时，可直接采用系统解释器，统一使用在本机上安装的第三方模块，因为这不涉及多版本管理的问题。

总而言之，虚拟环境是为了解决不同 Python 版本与第三方模块的适配问题而引入的一种技术方案。如果在学习和开发过程中始终使用同一个版本的 Python，则无须采用虚拟环境，也就不必设置虚拟环境。

3.2.5 运行键设置

在运行程序之前，往往会发现快捷菜单上的【运行】和【调试】按钮都是灰色的，处于不可用状态，而且【Run】菜单里的【Run】和【Debug】两个选项也是如此，如图 3-29 所示。这是因为需要先配置控制台才能激活它们。

具体操作过程如下。

在图 3-30 中，单击【▶】旁边的【▼】按钮，或选择【Run】→【Edit Configurations】命令，进入【Run/Debug Configurations】配置界面，如图 3-31 所示。

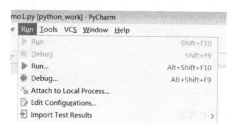

图 3-29 Run 没有被使能的状态

图 3-30 运行键设置入口

在【Run/Debug Configurations】配置界面里，单击左上侧的绿色加号【+】，新增一个配置项，并选择【Python】类型。在右侧的【Name】文本框中任意填写一个名字，如"Hello"，然后单击【Script path】最右侧的【…】按钮，找到编写好的程序文件"hello_word.py"，单击【OK】按钮后自动返回编辑界面，此时可发现【运行】和【调试】按钮显示为绿色，如图 3-32 所示。

第 3 章　安装 PyCharm

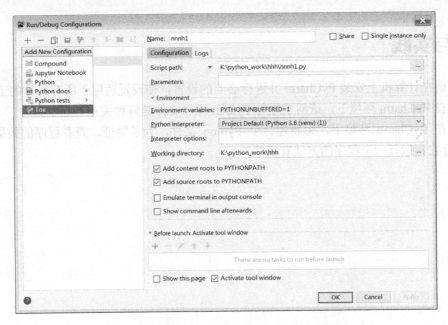

图 3-31　【Run/Debug Configurations】配置界面

图 3-32　Run 快捷键被使能的状态

除上述这种办法外，还有一种办法更为简便：在工程中新建一个 Python 脚本文件，在编辑区中单击鼠标右键，在弹出的快捷菜单中有一个类似于【Run 'xxx'】的命令，选择该命令可直接运行该程序，如图 3-33 所示。一旦程序被运行一次，此后所有的运行快捷键即被自动使能。

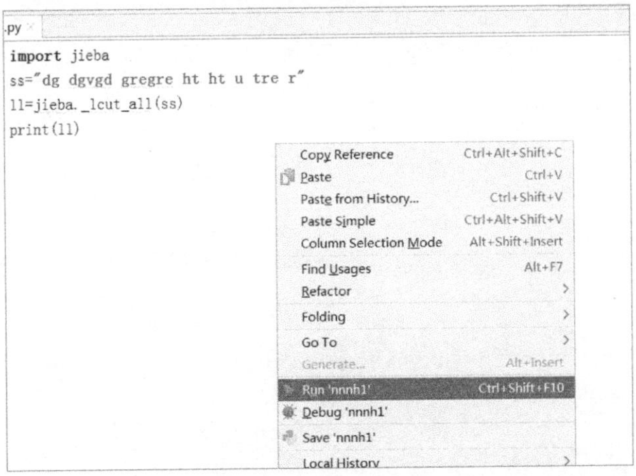

图 3-33　直接运行当前编辑区中程序的方法

思考与实践

1. 请在计算机上安装 PyCharm 并进行必要的设置，使设置适用于所有新建的工程。
2. 在 PyCharm 环境下，请问工程与 Python 程序文件是何种关系？
3. 在 PyCharm 环境下，每新建一个 Python 文件，为了验证、查看程序的效果和结果，必须运行它。运行一个程序的方法有哪些？

第 4 章 Python 的标准资源

学习目标

- 了解标准资源的种类及其具体情况。
- 会正确使用内置模块。
- 会正确使用内置函数。
- 能用标准资源解决一般的实际问题。

多媒体课件和导学微视频

4.1 Python 内置的标准模块

模块是开发者开发程序的利器。正是因为有了标准模块,使得开发者宛如站在巨人的肩膀上。

那么,Python 到底有哪些内置的标准模块可供直接使用,又如何去获知这些模块的信息?通过以下两种方法可以查看 Python 内置的标准模块及其说明。

4.1.1 通过 help()命令查看内置模块

通过 "cmd" 命令进入命令行方式,如图 4-1 所示。

图 4-2 所示为命令行方式,在此方式下,可执行 DOS 命令,例如,复制文件用的 copy 命令,删除文件用的 del 命令等。命令行方式又被称为终端方式。

图 4-1 输入 "cmd" 命令

然后输入并执行命令 "python",得到如图 4-3 所示的界面,也即进入 Python 终端方式。

图 4-2 命令行方式

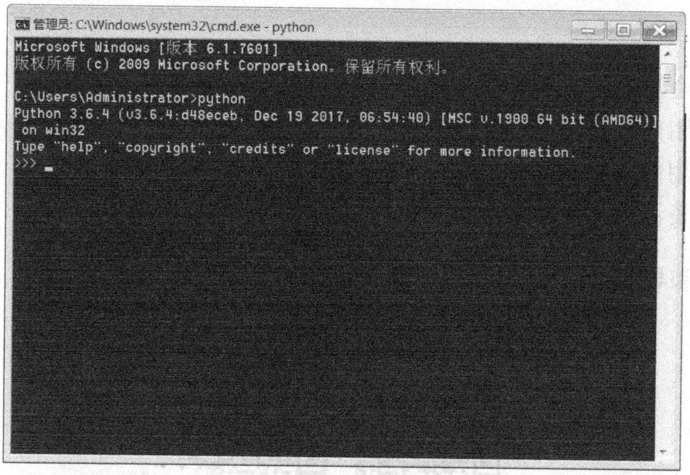

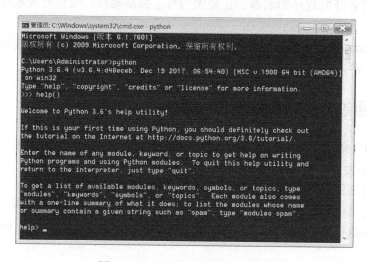

图 4-3 进入 Python 终端方式

在 Python 终端方式（命令行方式）下，执行通用帮助函数 help()，出现如图 4-4 所示的界面。

图 4-4 Python 进入帮助系统界面

此时命令行提示符切换为"help>"，由图 4-4 所示的屏幕提示可知，通过输入相应的"modules""keywords""symbols""topics"等关键词可查询模块、关键字、符号和主题。由此可见，如果输入"modules"，则可列出 Python 所有的内置模块，如图 4-5 所示，通过右侧的滑动块可上下翻看所有模块的名称。

图 4-5　列举的 Python 内置模块名称（部分）

以下是通过粘贴得到的 Python 内置模块一览。

```
Please wait a moment while I gather a list of all available modules...

__future__          _weakref            heapq               select
_ast                _weakrefset         hmac                selectors
_asyncio            _winapi             html                setuptools
_bisect             abc                 http                shelve
_blake2             aifc                idlelib             shlex
_bootlocale         antigravity         imaplib             shutil
_bz2                argparse            imghdr              signal
_codecs             array               imp                 site
_codecs_cn          ast                 importlib           smtpd
_codecs_hk          asynchat            inspect             smtplib
_codecs_iso2022     asyncio             io                  sndhdr
_codecs_jp          asyncore            ipaddress           socket
_codecs_kr          atexit              itertools           socketserver
_codecs_tw          audioop             json                sqlite3
_collections        base64              keyword             sre_compile
_collections_abc    bdb                 lib2to3             sre_constants
_compat_pickle      binascii            linecache           sre_parse
_compression        binhex              locale              ssl
_csv                bisect              logging             stat
_ctypes             builtins            lzma                statistics
_ctypes_test        bz2                 macpath             string
_datetime           cProfile            macurl2path         stringprep
_decimal            calendar            mailbox             struct
```

_dummy_thread	cgi	mailcap	subprocess
_elementtree	cgitb	marshal	sunau
_findvs	chunk	math	symbol
_functools	cmath	mimetypes	symtable
_hashlib	cmd	mmap	sys
_heapq	code	modulefinder	sysconfig
_imp	codecs	msilib	tabnanny
_io	codeop	msvcrt	tarfile
_json	collections	multiprocessing	telnetlib
_locale	colorsys	netrc	tempfile
_lsprof	compileall	nntplib	test
_lzma	concurrent	nt	textwrap
_markupbase	configparser	ntpath	this
_md5	contextlib	nturl2path	threading
_msi	copy	numbers	time
_multibytecodec	copyreg	opcode	timeit
_multiprocessing	crypt	operator	tkinter
_opcode	csv	optparse	token
_operator	ctypes	os	tokenize
_osx_support	curses	parser	trace
_overlapped	datetime	pathlib	traceback
_pickle	dbm	pdb	tracemalloc
_pydecimal	decimal	pickle	tty
_pyio	difflib	pickletools	turtle
_random	dis	pip	turtledemo
_sha1	distutils	pipes	types
_sha256	doctest	pkg_resources	typing
_sha3	dummy_threading	pkgutil	unicodedata
_sha512	easy_install	platform	unittest
_signal	email	plistlib	urllib
_sitebuiltins	encodings	poplib	uu
_socket	ensurepip	posixpath	uuid
_sqlite3	enum	pprint	venv
_sre	errno	profile	warnings
_ssl	faulthandler	pstats	wave
_stat	filecmp	pty	weakref
_string	fileinput	py_compile	webbrowser
_strptime	fnmatch	pyclbr	winreg
_struct	formatter	pydoc	winsound
_symtable	fractions	pydoc_data	wsgiref
_testbuffer	ftplib	pyexpat	xdrlib
_testcapi	functools	queue	xml
_testconsole	gc	quopri	xmlrpc
_testimportmultiple	genericpath	random	xxsubtype
_testmultiphase	getopt	re	zipapp
_thread	getpass	reprlib	zipfile
_threading_local	gettext	rlcompleter	zipimport

_tkinter	glob	runpy	zlib
_tracemalloc	gzip	sched	
_warnings	hashlib	secrets	

Enter any module name to get more help. Or, type "modules spam" to search
for modules whose name or summary contain the string "spam".

如果要查看 Python 的所有关键字，则可输入并执行"keywords"命令。

help> keywords

该命令被执行后，将列出 Python 的所有关键字，具体结果如下：

Here is a list of the Python keywords. Enter any keyword to get more help.

False	def	if	raise
None	del	import	return
True	elif	in	try
and	else	is	while
as	except	lambda	with
assert	finally	nonlocal	yield
break	for	not	
class	from	or	
continue	global	pass	

如果要查看某个模块的详细信息，那么只需输入模块名称即可。例如，要查看 poplib 模块的详细信息，输入的命令如下：

help>poplib

执行该命令后，即可得到 poplib 模块的详细信息，如图 4-6 所示。如果与模块相关的信息较多，不能在当前屏幕上显示所有内容，则会自动分页显示，并在每页信息的下方显示"——more——"字样，此时按任意键可翻看剩余的内容。如果要退出查看，则只需按【Q】键即可。

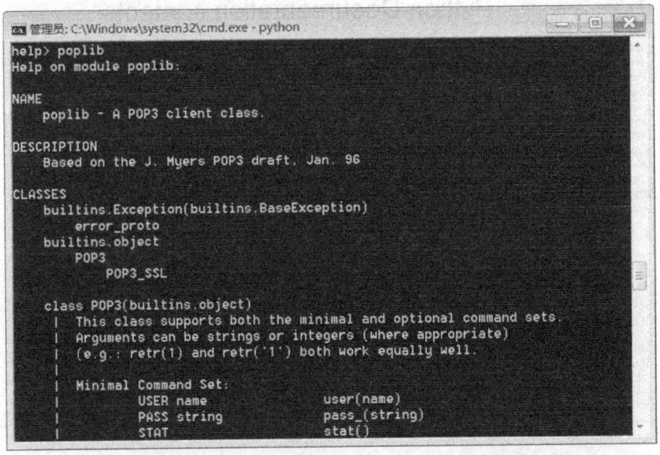

图 4-6　查看特定模块的详细信息（图中是 poplib 模块）

4.1.2 通过 IDLE 的【Help】菜单查看内置模块

运行 Python 的 IDLE, 进入 IDLE 的主界面, 如图 4-7 所示。

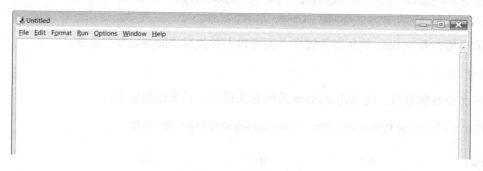

图 4-7　IDLE 的主界面

单击图 4-7 中的【Help】菜单, 可以看到的界面如图 4-8 所示。

图 4-8　IDLE 的【Help】菜单及其选项

单击【Python Docs】选项, 或在 IDLE 状态下直接按【F1】键, 均可进入 Python 的帮助系统, 如图 4-9 所示。

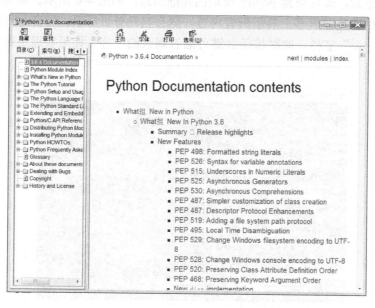

图 4-9　Python 的帮助系统

从图 4-9 中可以看到，在左侧的目录栏中有很多条目，它们对应不同条目的帮助文档，其中有"The Python Standard Library（Python 标准库）"，如图 4-10 所示，里面分门别类地详细描述了 Python 所有的内置模块及其使用、内置函数及其使用。

例如，Tkinter 模块就在图 4-11 所示的条目里，单击它左侧的【+】即可看到该条目对应的详细信息列表。

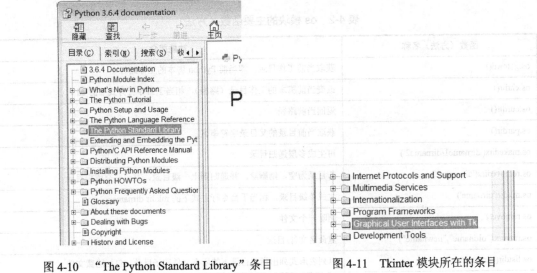

图 4-10 "The Python Standard Library"条目　　图 4-11 Tkinter 模块所在的条目

4.1.3 常用内置模块及其功能介绍

对于初学者而言，Python 常用的内置模块及其功能如表 4-1 所示。

表 4-1 Python 常用的内置模块及其功能

模块名称	功能简介
os	用于提供系统级别的操作
sys	用于提供与解释器相关的操作
hashlib	用于提供与加密相关的操作，替代 md5 和 sha 模块
json 和 pickle	用于将数据序列化（格式化）的两个模块
shutil	用于对文件、文件夹、压缩包进行处理的模块
logging	用于便捷记录日志的模块
time	用于执行与时间相关的操作的模块
re	用于对 Python 的正则表达式执行相关操作的模块
random	用于操作随机数的模块
datetime	用于对日期和时间进行操作的模块

4.1.4 内置模块的主要函数(方法)简介

1. os 模块

os 模块用于提供系统级别的操作,其主要函数(方法)如表 4-2 所示。

表 4-2 os 模块的主要函数(方法)

函数(方法)名称	功能简介
os.getcwd()	获取当前工作目录,即当前 Python 脚本的工作路径
os.chdir()	改变当前脚本的工作目录(路径),相当于命令行方式下的 cd
os.curdir()	返回当前路径
os.pardir()	获取当前目录的父目录字符串名
os.makedirs('dirname1/dirname2')	可生成多层递归目录
os.removedirs('dirname1')	若目录为空,则删除,并递归到上一级目录,直至非空或根目录
os.mkdir('dirname')	生成单级目录,相当于命令行方式下的 mkdir dirname
os.remove()	删除一个文件
os.rename("oldname","newname")	重命名文件/目录
os.listdir('dirname')	以列表形式列出指定目录下的所有文件和子目录,包括隐藏文件
os.system("bash command")	运行 Shell 命令,直接显示
os.environ()	获取系统环境变量
os.path.exists(path)	如果 path 存在,则返回 True;如果 path 不存在,则返回 False
os.path.join(path1[, path2[, ...]])	将多个路径组合后返回

2. sys 模块

sys 模块用于提供与解释器相关的操作,它的主要函数(方法)如表 4-3 所示。

表 4-3 sys 模块的主要函数(方法)

函数(方法)名称	功能简介
sys.exit(n)	退出程序,正常退出时使用 exit(0)
sys.version()	获取 Python 解释器的版本信息
sys.maxint()	最大的整数值
sys.path()	返回模块的搜索路径,初始化时使用 PYTHONPATH 环境变量的值
sys.platform()	返回操作系统平台名称,如 Windows

3. hashlib 模块

hashlib 模块用于提供与加密相关的操作,它代替了原先的 md5 和 sha 模块,主要提供 SHA1、SHA224、SHA256、SHA384、SHA512、MD5 等加密算法,这些加密算法被称为"哈希算法"。

哈希算法又被称为"摘要算法""散列算法",常被用于与加密相关的操作。它通过一个函数,把任意长度的数据转换为一个长度固定的字符串,通常是用十六进制表示的字符串。

关于 SHA1、SHA224、SHA256、SHA384、SHA512、MD5 等加密算法的详细介绍,本书不予提供,此处仅举一例以说明它的使用。

举例 1:SHA256 加密。

```
>>> import hashlib
>>> hash = hashlib.sha256()
>>> hash.update(bytes('admin',encoding='utf-8'))
>>> print(hash.hexdigest())
8c6976e5b5410415bde908bd4dee15dfb167a9c873fc4bb8a81f6f2ab448a918
>>>
```

从上面的运行中可以看出,"admin"经 SHA256 加密后以十六进制表示的字符串(摘要)为 8c6976e5b5410415bde908bd4dee15dfb167a9c873fc4bb8a81f6f2ab448a918。

在举例 1 程序中涉及 4 个函数(方法)。

- hashlib.sha256():用于创建对象。
- hash.update():将指定字符串转换为长度固定的摘要,即加密后的字符串。注意,该函数对原字符串有编码格式要求,建议先使用 bytes()函数进行编码格式转换。
- hash.hexdigest():返回以十六进制表示的字符串(摘要);如果使用 hash.digest(),则返回以二进制表示的字符串(摘要)。

4. json 和 pickle 模块

json 和 pickle 是用于将数据序列化(格式化)的两个模块,两者均具有序列化和反序列化两类接口函数。json 模块主要用于字符串与 Python 数据类型之间的转换,而 pickle 模块则用于 Python 特有的类型与 Python 的其他数据类型之间的转换。准确地说,json 模块用于不同语言之间交换数据,而 pickle 模块只用于 Python 之间交换数据。json 模块只能用于将 Python 最基本的数据类型序列化,即把常用的数据类型序列化,如列表、字典、字符串、数字,而无法用于对日期格式、类对象等进行序列化;而 pickle 模块则可以序列化所有的数据类型,包括类、函数。这两个模块的主要函数(方法)如表 4-4 所示。

表 4-4 json 和 pickle 模块包含的主要函数(方法)

函数(方法)名称	功能简介
json.dumps(obj,sort_keys=False,indent=None)	将 obj(列表或字典)转换为 JSON 格式的字符串。默认是按序存储的。sort_keys 用于设置是否按关键字排序;indent 用于增加数据缩进,使 JSON 格式的字符串更具有可读性 它是编码过程
json.loads(string)	将 JSON 格式的字符串转换为 Python 的数据类型 它是解码过程
json.dump(obj,fp,sort_keys=False,indent=None)	与 dumps()的功能基本一致,只不过是转码后写入文件 fp 中
json.load(fp)	与 loads()的功能基本一致,只不过是从文件 fp 中读入

续表

函数（方法）名称	功能简介
pickle.load(fp,*,fix_imports=True, encoding= "ASCII", errors="strict")	必选参数 fp 必须以二进制可读模式打开，即"rb"。其他均为可选参数
pickle.loads (bytes_object)	从字节对象中读取被封装的对象，并返回
pickle.dump(obj, fp, protocol=None)	参数 obj 表示将要封装的对象；参数 fp 表示 obj 要写入的文件对象，fp 必须以二进制可写模式打开，即"wb"。可选参数 protocol 表示 pickle 模块使用的协议，支持的协议有 0,1,2,3，默认协议是添加在 Python 3 中的协议 3
pickle.dumps(obj)	以字节对象形式返回被封装的对象

5. shutil 模块

shutil 模块用于对文件、文件夹和压缩包进行处理，它是专门用于处理文件的高级模块。该模块的主要函数（方法）如表 4-5 所示。

表 4-5 shutil 模块的主要函数（方法）

函数（方法）名称	功能简介
shutil.copyfileobj(fsrc, fdst[, length])	将文件内容复制到另一个文件中
shutil.copyfile(src, dst)	复制文件内容
shutil.copy(src, dst)	复制文件和权限
shutil.copy2(src, dst)	复制文件和状态信息
shutil.copymode(src, dst)	仅复制权限。内容、组、用户均不变
shutil.copystat(src, dst)	仅复制状态信息，即文件属性，包括 mode bits、atime、mtime、flags
shutil.copytree(src,dst,symlinks=False, ignore=None)	递归地复制文件夹
shutil.rmtree(path[, ignore_errors[, onerror]])	递归地删除文件
shutil.move(src, dst)	递归地移动文件，其本质就是重命名

6. logging 模块

logging 模块用于便捷地记录日志。

很多程序都有记录日志的需求。Python 的 logging 模块提供了标准的日志接口，可通过该接口存储各种格式的日志。日志级别被分为 5 级，按级别从高到低排列分别如下。

- CRITICAL：严重错误，如出现此类错误，则表明程序已经不能继续运行。
- ERROR：一般错误，如出现此类错误，则表明软件已经不能执行某些功能。
- WARNING：表明发生一些意外，或即将发生问题，如"磁盘满了"。出现此类问题，程序尚可正常运行。
- INFO：程序按照预期在运行时发送的信息。
- DEBUG：最为详细的信息，一般只用于调试时。

该模块的主要函数（方法）如表 4-6 所示。

表 4-6 logging 模块的主要函数（方法）

函数（方法）名称	功能简介
logging.debug(msg, *args, **kwargs) logging.info(msg, *args, **kwargs) logging.warning(msg, *args, **kwargs) logging.error(msg, *args, **kwargs) logging.critical(msg, *args, **kwargs)	设置日志记录的级别
logging.basicconfig(filename,filemode,level,format, datefmt)	修改日志的输出格式和方式，其中： filename——日志文件名 filemode——打开日志文件的模式，w 或 a level——日志级别，默认为 WARNING，日志级别必须大写 format——输出的格式和内容 datefmt——使用指定的时间格式
logging.getLogger(filename)	获得模块对应的 Logger
Logger.setLevel(lel)	指定最低的日志级别，低于 lel 级别的日志将被忽略
Logger.addFilter(filt)	增加指定的 filter
Logger.removeFilter(filt)	删除指定的 filter
Logger.addHandler(hdlr)	增加指定的 handler
Logger.removeHandler(hdlr)	删除指定的 handler
Handler.setLevel(lel)	指定被处理的信息级别，低于 lel 级别的信息将被忽略
Handler.setFormatter()	给当前 handler 选择一种格式
Handler.addFilter(filt)	新增一个 filter 对象
Handler.removeFilter(filt)	删除一个 filter 对象
logging.StreamHandler(stream=None)	向 sys.stdout 或 sys.stderr 的文件对象输出信息
logging.FileHandler(filename,mode)	向一个文件输出日志信息，其中： filename 是文件名，必须指定一个文件名 mode 是文件的打开方式

7. time 模块

time 模块用于执行与时间相关的操作。

在 Python 中，时间通常有 3 种表示方式。

- 时间戳：指的是从 1970 年 1 月 1 日开始至此刻的秒数，即 time.time()。
- 格式化的字符串：如 2014-11-11 11:11，即 time.strftime('%Y-%m-%d')。
- 结构化时间：含年、日、星期等的 time.struct_time 元组，即 time.localtime()。

该模块的主要函数（方法）如表 4-7 所示。

表 4-7 time 模块的主要函数（方法）

函数（方法）名称	功能简介
time.localtime()	以元组形式返回本地当前时间
time.gmtime()	以元组形式返回格林尼治时间

续表

函数（方法）名称	功能简介
time.mktime(x)	将元组格式时间转换为时间戳
time.strftime('%Y-%m-%d %H:%M:%S',x)	将元组格式时间转换为字符串格式时间，注意大小写
time.strptime('2017-05-08 17:03:12','%Y-%m-%d %H:%M:%S')	将字符串格式时间转换为元组格式时间
time.asctime(x)	将元组格式时间转换为默认格式的字符串时间
time.ctime(x)	将时间戳转换为字符串格式时间

8. re 模块

re 模块用于对 Python 的正则表达式执行相关操作。

正则表达式是特殊的字符序列，它可被简便地用于检查一个字符串是否与某种模式相匹配。自 Python 1.5 版本开始增加了 re 模块，它是 Perl 风格的正则表达式模式。凭借 re 模块，使 Python 语言拥有正则表达式的所有功能。

关于正则表达式的符号和语法，请自行查阅相关资料，此处仅列举其中的一部分。

- .：匹配除换行符以外的任意字符。
- \w：匹配字母、数字、下画线或汉字。
- \s：匹配任意的空白符。
- \d：匹配数字。
- \b：匹配单词的开始或结束。
- ^：匹配字符串的开始。
- $：匹配字符串的结束。
- *：重复零次或更多次。
- +：重复一次或更多次。
- ?：重复零次或一次。
- {n}：重复 n 次。
- {n,}：重复 n 次或更多次。如果在逗号后加 m，则重复 n～m 次。

正则表达式举例：11 位手机号码的正则表达式为 phone="^1[3|4|5|8][0-9]\d{8}$"。请自行分析该正则表达式的含义。

表 4-8 归纳了 re 模块的主要函数（方法）。

表 4-8 re 模块的主要函数（方法）

函数（方法）名称	功能简介
re.match(pattern, string, flags=0)	根据模型去匹配字符串中的指定内容，是单个匹配 从字符串的起始位置开始匹配，如果匹配不成功，就返回 none
re.search(pattern, string, flags=0)	扫描整个字符串并返回第一个成功的匹配
re.findall(pattern, string, flags=0)	找到匹配的所有字符串，并把它们作为一个列表返回
re.finditer(pattern, string, flags=0)	找到匹配的所有字符串，并把它们作为一个迭代器返回
re.sub(pattern,repl,string,count=0,flags=0)	替换匹配到的字符串

9. random 模块

random 是用于操作随机数的模块。

什么是"随机数"？随机数可被分为"真随机数"和"伪随机数"两种。例如，掷骰子得到的点数是真随机数，而由计算机产生的随机数则是伪随机数。伪随机数是可预测的随机数，从严格意义上讲，它不具有随机性质，因为它通常是通过数学公式产生的，如统计分布、平方取中等。当然，在大多数应用场景下，由计算机产生的随机数已经足够"随机"，足以满足应用的需要。

什么是"随机数种子"？正如数列需要首项，产生伪随机数需要一个初值，由它计算整个序列，这个初值被称为"种子"。种子可以是固定的值，也可以是根据当前系统状态确定的不固定值。由于"种子"决定了伪随机数的随机质量，所以强烈建议使用系统的"时间戳"作为种子。默认的种子即"时间戳"。

表 4-9 列示了 random 模块的主要函数（方法）。

表 4-9　random 模块的主要函数（方法）

函数（方法）名称	功能简介
random.choice(seq)	从一个列表 seq 中随机选取一个元素返回
random.shuffle(seq)	用于将一个列表 seq 中的元素打乱
random.sample(seq,k)	在列表 seq 中随机选取 k 个元素返回
random.randint(a,b)	随机返回 $a \sim b$ 之间的一个整数
random.random()	随机返回 $0 \sim 1$ 之间的一个浮点数
random.uniform(a,b)	随机返回 $a \sim b$ 之间的一个浮点数
random.randrange(a,b,f)	从指定范围(a,b)内按指定基数 f 递增的集合中获取一个随机数，基数默认值为 1
random.seed(x)	设置随机数种子 x，默认为系统时间

10. datetime 模块

datetime 模块用于对日期和时间进行操作。

Python 中提供了多个对日期和时间进行操作的内置模块，包括 time（时间模块）、datetime（日期时间模块）和 calendar（日历模块）。

time 模块是通过调用 C 库实现的，所以有些方法在部分平台上可能无法使用，但是它提供的大部分方法与 C 标准库 time.h 中的函数基本一致。

datetime 模块是 date 和 time 模块的合集。与 time 模块相比，datetime 模块提供的接口函数更直观、易用，功能也更强大。datetime 模块有两个常量：MAXYEAR 和 MINYEAR，分别代表最大的年份和最小的年份，它们的值分别是 9999 和 1。

datetime 模块定义了 5 个类，所有对日期和时间的操作均以类的形式进行。表 4-10 列举了该模块中 datetime 类的主要方法。为了使用 datetime 模块，首先必须理解这些类。

- datetime.date：表示日期的类。
- datetime.datetime：表示日期时间的类。
- datetime.time：表示时间的类。

- datetime.timedelta：表示时间间隔的类，即两个时间点的间隔。
- datetime.tzinfo：表示时区相关信息的类。

表 4-10　datetime 模块中 datetime 类的主要方法

方法名称	功能简介
datetime.datetime.now().date()	返回当前日期时间的日期部分
datetime.datetime.now().time()	返回当前日期时间的时间部分
datetime.datetime.strftime()	由日期格式转换为字符串格式，例如： datetime.datetime.now().strftime('%b-%d-%Y %H:%M:%S') 得到：'Apr-16-2017 21:01:35'
datetime.datetime.strptime()	由字符串格式转换为日期格式，例如： datetime.datetime.strptime('Apr-16-2017 21:01:35', '%b-%d-%Y %H:%M:%S') 得到：datetime.datetime(2017, 4, 16, 21, 1, 35)

举例 2：利用 datetime 模块得到时间差。

```
import time                              #引用 time 模块
from datetime import datetime            #引用 datetime 模块中的 datetime 类
starttime = datetime.now()               #获取当前日期时间
time.sleep(5.3)                          #延时 5.3s

endtime = datetime.now()                 #获取当前日期时间
print((endtime-starttime).seconds)       #显示时间差中的秒数
```

在 IDLE 中运行上述程序，得到的结果如下：

```
5
>>>
```

4.2　内置模块的应用举例

4.2.1　与路径相关的应用举例

路径是在文件操作中经常被使用的信息，有绝对路径和相对路径之分。简单地说，绝对路径就是完整的路径，而相对路径就是当前路径。

以下举例是为了演示如何借助 os 等内置模块，在计算机上新建一个文件夹，文件夹的具体信息如下：e:\mydemo\myapp\data。

很显然，"e:\mydemo\myapp\data" 就是一个绝对路径，它包含从盘符到文件夹的完整信息。为了新建该文件夹，必须首先判断是否存在 "E" 盘，然后判断是否存在 "e:\mydemo" 文件夹，接下来判断是否存在 "e:\mydemo\myapp" 文件夹，最后判断该文件夹下是否存在 "data" 文件夹。在上述判断过程中，如果发现存在相应的文件夹，则直接跳过；如果不存在，则必须新建它。

举例 3：新建一个文件夹。

```
'''
内置模块应用举例：新建一个指定的文件夹
使用 os 模块
沈红卫
绍兴文理学院  机械与电气工程学院
2018 年 8 月 24 日
'''
import os

# 首先判断是否存在 E 盘
if(os.path.exists("e:/")):
    # 继续判断子文件夹
    if(os.path.exists("e:/mydemo")):
        if(os.path.exists("e:/mydemo/myapp")):
            os.mkdir('e:/mydemo/myapp/data')
        else:
            os.mkdir('e:/mydemo/myapp')
            os.mkdir('e:/mydemo/myapp/data')
    else:
        os.makedirs('e:/mydemo/myapp/data')
    print("亲，文件夹已经为你新建好了！")
else:
    print("对不起，你的电脑没有 E 盘，无法新建你的文件夹！")
```

从上述程序中可以看出，路径中的分隔符是"/"而不是"\"。这是因为，如果采用"\"作为分隔符，则必须写成"\\"。

4.2.2 与时间相关的应用举例

日期和时间在程序中经常被用到，使程序能自动而准确地获取当前时间信息的通常做法是使用 datetime 模块。

以下举例展示了如何获取当前日期和时间，可根据它举一反三地写出更多关于时间应用的程序。

举例 4：显示当前日期和时间。

```
>>> import datetime
>>> dt=datetime.datetime.now()
>>> dt
datetime.datetime(2018, 8, 24, 14, 49, 26, 941621)
>>> print("今天是：{}年{}月{}日".format(dt[0],dt[1],dt[2]))
Traceback (most recent call last):
  File "<pyshell#8>", line 1, in <module>
    print("今天是：{}年{}月{}日".format(dt[0],dt[1],dt[2]))
TypeError: 'datetime.datetime' object is not subscriptable
```

```
>>> type(dt)
<class 'datetime.datetime'>
>>> print("今天是：{}年{}月{}日".format(dt.year,dt.month,dt.day))
今天是：2018 年 8 月 24 日
>>> print("现在是：{}时{}分{}秒".format(dt.hour,dt.minute,dt.second))
现在是：14 时 49 分 26 秒
>>>
```

4.3 Python 的内置函数

内置函数（Built-in Functions）就是 Python 内置的可供直接使用的函数，往往用于实现最频繁或最基本的操作。借助内置函数，可极大地方便程序开发，提高开发效能。Python 3.6 提供了 68 个内置函数，它们可以供开发者编程时直接调用。能不能用好这些内置函数，也是检验 Python 学习者学习成效的一把尺子。

4.3.1 如何查看 Python 有哪些内置函数

为了使用内置函数，必须首先了解内置函数有哪些。那么，如何查看 Python 有哪些内置函数呢？查看的方法有多种，这里介绍一种最为简单的方式，具体过程如下。

运行 IDLE 后，选择【Help】→【Python Docs】命令（见图 4-12），或直接按功能键【F1】，进入如图 4-13 所示的 Python 帮助系统。

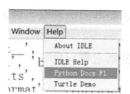

图 4-12　选择【Help】→【Python Docs】命令

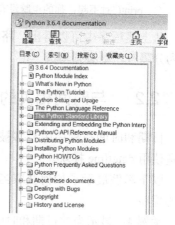

图 4-13　Python 帮助系统

在图 4-13 中，选择【The Python Standard Library】，双击它或单击它左侧的【+】，可使该项内容被展开，得到如图 4-14 所示的内容。

图 4-14　Python 标准库帮助文档选项

在图 4-3 中，可看到【Built-in Functions】选项，单击它后出现如图 4-15 所示的界面，在该界面的右侧列出了 Python 所有的内置函数。按照列表所示，共有 68 个内置函数。

目录(C) 索引(N) 搜索(S) 收藏夹(I)
The Python Standard Library
Introduction
Built-in Functions
Built-in Constants
Built-in Types
Built-in Exceptions
Text Processing Services
Binary Data Services
Data Types
Numeric and Mathematical Modules
Functional Programming Modules
File and Directory Access
Data Persistence
Data Compression and Archiving
File Formats
Cryptographic Services
Generic Operating System Services
Concurrent Execution
Interprocess Communication and Net
Internet Data Handling
Structured Markup Processing Tools
Internet Protocols and Support
Multimedia Services
Internationalization
Program Frameworks
Graphical User Interfaces with Tk
Development Tools
Debugging and Profiling
Software Packaging and Distribution
Python Runtime Services
Custom Python Interpreters
Importing Modules
Python Language Services
Miscellaneous Services
MS Windows Specific Services
Python » 3.6.4 Documentation » The Python Standard Library »
previous | next | modules | index
2. Built-in Functions
The Python interpreter has a number of functions and types built into it that are always available. They are listed here in alphabetical order.
Built-in Functions
abs() dict() help() min() setattr()
all() dir() hex() next() slice()
any() divmod() id() object() sorted()
ascii() enumerate() input() oct() staticmethod()
bin() eval() int() open() str()
bool() exec() isinstance() ord() sum()
bytearray() filter() issubclass() pow() super()
bytes() float() iter() print() tuple()
callable() format() len() property() type()
chr() frozenset() list() range() vars()
classmethod() getattr() locals() repr() zip()
compile() globals() map() reversed() __import__()
complex() hasattr() max() round()
delattr() hash() memoryview() set()

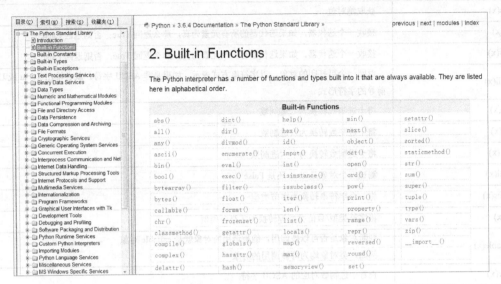

图 4-15　Python 内置函数一览表

单击其中的任何一个函数，如 bin()函数，可以看到该函数的使用说明及举例，如图 4-16 所示。

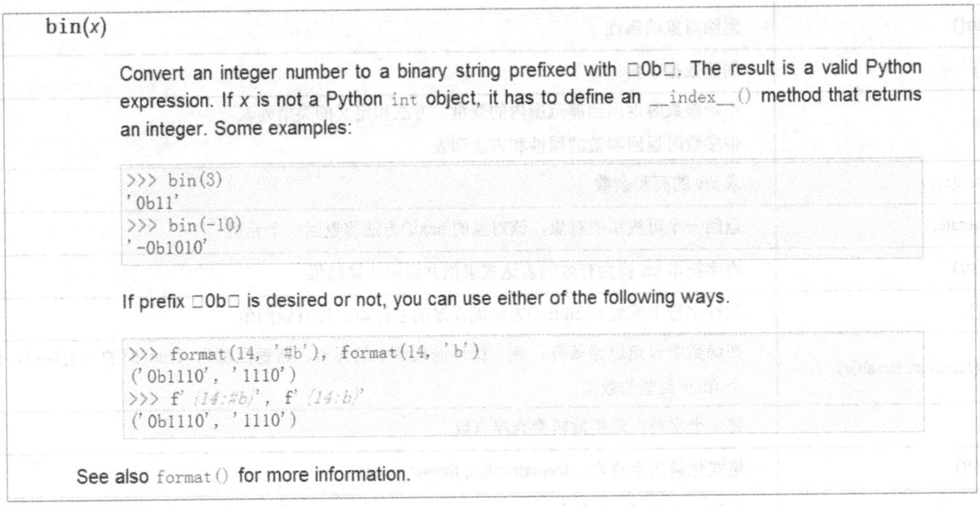

bin(x)
Convert an integer number to a binary string prefixed with □0b□. The result is a valid Python expression. If x is not a Python int object, it has to define an __index__() method that returns an integer. Some examples:
>>> bin(3)
'0b11'
>>> bin(-10)
'-0b1010'
If prefix □0b□ is desired or not, you can use either of the following ways.
>>> format(14, '#b'), format(14, 'b')
('0b1110', '1110')
>>> f'{14:#b}', f'{14:b}'
('0b1110', '1110')
See also format() for more information.

图 4-16　内置函数 bin()的使用说明及举例

4.3.2　内置函数及其功能

Python 所有的内置函数及其功能如表 4-11 所示。

表 4-11　Python 所有的内置函数及其功能

函数名称	功能简介
abs(x)	获取绝对值
all(x)	接收一个迭代器，如果迭代器的所有元素为真，那么返回 True；否则返回 False
any(x)	接收一个迭代器，如果迭代器有一个元素为真，那么返回 True；否则返回 False
ascii(x)	返回一个可打印的对象，以字符串方式表示。如果是非 ASCII 字符，就会输出\x、\u 或\U 等前导的字符形式
bin(x)	将十进制数转换为二进制数
oct(x)	将十进制数转换为八进制数
hex(x)	将十进制数转换为十六进制数
bool(x)	测试一个对象是 True 还是 False
bytes(x)	将一个字符串转换为字节类型
str(x)	将字符类型/数值类型等转换为字符串类型
callable(x)	判断对象是否可以被调用，能被调用的对象就是 callable 对象 例如，类对象均为可被调用的对象
char(x)	查看十进制数对应的 ASCII 字符
ord(x)	查看某个 ASCII 字符对应的十进制数
classmethod()	用于声明一个方法为类的方法
compile()	将字符串编译成 Python 可识别或可执行的代码
complex()	创建一个值为 real + imag * j 的复数，将一个字符串或数值转换为复数
delattr()	删除对象的属性
dict()	创建数据字典
dir()	不带参数时返回当前范围内的变量、方法和定义的类型列表 带参数时返回参数的属性和方法列表
divmod(x,y)	求 x/y 的商和余数
enumerate()	返回一个可枚举的对象，该对象的 next()方法将返回一个元组
eval(str)	将字符串 str 视为有效的表达式求值并返回计算结果
exec()	执行字符串或经 complie()方法编译过的字符串，没有返回值
filter(function, iterable)	在函数中设定过滤条件，逐一循环迭代器中的元素，将返回值为 True 时的元素保留，形成一个 filter 类型的数据
float()	将一个字符串或整数转换为浮点数
format()	格式化输出字符串，format(value, format_spec)
frozenset()	创建一个不可修改的集合
getattr()	获取对象的属性
globals()	返回一个描述当前全局变量的字典
hasattr(object,name)	判断对象 object 是否包含名为 name 的属性
hash(object)	求哈希值
help()	返回对象的帮助文档

续表

函数名称	功能简介
id()	返回对象的内存地址
input()	获取用户输入内容
int()	将一个字符串或数值转换为普通整数
isinstance()	检查对象是否为类的对象，返回 True 或 False
issubclass()	检查类是否为另一个类的子类，返回 True 或 False
iter(o[, sentinel])	返回一个 iterator 对象
len()	返回对象长度，参数是序列类型（字符串、元组或列表）或映射类型（如字典）
list()	列表构造函数
locals()	打印当前可用的局部变量的字典
map(function, iterable,...)	对于参数 iterable 中的每个元素都应用 function 函数，并将结果作为列表返回
max()	返回给定元素中的最大值
memoryview()	返回给定参数的内存查看对象（Memory View），例如，v = memoryview(b'abc123')，那么 v[0]就是 97（'a'的 ASCII 码）。相当于 C 语言中的指针法
min()	返回给定元素中的最小值
next()	返回一个可迭代数据结构（如列表）中的下一项
object()	获取一个新的、无特性（Featureless）对象
open()	打开文件
pow(x,y)	求 x 的 y 次方
print()	输出函数
property()	在新式类中返回属性值
range()	根据需要生成一个指定范围内的数字
repr()	将任意值转换为字符串，以供计时器读取的形式
reversed()	反转，逆序对象
round()	四舍五入
set()	创建一个无序、不重复元素集合
setattr()	与 getattr()相对应，设置属性
slice()	切片功能
sorted()	排序
staticmethod()	返回函数的静态方法
str()	字符串构造函数
sum()	求和
super()	调用父类的方法
tuple()	元组构造函数
type()	显示对象所属的类型
vars()	返回对象的属性和属性值的字典对象。如果没有参数，就打印当前调用位置的属性和属性值。类似于 locals()

续表

函数名称	功能简介
zip()	将对象逐一配对
__import__()	动态加载类和函数

4.3.3 内置函数的应用举例

举例5：bytes()的使用——将一个字符串转换为字节类型。

自Python 3以后，字符串和bytes类型被彻底分开了。字符串是以字符为单位进行处理的，而bytes类型是以字节为单位进行处理的。bytes数据类型在所有的操作甚至内置函数中与字符串数据类型基本一样，它也是不可变的序列对象。

字符串类型与bytes类型最直接的互换方式如下：

```
>>> ss=b"asf34".decode("utf-8")     #将bytes对象通过解码转换为UTF-8格式的字符串
>>> ss
'asf34'
>>> ss.encode("utf-8")              #将字符串通过编码成UTF-8格式转换为bytes对象
b'asf34'
>>>
```

而函数bytes()提供了一种将字符串转换为bytes类型的新途径。它的主要用法有以下3种形式。

语法形式1——bytes(string, encoding[, errors])。

将字符串对象string以指定的编码格式encoding转换为bytes类型，其中errors为可选参数，通常可不用。

例如：

```
>>> ss='I love you!'
>>> bs=bytes(ss,encoding="utf-8")
>>> print(bs)
b'I love you!'
>>> bs=bytes(ss)
Traceback (most recent call last):
  File "<pyshell#24>", line 1, in <module>
    bs=bytes(ss)
TypeError: string argument without an encoding
>>>
```

从上面的代码中可以看出，在此方式下，前两个参数都是必需的。

语法形式2——bytes(int)。

生成给定字节数的空bytes字符串。注意，不是空格，而是空字符串。

例如：

```
>>> ss=bytes(10)
>>> print(ss)
```

```
b'\x00\x00\x00\x00\x00\x00\x00\x00\x00'
>>>
```

语法形式 3——bytes()。

生成一个空的 bytes 对象。它通常被用来初始化一个 bytes 对象。

例如：

```
>>> ss=bytes()
>>> print(ss)
b''
```

举例 6：hasattr()的使用——判断对象 object 是否包含名为 name 的属性或方法。

该函数的语法形式如下：

hasattr(object,name)

其中，参数 object 为被判断对象，参数 name 为属性或方法名称。如果 object 包含 name 对应的属性或方法，则返回 True；否则返回 False。

例如：

```
>>> hasattr(list,"del")
False
>>> hasattr(list,"delete")
False
>>> hasattr(list,"append")
True
>>> ss=(1,2,3)
>>> hasattr(ss,"append")
False
>>> hasattr(ss,"add")
False
>>>
```

举例 7：sorted()的使用——排序。

在程序设计过程中，经常需要对列表（List）和字典（Dict）对象进行排序。Python 提供了两种方法来实现排序功能。

方法 1——用 List 的方法 sort()进行排序，该方法不返回副本。

例如：

```
>>> ll=[1.3,6.7,3.4,89]
>>> ll.sort()
>>> ll
[1.3, 3.4, 6.7, 89]
>>> ll1=ll.sort()
>>> ll1
>>>
```

方法 2——用内置函数 sorted()进行排序，它返回副本，而原始输入不变。

它的语法形式如下：

sorted(iterable, key=None, reverse=False)

其中，3 个参数及其含义分别如下。
- iterable：可迭代对象，它是被排序的对象，可为列表（List）、字典（Dict）等类型。
- key：以可迭代对象的某个属性或函数作为关键字进行排序，默认值为空。
- reverse：reverse = True 对应降序，reverse = False 对应升序（默认）。

例如：

```
>>> sorted([36,6,-12,9,-22])                              #列表排序
[-22, -12, 6, 9, 36]
>>> newl=sorted([36,6,-12,9,-22])                         #返回副本
>>> newl
[-22, -12, 6, 9, 36]
>>> sorted(['bob', 'about', 'Zoo', 'Credit'])             #字符串排序，按照 ASCII 码大小排序
['Credit', 'Zoo', 'about', 'bob']
>>> a = [('b',2), ('a',1), ('c',0)]
>>> sorted(a,key=lambda x:x[1])                           #按照元组第二个元素排序
[('c', 0), ('a', 1), ('b', 2)]
>>> sorted([36,6,-12,9,-22],key=abs)                      #高阶函数，按照绝对值大小排序
[6, 9, -12, -22, 36]
>>> sorted(['bob', 'about', 'Zoo', 'Credit'],key=str.lower)   #忽略大小写排序
['about', 'bob', 'Credit', 'Zoo']
>>>
```

举例 8：range()的使用——根据需要生成一个指定范围内的数字。

range()函数返回的是一个可迭代对象。注意，是可迭代对象，而不是列表类型。因此，不能使用 print()函数打印 range()函数的返回值。

该函数的语法形式如下：

```
range(start,end[,step])
```

其中，start 为起始值，end 为结束值（不含该值，也就是最后一个值必须减去 1），step 为步长。

例如：

```
>>> ll=range(1,10,2)
>>> ll
range(1, 10, 2)
>>> range(1,10,2)
range(1, 10, 2)
>>> ll1=list(range(1,10,2))                  #必须转换为列表才能被打印
>>> ll1
[1, 3, 5, 7, 9]
>>> ll2=list(range(10))
>>> ll2
[0, 1, 2, 3, 4, 5, 6, 7, 8, 9]
>>>
```

从上述结果中可以看出，range()函数返回的对象很像一个列表，但不是一个列表，它只在迭代的情况下才返回被索引的值，这种对象被称为可迭代对象。也就是说，range()函数不

会在内存中产生列表对象,这是为了节约内存空间。还有一种对象被称为迭代器,list()函数就是这样一个迭代器,它可将range()函数返回的对象转换为列表。

举例9:filter()的使用——过滤器,用于构造一个序列。

filter()是过滤器,用于构造一个序列,其功能等价于:

item for item in iterable if function(item)

上述表达式的含义是:在函数中设定过滤条件,逐一循环迭代器中的元素,将返回值为True时的元素保留,形成一个新的序列对象。

filter()函数的语法形式如下:

filter(function, iterable)

它返回的并不是一个列表,而是一个 filter 对象,可通过 list()函数将其转换为列表,从而使之可被打印。其中,function 为过滤用函数;iterable 为可迭代对象。

例如:

```
>>> def myfilter(x):
        if x%3==0 and x%5==0:
            return True
        else:
            return False

>>> mylist=list(filter(myfilter,range(1,500)))

>>> mylist

[15, 30, 45, 60, 75, 90, 105, 120, 135, 150, 165, 180, 195, 210, 225, 240, 255, 270, 285, 300, 315, 330, 345, 360, 375, 390, 405, 420, 435, 450, 465, 480, 495]
>>>
```

从上述举例中应该不难理解过滤器的功能和使用方法,还可以看出过滤器的神奇之处。

以上仅仅对部分内置函数的使用进行了演示。内置函数所具有的强大威力有待于在学习过程中和具体的应用中去发现和挖掘。

思考与实践

1. 内置模块和内置函数在使用上有什么不同?
2. 如何得到关于内置模块和内置函数的使用方法?
3. 请编写一个程序,将某个文件夹中的内容复制到另一个新的文件夹中。
4. 请在熟悉内置模块和内置函数的基础上,自行编写一个具有创意的程序,程序代码至少在10行以上。
5. 利用 logging 模块,将某个程序的运行结果写入日志文件中,然后用记事本查看,并与在控制台上输出的结果进行对比。
6. 请用两种方法求出任意区间 $m\sim n$ 内的素数个数,并以每行 6 个输出所有素数。

第 5 章 Python 的外部资源

学习目标

- 了解 Python 常用的外部模块。
- 能正确安装所需的外部模块。
- 能将外部模块导入 PyCharm 中。
- 能用外部模块解决一般的应用问题。

多媒体课件和导学微视频

5.1 为什么要安装外部模块

外部模块是相对于标准资源（标准模块、标准库）而言的。

Python 标准库的确很丰富，也很强大，它们可以满足各种需要，包括正则表达式、文档生成、单元测试、线程、数据库、网页浏览器、CGI、FTP、电子邮件、XML、XML-RPC、HTML、WAV 文件、密码系统、GUI（图形用户界面）、Tk 和其他与系统有关的操作。更让人称奇的是，只要安装了 Python，所有这些功能都是直接可用的。这很好地体现了 Python 所倡导的"功能齐全"理念。

但是，由于应用场景千变万化，程序设计中要使用的资源也千差万别，而任何一门语言都不可能包罗万象，所以需要依靠外部资源来弥补内部资源的不足。在计算机界，最著名的一句话是"站在巨人的肩膀上"，就 Python 而言，内部和外部资源就是巨人的肩膀！

Python 有以下两个特点。

- 特点 1：Python 是 FLOSS（自由/开放源码软件）之一。
- 特点 2：有不少程序往往是基于其他语言被开发的，如 C、C++等。

正是由于上述两个特点，使得 Python 的功能不断被扩充，而这些被扩充的功能往往是通过第三方模块（外部模块、外部库）的形式提供给开发者的。也正是由于这些外部模块，使得 Python 的生态日益被完善，功能越来越强大。在 Python 的生态中，有很多高质量的外部模块，如 wxPython、Twisted、chardet、pygame 等，它们种类繁多，功能覆盖全面。

由于这些外部模块不包含在 Python 中，所以，在使用前，需要从外部下载并安装它们。不同的外部模块提供的安装形式各不相同。有些外部模块提供了可自动安装的安装包，如 pygame 的 Windows 版本，直接双击安装包程序就可以安装它。然而大多数外部模块并不提供这样的安装方式，部分开发者往往因为不会安装它们而导致无法在程序中引用这些外部模块，从而影响了学习和开发的心情。所以，要学习和应用外部模块，首先要解决的就是安装问题。

在安装外部模块的过程中，将自动安装该外部模块的前置模块（关联模块）。这是一件幸运的事情，因为大多数外部模块往往有很多依赖关系，而开发者很难一一搞清楚某个外部模块所依赖的模块有哪些。所以，自动安装关联模块的特性使得安装过程被大大地简化了。

5.2　如何安装外部模块

有多种方法可以安装外部模块，这里只介绍比较简单、容易上手的两种安装方法。

5.2.1　升级安装工具

在讨论第一种安装方法以前，首先讨论安装模块（安装工具）的升级问题。

进入命令行窗口，执行"python -m pip install -U pip setuptools"命令，对安装外部模块的安装工具 setuptools 进行升级，如图 5-1 所示。

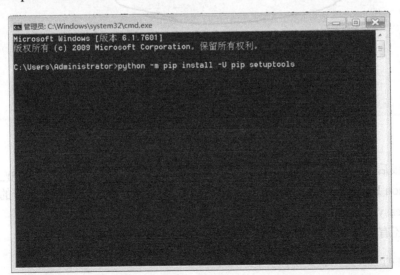

图 5-1　对安装工具 setuptools 进行升级

完成安装工具 setuptools 的升级后，出现的界面如图 5-2 所示。

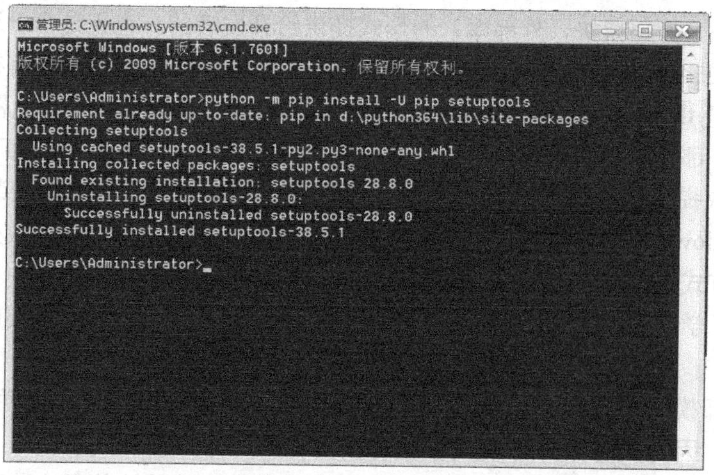

图 5-2 安装工具 setuptools 升级完成的界面

由于在安装 Python 后正确设置了环境变量，所以，从图 5-2 所示的升级结果中可以看到，升级后的安装工具默认存储在"D:\python364\Lib\site-packages"文件夹下，如图 5-3 所示。

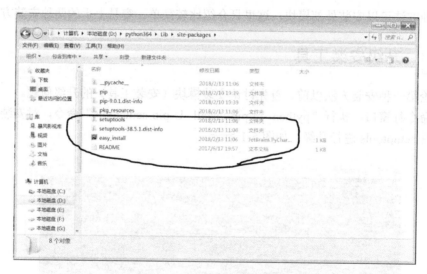

图 5-3 安装工具 setuptools 的存储路径

完成升级后，可通过 easy_install 命令安装外部模块（第三方模块）。easy_install 是由 PEAK（Python Enterprise Application Kit）开发的，它是 setuptools 工具包自带的一个命令，所以，使用 easy_install 实际上是在调用 setuptools。

另外，还有一个安装工具 pip。升级安装工具 pip 的方法如下：

python -m pip install --upgrade pip

在 cmd 方式下，执行上述命令后，得到的界面如图 5-4 和图 5-5 所示。

第 5 章　Python 的外部资源

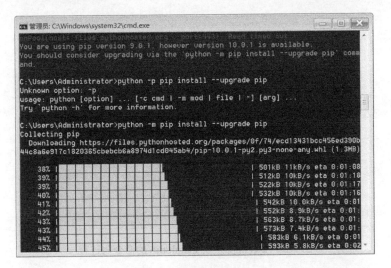

图 5-4　pip 升级进程示意

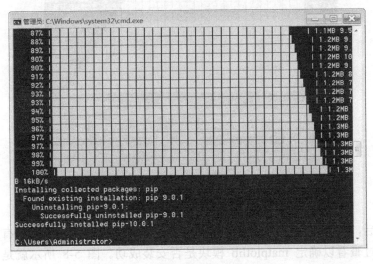

图 5-5　pip 升级完成后的界面示意

不过，要加以说明的是，上述方法升级的是 pip 这个安装工具，它是 Python 自带的用于发布 Python 应用程序的模块。

5.2.2　使用 pip 安装外部模块

强烈建议使用 pip 安装外部模块，因为通过源码安装的方法比较烦琐。

例如，在 cmd 方式下，输入"python -m pip install matplotlib"命令安装 matplotlib 模块，系统会自动下载安装包并启动安装，如图 5-6 所示。

安装完成后的界面如图 5-7 所示。从图中可以看出，为了安装 matplotlib 这个第三方模块，在安装过程中，pip 自动安装了与它相关联的多个外部模块，包括 numpy、six、cycler、pytz、pyparsing 等。

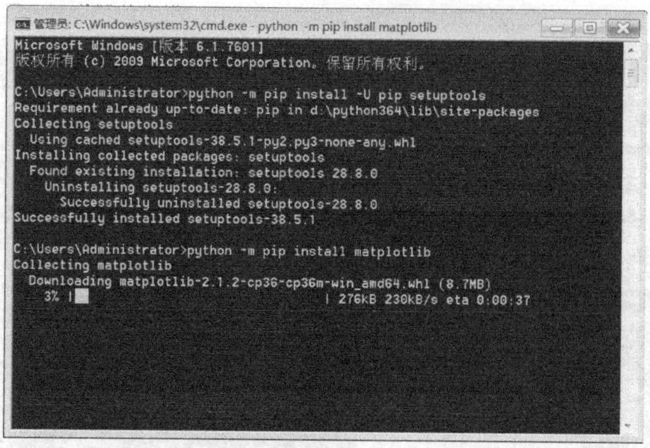

图 5-6 安装外部模块 matplotlib 的命令与过程

图 5-7 外部模块 matplotlib 安装完成后的界面

安装完成后，可使用命令"python -m pip list"查看本机已经安装的所有模块。这样做的目的是，通过查看以确定 matplotlib 模块是否安装成功。图 5-8 所示就是该命令查看的结果。

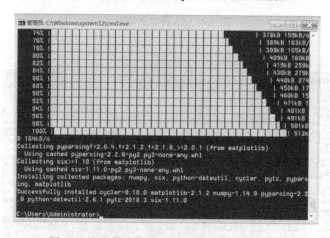

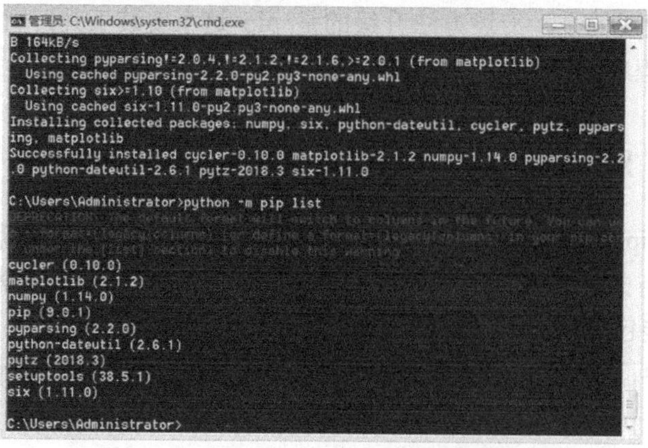

图 5-8 查看本机已经安装的所有模块

由图 5-8 可见，matplotlib 模块已经安装成功。为了进一步确认该模块是否安装成功，还必须试用一次。方法是：进入 Python IDLE，执行“import matplotlib”语句，如图 5-9 所示。执行该语句后，如果没有报错提示，则说明该模块安装成功了。

```
Python 3.6.4 Shell
File Edit Shell Debug Options Window Help
Python 3.6.4 (v3.6.4:d48eceb, Dec 19 2017, 06:54:40) [MSC v.1900 64 bit (AMD64)]
 on win32
Type "copyright", "credits" or "license()" for more information.
>>> import matplotlib
>>> |
```

图 5-9　引用 matplotlib 模块正常

5.2.3　使用 easy_install 安装外部模块

安装程序 easy_install 有多种使用形式，此处只讨论其中的 4 种。

1. 形式 1——通过模块名安装

通过模块名安装一个外部模块，此法将自动通过 PyPI 搜寻得到被安装的外部模块的最新版本，自动下载并安装该模块。

例如，在通过 cmd 命令进入命令行方式后，执行以下命令：

```
easy_install SQLObject
```

系统将自动搜寻并安装 SQLObject 外部模块，如图 5-10 所示。

```
管理员: C:\Windows\system32\cmd.exe
Microsoft Windows [版本 6.1.7601]
版权所有 (c) 2009 Microsoft Corporation。保留所有权利。

C:\Users\Administrator>easy_install SQLObject
Searching for SQLObject
Reading https://pypi.python.org/simple/SQLObject/
D:\python364\lib\site-packages\setuptools\pep425tags.py:89: RuntimeWarning: Conf
ig variable 'Py_DEBUG' is unset, Python ABI tag may be incorrect
  warn=(impl == 'cp')):
D:\python364\lib\site-packages\setuptools\pep425tags.py:93: RuntimeWarning: Conf
ig variable 'WITH_PYMALLOC' is unset, Python ABI tag may be incorrect
  warn=(impl == 'cp')):
Downloading https://files.pythonhosted.org/packages/33/e2/133594ee12cab5a1cfdc03
9085a2d345dc6d2d976d668c493f51e8509e91/SQLObject-3.7.0-py2.py3-none-any.whl#sha2
56=38aeb029b93c983e759812b60b7c16db4c2c2921d06096401ad8c5879b8c6f40
Best match: SQLObject 3.7.0
Processing SQLObject-3.7.0-py2.py3-none-any.whl
Installing SQLObject-3.7.0-py2.py3-none-any.whl to d:\python364\lib\site-package
s
writing requirements to d:\python364\lib\site-packages\SQLObject-3.7.0-py3.6.egg
writing requirements to d:\python364\lib\site-packages\FormEncode-2.0.0a1-py3.6.
egg\EGG-INFO\requires.txt
Adding FormEncode 2.0.0a1 to easy-install.pth file

Installed d:\python364\lib\site-packages\formencode-2.0.0a1-py3.6.egg
Finished processing dependencies for SQLObject

C:\Users\Administrator>_
```

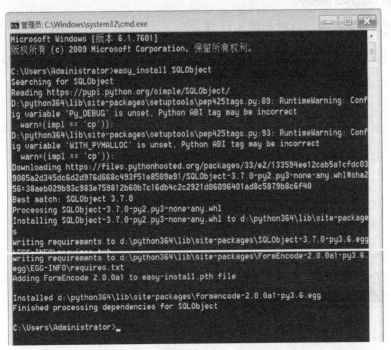

图 5-10　用 easy_install 安装 SQLObject 外部模块的过程

2. 形式 2——通过互联网安装

通过指定链接下载页面，以库名、库版本的方式安装、更新指定的外部模块。

例如，在通过 cmd 命令进入命令行方式后，输入并执行以下命令，同样可以安装外部模块 SQLObject。

easy_install -f http://pythonpaste.org/package_index.html SQLObject

3. 形式 3——安装 .egg 文件

安装已经下载好的 .egg 安装包文件。

如 zope.interface-4.1.2-py2.7-win32.egg，它是 zope.interface 外部模块的安装包文件。Python 虽然支持多继承，但是不支持接口，而 zope.interface 是第三方的接口实现库，它在 twisted 中被广泛使用。因此，zope.interface 是一个重要的外部模块。

如果要通过此法安装 zope.interface 模块，则必须在命令行方式下输入并执行以下命令。当然，事前要确保它已被正确下载并存储在有关路径下。

easy_install /my_downloads/zope.interface-4.1.2-py2.7-win32.egg

4. 形式 4——升级已经安装的外部模块

此法将自动搜寻 PyPI 以获得最新版本信息，并根据情况自动下载和安装指定的模块。

例如，在命令行方式下输入以下命令，可升级已经安装的 numpy 模块。

easy_install --upgrade numpy

执行上述命令后，安装过程如图 5-11 所示。

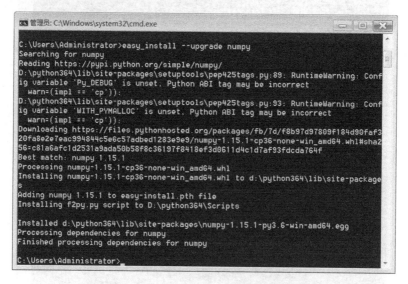

图 5-11　easy_install 升级 numpy 模块的过程

5.3 将安装后的外部模块导入 PyCharm 中

用上述两种方法安装外部模块后,必须通过【Configure】选项将外部模块导入 PyCharm 中,以供所有项目或某个项目使用。导入的具体步骤如下。

1. 运行 PyCharm

双击 PyCharm 桌面快捷图标或通过【开始】菜单运行 PyCharm。PyCharm 的启动界面如图 5-12 所示,在右下角可看到【Configure】选项。

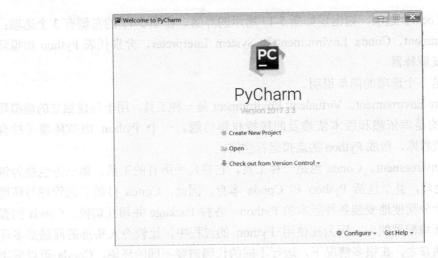

图 5-12　PyCharm 启动界面中的【Configure】选项

2. 设置解释器

单击【Configure】选项,在下拉菜单中,可以看到【Settings】选项,如图 5-13 所示。

选择【Settings】选项,进入如图 5-14 所示的界面,从中可以看到默认选项为【Project Interpreter】,翻译成中文即"工程解释器"。

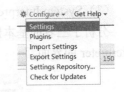

图 5-13　【Settings】选项

图 5-14　【Project Interpreter】选项

图 5-14 右侧的空白表明,目前尚未配置解释器(<No Interpreter>),因此必须配置解释器。

单击图 5-15 右侧的小齿轮图标【❋】，出现如图 5-16 所示的选项。

图 5-15　Project Interpreter 快捷设置工具【❋】

图 5-16　小齿轮图标被单击后的选项

选择【Add Local】选项，则出现如图 5-17 所示的界面。在图 5-17 的左侧有 3 个选项：Virtualenv Environment、Conda Environment 和 System Interpreter，分别代表 Python 虚拟环境、多环境和系统解释器。

以下是关于这 3 个选项的简单说明。

（1）Virtualenv Environment。Virtualenv Environment 是一种工具，用于创建独立的虚拟环境。它主要解决的是库依赖和版本依赖及间接授权等问题。一个 Python 虚拟环境可持有 Python 所必需的依赖库，形成 Python 的虚拟运行空间。

（2）Conda Environment。Conda 也是一种工具，它将几乎所有的工具、第三方包视为包（Package）加以处理，甚至包括 Python 和 Conda 本身。因此，Conda 打破了包管理与环境管理的约束，可十分简便地安装各种版本的 Python、各种 Package 并相互切换。Conda 的强大之处在于其多环境配置能力，因为在使用 Python 的过程中，比较令人头疼的问题是多环境配置与切换。换言之，在很多情况下，运行不同的代码需要不同的环境，Conda 可以解决此类问题。

（3）System Interpreter。意为系统解释器，它可用于本地的所有工程。

分析了三者的基本区别后，继续解释器的配置过程。图 5-17 所示是添加 Local Python Interpreter 的界面。

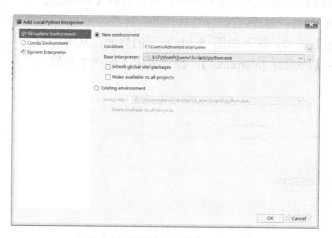

图 5-17　添加 Local Python Interpreter 的界面

选择图 5-17 左侧的【System Interpreter】选项，如图 5-18 所示。

图 5-18　选择【System Interpreter】选项

然后单击图 5-19 右侧的【…】按钮，出现选择解释器的界面，如图 5-20 所示。

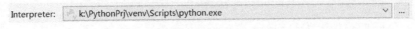

图 5-19　单击解释器选择按钮【…】

按图 5-20 所示的情况进行选择。注意，图中的文件夹必须根据 Python 被实际安装的情况加以选择，图中所示的 Python 被安装在"D:\python364"文件夹下。

单击图 5-20 中的【OK】按钮，出现如图 5-21 所示的界面。

图 5-20　选择解释器

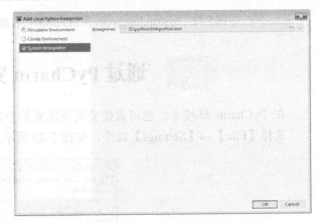

图 5-21　System Interpreter 配置完成的界面

单击图 5-21 中的【OK】按钮，完成系统解释器的配置。

通过上述方法配置的解释器适用于未来所有的工程。解释器配置完成后，出现如图 5-22 所示的界面。

从图 5-22 中可以看出已经安装了哪些外部模块，而这些外部模块对系统解释器均有效。

单击图中的【Apply】按钮，然后单击【OK】按钮，完成配置并使之生效。

最后强调一下关于虚拟环境、多环境与系统解释器的选用问题。

虚拟环境和多环境主要针对不同的工程需要不同的解释器和不同版本的外部包的情况，例如，工程 1 使用包 A 的版本为 x，而工程 2 使用包 A 的版本为 y；再如，工程 1 使用 Python 2.7 作为解释器，而工程 2 使用 Python 3.6 作为解释器。在这样的情况下，建议选用虚拟环境或多环境。除此之外，在大多数情况下，尤其在只适用于一种版本的解释器的情况下，例如，只安装使用 Python 3.6，建议选用系统解释器，显得更为简便。

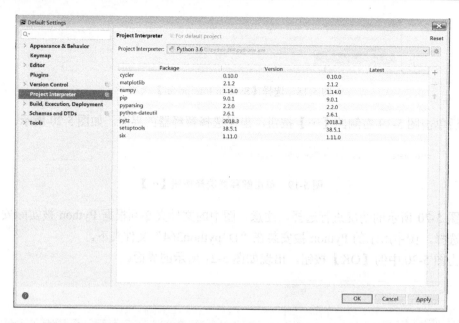

图 5-22　System Interpreter 配置完成后，自动罗列所有已安装的外部模块

5.4　通过 PyCharm 安装外部模块

在 PyCharm 环境下，也可直接安装所需要的外部模块，此处讨论其中的两种安装方式。选择【File】→【Settings】命令，如图 5-23 所示，出现如图 5-24 所示的界面。

图 5-23　选择【File】→【Settings】命令

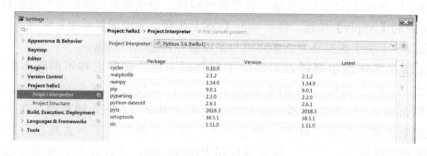

图 5-24　Interpreter 配置界面

从图 5-24 中可以看到目前已经安装并导入 PyCharm 中的外部模块。以下将分别讨论在 PyCharm 环境下直接安装外部模块的两种方式。

5.4.1 通过 Project Interpreter 方式安装外部模块

在【Project Interpreter】选项界面中，单击右上侧的【+】按钮，如图 5-25 所示，出现如图 5-26 所示的界面。

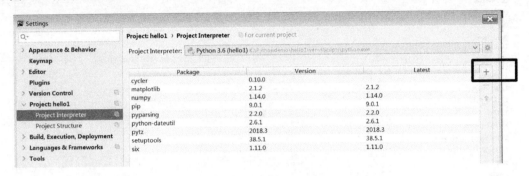

图 5-25 单击【+】按钮

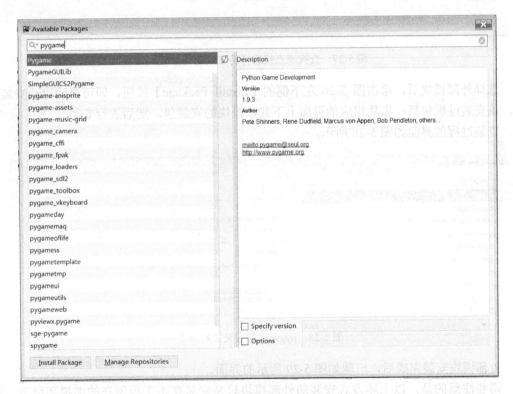

图 5-26 选择待安装的外部模块

在图 5-26 中，通过查找栏输入待安装的外部模块名，如 pygame，或直接单击列表中的外部模块，如图 5-27 所示。

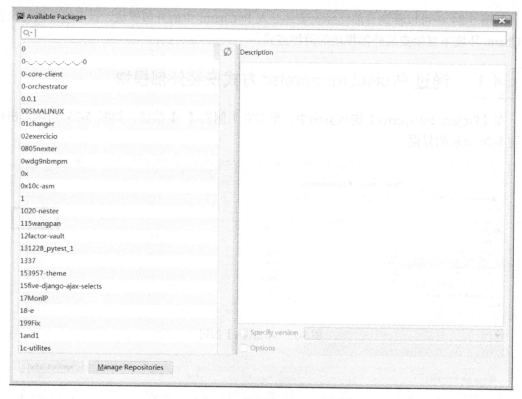

图 5-27　查找或直接选择待安装的外部模块

选择外部模块后，单击图 5-26 左下侧的【Install Package】按钮，即可自动启动安装过程。该安装过程包括：先从相应的页面上下载该模块的安装包，然后进行安装。

安装过程的界面如图 5-28 所示。

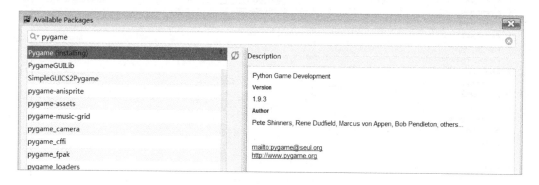

图 5-28　pygame 的安装过程界面

外部模块安装完成后，出现如图 5-29 所示的界面。

需要注意的是，以上述方式安装的外部模块只是安装在本工程所在的虚拟环境下，而不是 Python 下，因此它只适用于本工程。

若要将外部模块安装到 Python 的安装路径下，即外部模块所在的文件夹下，则必须先将 PyCharm 的所有工程关闭，出现如图 5-30 所示的界面。

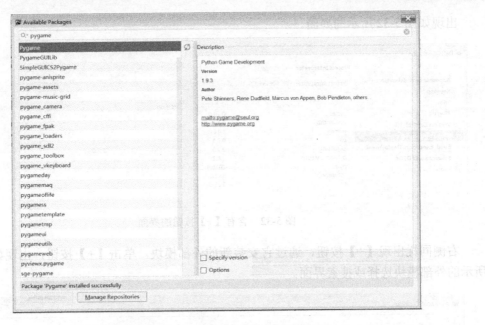

图 5-29　外部模块安装完成后的界面

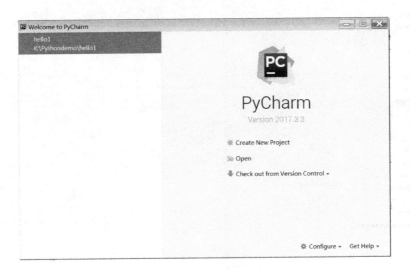

图 5-30　启动 PyCharm 的界面（无工程）

然后单击图 5-30 右下侧的【Configure】选项，在下拉菜单中选择【Settings】选项，如图 5-31 所示。

图 5-31　选择【Settings】选项

出现如图 5-32 所示的界面。

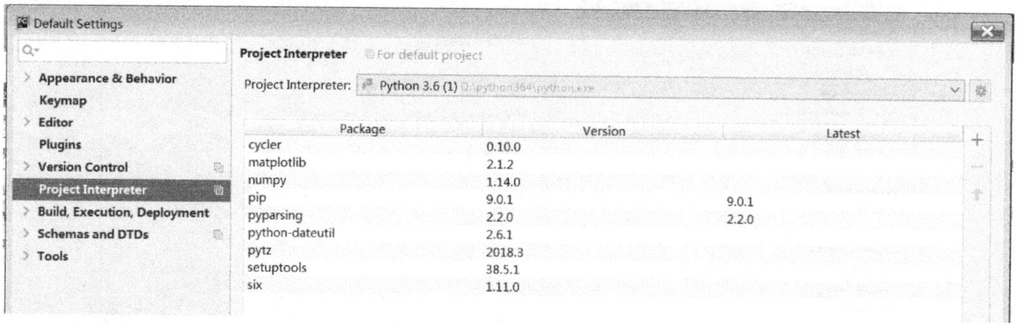

图 5-32 含有【+】按钮的界面

右侧同样出现【+】按钮，通过它安装新的外部模块。单击【+】按钮，出现如图 5-33 所示的外部模块选择或搜索界面。

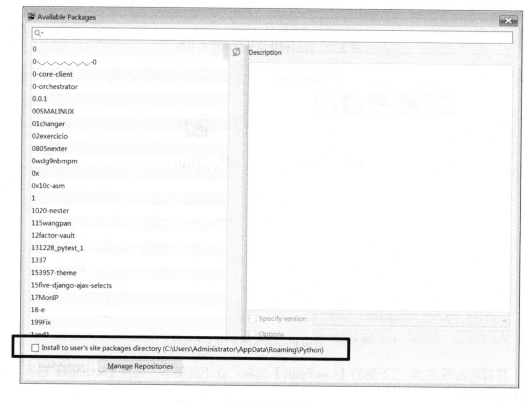

图 5-33 外部模块选择或搜索界面

与前一种方法不同的是，图 5-33 中出现了如黑框所示的选项，通过它可将所选择的外部模块安装至 Python 的安装路径下。由于安装方式不同，Python 的安装路径也会有所不同，此处展示的是将其安装于 C 盘下。

为了将外部模块安装到基础解释器所在的文件夹下，首先输入待安装的外部模块，如 pygame，并且勾选安装文件夹选项，如图 5-34 中的黑框所示。

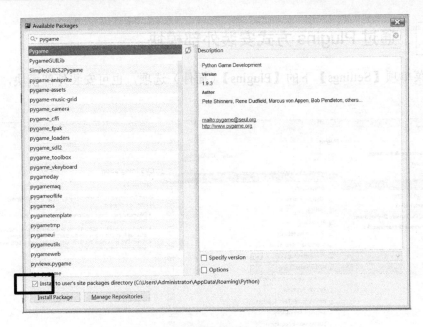

图 5-34 指定安装路径安装 pygame

然后单击【Install Package】按钮启动安装。安装完成后的界面如图 5-35 所示。

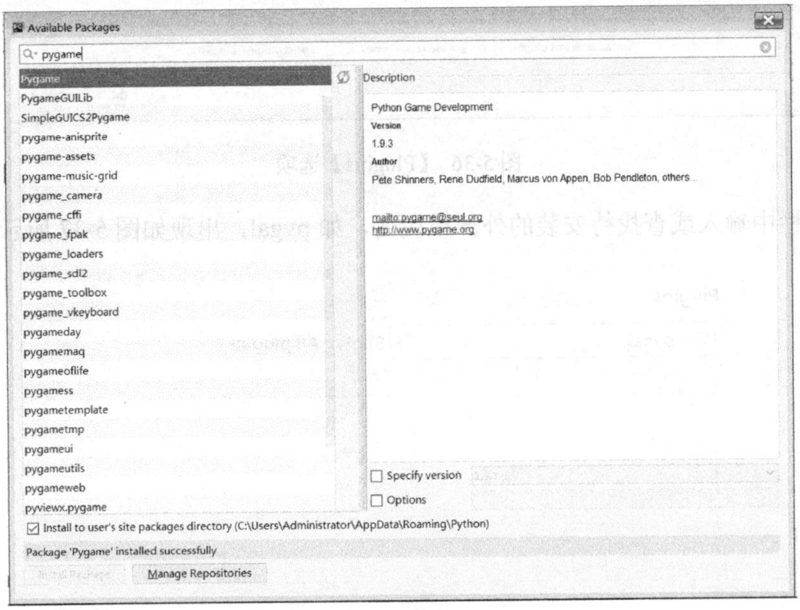

图 5-35 pygame 安装完成后的界面

外部模块安装完成后，是不是就万事大吉了？不一定！在使用过程中，有可能会出现找不到模块的问题。此时可通过将安装外部模块的路径写入系统环境变量 PATH，或新建 PYTHONPATH 变量，然后将有关路径写入该变量并保存的办法来解决该问题。

例如，可将 PYTHONPATH 变量设置为：

PYTHONPATH= c:\Users\Administrator\AppData\Roaming\Python

5.4.2 通过 Plugins 方式安装外部模块

通过菜单项【Settings】下的【Plugins】（插件）选项，也可安装外部模块，如图 5-36 所示。

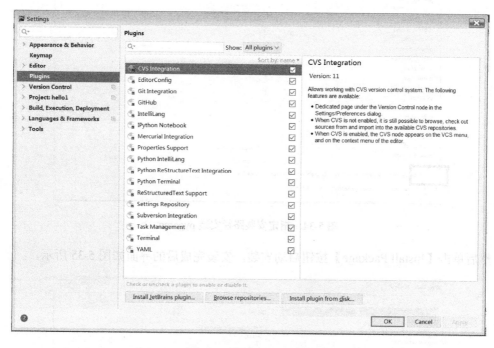

图 5-36 【Plugins】选项

在查询栏中输入或查找待安装的外部模块名，如 pygal，出现如图 5-37 所示的界面。

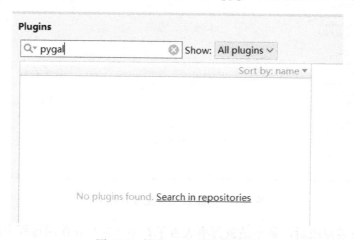

图 5-37 搜索 pygal 模块的界面

单击图 5-37 中的【Search in repositories】链接，可搜索所需安装的外部模块的安装包。如果找不到需要的外部模块，则可先从相关网站上下载需要的外部模块的安装包，保存在本地计算机上，然后单击图 5-38 中的【Install plugin from disk】按钮进行安装。

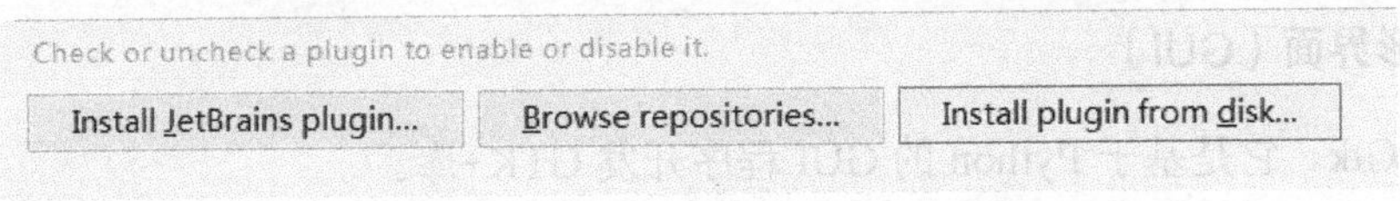

图 5-38　安装已下载到本地的外部模块

注意：在这种方式下，被安装的外部模块的安装包只能是 JAR 或 ZIP 这两种压缩包格式，不允许使用其他压缩包格式。

5.5　常用的外部模块及其应用

5.5.1　常用的外部模块

Python 的外部模块包罗万象，而且由于它是开放的，所以不断地被扩充和完善。例如，仅 GitHub 上就有 5000 个开源 Python 项目，它们均可被当作外部模块使用，因此，要列举所有的外部模块，几乎是不可能的事情。此处仅列举开发者经常使用的外部模块。

1. Web 框架

（1）Django。它是开源的 Web 开发框架，遵循 MVC 设计规范，借助它，可大大缩短 Web 应用的开发周期，降低开发难度。MVC 的全名是 Model View Controller，是"模型－视图－控制器"的缩写，是一种软件设计典范。

（2）ActiveGrid。它是企业级的 Web 2.0 解决方案。

（3）Karrigell。它是简单的 Web 框架，自身包含了 Web 服务、.py 脚本引擎和纯 Python 的数据库 PyDBLite。

（4）Tornado。它是一个轻量级的 Web 框架，内置了非阻塞式服务器，而且运行速度相当快。

（5）Webpy。它是一个小巧灵活的 Web 框架，虽然简单，但是功能强大。

（6）Pylons。它是一个基于 Python 的高效而可靠的 Web 开发框架。

（7）Zope。它是一个开源的 Web 应用服务器。

（8）TurboGears。它是基于 Python 的 MVC 风格的 Web 应用程序框架。

（9）Twisted。它是大型 Web 框架。

2. 科学计算

（1）Matplotlib。它是基于 Python 实现的类 MATLAB 的第三方模块，用于绘制一些高质量的数学二维图形。

（2）SciPy。它是基于 Python 的 MATLAB 实现，旨在实现 MATLAB 的所有功能。

（3）NumPy。它是基于 Python 的第三方模块，用于科学计算，提供了矩阵、线性代数、傅立叶变换等的解决方案。

3. 图形界面（GUI）

（1）PyGtk。它是基于 Python 的 GUI 程序开发 GTK+库。

（2）PyQt。它是用于 Python 的 Qt 开发库。

（3）WxPython。它是 Python 下的 GUI 编程框架，与 MFC 的架构相似。

4. 其他

（1）BeautifulSoup。它是基于 Python 的 HTML/XML 解析器，简单易用。

（2）PIL。它是基于 Python 的图像处理库，功能强大，对图形文件的格式支持广泛。

（3）PyGame。它是基于 Python 的多媒体开发和游戏软件开发模块。

（4）Py2exe。它是将 Python 脚本转换为 Windows 上可独立运行的可执行程序的工具。

（5）PyInstaller。它是将 Python 程序转换成独立的可执行文件的工具，由它生成的可执行程序具有跨平台能力。

（6）IPython。IPython 是 Python 的交互式 Shell，比默认的 Python Shell 优越，支持变量自动补全、自动缩进，内置丰富的功能和函数。

（7）Requests。Requests 是用 Python 语言开发的、基于 Urllib 并采用 Apache 2 Licensed 开源协议的 HTTP 库。它比内置的 Urllib 模块更加简单易用。

（8）PyMySQL。它是一个纯 Python 的 MySQL 数据库驱动模块，与 MySQL-python 兼容。

5.5.2 外部模块的应用举例

举例 1：从一个动态 GIF 文件中提取各帧图像。

GIF 文件格式采用一种经过改进的 LZW 压缩算法，通常称之为"GIF-LZW"算法，它是一种无损的压缩算法，压缩效率较高。GIF 格式支持在一个 GIF 文件内存储多幅彩色图像，并且可以一定的顺序和时间间隔将多幅图像依次读出并显示在屏幕上，以此形成一种简单的动画效果。尽管 GIF 格式最多支持 256 种颜色，但是，由于它具有极佳的压缩效率，并且可以实现动画，因而早已被广泛接纳和采用。

为了学习和练习本例，请先从互联网上下载一个动态 GIF 文件，它应包含若干张静态图片。本例的任务是将动态 GIF 文件中的各静态帧逐一提取出来，并且以序号的形式保存为若干个图像文件。可用图像编辑软件查看这些文件。

在本例中，主要使用了外部模块 PIL（Python Image Library），它是一个具有强大图像处理能力的第三方模块，其中 Image 是它最重要的类。

在安装好 PIL 模块后，可通过以下命令查阅它的具体内容和大致的使用方法。

```
>>> help(PIL)
```

本例涉及的 Image 类的主要方法如下。

- Image.open(file)：加载名为 file 的图像文件。
- Image.seek(frameid)：跳转并返回图像中的指定帧。
- Image.tell()：返回当前帧号。

实现上述要求的完整示例程序如下：

```
'''
外部模块 PIL 的应用演示
功能：将一个动态 GIF 文件中的各帧提取出来并保存
沈红卫
绍兴文理学院 机械与电气工程学院
2018 年 8 月 27 日
'''

from PIL import Image                              #引用 PIL 的 Image 类
myimage=Image.open("e:/demo/timg.gif")             #加载 GIF 文件
zs=0                                               #帧计数器
if myimage:                                        #如果文件被打开
    while True:                                    #通过循环统计共有多少帧
        try:
            myimage.seek(zs)                       #到最后一帧会触发异常
            zs += 1
        except:                                    #捕捉到异常，表示已到最后一帧，所以结束循环
            break
    print("共有%d 帧"%zs)
    for i in range(zs):                            #将各帧取出来
        myimage.seek(i)
        myimage.save("e:/demo/timg{:02d}.bmp".format(myimage.tell()))   #依次保存
    print("处理结束，各帧已被保存")
else:
    print("无法打开该文件！")
```

由于程序中已经包含了详细的注释，因此，不再对上述程序进行详细分析和说明。读者可结合注释仔细分析，并结合上机实践领会该程序的设计思想和设计要点。

思考与实践

1. 请自行安装两个感兴趣的外部模块，并编写简单的程序检验它们能否被引用。

2. 请自行搜索 10 个以上有意义的第三方模块资料，并据此分类整理成一张第三方模块简表，包括模块名、主要功能和主要函数等。

3. 请统计 1000 次模拟掷骰子的结果，通过 Pygal 模块画出 6 个面的结果直方图。

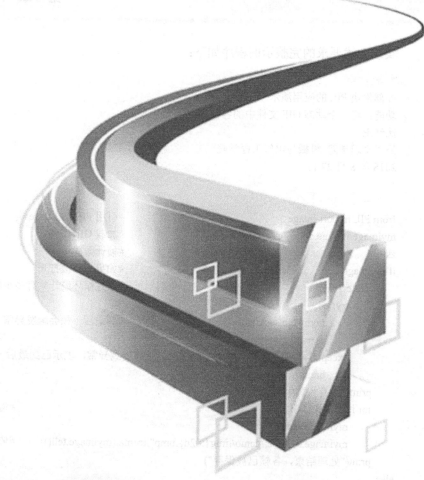

第 2 篇

掀起盖头

第 6 章 我的 Python 处女作

学习目标

- 学会新建 PyCharm 工程。
- 学会利用代码补齐等工具编写程序。
- 掌握运行程序的方法和要领。
- 熟悉在 PyCharm 环境下开发程序的流程和要领。

多媒体课件和导学微视频

6.1 新建工程

在本章中，将编写一个真正属于自己的程序，而且将在 PyCharm 开发环境下完成此项任务。程序虽然很简单，但是它的意义非比寻常，因为这一小步将是学习和开发 Python 的一大步。

程序的要求是：在屏幕上显示"Hello,Python!"，向世界发出第一声问候，它是那么清脆而响亮。

6.1.1 新建工程文件

启动 PyCharm 后，通过【New Project】或【Create Project】新建一个工程，如图 6-1 所示。

在此之前，首先新建一个用于存储工程的文件夹，然后在图 6-1 中单击右侧的【…】按钮，以选择该文件夹作为工程的存储文件夹。强烈建议为每个工程建立专用的文件夹，因为 PyCharm 可使用虚拟机自动产生与该工程相对应的虚拟环境。

图 6-1　新建工程

本处选择"K:\Pythondemo\pythonprjtest"作为工作文件夹，如图 6-2 所示。

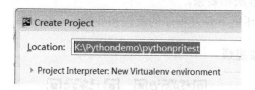

图 6-2　工程存储文件夹选择

单击图 6-2 中【Location】栏目下面的【▶】图标，查看并配置工程的解释器或虚拟环境，如图 6-3 所示。

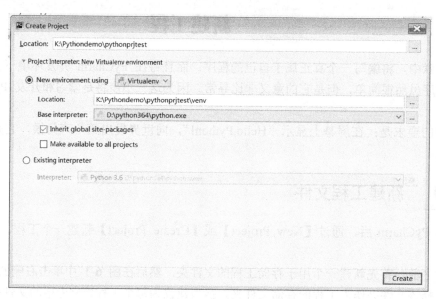

图 6-3　查看并配置工程的解释器或虚拟环境

图 6-3 中的【New Virtualenv environment】选项用于配置该工程专用的虚拟环境。当然，在第 5 章中曾建议使用系统解释器，所以直接使用已存在的解释器（Existing interpreter）也是一种很好的选择，因为它直接使用的是系统解释器及已安装的第三方库。从某种意义上说，使用已存在的解释器显得更简便。

在图 6-3 中，如果【Base interpreter】栏目内出现的不是前面安装的解释器 D:\python364\python.exe，则要通过该栏目右侧的【...】按钮，自行设置为 D:\python364\python.exe，也就是将基础解释器设置为我们安装在 D 盘上的 Python 3.6.4 版本。

同时，选项 ☑ Inherit global site-packages 最好被选择，这样该工程就可直接继承并使用已安装的所有外部模块。如果不使用虚拟环境，而使用 Existing interpreter，那么所有在系统解释器（又被称为本地解释器）下安装的第三方库均可直接被使用。

单击图 6-3 中右下侧的【Create】按钮，出现一个如图 6-4 所示的弹窗。

图 6-4 的意思是，在一个新窗口中打开新建的工程，或者在当前窗口中打开新建的工程。如果选择前者，那么将为新工程打开一个新的窗口；如果选择后者，则在当前窗口中打开新工程，即与前一个工程共用 PyCharm，在这种情况下，要注意两个工程之间的切换。

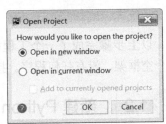

图 6-4 在新窗口或当前窗口中打开新建的工程

此处选择前者，单击【OK】按钮后出现的界面如图 6-5 所示。

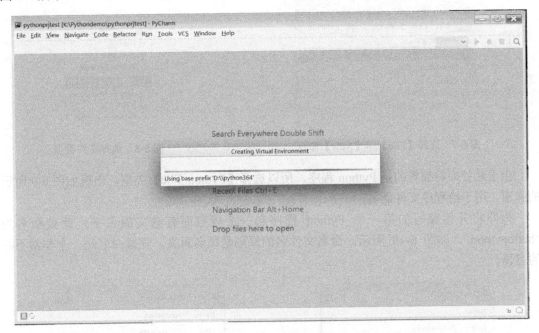

图 6-5 新建工程的过程

图 6-5 是新建工程的过程，主要包括创建虚拟环境等内容。该过程将持续数秒。此后将出现如图 6-6 所示的界面，表明新建工程的任务已经完成。

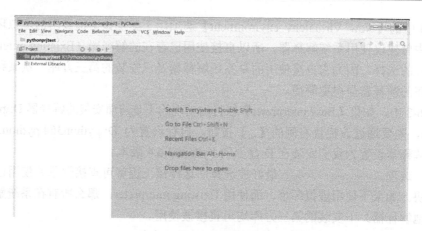

图 6-6 新建工程完成

以上步骤完成了一个工程框架的搭建。不过，要注意的是，到目前为止，该工程只是一个空框架，没有任何程序。接下来，将进入编写 Python 程序的阶段。

6.1.2 新建 Python 文件

选择【File】→【New】命令，如图 6-7 所示，出现如图 6-8 所示的下拉菜单，用于选择待编辑文件的类型。

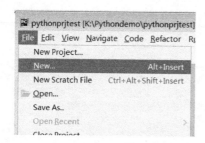

图 6-7 选择【File】→【New】命令

图 6-8 选择文件类型

由于此处即将编辑的是 Python 程序，所以选择【Python File】类型，出现如图 6-9 所示的弹窗，用于给程序文件命名。

为即将开始编写的第一个 Python 程序起一个规范而有意义的名字，此处命名为"hellopython"，如图 6-10 所示。命名文件名的原则是顾名思义，随意命名是一个非常不好的习惯。

图 6-9 命名文件

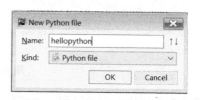

图 6-10 填写文件名

单击【OK】按钮后，程序编辑区被激活，也就是说，程序编辑区被使能了，颜色由原来的灰色变为白色，如图 6-11 所示，在编辑区中输入图中所示的代码。

图 6-11　编写程序

选择【File】→【Save ALL】命令，出现如图 6-12 所示的界面，初步结束编写程序的工作。

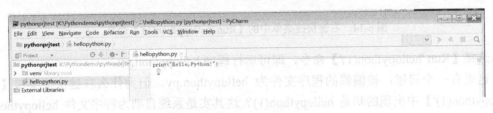

图 6-12　程序编写完成

6.1.3　配置工程并运行

为了能运行程序，必须对工程进行必要的配置。

首先需要对运行模式进行配置。这一步请参阅第 5 章有关章节的内容。在此基础上，通过菜单命令【File】→【Settings】配置【Editor】所属的有关条目，如图 6-13 所示。

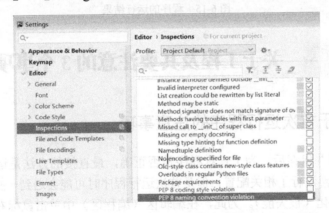

图 6-13　两个 PEP 8 选项被取消

选择并打开【Editor】→【Code Style】→【Inspections】选项，出现与 PEP 8 对应的两个选项，它们用于 PEP 8 规范检查。建议取消它们，否则在程序运行中将出现与 PEP 8 相关的错误提示信息。需要说明的是，在前面的有关章节中已经专门讨论了关于 PEP 8 的问题，PEP 8 设置项与程序运行无直接关系，而与编写程序有直接关系，如果程序代码不符合 PEP 8 规范，则将被视为错误。因此，此处再次加以强调。

在编辑区中单击鼠标右键,弹出如图 6-14 所示的快捷菜单。

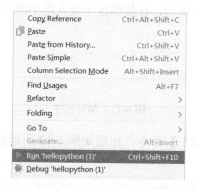

图 6-14　右键快捷菜单中的【Run 'hellopython(1)'】命令

选择【Run 'hellopython(1)'】命令,即可运行程序 hellopython.py。

这里有一个问题:被编辑的程序文件为 hellopython.py,但为什么右键快捷菜单【Run 'hellopython(1)'】中出现的却是 hellopython(1)?这其实是系统自动为程序文件 hellopython.py 取的别名。

运行程序后,结果如图 6-15 所示。

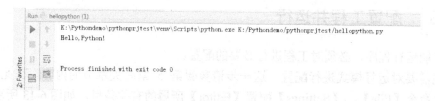

图 6-15　程序的运行结果

6.2　关于工程及其要注意的 3 个事项

6.2.1　关于首次运行程序的注意事项

完成程序编写并保存后,为了查看程序是否正确,最直接的方法是运行程序。在新建工程和程序后,虽然进行了相关配置,但是首次运行程序时可能会遇到一些让人困惑的问题,如运行快捷键被灰化(被失能)。为此,在编辑区(编程区)中单击鼠标右键,弹出快捷菜单,如图 6-16 所示。

直接使用该菜单中的【Run 'hellopython3'】命令以实现程序的首次运行。一旦程序被运行一次,可发现运行快捷键【▶】等均被使能,之后可用该运行快捷键直接运行该程序。当然,也可选择【Run】→【Run 'hellopython3'】命令运行该程序,如图 6-17 所示。

特别说明,此处的程序文件为 hellopython3.py,下节中将出现的程序文件为 hellopython6.py,均与前面提及的 hellopython.py 不是同一个程序文件,这是由于截图时间的不同造成的。

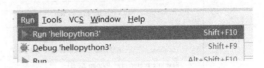

图 6-16　右键快捷菜单中的【Run 'hellopython3'】命令　　图 6-17　【Run】菜单下的【Run 'hellopython3'】命令

6.2.2　关于工程的必要设置

在新建工程时，有一些设置是不可缺少的。这些设置包括解释器和工程环境、编辑器的代码检查和代码补齐功能。由于 Python 系统默认支持的编码格式是 UTF-8，因此，代码的编码格式最好也被设置为 UTF-8。

除了要正确填写工程所在的文件夹，即【Location】栏目的内容，系统还会自动为新工程新建一个文件夹。例如，在图 6-18 中，自动新建一个文件夹"hellopython6"，它被存储在事先已新建或已存在的文件夹"Pythondemo"下。

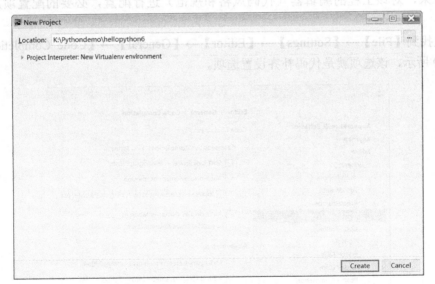

图 6-18　工程解释器配置入口

单击【Location】下方的绿色【▼】按钮，以设置该工程的虚拟环境或使用已存在的解释器，如图 6-19 所示。建议使用已存在的解释器。

在图 6-19 中对两个选项进行选择：虚拟环境或本地解释器。如果选择虚拟环境，那么必须对【Base interpreter】栏目下的两个复选框进行选择，分别代表基础解释器继承全局外部包（第三方库）和基础解释器对所有工程均适用。如果同时勾选这两个复选框，那么该虚拟环境对后续所有新建的工程均适用，如此可省去每次都需要设置的麻烦。也就是说，以后新建工程不需要再进行解释器配置。单击右下侧的【Create】按钮，即可创建一个新工程。

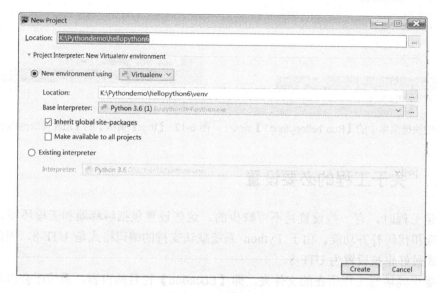

图6-19 配置解释器

接下来，对该工程的编辑器（代码风格和规范）进行配置，必要的配置项及其过程如下。

依次找到【File】→【Settings】→【Editor】→【General】→【Code Completion】选项，如图6-20所示，该选项就是代码补齐设置选项。

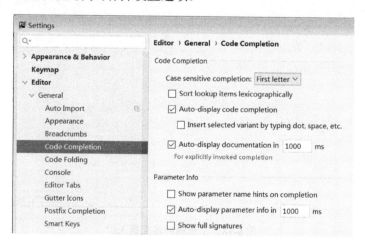

图6-20 代码补齐设置选项

按图6-20进行代码补齐设置。

依次找到【Settings】→【Editor】→【Inspections】→【Python】选项，对【Python】选项进行设置，该选项用于设置Python代码的自动检查功能，如图6-21所示。

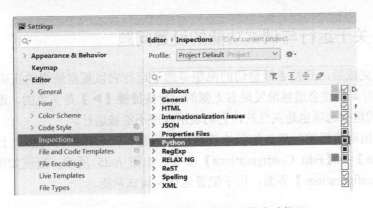

图 6-21 设置 Python 代码的自动检查功能

单击【Python】选项前的【>】，即可找到如图 6-22 所示的与 PEP 8 有关的两个选项。

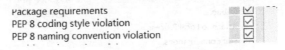

图 6-22 与 PEP 8 有关的两个选项

取消勾选与 PEP 8 有关的这两个选项，如图 6-23 所示。

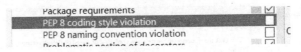

图 6-23 取消勾选与 PEP 8 有关的两个选项

至此，完成了 PEP 8 代码冲突检查的设置，此处的设置是不做检查。不过，对于计算机语言初学者而言，为了养成好习惯，写出优雅的 Python 代码，建议使用这两项检查。最后，单击图 6-24 中的【OK】按钮使上述配置生效。

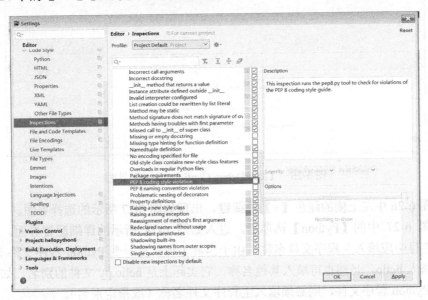

图 6-24 配置完成后单击【OK】按钮

6.2.3 关于运行与调试功能的设置问题

代码编辑完成后，开发者最急切的愿望是通过运行它以观察结果的正确性。但是，在首次运行程序时，往往会遗憾地发现右上侧的运行快捷键【▶】是灰色的，而不是绿色的，菜单【Run】的运行选项也是灰色的，它们表示程序不能被运行。

为什么会出现这样的问题？如何才能解决该问题？以下详细讨论解决上述问题的过程。

选择【Run】→【Edit Configurations】命令，如图 6-25 所示，出现如图 6-26 所示的【Run/Debug Configurations】界面，用于配置运行和调试功能。

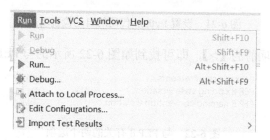

图 6-25 选择【Run】→【Edit Configurations】命令

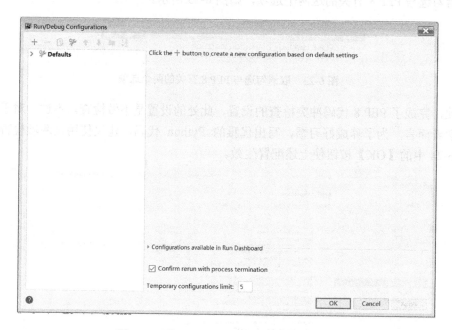

图 6-26 【Run/Debug Configurations】界面

单击图 6-26 中左上侧的绿色【+】快捷键，出现如图 6-27 所示的选择界面。

选择图 6-27 中的【Python】选项后，进入如图 6-28 所示的详细配置界面。其中，在【Name】栏目中应填入主程序文件名称，由于当前工程只有一个 Python 程序文件 hello.py，所以直接填入 hello，当然也可填入其他名称，它实际上是 hello.py 文件的别名。如果在工程下有多个 Python 程序文件，则必须填入主程序文件名称（或指定别名）。

图 6-27 为 Python 配置 Run/Debug

笔者的建议是,在【Name】栏目中通常填入工程的主程序文件名,这是最稳妥的,否则容易节外生枝,产生问题。

图 6-28 中黑框所示的两个复选框用于设置工程的环境变量,建议勾选,以确保工程能被正确地运行。默认为勾选状态。

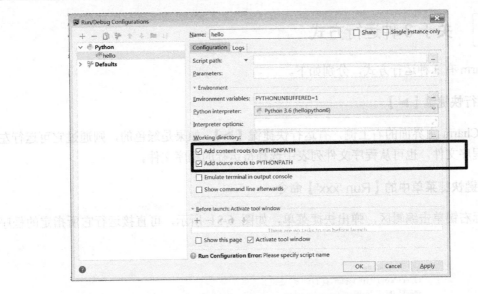

图 6-28 Run/Debug 的详细配置界面

最后单击【OK】按钮完成运行配置。此时,工程主界面右上侧的运行快捷键【▶】处于绿色状态,说明程序可以被运行了,如图 6-29 所示。

图 6-29 运行快捷键【▶】被使能(绿色状态)

在图 6-29 中,在运行快捷键【▶】的左侧出现了"hello",说明运行的主文件是 hello.py。当然,单击它右侧的下拉箭头,会出现一个程序文件列表,从中也可选择待运行的程序。

当然,还可以用一种比上述方法更为简捷的方法来运行程序:在编辑区中单击鼠标右键,弹出快捷菜单,如图 6-30 所示,选择【Run 'hello(1)'】命令,完成首次运行,此后

PyCharm 中的所有运行方式均被使能（激活），也就是所有的运行方式均可使用了。此法省去了配置运行快捷键的麻烦，因此显得更为简捷。

图 6-30　右键快捷菜单中的【Run 'hello(1)'】命令

6.2.4　关于 3 种运行方式

PyCharm 有 3 种运行方式，分别如下。

1. 运行快捷键【▶】

在 PyCharm 主界面的右上侧，有运行快捷键【▶】，如果是绿色的，则通过它可运行左侧所列的程序文件，也可从程序文件列表中选择待运行的程序文件。

2. 右键快捷菜单中的【Run 'xxx'】命令

用鼠标右键单击编辑区，弹出快捷菜单，如图 6-31 所示，可直接运行它所指定的程序文件。

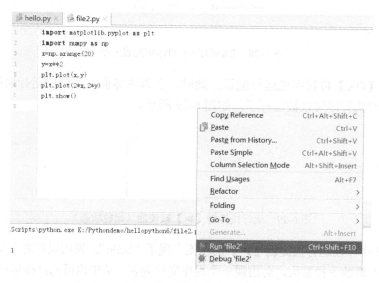

图 6-31　右键快捷菜单中的【Run 'xxx'】命令

3. 菜单【Run】下的【Run 'xxx'】命令

选择菜单【Run】下的【Run 'xxx'】命令，如图 6-32 所示，也可以运行对应的脚本程序。

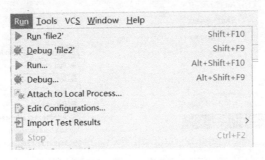

图 6-32 菜单【Run】下的【Run 'xxx'】命令

上述 3 种运行方式是有区别的。但是，这 3 种方式均必须正确选择待运行的 Python 程序文件，否则是无法正常运行程序的。

如何选择程序文件呢？可采用以下 3 种方式。

（1）选择程序文件的第一种方式：基于运行快捷键【▶】。

如图 6-33 所示，"hello" 前面的图标中有一个 "×" 图符，它表明 "hello" 是不可被运行的。此时，可通过单击文件名右侧的下拉箭头打开程序文件列表，从中选择待运行的程序文件。注意：工程中的第一个 Python 程序文件被默认为主文件，它无法被直接运行，必须为其指定别名，系统默认的别名为 hello(1)。

如果【▶】左侧的文件名后为向下箭头，文件名前的图标中无 "×" 图符，则表示该程序可被运行，如图 6-34 所示，此时单击【▶】可运行该程序。

图 6-33 程序不可被运行的状态

图 6-34 程序可被运行的状态

（2）选择程序文件的第二种方式：用鼠标右键单击编辑区，弹出快捷菜单，选择【Run 'xxx'】命令。

此时，可直接运行指定文件，也就是编辑区中的当前文件，如图 6-35 所示。这是最直接、最简单的运行方式，尤其是在第一次运行程序时，此方式显得更加方便。

强烈推荐使用此方式！

（3）选择程序文件的第三种方式：基于【Run】菜单。

【Run】菜单的内容如图 6-36 所示，可以看出，它有两种方式运行程序。

上面的一种是直接运行指定文件（主文件的别名）；下面的一种则可以选择运行文件，选择后会出现如图 6-37 所示的选择程序文件界面。很显然，后者更加灵活。

图 6-35　右键快捷菜单中的【Run 'xxx'】命令

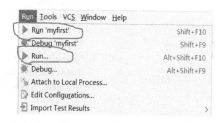

图 6-36　【Run】菜单下的两个【Run】命令

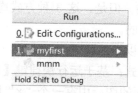

图 6-37　选择程序文件界面

以上围绕一个简单的程序，讨论了从新建、设置、编程到运行的全过程，这个流程和涉及的操作要领适用于所有程序。在初步掌握的基础上，必须大胆地尝试第二、三个程序，只有这样，才能真正掌握要领，做到熟能生巧。

思考与实践

1．如果要在 PyCharm 环境下编写并运行一个程序，那么需要哪些步骤，要注意什么问题？

2．请编写一个程序，该程序的功能要求如下：可输入姓名，然后在屏幕上显示"某某，欢迎来到 Python 的世界！"，按【Esc】键即可退出程序。

3．请用 3 种方式运行刚编写的程序。

第 7 章 Python 的数据类型

学习目标

- 理解 Python 的数据类型及其特点。
- 掌握各种数据类型的常量表达。
- 掌握各种数据类型的变量使用。
- 能正确选用不同类型的数据。

多媒体课件和导学微视频

7.1 Python 程序的基本组成

为了比较完整地展现 Python 程序的概貌，引入一个温度转换的例子，以此来说明 Python 程序的基本组成。

7.1.1 一个温度转换的例子

在日常生活中，可能会遇到将摄氏温度转换为华氏温度的情况。这两种温度转换是有规律的，可用如下公式表示：

$$F = \frac{9}{5} \times C + 32 \qquad (7\text{-}1)$$

式中，F 代表华氏温度值，C 代表摄氏温度值。

为了写出程序，必须进行算法设计，把设计程序的思路厘清楚。

首先，接收一个由键盘输入的摄氏温度值。

其次，利用式（7-1）将刚输入的摄氏温度值转换为华氏温度值。

最后，将转换得到的华氏温度值"报告"出来，即输出。

按照上述思路，写出初步的程序如下：

```
# TempConvert1.py
# 将摄氏温度转换为华氏温度
# 作者：沈红卫
cs = eval(input('请输入摄氏温度值：' ))        #等待输入摄氏温度值
fs = 9/5 * cs + 32                              #利用公式转换
print('对应的华氏温度为', fs, '度。')           #输出转换后的华氏温度
```

现对上述程序进行分析：整个程序只有 6 行，其中，前 3 行以"#"开头，它们是注释行，不算语句；后 3 行是 3 条语句，分别用于输入温度、转换温度、输出温度。整个程序是最常见的"输入—处理—输出（简称'IPO'）"的程序形式。

由此可见，Python 程序通常由注释、语句、函数、常量、变量等基本部件组成。

1. 注释

注释就是对程序或某条语句的解释和说明。

2. 语句

语句是程序的最小组成单位，一个程序总是由一条条语句组成的。

3. 函数

函数是用于解决或计算某个问题的程序模块（语句块）。

4. 常量

常量是不能变化的量。在程序中必定会使用常量。例如，在求圆的面积时，必须使用圆周率 3.14，它就是一个典型的常量。

5. 变量

变量是可变的量。在程序中必定会使用变量，用于输入、暂存和输出信息。

7.1.2 程序的注释

Python 程序的注释有单行注释和多行注释之分。

1. 单行注释

Python 程序的单行注释是以"#"引导的一段文字，文字内容主要用于描述程序或语句的设计思想、作用或其他需要说明的信息。注释可以单独成行，用于解释说明上面或下面某段程序的作用、算法；也可以跟在某条语句的后面，用于解释、说明该语句的作用、算法。

Python 中单行注释的方法是：

```
#这是 Python 的注释，它对程序的运行没有任何影响
```

2. 多行注释

多行注释，顾名思义，就是具有多行的注释，它通过使用 3 对单引号或 3 对双引号来表示，例如：

```
"""注释内容
注释内容
注释内容
注释内容"""
```

或者

```
'''
注释内容
注释内容
注释内容
注释内容
'''
```

在上例中，分别使用 3 对双引号和 3 对单引号进行注释。

千万不要小看这 3 对单引号或 3 对双引号的作用，它们除了用于对程序进行注释（往往用于多行注释），还可以用于打印多行字符串。例如，运行以下代码：

```
msg = '''
第 1 行
第 2 行
第 3 行
'''
print (msg)
```

则在屏幕上输出如下内容：

```
第 1 行
第 2 行
第 3 行
```

由此可见引号的神奇之处。

7.1.3 语句

Python 程序的语句必须单独成行，它是程序的最小单位。一个程序总是由若干条语句组成的。需要强调的是，Python 程序的语句不需要任何结束表示符。

Python 程序的语句形式多样，例如，在 7.1.1 节的例子中，后 3 行就是 3 条语句。

- 赋值语句：调用输入函数以获取输入值，然后赋值给变量 cs。
- 赋值语句：将表达式的值赋给变量 fs。
- 函数调用语句：调用输出函数将结果输出。

Python 语句中最常见的是赋值语句，其通常有两种形式。

1. 赋值语句的第一种形式

x = 表达式

例如：

x=3

该语句表示将 3 赋给变量 x。

2. 赋值语句的第二种形式

x,y =表达式 1,表达式 2

例如：

x,y=3,4

该语句表示将 3 赋给变量 x，将 4 赋给变量 y。

在一般情况下，一条语句只占用一行，即在 Python 程序中，一般是一行包含一条语句的所有代码。如果遇到一行无法包含某条语句的全部代码而必须换行的情况，那么该怎么办？

有两种方法解决语句续行的问题。

1. 语句续行的第一种方法

在该行代码末尾加上续行符"\"，即"空格"+"\"。记住，在"\"前必须有一个空格。

例如：

```
>>> test = 'item_one' \
'item_two' \
'tem_three'

>>> test
'item_oneitem_twotem_three'
>>>
```

在上例中，变量 test 被赋值的语句共占用了 3 行，赋值号右侧是一个字符串，最终它的输出结果是：'item_oneitem_twotem_three'。

需要提醒的是，虽然赋值号右侧只是一个字符串，但是由于要分行书写，所以，字符串的每一行必须用配对的引号引起来，否则就不符合语法要求，是错误的。

2. 语句续行的第二种方法

在需要跨行的语句前后加上括号"()"。如果在语句中使用了{}、[]，而其中的内容需要跨行，则可直接跨行，不需要续行符。

例如：

```
>>> test2 = ('csdn '
```

```
'cssdn')
>>> test2
'csdn cssdn'
>>>
```

输出结果为：'csdn cssdn'。由此可见，如果一个字符串需要被跨行表示，那么每行必须使用配对的引号。

7.1.4 常量

常量就是不能变化的量。在程序中一定会使用常量（常值），如 7.1.1 节例子中的 9、5 和 32 都是常量。

Python 并没有符号常量，也就是说，不能像 C 语言那样给常量命名。

在 Python 中没有专门的规定用于定义常量，通常使用大写标识符表示常量，但不是硬性规定，仅仅是一种区别于变量的提示效果而已。

例如，以下语句定义了一个常量 NAME，但它的本质其实是变量。

```
NAME = 'Python'   #本质是变量
```

Python 常量包括数字、字符串、布尔值和空值。

1. 数字

数字又被称为数值，通常分为整数、实数和复数 3 种类型。

1）整数

整数包括正整数、0、负整数，通常使用十进制、十六进制等形式表示。

例如：

```
>>> x=123
>>> x
123
>>> x=0x7b
>>> x
123
>>>
```

读者对十进制比较熟悉，而对十六进制则比较陌生。当以十六进制表达整数时，必须以 0x（0X）作为前导。十六进制的数码为 0~9 和 a~f，其中 a~f 这 6 个数码没有大小写之分。此处不讨论各种进制数值之间的转换问题。

2）实数

实数又被称为浮点数，通俗地说，就是带小数点的数。它有一般表示法和指数表示法两种表示形式。

例如，对于浮点数 123.78，在 Python 中可以表示为：

```
>>> x=123.78
>>> x
```

```
123.78
>>> x=1.2378e2
>>> x
123.78
>>>
```

在上例中，e 代表 10，e 后面的 2 表示 2 次方。其中，e 也可以大写。例如：

```
>>> x=1237.8E-1
>>> x
123.78
>>>
```

3）复数

复数是由一个实部和一个虚部组合而构成的，表示为 $x + yj$。实数部分和虚数部分都是浮点数，虚数部分必须有后缀 j 或 J。

例如：

```
>>> x=3.1+5.7j
>>> x
(3.1+5.7j)
>>> x=-1.23+6.71J
>>> x
(-1.23+6.71j)
>>>
```

2. 字符串

所谓字符串，就是用配对的双引号或单引号包围起来的一段文字，如"你好"、'hello'。如果文本本身带有双引号，那么又该如何表示呢？

可用以下方法表示：

```
'I need "Python"'
```

上述代码表示的字符串就是：I need "Python"。

3. 布尔值

在 Python 中，可直接用 True、False 表示布尔值（请注意大小写），前者表示"真"，后者表示"假"。

例如：

```
>>> x=5
>>> x>6
False
>>> x<7
True
>>>
```

4. 空值

空值不等于 0（≠0），因为 0 是有含义的，而空值是无任何意义的。在 Python 中，空值用 None 表示。千万要记住，空值不等于 0，也不等于空格。

7.1.5 变量

变量是内存中命名的存储位置。与常量不同的是，变量的值可以动态变化。

7.1.1 节例子中的 cs 和 fs 就是典型的变量。

有一点需要加以特别声明，Python 中的变量不需要事先定义，可直接使用赋值运算符对其进行赋值操作，根据所赋的值来决定其数据类型。这是与其他大多数计算机语言明显的不同之处。

在 Python 中，在对变量进行赋值时，使用单引号和双引号的效果是完全一样的。例如：

```
a = "这是一个变量"
b = 2
c = True
d = 'hello'
#分别定义了 4 个变量：字符串变量 a，数值变量 b，布尔值变量 c，字符串变量 d
```

每个变量对应相应的内存空间，因此每个变量都有相应的内存地址。变量赋值的本质就是将一个变量的地址复制给另一个变量。这一点也有别于其他计算机语言。

如何获取变量的地址呢？通过内置函数 id()即可获取。

例如：

```
>>> x=5
>>> y=x
>>> id(x)
1549102688
>>> id(y)
1549102688
>>>
```

从上述代码中可以清楚地看出，变量赋值的本质是内存地址复制。换言之，x 和 y 是同一个对象，只不过换了一个名称而已，就像某人的姓名和别名一样。这一点与其他计算机语言真的不一样！

可以使用 id()函数输出对象的地址，举例如下：

```
str1 = "这是一个变量"
print("变量 str1 的值是："+str1)
print("变量 str1 的地址是：%d" %(id(str1)))
```

后续有关章节将更为详细地讨论变量问题。

7.1.6 标识符

在 Python 中,为了使用变量,必须命名变量;为了定义函数,也必须命名函数。凡是类似这样需要命名的对象,统称为 Python 的"标识符",它是英文单词"identifier"的中文翻译。

因此,标识符也即变量名、函数名、类名、属性名等。

在 Python 中,命名标识符必须遵循以下规则:
- 第一个字符必须是字母或下画线(_)。
- 余下的字符可为字母、下画线(_)或数字(0~9)。
- 标识符长度不限。
- 标识符不能与关键字同名。
- 标识符是区分大小写的,也就是说,Score 和 score 是不同的。

按性质分,标识符可分为以下 3 类。

1. 普通类(public)

即正常的函数和变量名,如 area、name 等,这一类是最常被使用的。

2. 特殊类

即类似于 __xxx__ 这样的变量,标识符前后均有两条下画线,它们往往是由 Python 内部定义的,可被直接引用,但它们是有特殊用途的,如__author__、__name__、__init__,它们是 Python 内置的变量或属性。

自定义标识符要尽量避免采用类似的形式。

3. 私有类(private)

即类似于__xxx 这样的函数或变量,标识符前有两条下画线,如__score。它们往往作为私有变量,被用于函数(方法)内或类内。

按照上述规则,Python 的所有关键字都不能被用作标识符。Python 的关键字共有 31 个,分别是:

['and', 'as', 'assert', 'break', 'class', 'continue', 'def', 'del', 'elif', 'else', 'except', 'exec', 'finally', 'for', 'from', 'global', 'if', 'import', 'in', 'is', 'lambda', 'not', 'or', 'pass', 'print', 'raise', 'return', 'try', 'while', 'with', 'yield']

7.1.7 函数

为了以模块化思想实现编程,Python 程序常使用库函数或自定义函数。函数是程序中不可或缺的重要组成部分。例如,在上述温度转换的程序中,使用 input()、print()等内置函数以实现输入和输出。在大多数情况下,程序中还将使用自定义函数。

下面以自定义函数的方式写出温度转换的新程序,如下:

```
# 将摄氏温度转换为华氏温度
# 作者：沈红卫
def CtoF():                                              #定义名为 CtoF 的函数
    celsi = eval(input('What is the Celsi temperature?' ))   #等待输入摄氏温度值
    fahrenheit = 9/5 * celsi + 32                        #利用公式转换
print('The temperature is', fahrenheit, 'degrees Fahrenheit.')
#输出转换后的华氏温度
#自定义函数结束
#运行该函数
CtoF()
```

上述程序定义了一个名为 CtoF 的函数，它的作用就是将摄氏温度转换为华氏温度。函数一旦被定义，即可直接调用，而不需要做任何说明。这一点也非常有别于其他计算机语言。

以上述函数为例，调用的方法如下：

CtoF()

也就是说，Python 调用函数的方法是：

函数名(参数)

后续章节将专门讨论函数，此处只是简要介绍而已。

7.2　Python 的数据类型及其有关特性

在计算机中，变量和常量被统称为数据。

数据是有类型的。为了方便存储、使用和检查，Python 对数据类型做了相应的规定。

7.2.1　Python 的数据类型分类

Python 3 共支持以下 6 种标准的数据类型：

- Number（数字）。
- String（字符串）。
- List（列表）。
- Tuple（元组）。
- Set（集合）。
- Dictionary（字典）。

若按大类分，则 Python 中的数据又可被分为两类，分别为：

- 基本类型。
- 构造类型。

图 7-1 形象地归纳了 Python 两大类型各自包括的数据类型。

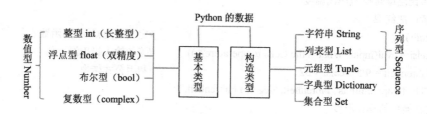

图 7-1 Python 两大类型各自包括的数据类型

1. 基本类型

基本类型均为数值类型，用于存储数字，是最常用的类型。基本类型中还包括布尔类型，它也是数值类型吗？布尔类型可被视为数值类型，因为在 Python 看来，非 0 的值就是布尔类型的"真（True）"，0 就是布尔类型的"假（False）"。例如：

```
>>> bool(3)
True
>>> bool(0)
False
>>>
```

Python 3 以后的各版本支持整型（int）、浮点型（float）、布尔型（bool）、复数型（complex）4 种基本类型。

自 Python 3 以后，整型只有一种：长整型。而 Python 2 中的整型被分为整型（int）和长整型（long int）。只要计算机内存允许，Python 3 支持足够大的整数，这就使得整数的使用更加方便。

2. 构造类型

构造类型是指由多个或多种类型数据构成的数据类型。Python 3 中的构造类数据包括字符串、列表、元组、字典、集合 5 种类型。

基本类型和构造类型使用不同的运算符。

7.2.2　Python 变量的基本特性

1. 创建变量

Python 中的变量不需要事先被声明，但每个变量在使用前均须被赋值。只有在变量被赋值后，该变量才会被创建。

在 Python 中，变量就是变量，从本质上来说，它并没有类型，所谓的"类型"是指变量所指的内存中对象的类型。要理解这一点确实有一定的难度，因此需要学习者花时间慢慢加以实践和体会。

赋值号（=）用于给变量赋值。

赋值号（=）运算符左侧是变量名，右侧是将赋给变量的值或表达式。

综上所述，不难得出结论：在同一个程序中，不同类型的数据可使用同一个变量名，而不会导致程序出错。

举例如下：

```
>>> x=3
>>> x='hello'
>>>
```

在上例中，变量 x 首先被定义为整型，后又被定义为字符串类型。但是，程序不会出现任何问题，这就是 Python 的"动态性"。

2. 如何查看变量的"类型"

通过内置函数 type()可以查看变量所指的对象的类型。记住，得到的不是变量的类型，而是变量所指的对象的类型。

举例如下：

```
>>> a, b, c, d = 20, 5.5, True, 4+3j
>>> print(type(a), type(b), type(c), type(d))
<class 'int'> <class 'float'> <class 'bool'> <class 'complex'>
>>>
```

注意：在 Python 2 中是没有布尔型的，它以数字 0 表示 False，以数字 1 表示 True。自 Python 3 以后，把 True 和 False 定义成布尔型的关键字，但它们的本质还是数值 1 和 0，因此，它们可以与数字一起参与运算。例如：

```
>>> x=3+True
>>> x
4
>>> x=3-False
>>> x
3
>>>
```

在混合运算时，Python 自动将整型转换为浮点型参与运算。例如，x=3+7.8，右侧的表达式涉及混合运算，因此 type(x)的返回值为"float"。

7.3 Python 中的常量

Python 中的常量包括数字（数值）、字符串、布尔值和空值。

7.3.1 数字

自 Python 3 以后，数字（值）型常量包括 3 类，分别是整数（int）、浮点数（float）和复数（complex）。

1. 整数

它表示不包含小数点的实数。

在 32 位计算机上，标准整数的取值范围为$-2^{31} \sim 2^{31-1}$，即$-2147483648 \sim 2147483647$；在 64 位计算机上，标准整数的取值范围为$-2^{63} \sim 2^{63-1}$，即$-9223372036854775808 \sim 9223372036854775807$。

1) 长整数

顾名思义，长整数就是取值范围很大的整数。Python 长整型的取值范围仅与计算机支持的虚拟内存大小有关，也就是说，Python 可表达非常大的整数，例如，x=34567843435577687678687342345。

Python 2 中的整数有整数和长整数之分；但自 Python 3 以后，整数被统一为一种类型，它们均为长整型。

2) 整型常量的表示形式

整型常量可以十进制、八进制、十六进制和二进制 4 种形式表示。

八进制整数以 "0o" 或 "0O" 开始，例如，0o100 和 0O100 均代表整数 64。

十六进制整数以 "0x" 或 "0X" 开始，例如，0x100 和 0X100 均代表整数 256。

二进制整数以 "0b" 或 "0B" 开始，例如，0b1010 和 0B1010 均代表整数 10。

以上说明，除普遍熟悉的十进制表示形式外，其余 3 种整数表示形式均以数字 0 为前导，其后分别跟一个不区分大小写的字母。

2. 浮点数

它代表包含小数点的数字，如 0.378、0.0。

浮点型常量有十进制表示法和科学计数法两种表示方法。以 0.378 为例，十进制的表示形式为 0.378，科学计数法的表示形式可以是 0.378e0、0.378E0、3.78e-1 或 3.78E-1 等。

由此可见，科学计数法以字母 e 或 E 作为幂的符号，以 10 为基数。其表示形式如下：

<x>e<y>

<x>e<y>等于$x \times 10^y$。

需要注意的是，尽管 0.0 和 0 的值相同，但是，由于两者的类型不同，所以在计算机内部的表示形式完全不同。

3. 复数

它代表可用 a+bj 或 a+bJ 形式表示的数字，a 和 b 是实数，j 是虚数单位。虚数单位是二次方程式 $x^2+1=0$ 的一个解。

虚数单位 j 不区分大小写。

例如：

```
>>> x=3+4j
>>> print(x)
(3+4j)
```

7.3.2 字符串

字符串是一个由若干个字符组成的序列。

1. 字符串的表示

字符串可分为单行字符串和多行字符串。字符串常量使用配对的单引号（'）或双引号（"）将文字包围起来，但是两者的功能和意义完全相同。

例如：

```
'我是字符串'
"我是字符串"
"this is string"
'this is string'
```

Python 的字符串分为两种：普通字符串和 Unicode 字符串。

1）普通字符串

普通字符串是用引号声明的字符串。

举例如下：

```
>>> str1='hello！'
>>> str2="I like Python"
>>>
```

2）Unicode 字符串

Unicode 字符串是在引号之前加上字母 "u" 声明的字符串。一般而言，在中文字符串前往往需要加上 "u"。

举例如下：

```
>>> str3=u'你好，兄弟！'
>>> str4=u"我想学好 Python"
>>>
```

不过，在 Python 3 以后，上述两种字符串被统一了：直接使用引号即可，不再需要使用 "u" 来区分普通字符串和 Unicode 字符串。

Python 3 这样修改的主要目标是，把 Python 2 中的普通字符串和 Unicode 字符串类型合并为一个单独的字符串类型（str）。因此，从本质上来说，Python 3 中的字符串只有两种类型：str 和 bytes。前者代表一般字符串，后者代表字节型字符串。字节型字符串需要在字符串前以 "b" 引导。

举例如下：

```
>>> B = b'spam'
>>> S = 'eggs'
>>> type(B), type(S)
(<class 'bytes'>, <class 'str'>)
>>>
```

2. 转义字符

当需要在字符串中使用特殊字符时,Python 通过转义字符的形式加以表示。反斜杠(\\)是转义字符的前缀,紧随其后的是一个具有特定含义的小写字母或字符。例如,需要在单引号包围的字符串中使用单引号(')或双引号("),则其语句如下:

```
>>> ss='字符串中使用单引号\'的情况'
>>> ss
"字符串中使用单引号'的情况"
>>> ss='字符串中使用双引号\"的情况'
>>> ss
'字符串中使用双引号"的情况'
>>>
```

Python 常用的转义字符如表 7-1 所示。

表 7-1　Python 常用的转义字符

转义字符	具体描述
\n	换行
\r	回车
\v	纵向制表符
\t	横向制表符
\"	"
\\	\
\（在行尾时）	续行符
\a	响铃
\b	退格（Backspace）
\000	空字符

3. 多行字符串

多行字符串是使用配对的三引号('''或""")包围的文本。
例如:

```
>>> '''this is first line
'this is second line'
"this is third line"
'''
'this is first line\n\'this is second line\'\n"this is third line"\n'
>>>
```

可以在多行字符串中使用单引号或双引号。

在本例中,同时使用了多行字符串的两种表达方式:第一种是直接使用配对的三引号;第二种是在一行字符串中使用回车换行转义字符来表达多行。

4. 关于 Unicode

由于 ASCII 码无法表示现行的所有文字和符号，所以，需要一种可代表所有字符和符号的编码，这种编码就是 Unicode。

1）Unicode

Unicode 码又被称为统一码、万国码或单一码，它是一种在计算机上使用的字符编码规范。Unicode 码是为了解决传统的字符编码方案的局限性而产生的，它为每种语言中的每个字符设定统一并且唯一的二进制编码。它规定所有的字符和符号最少由 16 位二进制（2 字节）加以表示，因此可表达至少 $2^{16} = 65536$ 种字符。

2）UTF-8

UTF-8 码是对 Unicode 编码的压缩和优化，它不再沿用每个字符最少使用 2 字节的规定，而是将所有的字符和符号进行分类：ASCII 码表中的字符以 1 字节表示，欧洲字符以 2 字节表示，东亚字符以 3 字节表示。例如，中文字符属于东亚字符，所以采用 3 字节加以编码。UTF-8 码可表示所有的字符和符号，它是 Python 内置的编码格式。

7.3.3 布尔值

布尔值通常用来判断条件是否成立。

Python 中有两个布尔值，即 True（逻辑真）和 False（逻辑假）。布尔值区分大小写，也就是说，true 和 TRUE 不等同于 True。

举例如下：

```
>>> x=4
>>> x>5
False
>>> x<7
True
>>>
```

与布尔值相关的内置函数主要是 bool()，该函数用于判断某个表达式的布尔值是真还是假。例如，bool(23)为真，bool(0)为假，bool(5>3)为真。

7.3.4 空值

Python 中有一个特殊类型的常量，即空值（None）。

与 0、空字符串（""）、空格（" "）不同，None 表示什么都没有。对此一定要引起足够的注意，不要将它们混淆。

None 与任何其他的数据类型比较，永远返回 False。

None 可赋值给任何变量。

例如：

```
>>> x=None
>>> x==3
```

```
False
>>> x==None
True
>>>
```

那么，空值的意义是什么？

举一个简单的例子加以说明：返回空值的函数，也就是 return None 的函数。

```
>>> def ff():
        return None

>>>
```

一个空值对象，在被判断时，它永远是 False。例如：

```
>>> x=None
>>> if x:
        print("空值演示")
else:
        print("None 就是我")


None 就是我
>>>
```

遇到以下这些形式，Python 将作为空值处理：

- None。
- False。
- 0、0.0。
- ''（空字符串）、()、[]、{}（无元素的元组、列表、字典）。

因此，空值使得很多判断更为简化。例如：

```
>>> a = ''      #空字符串
>>> if a:
        print('a is not empty')
else:
        print('a is a empty string')


a is a empty string
>>> x=None
>>> if x:
        print("xx")
else:
        print("yy")


yy
>>> a=0
```

```
>>> if a:
        print('a 非 0')
else:
        print('a 为 0')

        
a 为 0
>>> ll=[]
>>> if ll:
        print("列表不为空")
else:
        print("列表为空")

        
列表为空
>>>
```

空值的作用和意义由此可见一斑！

7.4 Python 中的基本类型变量

Python 中的基本类型变量包括整型、浮点型、复数型和布尔型 4 种。

7.4.1 变量的使用

与 C、Java 等静态语言不同的是，Python 是动态的语言，可定义同一个变量为不同类型。变量的类型取决于赋予它的值的类型。

为了使用变量，首先必须通过赋值运算创建变量。

例如：

```
>>> a='我是一个字符串变量'
>>> b=45
>>> c=True
>>> d=3+5j
>>> print(a,b,c,d)
我是一个字符串变量 45 True (3+5j)
>>>
```

在上述例子中，分别定义了 4 个变量并输出：a 是字符串变量，b 是整型变量，c 是布尔型变量，d 是复数变量。

7.4.2 基本变量的赋值

一般通过以下几种形式对变量进行赋值：

```
#ex111.py
```

```
x=3.2                              #定义了 1 个浮点型变量 x 并赋初值 3.2
x1=x2=x3=18.6                      #定义了 3 个浮点型变量 x1,x2,x3 并均赋初值 18.6
y1,y2,y3,y4=12,False,119.1,2+3j    #定义了 4 个不同类型的变量并依次赋初值
y=x                                #将变量 x 的值赋给变量 y
print(x)
print(x1,x2,x3)
print(y1,y2,y3,y4)
print(y)
```

运行上述程序后的结果如下：

```
3.2
18.6 18.6 18.6
12 False 119.1 (2+3j)
3.2
```

结合程序仔细分析运行结果，可以清晰地理解并掌握基本类型变量的赋值操作。

再如：

```
>>> a=1
>>> a=100.45
>>> a='I want you!'
>>> a=12+4.5j
>>> print(a)
(12+4.5j)
>>>
```

第一次为变量 a 赋值为整型，第二次赋值为浮点型，第三次赋值为字符串，第四次赋值为复数类型，最后输出时只保留了最后一次的赋值，而且程序运行正常。由此，Python 的 "动态" 特性得到了验证。

7.4.3 变量的地址

每个变量都对应着一个内存空间，因此每个变量都有相应的内存地址。变量相互赋值的本质是将一个变量的地址复制给另一个变量。

那么，如何获取变量在计算机内存中的地址呢？通过调用内置函数 id()。

内置函数 id() 的语法形式是 id(x)，其中参数 x 可以是变量或对象。举例如下：

```
>>> x1=123
>>> print("变量 x1 的值是："+str(x1),"变量 x1 的地址是：%d"%(id(x1)))
变量 x1 的值是：123 变量 x1 的地址是：1674870048
>>>
```

在上述程序中，首先定义了一个整型变量 x1 并赋初值 123，然后通过 print() 函数输出变量 x1 的值和地址。

当然，在大多数情况下，不需要知道一个变量的具体地址。因为一个变量对应的地址是由操作系统自动分配的，而且是动态的。

7.5　Python 中的构造类型变量

所谓"构造类型",就是将不同基本类型的数据组合在一起构成的新数据类型,类似于 C 语言中的结构体等类型。Python 中的构造类型主要包括:
- 序列［包括字符串（String）、列表（List）和元组（Tuple）］。
- 映射［字典（Dictionary）］。
- 集合（Set）。

7.5.1　字符串

字符串是由一个或多个字符组成的序列,它是 Python 中使用极为普遍的数据类型之一。Python 不支持单字符类型,单字符在 Python 中也被视为字符串。

1. 字符串变量的定义

定义字符串变量的语法如下（通过举例加以说明）:

```
>>> v1='我要学好 Python'
>>> v2="我能学好 Python"
>>> v3="""
我要学好 Python
我能学好 Python
"""
>>> print(v1)
我要学好 Python
>>> print(v2)
我能学好 Python
>>> print(v3)

我要学好 Python
我能学好 Python

>>>
```

在上述程序中,分别用 3 种不同的方式定义了 3 个字符串变量:v1、v2、v3。其中,v3 是多行字符串变量。

除此之外,字符串变量还可以通过相互赋值加以定义,举例如下:

```
>>> v4=v2
>>> print(v4)
我能学好 Python
>>>
```

上述程序通过将 v2 的值赋给 v4,从而定义了字符串变量 v4。
归纳起来,在 Python 中,通常采用以上 4 种方式定义字符串变量。

2. 字符串的特点

字符串中的元素是不可变的，这是字符串最大的特点。

例如，以下程序欲将字符串的第二个字符由 b 改为 B。

```
>>> ss="abcdef"
>>> ss[1]='B'
Traceback (most recent call last):
  File "<pyshell#65>", line 1, in <module>
    ss[1]='B'
TypeError: 'str' object does not support item assignment
>>>
```

程序中定义了一个字符串变量 ss，希望修改下标为 1 的元素，将它由 b 改为 B。但在程序运行后抛出异常，异常类型是：str 对象不支持修改。

3. 字符串的使用

可以使用方括号[]访问字符串中的子字符串。方括号内的数字表示下标，下标从 0 开始。
举例如下：

```
>>> msg='Amazing Python!'
>>> print(msg)
Amazing Python!
>>> print(msg[0:])
Amazing Python!
>>> print(msg[:4])
Amaz
>>> print(msg[1:5])
mazi
>>>
```

由此可见，字符串元素的下标是从 0 开始的。

截取子字符串的方法是：

字符串变量[起始下标:结束下标]

其中，起始下标默认为 0，可省略；结束下标表示要截取字符串的最后一个字符加 1，也就是说，截取的子字符串不包括结束下标对应的元素。Python 将这个过程称为"切片（Slice）"。

下标可为负数，它表示从字符串的尾部逆向访问字符串，最后一个元素的下标对应为-1。依次类推，倒数第二个元素的下标为-2。与正向截取子字符串相同的是，逆向截取的子字符串也不包括结束下标对应的元素。

举例说明如下：

```
>>> msg='This is a test string!'
>>> print(msg[:-1])
This is a test string
```

```
>>> print(msg[:-0])

>>> print(msg[-1:])
!
>>> print(msg[0:-3])
This is a test stri
>>>
```

由以上程序可知，不允许直接对字符串中的元素进行修改。那么，在何种情况下可以修改字符串中的元素呢？可对已存在的字符串进行修改，但它必须被赋给另一个变量。也就是说，要改变一个字符串中的元素，必须新建一个字符串变量。

以下这样做是不被允许的：

```
>>> msg='Hello,world!'
>>> msg[6]="W"
Traceback (most recent call last):
  File "<pyshell#48>", line 1, in <module>
    msg[6]="W"
TypeError: 'str' object does not support item assignment
>>>
```

但是，可将修改后的字符串赋给另一个字符串变量。

```
>>> msg1='Hello,world!'
>>> msg2=msg1[:6]
>>> msg1='Hello,world!'
>>> msg2=msg1[:6]+'Python!'
>>> print(msg2)
Hello,Python!
>>>
```

归纳起来，字符串中下标的用法有以下几种形式。
- string[0:-1])：从头到尾。
- string[2:])：从下标 2 开始到尾。
- string[2:6])：从下标 2 到下标（6-1）。

4．字符串的重复输出

字符串可被重复输出，其方法如下：

字符串*n

其中，n 代表重复输出的次数，它必须是一个整数。
例如：

```
print(string*2)    #输出两次
print("*"*10)      #输出 10 个*
```

7.5.2 列表

列表是一种不同数据类型元素的有序集合。与元组和字符串不同的是，列表中的元素是可变的，也就是可以随时添加或删除其中的元素。

列表通过方括号"[]"加以表示。

1. 列表变量的定义

1）定义列表变量的一般方法

列表变量的定义方法如下：

```
列表变量 =[元素 1,元素 2,元素 3,...]
```

其中，每个元素的类型可以各不相同，但它们被依次存储，也就是说，其下标是固定的，起始下标为 0。

举例说明列表变量的定义：

```
#ListDemo.py
listDemo=["aa",1,"bb",2]
print(listDemo)
print(listDemo[0])              #输出下标为 0 的元素
print(listDemo[2:])             #输出从下标 2 开始到尾的元素
print(listDemo[1:3])            #输出从下标 2 到下标（n-1）的元素
print(listDemo*2)               #输出两次
listDemo[0]="替换的"
print(listDemo)                 #修改后的
```

运行上述程序后，结果如下：

```
['aa', 1, 'bb', 2]
aa
['bb', 2]
[1, 'bb']
['aa', 1, 'bb', 2, 'aa', 1, 'bb', 2]
['替换的', 1, 'bb', 2]
>>>
```

2）通过 list()定义列表变量

可以通过内置函数 list()将字符串定义为列表变量。

举例如下：

```
>>> mylist=list('hello')
>>> mylist
['h', 'e', 'l', 'l', 'o']
>>>
```

2. 列表的使用

与字符串相同，列表也可通过下标法进行访问。当正向访问时，下标从 0 开始，也可从尾部逆向访问，最后一个列表元素的下标为-1。对列表进行操作时一定要避免越界。所谓"越界"，是指超出下标范围。

举例如下：

```
>>> mylist=list('hello')
>>> mylist
['h', 'e', 'l', 'l', 'o']
>>> mylist[-1]
'o'
>>> mylist[1:3]
['e', 'l']
>>>
```

在截取列表元素时，可使用以下形式：

列表[m:n]

但一定要注意，在截取的元素中，只包括从下标 m 开始至下标（n-1）的部分，不包括下标 n 对应的元素。此特性适用于字符串、列表和元组 3 种序列型数据。

1）添加新元素

使用 append()方法可把新元素追加到列表的尾部；而使用 insert()方法则可将新元素添加到特定的位置。

2）删除元素

删除元素可采用 pop()方法。执行 L.pop()命令可删除列表 L 中的最后一个元素。如果要删除特定位置的元素，则可以采用 pop(2)的形式，其中参数 2 表示的是位置，即下标。

3）替换

列表中的元素可被方便地替换，替换操作可直接使用下标法。例如：

```
>>> mm[3]=mm[3]+1
```

该语句通过下标法将列表中下标为 3 的元素在原值的基础上增加 1。

4）遍历打印

通过 for 语句可实现对列表的遍历访问。举例如下：

```
>>> L = ['a','b','c']
>>> for i in L:
        print(i)
a
b
c
```

3. 列表的特点

列表中的元素是可变的，这是列表有别于元组的最大特点。举例如下：

```
>>> mylist=list('hello')
>>> mylist
['h', 'e', 'l', 'l', 'o']
>>> mylist[-1]
'o'
>>> mylist[1:3]
['e', 'l']
>>> mylist[0]='H'
>>> mylist
['H', 'e', 'l', 'l', 'o']
>>>
```

7.5.3 元组

1. 什么是元组

元组是另一种有序列表，可将元组理解成一种不可变的列表。

元组和列表非常类似，但是，元组一旦被初始化，就不能被修改。那么，不可变的元组有何意义？元组的意义在于，因为元组是不可变的，所以在某些场合使用元组可以提高代码的安全性。因此，笔者建议，凡能用元组代替的变量应尽可能地使用元组，而不要使用列表。

2. 如何定义元组变量

元组通过括号"()"加以表示。

1）元组变量的定义

定义元组变量的语法如下：

元组变量 =(元素 1,元素 2,元素 3,…)

其中，每个元素的类型可以各不相同。

举例如下：

```
# TupleDemo.py
tupleDemo=("aa",1,"bb",2)
print(tupleDemo)
print(tupleDemo[0])         #输出下标为 0 的元素
print(tupleDemo[2:])        #输出从下标 2 开始到尾的元素
print(tupleDemo[1:3])       #输出从下标 1 到下标（3-1）的元素
print(tupleDemo*2)          #输出两次
```

在上述程序中，第一条语句为 tupleDemo=("aa",1,"bb",2)，它定义了一个名为 tupleDemo 的元组变量，共有 4 个元素，它们各自有不同的类型，分别是字符串、整数、字符串、整数。

运行上述程序后，输出结果如下：

```
('aa', 1, 'bb', 2)
aa
```

```
('bb', 2)
(1, 'bb')
('aa', 1, 'bb', 2, 'aa', 1, 'bb', 2)
>>>
```

通过将程序与输出结果对照分析,不难理解元组定义与使用的一般方法。

2)空元组的定义

空元组的定义如下:

```
tupleDemo=()                    #空元组
```

3)定义只有一个元素的元组

定义只有一个元素的元组:

```
tupleDemo=(a,)                  #一个元素
```

必须在元素之后加上",",否则,定义的不是元组,而是一个普通变量。

举例如下:

```
>>> tupledemo=(1,)
>>> print(tupledemo)
(1,)
>>> tupledemo=(1)
>>> print(tupledemo)
1
>>>
```

3. 元组的特点

元组中的元素是不可变的。

如何真正理解元组的这个特性呢?举例说明如下:

```
t = ('a', 'b', ['A', 'B'])
t[2][0] = 'X'
t[2][1] = 'Y'
t[0]='b'
print(t)
```

在上述程序中,第一条语句定义了一个元组变量 t,其中第三个元素为列表。第四条语句试图将元组的第一个元素由'a'改为'b'。

运行上述程序后,得到的结果如下:

```
Traceback (most recent call last):
  File "C:/Users/Administrator/Desktop/hhfgh.py", line 4, in <module>
    t[0]='b'
TypeError: 'tuple' object does not support item assignment
>>>
```

由此可见,第四条语句出错了。

如果将第四条语句删除，改为如下程序：

```
t = ('a', 'b', ['A', 'B'])
t[2][0] = 'X'
t[2][1] = 'Y'
print(t)
```

运行上述程序，一切正常并得到如下结果：

```
('a', 'b', ['X', 'Y'])
>>>
```

上述举例说明，元组中的元素是不可变的，但是，由于第三个元素是列表，而列表是可变的，所以第二、三条语句是正常的。注意，千万不能将此理解成元组中的元素是可变的。

举例如下：

```
t = ('a', 'b', ['A', 'B'])
t[2]=3
print(t)
```

上述程序中的第二条语句试图将第三个元素由列表改为整型，运行上述程序，程序出错了。

```
Traceback (most recent call last):
    File "C:/Users/Administrator/Desktop/hhfgh.py", line 2, in <module>
        t[2]=3
TypeError: 'tuple' object does not support item assignment
>>>
```

出错的原因是：'tuple' object does not support item assignment。将它翻译成中文就是"元组不支持修改"。

4. 元组的使用

直接使用下标索引。
举例如下：

```
>>> t=(6,7,8)
>>> t[1]
7
>>>
```

在元组中，虽然元素不可被修改，但是可通过运算符"+"对两个元组进行连接组合。
举例如下：

```
>>> t1=(6,7,8)
>>> t2=(-1,0,1)
>>> t3=t1+t2
>>> t3
(6, 7, 8, -1, 0, 1)
>>> t3=t2+t1
>>> t3
```

```
(-1, 0, 1, 6, 7, 8)
>>>
```

实际上,"+"运算的作用远不止这一个。请看:

```
>>> aa=(1,2,3)
>>> bb=(4,5,6)
>>> cc=aa+bb
>>> cc
(1, 2, 3, 4, 5, 6)
>>> aa="123"
>>> bb="456"
>>> cc=aa+bb
>>> cc
'123456'
>>> aa=[1,2,3]
>>> bb=[4,5,6]
>>> cc=aa+bb
>>> cc
[1, 2, 3, 4, 5, 6]
>>>
```

除此之外,在上面的举例中,曾涉及元组的重复输出,重复输出的方法与字符串重复输出的方法非常相似。事实上,列表也可以重复输出。举例如下:

```
>>> mytuple=("1",2,"abc")
>>> print(mytuple*2)   #重复输出元组两次
('1', 2, 'abc', '1', 2, 'abc')
>>> mylist=[1,2,3]
>>> print(mylist*2)    #重复输出列表两次
[1, 2, 3, 1, 2, 3]
>>>
```

7.5.4 集合

1. 什么是集合

集合是一系列无序的、不重复的元素的组合体,集合中的每个元素可为不同的类型。因此,集合可被看成数学意义上的无序、无重复元素的集合。

2. 集合变量的定义

集合通过"{}"加以表示。
常用以下3种方法定义集合变量。
第一种——直接定义。

```
>>> setdemo={1,"ab",7.8}
>>> print("第一种方法定义的集合: ",setdemo)
```

```
第一种方法定义的集合：   {1, 'ab', 7.8}
>>>
```

第二种——通过列表和 set()函数定义集合变量。

```
>>> vlist=[12,78,56,12,66,78]
>>> vset=set(vlist)
>>> vset
{56, 66, 12, 78}
>>>
```

在上述程序中，首先定义一个列表变量，然后通过内置函数 set()将列表转换为集合。由于集合类型具有不重复和无序的特性，所以，从举例中可见，列表中的重复元素被删除，元素的顺序关系被忽略。

第三种——通过 add()方法对已定义的空集合进行添加。

```
>>> sdemo=set()
>>> sdemo.add(23)
>>> sdemo.add(12)
>>> sdemo.add("abc")
>>> sdemo
{'abc', 12, 23}
>>> sdemo.add(23)
>>> sdemo
{'abc', 12, 23}
>>>
```

在上述程序中，首先通过 set()函数定义一个空集合对象，然后通过对象的内置方法 add()进行元素添加，在添加过程中如果出现相同的元素则被忽略。例如，两次添加 23，但是第二次添加被忽略。

3. 集合的使用

1）两个集合的运算

两个集合可进行交集、并集、差集等运算。

举例如下：

```
setDemo1={"a",23}
setDemo2={"a","b"}
print("集合 B ",setDemo2)
print("AB 的差集  ",setDemo1-setDemo2)
print("AB 的并集  ",setDemo1|setDemo2)
print("AB 的交集  ",setDemo1&setDemo2)
print("AB 的不同时存在的 ",setDemo1^setDemo2)
```

运行上述程序后，得到的结果如下：

```
集合 B    {'b', 'a'}
AB 的差集    {23}
```

```
AB 的并集    {'b', 'a', 23}
AB 的交集    {'a'}
AB 的不同时存在的    {'b', 23}
>>>
```

2）添加、删除集合中的元素

对集合对象可进行添加元素、删除元素、随机删除元素并获得该元素等操作。
- 添加的方法：add()内置方法。
- 删除的方法：discard()、remove()、pop()等内置方法。要注意三者的区别。
- 删除集合中所有元素的方法：clear()内置方法。

4. 集合的特点

集合中的元素是无序的、不可重复的，即不允许在集合对象中出现两个及以上的相同元素。举例如下：

```
>>> set1={11,15,17,18}
>>> set2={11,"a",67.8,"bc"}
>>> set3={11,12,12,17}
>>> set3
{17, 11, 12}
>>>
```

上述程序表明，在定义集合变量 set3 时使用了两个相同的元素，虽然这在语法上被允许，但是从实际结果来看，两个相同的元素（重复）是不被接受的。

7.5.5 字典

1. 什么是字典

字典是一个存放无序的键/值（key/value）映射类型数据的容器。

字典的键可为数字、字符串或元组，键必须是唯一的。在 Python 中，数字、字符串和元组均为不可变类型，而列表、集合是可变类型，所以列表和集合不能作为字典的键。键必须为不可变类型，而值则可为任意类型。

2. 字典变量的定义

字典通过"{}"加以定义。这一点与集合是一样的，但要注意两者的区别。
定义字典变量的方法如下：

字典变量 = {键 1:值 1,键 2:值 2,键 3:值 3,…}

举例如下：

```
>>> ddemo={"name":"shenhongwei","sex":'M',"year":52}
>>> ddemo
{'name': 'shenhongwei', 'sex': 'M', 'year': 52}
>>>
```

在上述举例中,定义了一个字典变量 ddemo,它有 3 个键值对。
还有一种方法可定义字典变量:首先创建空字典对象,然后逐一添加键值对,从而定义字典变量。

举例如下:

```
>>> ddemo1={}
>>> ddemo1["a"]=12
>>> ddemo1["b"]=13
>>> ddemo1["c"]=14
>>> ddemo1
{'a': 12, 'b': 13, 'c': 14}
>>>
```

在上述程序中,首先创建空字典变量 ddemo1,然后分 3 次逐一添加键值对,从而定义字典变量 ddemo1。注意,添加时必须以键为关键字。

3. 字典的使用

字典是通过键(key)作为索引来访问和操作值(value)的。特别要引起注意的是,字典一旦被定义,它的键不能被修改,而值可以被修改。

修改值的具体方法如下:

```
字典[key]
```

举例 1:

```
ddemo={"name":"shenhongwei","sex":'M',"year":52}
print(ddemo)
print(ddemo["name"])
```

上述程序被运行后,得到的结果如下:

```
{'name': 'shenhongwei', 'sex': 'M', 'year': 52}
shenhongwei
```

首先输出整个字典,然后通过键索引方式索引键"name",从而输出其对应的值"shenhongwei"。

举例 2:

```
>>> ddemo1={'a': 13, 'b': 13, 'c': 14}
>>> ddemo1["c"]=15
>>> ddemo1
{'a': 13, 'b': 13, 'c': 15}
>>>
```

通过键"c"将它对应的值由 14 改为 15。

举例 3:

```
>>> ddemo1={'a': 13, 'b': 13, 'c': 14}
>>> x=ddemo1.pop("c")
```

```
>>> print(ddemo1)
{'a': 13, 'b': 13}
>>> print(x)
14
>>>
```

上述程序移除键"c",返回其对应的值并赋给变量 x, x 的值为 14。此处使用了内置方法 pop(),从中可了解该方法的具体用法。

举例 4:

```
>>> ddemo1={'a': 13, 'b': 13, 'c': 14}
>>> print(ddemo1.keys())
dict_keys(['a', 'b', 'c'])
>>> print(ddemo1.values())
dict_values([13, 13, 14])
>>>
```

上述程序首先定义一个字典变量 ddemo1,然后通过方法 keys()和 values()得到它的全部键和值。这两个方法的返回值均为列表形式。

举例 5:

```
>>> ddemo1={'a': 13, 'b': 13, 'c': 14}
>>> for i in ddemo1.keys():
        print(i)

a
b
c
>>>
```

4. 字典的特点

(1)字典的第一个特点是查找速度快,而且查找的速度与元素的个数无关;而列表的查找速度是随着元素的增加而逐渐下降的。

(2)字典的第二个特点是存储的键值对是无序的。

(3)字典的第三个特点是键的数据类型必须是不可变的类型,所以列表和集合不能作为字典的键。

(4)字典的第四个特点是占用的内存空间大。

7.6 归纳与总结

7.6.1 各种类型的相互转换

Python 的各种数据类型可通过内置函数实现相互转换。由于用于转换的内置函数较多,所以此处仅列举部分内置函数，具体如下。

1. int(x)

将 x 转换为整型。

2. str(x)

将 x 转换为字符串。

3. tuple(s)

将 s 转换为元组。

4. list(s)

将 s 转换为列表。

举例如下：

```
>>> setdemo={1,"ab",7.8}
>>> listdemo=list(setdemo)
>>> print(listdemo)
[1, 'ab', 7.8]
>>>
```

内置函数 eval()也常被使用，通过它可将字符串转换为数值类型。它常与 input()函数配合使用，以实现从键盘输入数据。

7.6.2 字符串、列表、元组、字典和集合的异同点

Python 的各种数据类型特点各异，既有相同点，又有不同点。

1. 相同点

（1）均为多个数据（元素）的"集合"。
（2）均可通过内置函数 len()获取元素个数，即长度。

2. 不同点

1）在表示方式上有所不同
- 字符串使用""、''、""""、'''等表示。
- 列表使用[ ]表示。
- 元组使用()表示。
- 字典使用{}表示。
- 集合使用{}表示。

2）元素类型有所不同
- 字符串的元素均为字符。

- 列表的元素可为任意不同类型。
- 元组的元素可为任意不同类型。
- 字典的元素可为任意不同类型，但是对键的类型有不可变的要求。
- 集合的元素可为任意不同类型。

3）有序与无序的差别
- 字符串是有序序列。
- 列表是有序序列。
- 元组是有序序列。
- 字典是无序的。
- 集合是无序的。

4）可修改与不可修改
- 字符串的元素不可被修改。
- 列表的元素可被修改。
- 元组的元素不可被修改。
- 字典的键不可被修改，值可被修改。
- 集合的元素可被修改（增加或删除）。

5）可重复性
- 字符串的元素是可重复的。
- 列表的元素是可重复的。
- 元组的元素是可重复的。
- 在字典的元素中，键不可重复，值可重复。
- 集合的元素是不可重复的。

以上归纳了 Python 常用数据类型的主要异同点。读者必须认真领会这些特点，才能在应用中做到得心应手。

思考与实践

1. 如何实现两个字符串的合并操作？
2. 如何将字符串转换为列表？
3. 如何在某个列表后添加两个新的元素？
4. 如何从元组中取出中间两个元素形成一个新的元组？
5. 编写一个程序，能模拟程序的运行进度，时间间隔为 0.01s，效果如下：

```
Waiting .
Waiting ..
Waiting ...
```

6. 编写一个程序，判断输入的某个整数是否为回文数。所谓"回文数"，是指该数的逆序数与原数相同。
7. 自行编写一个具有创意的程序。

第 8 章 Python 的数据运算

学习目标

- 理解 Python 中数据运算及其运算符的分类。
- 掌握运算符的功能与特点。
- 理解运算符的优先级。
- 能正确选用运算符解决一般的运算问题。

多媒体课件和导学微视频

8.1 运算符的分类

任何程序必定涉及数据,所有的数据必定涉及运算。程序是在计算机上运行的,而计算机顾名思义就是"计算"的机器,它最擅长的就是运算。而"运算"必须通过相应的"运算符"加以表达。

例如,a+b 是一种加法运算,其中,a 和 b 被称为操作数,而"+"被称为操作符,又被称为"运算符"。

Python 中的运算种类较多,相应地,运算符也较多。运算与运算符是 Pythonr 的基础内容之一,也是重点内容之一。归纳起来,Python 语言支持以下 7 种运算符:

- 算术运算符。
- 比较(关系)运算符。
- 赋值运算符。
- 逻辑运算符。
- 位运算符。
- 成员运算符。

- 身份运算符。

每种运算符具有各自的运算特性和优先级，在使用中必须充分关注运算优先级的问题。

8.2 运算符的功能与特点

8.2.1 算术运算符

在 Python 中，算术运算是基本的数值运算，共有加、减、乘、除、取模、求幂、整除 7 种。算术运算的操作数是数值类型的，结果也是数值类型的。

假设变量 a=15，b=20，那么算术运算符及其功能可用表 8-1 加以归纳。

表 8-1 算术运算符及其功能

运算符	功能描述	举例说明
+	加法，两个对象相加	a + b 得到 35
-	负号或减法，负数或某数减去另一个数	-a (-15)；a - b 得到 -5
*	乘法，两个数相乘或返回一个被重复若干次的字符串等	a*b 得到 300；"-"*5，"-"被重复 5 次
/	除法	b/a 得到 1.3333333333333
%	取模，返回除法的余数	b % a 得到 5，适用于所有数值类型
**	求幂，返回 x 的 y 次方	a**b 为 15 的 20 次方
//	整除，返回商的整数部分	b//a 为 1，20.0//15 为 1.0

关于算术运算符，有 3 点要特别加以关注。

1. 除法运算符

除法运算符有两个，分别是"/"和"//"，前者是一般意义上的除法运算，后者是取整除法运算。在进行取整除法运算时，对结果不进行"四舍五入"处理，而是采用简单取整的办法。

举例 1：

```
>>> 13/7
1.8571428571428572
>>> 13//7
1
>>>
```

2. *运算符

*既是乘法运算符，也是重复运算符。对于 Python 中的字符串、列表、元组等对象，均可使用*进行重复运算，语法为：可重复对象*n，其中 n 为重复次数。

举例 2：

```
>>> mydict=("a","b",2)
>>> print(mydict*3)
```

```
('a', 'b', 2, 'a', 'b', 2, 'a', 'b', 2)
>>> mydict=["a","b",2]
>>> my2=mydict*2
>>> my2
['a', 'b', 2, 'a', 'b', 2]
>>>
```

集合和字典是不可重复对象，这是为什么？请读者自行思考！

3. %运算符

Python 中的取模运算又被称为求余数运算，它与 C 语言等其他语言最大的不同是，它既可用于整数求余，也可用于浮点数求余。

举例 3：

```
>>> x=6
>>> y=5
>>> z=x%y
>>> z
1
>>> x=6.7
>>> y=2.3
>>> z=x%y
>>> z
2.1000000000000005
>>>
```

8.2.2 比较运算符

比较运算常在逻辑语句中使用，以测定两个对象是否相等或其大小关系。比较运算共有 6 种。

比较运算的结果只有两个：True（成立，真）和 False（不成立，假）。

假设变量 a=15，b=20，那么比较运算符及其功能可归纳为表 8-2 所示。

表 8-2 比较运算符及其功能

运算符	功能描述	举例说明
==	等于，比较两个对象是否相等	a==b，返回 False
!=	不等于，比较两个对象是否不相等	a!=b，返回 True
>	大于，比较 a 是否大于 b	a>b，返回 False
<	小于，比较 a 是否小于 b	a<b，返回 True
>=	大于等于，比较 a 是否大于等于 b	a>=b，返回 False
<=	小于等于，比较 a 是否小于等于 b	a<=b，返回 True

特别要引起注意的有以下几点。

1. 等于运算符"=="

等于运算符为"==",不要写成"=",也就是说,不要与赋值运算符"="搞混。这是初学者很容易出错的运算符之一,因为它与习惯差异太大。

2. 不等于运算符"!="

不等于比较运算符为"!=",不要写成"<>"。每种语言的不等于运算符会有所不同,因此,不要想当然地将其他语言的运算符使用在 Python 程序中。

3. a<=b<=c 的合法性

在多数语言中,要实现 a<=b<=c 的功能,必须借助逻辑运算,通过 a<=b and b<=c 的形式实现。但在 Python 中,要判断 x 是否处于区间[1,10]内,可直接写成 1<=x<=10。这一点与 C、C++等语言有很大不同。

8.2.3 赋值运算符

赋值运算用于相互复制,即将赋值运算符右侧的值(或一个表达式的值)赋给左侧的变量。注意,赋值运算符的左侧必须是变量。

赋值运算符及其功能可归纳为表 8-3 所示。

表 8-3 赋值运算符及其功能

运算符	功能描述	举例说明
=	简单的赋值运算符	c = a + b,将 a + b 的运算结果赋给 c
+=	加法赋值运算符	c += a 等效于 c = c + a
-=	减法赋值运算符	c -= a 等效于 c = c - a
*=	乘法赋值运算符	c *= a 等效于 c = c * a
/=	除法赋值运算符	c /= a 等效于 c = c / a
%=	取模赋值运算符	c %= a 等效于 c = c % a
**=	幂赋值运算符	c **= a 等效于 c = c ** a
//=	取整除赋值运算符	c //= a 等效于 c = c // a

赋值运算不局限于数值类型,所有类型的数据均可进行赋值运算。这一点与其他语言有很大不同,要特别予以注意。

举例 4:

```
>>> x=4          #定义一个变量 x,并赋初值为 4
>>> x+=7+7       #等效于 x=x+(7+7),这一点一定要注意
>>> x            #查看 x 的值为 18
18
>>>
```

举例 5：

```
>>> list1=['a',23,'gg']      #定义一个列表变量 list1 并赋初值
>>> list2=list1              #将 list1 的值赋给 list2
>>> list2                    #查看 list2，其值与 list1 相同
['a', 23, 'gg']
>>>
```

举例 6：

```
>>> x1,x2,x3='a',13.7,4+5j   #定义 3 个不同类型的变量并直接赋值，用 "，" 分隔，注意顺序
>>> print(x1,x2,x3)          #显示 3 个变量的值
a 13.7 (4+5j)
>>>
```

关于赋值运算，有两点提请注意。

1. 复合的赋值运算符

复合的赋值运算符是指诸如 "*=" 之类的运算符。

复合的赋值运算符右侧可以是任意表达式，但要注意在赋值运算时的实际执行过程。它的语法形式通过举例加以说明。

举例 7：

```
>>> c=3
>>> c*=3+5
>>> c
24
>>>
```

由举例可见，"*=" 运算符的右侧是一个加法表达式，尽管 3+5 两侧没有()，但在实际运算中，将自动加上()。因此，上述语句等价于 c=c*(3+5)。以此类推，其他复合的赋值运算符同样遵循此规则。

2. 多变量赋值

Python 的赋值运算十分灵活，它支持多变量赋值。

举例 8：

```
>>> x,y,z=1,"hello",[1,2,3]
>>> x
1
>>> y
'hello'
>>> z
[1, 2, 3]
>>>
```

8.2.4 逻辑运算符

逻辑是指条件与结论之间的关系。逻辑运算是指对因果关系进行分析的一种运算，是符号化的逻辑推演。由于布尔在符号逻辑运算中有着特殊贡献，所以在很多计算机语言中将逻辑运算称为"布尔运算"。

逻辑运算的结果只有两个：真和假，它们被称为布尔值。在 Python 中，"真"以内置常量 True 表示，"假"以内置常量 False 表示。

Python 将非 0 值视为 True，将 0 视为 False。

假设变量 a=15，b=20，那么逻辑运算符及其功能可归纳为表 8-4 所示。

表 8-4 逻辑运算符及其功能

运算符	功能描述	举例说明
and	布尔"与"。如果 x 为 False，则 x and y 返回 False；否则返回 y 的计算值	(a and b) 返回 20
or	布尔"或"。如果 x 是非 0 值，则 x or y 返回 x 的值；否则返回 y 的计算值	(a or b) 返回 15
not	布尔"非"。如果 x 为 True，则 not x 返回 False；否则返回 True	not(a and b) 返回 False

举例 9：

```
>>> a,b=15,20         #定义变量 a 和 b，并分别赋值为 15 和 20
>>> a and b           #a 和 b 进行逻辑与运算，输出结果为 20
20
>>> a or b            #a 和 b 进行逻辑或运算，输出结果为 10
10
>>> not a             #a 为非 0 值，被视为 True，因此对 a 逻辑求反的结果为 False
False
>>>
```

举例 10：

```
>>> a=15              #定义变量 a 并赋值为 15
>>> if a:             #a 为非 0 值，所以等效于 True
    print('非 0 的值被视为 True')
else:
    print("0 才被视为 False")

非 0 的值被视为 True
>>>
```

举例 11：

```
>>> a='ghj'           #定义变量 a 为字符串"ghj"
>>> if a:             #a 为非空值，所以等效于 True
    print('非空的值被视为 True')
else:
    print("空值才被视为 False")
```

```
非空的值被视为 True
>>> a=''                    #定义 a 为空值（注意不是空格）
>>> if a:                   #a 为空值，所以等效于 False
    print('非空的值被视为 True')
else:
    print("空值才被视为 False")

空值才被视为 False
>>>
```

关于逻辑运算，要提请注意的一点是：逻辑运算的结果只能是真和假，但不一定是 1 或 0。例如，a=15，b=20，那么 a and b 运算后的值为 15，但它的布尔值为 1。因为从逻辑的角度来看，非 0 即真。

举例 12：

```
>>> a=15
>>> b=20
>>> c=a and b
>>> c
20
>>> if c:
    print("True")

True
>>>
```

8.2.5 成员运算符

成员运算符用于判断某个元素是否存在于某个对象中。比如，可判断一个字符是否属于某个字符串，可判断某个元素是否在某个列表中等。

成员运算是 Python 中非常有特色的运算，它被用在字符串、列表、元组、集合、字典这些有序或无序的数据中。

成员运算符共有两个：in 和 not in。

Python 成员运算符的使用语法如下：

x [not] in y

成员运算的返回值只能是 True 或 False。

成员运算符及其功能可归纳为表 8-5 所示。

表 8-5 成员运算符及其功能

运算符	功 能 描 述	举 例 说 明
in	如果在指定的对象中找到元素则返回 True，否则返回 False	如果 x 在 y 中则返回 True，否则相反
not in	如果在指定的对象中无法找到元素则返回 True，否则返回 False	如果 x 不在 y 中则返回 True，否则相反

举例 13：

```
>>> str1='沈红卫，你好'           #定义字符串 str1
>>> str2='沈红卫'                 #定义字符串 str2
>>> str2 in str1                  #str1 包含 str2，所以 str2 in str1 为 True
True
>>> str2='马云'                   #定义字符串 str2 为"马云"
>>> str2 in str1                  #str1 不包含 str2，所以 str2 in str1 为 False
False
>>> str2 not in str1              #str1 不包含 str2，所以 str2 not in str1 为 True
True
>>>
```

举例 14：

```
>>> sdemo={'abc',100,200,'good'}  #定义一个集合 sdemo
>>> sdemo1='abc'                  #定义一个字符串 sdemo1 为 "abc"
>>> sdemo1 in sdemo               #sdemo1 in sdemo 的结果为 True
True
>>> sdemo1 not in sdemo           #sdemo1 not in sdemo 的结果为 False
False
>>>
```

举例 15：

```
>>> dd={                          #通过多行方式定义一个字典变量 dd
    "name":"小明",                #每个键值对之间用","分隔
    "yearsold":22,
    "sex":'M',
    "Mobile":668866,              #注意，最后一个键值对之后可有","，也可无
    }
>>> str1="name"                   #定义字符串
>>> str1 in dd                    #只能通过键的方式使用成员运算
True
>>> str1='Mobile'
>>> str1 not in dd
False
>>> str1='小明'                   #如果通过值的方式使用成员运算，则无法得到正确结果
>>> str1 in dd                    #str1 in dd 的结果 False 不是你想象中的结果
False
>>>
```

从上述 3 个举例中可见，成员运算的确很有特色，它让其他语言望尘莫及。

8.2.6 身份运算符

身份运算符用于比较两个对象是否为同一个对象。身份运算符共有两个：is 和 is not。

Python 身份运算符的使用语法如下：

obj1 is [not] obj2

身份运算符是用于比较两个对象是否为同一个对象的运算符，而比较运算符中的"=="则是用于比较两个对象的值是否相等的运算符，不要将两者混淆。

为了理解身份运算的原理，首先介绍 Python 变量的 3 个属性：name、id 和 value。可将 name 理解为变量名，id 可理解为内存地址，而 value 就是变量的值。身份运算符 is 或 is not 是通过将变量的 id 属性作为判断依据来进行判断的，如果两个变量的 id 相同，那么返回 True，说明是同一个对象；否则返回 False，说明不是同一个对象。

表 8-6 归纳了身份运算符及其功能。

表 8-6　身份运算符及其功能

运算符	功能描述	举例说明
is	判断两个标识符是否引自一个对象	x is y，如果 id(x) 等于 id(y)，则返回结果 True；否则相反
is not	判断两个标识符是否引自不同对象	x is not y，如果 id(x) 不等于 id(y)，则返回结果 True；否则相反

举例 16：

```
>>> x1="hello"        #定义字符串 x1
>>> x2="hello"        #定义字符串 x2
>>> x1==x2            #关系运算 x1==x2 的结果为 True
True
>>> x1 is x2          #x1 is x2 的结果为 True，因为字符串"hello"只有一个内存地址
True
>>> id(x1)            #通过内置函数 id()求内存地址，可以看出是相同的
50142208
>>> id(x2)
50142208
>>>
```

举例 17：

```
>>> x1=(1,7.8,9)      #定义元组变量 x1
>>> x2=(1,7.8,9)      #定义元组变量 x2
>>> x1==x2            #关系运算 x1==x2 成立，结果为 True
True
>>> x1 is x2          #身份运算 x1 is x2 不成立，结果为 False，因为 id 不一样
False
>>> id(x1)
50231480
>>> id(x2)
50087472
>>> x1 is not x2
True
>>>
```

在举例 17 中，身份运算 x1 is x2 的值为什么是 False，而不是 True？请读者认真思考，以真正理解身份运算符的特点。

8.2.7 位运算符

位运算就是把对象转换为二进制后，按照对应的二进制位逐一进行运算的一种运算形式。需要提醒的是，在计算机系统中，所有数值一律以补码形式存储。

关于什么是补码的问题，请读者自行查阅资料加以消化。为什么要理解补码？因为它与数值对象的二进制转换关系密切。

位运算符是以二进制形式参与运算的一种运算符。如果是双目运算符，则参与运算的对象是二进制的两个位；如果是单目运算符，则参与运算的对象是二进制的一个位。所谓双目运算符，就是必须有两个对象参与运算的运算符。那么，什么是单目运算符？什么是三目运算符？请依此类推！

假设变量 a=60，b=13，则它们对应的二进制形式如下：

a = 0011 1100
b = 0000 1101

如果要对 a 和 b 进行按位运算，那么必须按照上述二进制值逐位进行运算。表 8-7 归纳了位运算符及其功能。

表 8-7 位运算符及其功能

运算符	功能描述	举例说明
&	按位与运算，两者为 1 方为 1，否则为 0	(a & b) 输出结果 12，对应二进制数 0000 1100
|	按位或运算，两者为 0 方为 0，否则为 1	(a | b) 输出结果 61，对应二进制数 0011 1101
^	按位异或运算，两者相异方为 1，否则为 0	(a ^ b) 输出结果 49，对应二进制数 0011 0001
~	按位取反运算，对数据的每个二进制位取反，即把 1 变为 0，把 0 变为 1	(~a) 输出结果 -61，对应二进制数 1100 0011，以一个有符号二进制数的补码形式
<<	左移动运算，由"<<"右边的数指定移动的位数，高位丢弃，低位补 0	a << 2 输出结果 240，对应二进制数 1111 0000
>>	右移动运算，由">>"右边的数指定移动的位数。如果是带符号的负数，则高位补 1，低位丢弃（算术右移）；如果是正数，则补 0	a >> 2 输出结果 15，对应二进制数 0000 1111

在表 8-7 中，~a 表示对 a 进行按位取反运算，因此该表达式值的二进制形式应为：

1100 0011

为什么 11000011 等于-61 呢？这里涉及补码的问题。因为 a 是有符号对象，所以对它进行某种运算后得到的结果也是有符号的。11000011 作为补码存在于内存中，它的最高位为 1，因此表明它是一个负数。根据"补码的补码即原码"的原则，为了求得它对应的原码，必须对 11000011 进行一次补码运算。补码运算包括两步：先按位求反，然后加 1。因此，11000011 对应的原码为：

```
00111100            （按位取反，撇开符号位）
+ 00000001          （加1）
= 00111101 = 61     （转换为十进制数）
```

最后，得到结果-61。为什么是负数？请读者仔细想想！

举例 18：

```
>>> a=60        #二进制表示：00111100
>>> b=13        #二进制表示：00001101
>>> a&b         #00001100
12
>>> a|b         #00111101
61
>>> a^b         #00110001
49
>>> ~a          #11000011
-61
>>> a<<1
120
>>> a>>1
30
>>> a<<2        #11110000
240
>>> a>>2        #00001111
15
>>>
```

从举例 18 中可以看出，要特别注意 Python 按位运算中正负符号的变化。例如，由于 Python 的位移运算是采用算术左移和算术右移的，移动过程会自动保持对象的正负属性不变，因而要特别注意补位的数是 1 还是 0。

举例 19：

```
>>> x=128
>>> x>>1
64
>>> x=-4
>>> x>>1
-2
>>> x=-1
>>> x<<1
-2
>>>
```

由举例 19 可知，Python 的按位移动运算不改变被移动数据的符号，它相当于 C 语言中的算术移动。当然，与算术移动相对应的是逻辑移动，在逻辑移动情形下，最高位一律补 0。请读者自行查阅相关资料，进一步厘清两者之间的区别。

8.3 运算符的优先级

8.3.1 优先级与结合性

Python 运算符的优先级用于描述计算机在计算表达式时执行运算的先后顺序。优先级规则是，先执行具有较高优先级的运算，然后执行具有较低优先级的运算。例如，数学中常说的先执行乘、除运算，再执行加、减运算，就是优先级的一种体现。

除传统意义上的优先级外，Python 在运算过程中还使用一种新的优先级，也就是运算方向，借用 C 语言的概念，权且称之为"结合性"。

Python 的结合性也即运算的方向，就是当两个运算符的优先级相同时，如何执行运算操作的问题。大多数 Python 运算符的结合性均为"左结合性"：当运算符的优先级相同时，按照从左向右的顺序计算表达式的结果。例如，2+3+4 被计算成(2+3)+4。唯一具有右结合性的运算符是赋值运算符"="。

表 8-8 给出了 Python 部分运算符的优先级关系，从低到高排列（上低下高）。优先级数相同的运算符具有相同的优先级。

表 8-8 Python 部分运算符的优先级关系

运 算 符	功 能 描 述
lambda	匿名表达式
if – else	条件表达式
or	逻辑或
and	逻辑与
not x	逻辑取反
in, not in, is, is not, <, <=, >, >=, !=, ==	比较，成员运算，身份运算
|	按位或
^	按位异或
&	按位与
<<, >>	按位左移、右移
+, -	加，减
*, @, /, //, %	乘，矩阵乘，除，求余数
+x, -x, ~x	正，负，按位取反
**	指数运算

关于优先级，以下几点要特别加以注意。

1. 使用()

小括号可以改变优先级，有()的表达式被优先计算。因此，在无法确定优先级的情况下，使用小括号也是一种不错的选择。当然，不能滥用！

2. 运算的广义性

计算机语言中的运算有别于数学中的运算，数学中的运算一般是狭义的，专指加、减、乘、除等少量的几个运算；而计算机语言中的运算具有广义性。表 8-8 虽然没有涵盖 Python 的全部运算，但足以说明运算的广义性。例如，字符串等序列对象的下标运算"[ ]"，在 Python 中也是一个运算符。

3. 赋值运算符的灵活性

Python 中的赋值运算符是一个十分灵活的运算符，它的功能非常强大，与大多数计算机语言中的赋值运算符有很多根本性的差异。

举例 20：

```
>>> #序列赋值
>>> [a,b,c]=(1,2,3)
>>> a
1
>>> b
2
>>> c
3
>>> (a,b,c)="abc"
>>> a
'a'
>>> b
'b'
>>> c
'c'
>>> [a,b,c]='abc'
>>> a
'a'
>>> b
'b'
>>> c
'c'
>>> #序列解包，用于左右个数不对称时
>>> a,*b = 'spam'
>>> a
's'
>>> b
['p', 'a', 'm']
>>> x=y=3
```

```
>>> x
3
>>> y
3
>>>
```

8.3.2 优先级的使用举例

以下通过举例说明优先级如何使用。

举例 21：

```
>>> ss=[6,7,90]       #定义一个列表变量 ss 并赋初值
>>> x=6               #定义一个整型变量 x 并赋初值 6
>>> x=x+ss[1]*2       #表达式 x=x+ss[1]*2 包含赋值、加法、下标、乘法运算，按优先级高低计算
>>> x
20
>>>
```

表达式 x=x+ss[1]*2 包含赋值、加法、下标、乘法运算，按优先级高低计算。优先级最高的为[]，因此，首先得到 ss 的第 1 号元素为 7；乘法的优先级次之，所以 7*2=14；然后执行加法 x+14，也就是 6+14 等于 20；最后将 20 赋给 x，所以 x 的值为 20。

举例 22：

```
>>> x=20
>>> x2=x3=6+x
>>> x2
26
>>> x3
26
>>>
```

表达式 x2=x3=6+x 包含加法和赋值运算，由于加法的优先级高于赋值的优先级，所以首先进行 6+x 运算，得到 26，此时等价于 x2=x3=26。由于该表达式中的两个运算符均为"="，它们的优先级相同，所以，此时必须按照结合性进行计算。由于"="是具有"右结合性"的运算符，所以首先计算 x3=26，x3 被赋值 26，此时的表达式等价于 x2=x3，也就是将 x3 的值赋给 x2，得到 x2 的值为 26。实际上，x2、x3 和 26 是同一个对象，因为 id(x)、id(y) 和 id(26) 是一样的。

这里特别要提醒的是，虽然表达式 a=b=c 按结合性被处理为 a=(b=c)，但是 Python 语言不允许出现这样的表达式，不要将它与 C 语言等其他计算机语言混淆。

举例 23：

```
>>> x1=x2=(x3=5)
SyntaxError: invalid syntax
>>>
```

思考与实践

1. 请列举 Python 中所有与传统运算符差别较大的运算符。
2. 在 Python 中，与除法有关的运算符有哪些？各自有何特点？
3. 请编写一个程序，该程序可实现公制和英制尺寸的互相转换。例如，输入 2.1 英寸，那么输出公制的值为 53.34mm。尽可能做到人机界面友好。
4. 编写一个程序，输入任意一个正整数，将该数对应的各位数字提取后逆序组成一个新的整数并输出。例如，输入 14875，则输出它的逆序数为 57841。

第 9 章 键盘输入与屏幕输出

学习目标

- 理解程序中输入与输出操作的意义。
- 熟练掌握 input()和 eval()函数的应用。
- 熟练掌握 print()和 format()函数的应用。
- 能编写有一定难度的"IPO"程序。

多媒体课件和导学微视频

键盘输入与屏幕输出是任何一个程序均需涉及的操作。Python 提供了两个内置函数，可方便、快捷地实现键盘输入和屏幕输出。不过，它们均基于文本方式，而不是图形方式。

9.1 键盘输入与 input()函数

9.1.1 input()函数的功能

在 Python 3.x 中，用于键盘输入的内置函数只有 input()。该函数可接收任意类型的输入，将所有输入作为字符串处理并返回该字符串。

以下命令可获取关于 input()函数的详细说明。

```
>>> help(input)
Help on built-in function input in module builtins:

input(prompt=None, /)
    Read a string from standard input.  The trailing newline is stripped.
```

> The prompt string, if given, is printed to standard output without a
> trailing newline before reading input.
>
> If the user hits EOF (*nix: Ctrl-D, Windows: Ctrl-Z+Return), raise EOFError.
> On *nix systems, readline is used if available.

上述文档说明，input()函数从标准输入设备读入数据，自动清除换行后将输入转换为字符串并以函数值形式返回。它最多只有一个参数 prompt，通常是字符串类型的变量或常量，用于作为输入时的提示信息；如果不带参数，则默认为空值（None）。

以下通过两个例子说明 input()函数的用法。

举例 1：

```
>>> x=input()
123
>>> x
'123'
>>>
```

举例 1 演示了无参数调用 input()函数的情形。它自动接收从键盘输入的"123"，将其转换为字符串后返回并赋给变量 x。

举例 2：

```
>>> x=input("请输入数据:")
请输入数据:123
>>> x
'123'
>>>
```

举例 2 演示了带参数调用 input()函数的情形。函数参数为字符串常量"请输入数据:"，该信息被原样输出在屏幕上，它实际上是作为输入时的提示，以提高人机友好性。

举例 3：

```
>>> x=input(123)
12356           #123 是 input()函数的参数，56 是输入信息
>>> x
'56'
>>>
```

这个例子表明，input()函数的参数可为字符串以外的其他类型，但不被推荐。因为从帮助说明中可以看出，该参数被用作 prompt，而 prompt 即提示的意思，所以使用字符串更加符合常理。

9.1.2 数据类型之间的转换

由于 input()函数接收的信息均以字符串形式返回，所以有必要进行各种数据类型之间的转换，以满足不同的应用需要。为了实现数据类型之间的转换，可直接借助 Python 内置函数。下面举例说明。

举例 4：str()。

内置函数 str(x)用于将对象 x 转换为字符串。

```
>>> x=123
>>> y=str(x)
>>> y
'123'
>>>
```

举例 5：chr()。

内置函数 chr(x)用于将一个整数转换为一个字符，也就是将该整数作为 ASCII 码，转换成其对应的字符。

```
>>> x=65          #字符 A 的 ASCII 码
>>> y=chr(x)
>>> y
'A'
>>>
```

举例 6：hex()。

内置函数 hex(x)用于将一个整数转换为一个十六进制字符串。

```
>>> x=123
>>> y=hex(x)#将十进制整数 123 转换为十六进制字符串"0x7b"。注意，是字符串，而不是数值
>>> y
'0x7b'
>>>
```

下面将重点引入并讨论将字符串转换为数值的内置函数——eval()函数。该函数通常与 input()函数配合使用，如影随形，所以务必掌握它。

eval(str)：计算字符串 str 中的表达式，并将计算结果以数值形式返回。通俗地说，就是将字符串转换为相应的数值表达式并求出它的值，将该值作为函数值返回。

举 3 个例子说明 eval()函数的用法。

举例 7：eval()函数的用法 1。

```
>>> x="123"
>>> y=eval(x)
>>> y
123
```

举例 8：eval()函数的用法 2。

```
>>> x="2+3"
>>> y=eval(x)
>>> y
5
```

举例 9：eval()函数的用法 3。

```
>>> x="123abc"
```

```
>>> y=eval(x)
Traceback (most recent call last):
  File "<pyshell#51>", line 1, in <module>
    y=eval(x)
  File "<string>", line 1
    123abc
         ^
SyntaxError: unexpected EOF while parsing
>>>
```

举例 9 说明，参数 x 为字符串"123abc"，它不被接受，因为在 Python 中，不可能存在类似于 123abc 的表达式，也就是说，表达式是无效的、非法的。所谓表达式，是由变量、常量和运算符组成的有确定值的式子。

9.2 屏幕输出与 print()函数

9.2.1 print()函数的功能

在绝大多数情况下，程序需要通过输出语句将结果或信息输出至屏幕。Python 无专门的输出语句，它是通过调用输出函数来实现输出的，而内置函数 print()是 Python 唯一的格式化输出函数。如果要获取 print()函数的详细信息，则可以使用 help(print)命令。

```
>>> help(print)
Help on built-in function print in module builtins:

print(...)
    print(value, ..., sep=' ', end='\n', file=sys.stdout, flush=False)

    Prints the values to a stream, or to sys.stdout by default.
    Optional keyword arguments:
    file:  a file-like object (stream); defaults to the current sys.stdout.
    sep:   string inserted between values, default a space.
    end:   string appended after the last value, default a newline.
    flush: whether to forcibly flush the stream.

>>>
```

从上述说明文档中可以得到以下几点信息：
- 它的参数个数是不定的，也就是说，它可以输出多个参数，用逗号分隔即可。
- 输出时，参数间默认使用一个空格隔开。
- 信息被输出到 file。file 默认为标准输出设备，通常为屏幕。当所有参数被输出后，自动换行。
- flush 参数决定是否清除缓存，默认值为 False，也就是说，不清除缓存。

9.2.2 print()函数的 3 种使用形式

调用内置函数 print()的形式通常有 3 种：非格式化输出、使用%的格式化输出和使用 format()的格式化输出。

1. 形式一：非格式化输出

非格式化输出形式用于直接输出任何类型的常量和变量。

举例 10：

```
>>> print(123)
123
>>> print("海阔天空")
海阔天空
>>>
```

举例 11：

```
>>> x=123
>>> print(x)                    #整型变量
123
>>> s="hello!"
>>> print(s)                    #字符串变量
hello!
>>> l=[1,3,5,7,9,11]
>>> print(l)                    #列表变量
[1, 3, 5, 7, 9, 11]
>>> t=(1,3,5,7,9,11)
>>> print(t)                    #元组变量
(1, 3, 5, 7, 9, 11)
>>> ss={12,"shaoxing",13,"wenzhou"}
>>> print(ss)                   #集合变量
{'shaoxing', 12, 13, 'wenzhou'}
>>> d={"name":"zhangsan","yearsold":23,"program":"EE"}
>>> print(d)                    #字典变量
{'name': 'zhangsan', 'yearsold': 23, 'program': 'EE'}
>>>
```

2. 形式二：格式化输出——使用%

该形式类似于 C 语言中的 printf()函数，可用于向标准输出设备以指定的格式输出信息。在 Python 中，可采用以下两种方法实现格式化输出。

- 一般格式化法：使用格式规定符%以实现格式控制。格式规定符及其用法基本上与 C 语言中的相同，因此常被称为类 C 法。
- format()函数法：通过内置函数 format()控制输出的格式。

形式二指的就是一般格式化法。在一般格式化法中，常用的格式规定符有以下 3 个。

（1）%s。它是字符串格式规定符，用于规定以字符串形式输出对象。例如，%10s 表示字符串的宽度为 10 个字符，如不足则以空格补充，如超过则按实输出。

（2）%d。它是整型数据格式规定符，用于规定以整数形式输出对象。例如，%5d 表示整型对象的输出宽度为 5 个字符，如不足则以空格补充，如超过则按实输出。

（3）%f。它是浮点型数据格式规定符，用于规定以浮点数形式输出对象。例如，%6.2f 表示浮点型对象的宽度为 6 个字符（包括小数点"."），小数点占 2 位，如不足则以空格补充。

上述格式规定符均为右对齐。如果要改为左对齐，则在"%"和"格式符字母"之间加一个"-"。例如，%-d 表示在输出整型对象时采用左对齐格式。

举例 12：

```
>>> for i in range(5):
    print("%5d"%(i))

    0
    1
    2
    3
    4
>>>
```

上述程序的输出默认为右对齐，下列程序的输出则为左对齐。

举例 13：

```
>>> for i in range(5):
    print("%-5d"%i)

0
1
2
3
4
>>> x=1234
>>> print("%d"%x)
1234
>>> print("%8d"%x)
    1234
>>> print("%-8d"%x)
1234
>>>
```

有了上述两个举例，读者应该基本理解了一般格式化法的使用要点。现将一般格式化法的用法归纳如下：

```
print("格式字符串"%(输出对象表))
```

其中，

- 格式字符串：由常规字符与格式规定符组成，常规字符被原样输出，格式规定符则由对应的输出对象代替。
- 输出对象表：由一个或多个对象组成的表列。如果只有一个对象，则可省略括号；如果有多个对象，则常用"()"将多个对象包含，对象之间用","隔开。注意，输出对象表中对象的个数、顺序必须与格式字符串中的格式规定符"一一对应"。

下面通过具体的例子说明用此方式如何实现格式化输出。

举例14：输出字符串。

```
>>> str1="Zhangsan"
>>> str2="Lisi"
>>> print("%s and %s love Python!"%(str1,str2))      #一一对应
Zhangsan and Lisi love Python!
>>> print("%s love Python!"%str1)                     #单个输出变量可以不用"()"
Zhangsan love Python!
```

举例15：输出整型数据。

```
>>> x=123
>>> y=1678
>>> print("%d+%d=%d"%(x,y,x+y))          #一一对应
123+1678=1801
>>> print("%6d 是奇数哦"%x)                #默认右对齐
   123 是奇数哦
>>> print("%-6d 是奇数哦"%x)               #-表示左对齐
123    是奇数哦
>>>
```

举例16：输出浮点型数据。

```
>>> x1=12
>>> print("半径为%f 的圆面积=%.3f"%(x1,3.14*x1**2))
半径为12.000000 的圆面积=452.160
>>> x1=12
>>> #半径总宽度为5，小数点为2位，面积小数点为3位
>>> print("半径为%5.2f 的圆面积=%.3f"%(x1,3.14*x1**2))
半径为12.00 的圆面积=452.160
>>>
```

举例17：将数值型数据的占位符由默认的空格改为0。

```
>>> print ("Name:%-10s Age:%8d Height:%8.2f"%("Aviad",25,1.83))
Name:Aviad      Age:         25 Height:    1.83
>>> print ("Name:%-10s Age:%08d Height:%08.2f"%("Aviad",25,1.83))
Name:Aviad      Age:00000025 Height:00001.83
>>>
```

请从上面的例子中细细比对默认占位符（空格）和指定占位符（0）的区别和用法，即程序中的%08d、%08.2f，从而掌握更改默认占位符的方法。

输出对象表中的对象可为常量、变量和表达式。

3. 形式三：格式化输出——使用 format()

该形式通过调用内置函数 format()控制 print()函数的输出格式。

从 Python 2.6 开始，推出了一种威力强大的格式化字符串方式，如下：

```
str.format()
```

那么，它跟前述使用"%"的格式化字符串方式相比，有哪些优势？

1）关于 format()的说明

关于 format()的使用，Python 有详细的说明文档，可通过以下两条命令去获取：

```
>>> help(format)
>>> help('FORMATTING')
```

使用"{}"和":"代替"%"，在 format()函数的配合下实现对字符串更加灵活多变的格式化控制，这是形式三最关键的部分。强烈建议使用形式三，因为它可以对所有数据类型进行格式化，相较于"%"方式，功能更加强大。

为了说明形式二与形式三的要点，通过以下两个举例对比两者的异同点。

举例 18：使用形式二（%）格式化字符串的程序。

```
>>> name="zhangsan"
>>> yearsold=18
>>> s1="%s's yearsold is %3d"%(name,yearsold)
>>> s1
"zhangsan's yearsold is  18"
>>>
```

举例 19：使用形式三（{}、:及 format()）格式化字符串的程序。

```
>>> name="zhangsan"
>>> yearsold=18
>>> s1="{0}'s yearsold is {1:3}".format(name,yearsold)
>>> s1
"zhangsan's yearsold is  18"
>>>
```

从上面两个举例的对比中可以看出，两种方式均实现了对字符串的格式化，但是，第二种方式显得更加灵活。在第二种方式中，{0}代表 format()参数中的第一个，{1:3}代表 format()参数中的第二个，而且规定它的宽度为 3 个字符。因为实际输出是整数 18，它只占 2 位，因此在 18 的左侧补一个空格，采用默认的右对齐方式。

2）format()的用法

在举例 19 中使用了第二种格式控制方式，该方式最核心和关键的部分是{}、:和 format()。以下分两部分具体讨论 format()的用法。

第一部分：格式限定符。

```
{<参数序号>:<填充字符><对齐方式><占位宽度>}
```

其中，用<>表示的部分是可选的、不是必需的，如果省略，则自动使用默认值。

- 参数序号：它代表对应 format()内参数的位置序号，序号从 0 开始，依次为 1、2、3 等。
- :：它是将前后两类参数隔开的分隔符。
- 填充字符：表示当设定占位宽度大于实际宽度时的填充字符。默认填充字符为空格。
- 对齐方式：表示输出时的对齐方式，<表示左对齐，>表示右对齐。
- 占位宽度：表示输出对象的设定占位宽度。

第二部分：输出参数。

.format(输出参数表列)

输出参数表列表示输出的对象，可有一个或多个，多个输出对象之间用","分隔。注意，在 format()函数前必须有一个..。

下面通过举例一一解释上面的内容。

举例 20：

```
>>> name="zhangsan"
>>> yearsold=18
>>> s1="{}'s yearsold is {}".format(name,yearsold)
>>> s1
"zhangsan's yearsold is 18"
>>>
```

在举例 20 中，{}内的所有内容均被省略，所以相关选项均按默认值处理。因为只有两个输出对象，所以，第一个{}等效于{0}，第二个{}等效于{1}，其输出结果即举例 20 的输出结果。如果与举例 19 的输出结果加以对比，则可以发现两者的差异所在。

以下对上述各参数项进行详细分析。

（1）参数序号。

表示使用"输出参数表列中的第几号参数"，参数序号从 0 开始。可根据需要任意设定参数序号，但必须与输出参数表列中对象所在的位置相对应。如果省略，则根据{}所在位置，自动从 0 开始计数，依次递增。

举例 21：通过参数序号传递参数——参数序号可任意设定。

```
>>> name="zhangsan"
>>> yearsold=18
>>> s1="{1}'s yearsold is {0}".format(yearsold,name)
>>> s1
"zhangsan's yearsold is 18"
>>>
```

举例 22：通过关键字传递参数——将字典的键作为参数序号。

```
>>> #方法一
>>> d1={"name":"沈红卫","sex":"M","college":"机电学院","yearsold":28}
>>> s1="姓名：{name},所在学院：{college},年龄：{yearsold}".format(**d1)
>>> s1
'姓名：沈红卫,所在学院：机电学院,年龄：28'
```

```
>>> #方法二
>>> d1={"name":"沈红卫","sex":"M","college":"机电学院","yearsold":28}
>>> bj="自动化 171"
>>> s1="姓名：{1[name]},所在学院：{1[college]},年龄：{1[yearsold]},{0}".format(bj,d1)
>>> s1
'姓名：沈红卫,所在学院：机电学院,年龄：28,自动化 171'
>>> #方法三——键传递的另一种方式
>>> s1="姓名：{name},年龄：{yearsold}".format(name='张三',yearsold=19)
>>> s1
'姓名：张三,年龄：19'
>>>
```

举例 22 演示了表示参数序号的 3 种方式，它们均基于关键字。

- 第一种方式：适用于只有一个字典类型参数作为输出对象的情况。

该方式的语法特征有两个：{字典的键}和.format(输出对象 1,输出对象 2,**字典类型输出对象)。

当使用字典类型参数作为输出对象时，参数序号可直接使用字典的键，如{name}；在 format()输出参数表列中的字典对象前必须加**，如**d1。如果输出参数表列中包含多个输出对象，那么字典类型对象必须是输出参数表列的最后一个元素。例如：

```
>>> s1="{0}！姓名：{name},所在学院：{college},年龄：{yearsold}".format("Hi",**d1)
```

format("Hi",**d1)输出参数表列中包含两个输出对象，第一个为字符串常量，第二个为字典类型参数。字典类型参数必须在字符串常量之后，它们的位置不能颠倒。

该方式只适用于输出参数表列中只有一个字典类型参数的情形。

- 第二种方式：适用于多参数尤其是多个字典类型参数的情况。

该方式的语法特征：参数序号[键]。

参数序号即 format()参数的序号，通过"参数序号[键]"的形式传递字典中的相关参数。在该例中，bj 为第 0 号参数，而字典 d1 为第 1 号参数，所以{0}表示传递的是 bj 参数。需要注意的是，此处键的正确写法是 1[name]，而不是 1['name']。也就是说，此处不需要"。请注意它与字典对象被访问时的区别，因为当通过键访问字典对象时，语法形式为"字典对象["键"]"，如 d1["name"]。

- 第三种方式：关键字传递参数。

该方式的语法特征有两个：{关键字}和 format(关键字 1=值 1，关键字 2=值 2)。

举例 23：有序序列数据作为参数可使用下标传递参数。

```
>>> ll=["绍兴市",550,"越城区",'柯桥区','上虞区','诸暨市','嵊州市','新昌县']
>>> sx="{0[0]}人口{0[1]},{1}县市区：{0[7]}、{0[5]}、{0[6]}、{0[2]}、{0[3]}、{0[4]}".format(ll,6)
>>> print(sx)
绍兴市人口 550,6 县市区：新昌县、诸暨市、嵊州市、越城区、柯桥区、上虞区
>>>
```

在本例中，ll 是第 0 号参数，而 6 是第 1 号参数。所谓有序序列数据，是指字符串、元组和列表 3 种类型，均可通过下标访问其中的元素。

举例 24：列表变量、元组变量作为参数可用"*列表变量"或"*元组变量"传递参数。

```
>>> ll=["绍兴市",550,"越城区",'柯桥区','上虞区','诸暨市','嵊州市','新昌县']    #列表
>>> sx="{}人口{},6 个县市区:{}、{}、{}、{}、{}、{}".format(*ll)
>>> sx
'绍兴市人口 550,6 个县市区:越城区、柯桥区、上虞区、诸暨市、嵊州市、新昌县'
>>> ll=("绍兴市",550,"越城区",'柯桥区','上虞区','诸暨市','嵊州市','新昌县')    #元组
>>> sx="{}人口{},6 个县市区:{}、{}、{}、{}、{}、{}".format(*ll)
>>> sx
'绍兴市人口 550,6 个县市区:越城区、柯桥区、上虞区、诸暨市、嵊州市、新昌县'
>>>
```

在举例 24 中，要提请注意的是，{}的个数必须与列表或元组的长度（元素的个数）相一致。

（2）填充字符。

填充字符又被称为"占位符"。当指定参数的实际输出宽度小于规定的占位宽度时，以填充字符加以填充。如果省略，则默认填充空格。填充字符必须与对齐方式配合使用。

（3）对齐方式。

用 3 个字符^、<、>表示对齐方式，分别代表居中、左对齐和右对齐。

举例 25：填充字符必须与对齐方式配合使用，否则会出错。

```
>>> name="马云"
>>> s2="{:@10}你好！".format(name)
Traceback (most recent call last):
  File "<pyshell#31>", line 1, in <module>
    s2="{:@10}你好！".format(name)
ValueError: Invalid format specifier
>>>
```

举例 26：填充字符与对齐方式配合使用，才能正常输出。

```
>>> name="马云"
>>> s2="{:@>10}你好！".format(name)
>>> s2
'@@@@@@@@马云你好！'
>>>
```

举例 26 中的"@"即填充字符。

举例 27：当不加占位宽度参数时，填充字符（占位符）不起作用（无效）。

```
>>> name="马云"
>>> s2="{:@>}你好！".format(name)
>>> s2
'马云你好！'
>>>
```

上例中的占位符为"@"，但由于没有占位宽度参数，所以参数输出是按实际宽度输出的，不存在被填充的问题，占位符（填充字符）无效。只有当设定的占位宽度大于参数的实际宽度时，才会使用填充字符。

（4）占位宽度。

占位宽度就是对应参数输出时所占的域宽，即表示在屏幕上输出时，该参数占多少个字符位（占几列）。

举例 28：

```
>>> name="马云"
>>> s2="{:10}你好！".format(name)
>>> s2
'马云        你好！'
>>>
```

举例 28 表明，占位宽度是 10 个字符，但是参数 name 的值为字符串"马云"，其实际宽度只有 2 个字符（通过 len(name)可求得其宽度为 2 个字符），字符串按默认左对齐方式输出，因此，在"马云"的右侧填充 10-2=8 个默认的占位符——空格。

举例 29：

```
>>> name="马云"
>>> s2="{:#>10}你好！".format(name)
>>> s2
'########马云你好！'
>>>
```

在该例中，":"后的"#>10"格式规定符表示：填充字符为"#"，">"表示右对齐方式，"10"表示占位宽度为 10 个字符。因此，在"马云"的前面填充 10-2=8 个填充字符"#"。

（5）输出参数表列。

输出参数表列即 format()函数的参数。format()函数必须以".format()"的形式被用在待格式化的字符串后。format()函数的参数不限个数，多个参数之间用","隔开。format()参数值的索引从 0 开始，按位置顺序递增。

举例 30：

```
>>> x1=55
>>> x2=77
>>> x3=11
>>> s3="{1}、{0}、{2}".format(x1,x2,x3)     #由{}指定参数序号
>>> s3
'77、55、11'
>>> s3="{}、{}、{}".format(x1,x2,x3)          #按 format()参数位置依次传递
>>> s3
'55、77、11'
>>> s3="{0}、{1}、{2}".format(x1,x2,x3)     #由{}指定参数序号（位置序号）
>>> s3
'55、77、11'
>>>
```

从举例 30 中可以看出，format()函数的参数位置决定了对应输出参数的位置序号，x1在先，所以其位置序号为 0，依次类推，x2 的位置序号为 1，x3 的位置序号为 2。

3）需要补充的格式规定符

（1）关于"*"和"**"。

列表和元组既可通过下标被打散成"普通参数"传递，也可通过*传递参数；字典既可被打散成键（关键字）参数传递给函数，也可通过**传递参数，显得非常灵活。

举例 31：

```
>>> ll=['Pyhton','C','C++','Java']
>>> s4="2017 语言排名前四的是{}、{}、{}、{}".format(ll[0],ll[1],ll[3],ll[2])
>>> s4
'2017 语言排名前四的是 Pyhton、C、Java、C++'
>>> s4="2017 语言排名前四的是{}、{}、{}、{}".format(*ll)
>>> s4
'2017 语言排名前四的是 Pyhton、C、C++、Java'
>>>
```

（2）关于指定精度与浮点类型的格式化。

在格式化时，浮点类型可指定输出精度（小数点后的位数）。指定精度的一般形式如下：

```
<.nf>
```

其中，
- .n 表示浮点型数据在格式化为字符串时的精度，即小数点后 n 位。
- f 表示对应的参数为浮点型。

举例 32：

```
>>> x1=123.569034
>>> s1='按格式要求输出该值为{:.3f}'.format(x)        #保留小数点后 3 位的浮点数
>>>
```

（3）关于整型数据的多进制形式输出。

格式字符 b、d、o、x 分别代表二进制、十进制、八进制和十六进制的输出格式规定符，其具体用法参见下面的举例。注意，它们只适用于整型数据。

举例 33：

```
>>> x=123
>>> s2='{}的八进制形式：{:o}'.format(x,x)
>>> s2
'123 的八进制形式：173'
>>> s2='{}的二进制形式：{:b}'.format(x,x)
>>> s2
'123 的二进制形式：1111011'
>>> s2='{}的二进制形式：{:x}'.format(x,x)
>>> s2
'123 的二进制形式：7b'
>>> s2='{}的二进制形式：{:d}'.format(x,x)
>>> s2
'123 的二进制形式：123'
>>>
```

(4) 将","用作金额的千位分隔符。

在多数需要表示金额的应用程序中，常将金额按每 3 位用逗号分隔的方式进行处理，以方便阅读。以下例子说明了","的用法。

举例 34：

```
>>> money=1869998
>>> s3='{:,}'.format(money)
>>> s3
'1,869,998'
>>>
```

注意，在上述程序中，逗号","是通过"{:,}"的形式被使用的。

9.3 练一练：通用倒计时器

9.3.1 程序设计要求与具体程序

1. 设计要求

程序设计要求是：可任意输入倒计时的秒数，然后启动倒计时读秒，以两个文本字符"■"与"□"的形式实现倒计时进度显示，直至倒计时结束。

2. 实现程序

具体程序如下：

```
'''
倒计时器程序——一个可任意设定的读秒程序
作者：沈红卫
日期：2018 年 3 月 16 日
'''
#导入内置模块 time
import time

#通过内置函数 input()输入设定秒数，通过 eval()转换为数值
totaltime=eval(input("输入倒计时总时间："))
total=totaltime

#提示开始
print("{}秒开始倒计时".format(totaltime).center(20,'-'))

#获取当前时间
st=time.time()

#通过循环实现倒计时
```

```
for n in range(totaltime+1):
    finish='■'*(totaltime-n)              #原字符
    re='□'*n                               #倒计时取代字符
    print("\r{}{}\t{}".format(finish,re,total),end=' ')   #格式化输出实现倒计时显示
    if total==0:                          #倒计时到 0 退出循环,否则显示-1
        break
    time.sleep(1)                         #延时 1s
    total -= 1                            #每秒-1

#提示结束
print("\n"+"{}秒倒计时结束".format(totaltime).center(20,'-'))

#获取结束时间以计算总时间
et=time.time()
print("误差：{:.3f}%".format((et-st)/100))   #计算误差率并格式化输出
```

9.3.2 程序的两种运行方式

上述程序可以通过两种方式运行。

1. 运行方式一

在 PyCharm 中运行程序，如图 9-1 所示。

图 9-1　在 PyCharm 中运行程序

运行后的结果如图 9-2 所示。

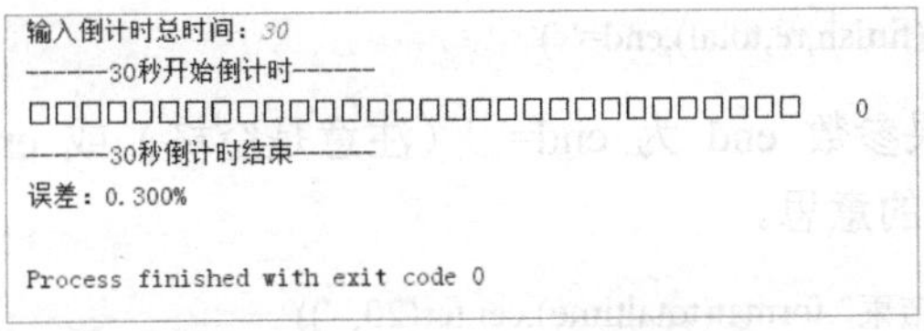

图 9-2　在 PyCharm 中的运行结果

2. 运行方式二

直接以命令行方式运行，如图 9-3 所示。

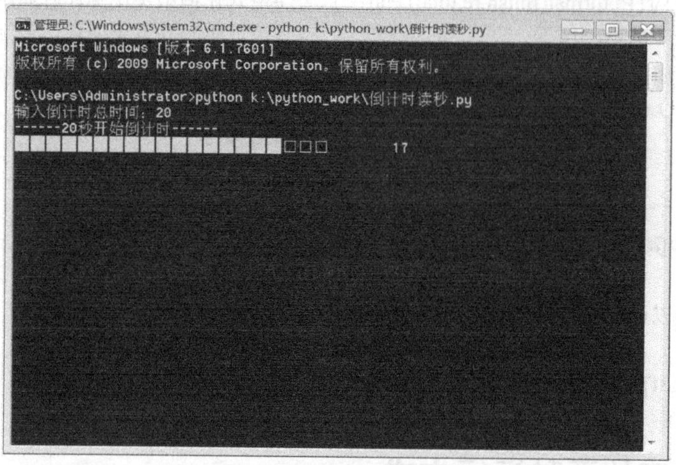

图 9-3 在命令行方式下直接运行程序

运行后的结果如图 9-4 所示。

图 9-4 在命令行方式下运行程序的结果

细心的读者可能会想到，应该还有第三种运行方式：在 IDLE 中运行该程序。那么，到底能不能在 IDLE 中运行上述程序呢？答案是：不能！

这是因为上述程序使用了转义字符"\r"，借助它可使每次循环后的输出回到行首。但是，由于 IDLE 不是标准终端，而是仿真终端（伪终端），因此，上述程序如果在 IDLE 环境中运行，则借助转义字符"\r"无法实现回车功能，也就得不到以文本字符表示倒计时进度的效果。

在本范例程序中，围绕实现倒计时的要求，通过格式化字符串的方式，实现了以文本字符模拟的倒计时进度条的效果。以下两条语句起着关键作用：

print("\r{}{}\t{}".format(finish,re,total),end=' ')

在上述语句中，如果参数 end 为 end=' '（注意是空格）或 end=''（注意没有空格，即 None），则均表示不换行的意思。

print("\n"+"{}秒倒计时结束".format(totaltime).center(20,'-'))

在上述语句中，首先通过"\n"+"{}秒倒计时结束".format(totaltime)格式化字符串，然后调用内置函数center()对字符串执行居中操作。

9.4 归纳与总结

（1）字符串格式的"%"方法：必须以"%"引导格式规定符。
（2）字符串格式化的"{}"和":"方法：所有的格式规定符必须位于":"之后。
（3）如何实现print()函数的不换行输出？

在 Python 中，print()函数在输出一个参数后是默认换行的。通过 help(print)可以得知，print()函数有一个参数是 end，它的默认值为 end='\n'，因此输出是默认换行的。如果要让该函数在输出一个参数后不换行，则只需将 end 参数的值修改为其他字符即可，如' '（空格）、'\t'（Tab）等。

举例35：

```
>>> for i in range(6):
        print(i)            #默认每次换行

0
1
2
3
4
5
>>> for i in range(6):
        print(i,end='\t')   #将 end 参数的值修改为\t，即 Tab（跳格）

0    1    2    3    4    5
>>>
```

（4）格式化字符串的其他方法。

在 Python 中，有若干内置函数可对字符串进行处理，其中有一部分可用于格式化处理，例如，函数 strip()用于删除字符串左右两端的空格，函数 center()用于对字符串进行居中处理。现举例说明 center()函数在字符串处理中的应用。

举例36：

```
>>> s1="Hello".center(26,'-')
>>> s1
'----------Hello-----------'
>>>
```

在 center(26,'-')中，第一个参数 26 表示字符串 s1 的总域宽（占位宽度）为 26 个字符，而字符串"Hello"只有 5 个字符，即占位宽度为 5 个字符，所以在居中显示时，左右各被填充若干个字符"-"。那么，左侧和右侧到底各被填充了多少个字符"-"？请自行分析吧！

思考与实践

1. 请列出 Python 输出的几种方式及各自的使用要点,越详细越好。

2. 编写一个程序,用于计算"阶梯电价":月用电量在 45kw·h 以内的,电价为 0.55 元/kw·h;超过 45kw·h 的用电量,电价上调 0.05 元/kw·h。要求:任意输入用户月用电量(kw·h),可计算并输出用户应付电费(元),输出金额必须保留 2 位小数。

3. 编写一个程序,输入两个正整数 m 和 n,计算 $\sum_{i=m}^{n}\left(i^2+\dfrac{1}{i}\right)$。

第 10 章

学会选择靠 if 语句

学习目标

- 理解分支结构与 if 语句。
- 熟练掌握 if 语句的 3 种语法形式。
- 能使用多重 if 语句解决较为复杂的选择问题。

多媒体课件和导学微视频

10.1 选择问题与 if 语句

学会选择很重要。计算机程序是这样，人生也是如此。很多人因为不会选择，没有好好选择，所以平庸了一辈子。

在日常生活中，经常会遇到需要判断和选择的问题。例如：

如果有 4000 元，就买华为 Mate 10；否则只能买华为 P10。在这个问题中，主要判断手头的钱够不够。

如果获得学科竞赛省级一等奖及以上奖项且学分绩点为 4 分及以上，则可申请成为免试入学研究生。在这个问题中，主要判断学分绩点与竞赛获奖两者是否同时满足条件。

在程序设计过程中，类似于上述判断与选择的问题即分支问题。例如，输入体温数据，判断此人是否处于发烧状态，可通过以下程序实现。

举例 1：

```
temp=input("请输入你的体温：")        #通过内置函数 input()接收从键盘输入的温度值
temp=eval(temp)                      #通过内置函数 eval()将输入值转换为数值
if temp>37.1:                        #使用 if 语句判断温度是否大于 37.1℃
    print("你发烧了！")              #是，则说明发烧了
```

```
        print("你要抓紧去看医生了")
else:
        print("恭喜你,你非常正常! ")   #否则,说明体温正常
```

运行上述程序,输入温度 36.7℃,得到的结果如下:

```
请输入你的体温:36.7
恭喜你,你非常正常!
>>>
```

运行上述程序,输入温度 38.5℃,得到的结果如下:

```
请输入你的体温:38.5
你发烧了!
你要抓紧去看医生了
>>>
```

解决分支问题的程序被称为分支结构程序,而分支结构程序的核心是分支语句。在 Python 中,分支语句只有 if 语句,而没有 C 语言中类似的 switch 语句。因此,要实现两分支或多分支,只能通过使用多重 if 语句(if 语句的嵌套)或 if-elif 语句。

if 语句是 Python 中非常重要的语句。要实现程序的选择和分支问题,必须学会、学好 if 语句。

10.2 if 语句的 3 种语法形式

if 语句是基本的条件测试语句,用来判断可能遇到的不同情况,并执行相应的操作。
if 语句有以下 3 种语法形式。

10.2.1 if 语句的第一种语法形式

if 语句的第一种语法形式如下:

```
if <条件 1>:
        <语句 1 或语句块 1>
```

在第一种形式中,只有 if 子句,无 else 子句。与大多数 Python 语句相似,if 子句的条件表达式后必须以 ":" 作为结束。

除关键字 if 与特征符 ":" 之外,还有两部分必须加以分析:条件 1、语句 1 或语句块 1,它们的意义如下。

1. 条件 1

"条件 1"是用于判断的测试条件,可为任意表达式。对 if 语句而言,该表达式只有 True 和 False 两种结果,前者表示测试条件成立,后者表示测试条件不成立。

if 语句的第一种语法形式的流程图如图 10-1 所示。

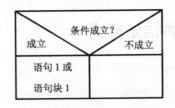

图 10-1　if 语句的流程图 1

由于无 else 部分，因此 if 语句只关心测试条件成立的时候如何执行操作。如果测试条件不成立，则直接跳过。

2. 语句 1 或语句块 1

if 子句下的语句 1 或语句块 1 是条件成立时执行的操作，它被自动缩进，借此表示它隶属于 if 子句。众所周知，每缩进一次，层次就增加一级。如果有两条及两条以上的语句属于同一层次，则表示它们属于同一个语句块。所谓"语句块"，指的是两条及两条以上语句组成的程序段。在多数情况下，Python 代码的缩进是自动完成的。但是，如果要人为增加层级，则必须通过按【Tab】键加以实现。

举例 2：

```
>>> x="conncet is ok"        #定义并初始化字符串变量 x
>>> if 'ok' in x:            #判断该字符串中是否包含"ok"子字符串
    print("连接完成！")      #如果包含，则显示"连接完成！"

连接完成！
>>>
```

在上例中，条件测试部分使用了成员运算符 in，用于判断子字符串是否包含在字符串中。由此可见，Python 中的成员运算符的确非常实用、方便。

举例 3：

```
>>>x=eval(input("请输入一个实数："))
>>>if x<0:
    x=-x
>>>print("绝对值",x)
```

上述程序被运行后，输入实数-5.7，得到以下结果：

```
请输入一个实数：-5.7
绝对值 5.7
>>>
```

在上述程序中，条件测试部分使用了关系运算符<，用于判断输入的数是否为负数。在前面的有关章节中曾提及，Python 语言有别于其他多数计算机语言的一点是，诸如 1<=x<=10 的表达式是被允许的，而且是正确的，用于测试 x 是否位于区间[1,10]内。

10.2.2 if 语句的第二种语法形式

if 语句的第二种语法形式如下:

```
if <条件 1>:
    <语句 1 或语句块 1>
else:
    <语句 2 或语句块 2>
```

在第二种语法形式中,既有 if 子句,也有 else 子句。if 语句不仅关心测试条件成立时如何执行操作,也关心测试条件不成立时如何执行操作。

if 语句的第二种语法形式的流程图如图 10-2 所示。

图 10-2　if 语句的流程图 2

子句 if 或 else 下均可包含一条或多条语句(语句块)。子句 else 后直接以 ":" 结束换行,也就是 else 子句后不允许使用测试条件。

举例 4:将课程成绩转换为学分绩点。

1. 平均绩点及其计算

平均绩点是体现课程学习质量的特征指标,它充分反映了课程学习者掌握课程知识的程度,常被用于学分制。可以说,不包含成绩绩点的学分制是不完整的。因此,许多高校引入绩点制以进一步完善学分制,使课程学分与成绩绩点相结合,成为课程学分绩点,从而可通过计算平均学分绩点以区分学生的学习质量。

不同高校采用不同的计算绩点的办法,最普遍的是四分制分段绩点法,该办法强调按分数高低区分绩点层次。表 10-1 列举了国内某大学采用的绩点计算办法。

表 10-1　国内某大学采用的绩点计算办法

成绩(分)	等　　级	绩点(分)
90~100	A	4.0
85~89	A-	3.7
82~84	B+	3.3
78~81	B	3.0
75~77	B-	2.7
71~74	C+	2.3
66~70	C	2.0

续表

成绩（分）	等级	绩点（分）
62～65	C-	1.7
60～61	D	1.3
补考60分	D-	1.0
60分以下	F	0

具体计算公式如下：

（1）平均绩点。

$$平均绩点（GPA）=\sum 课程学分绩点 \div \sum 课程学分$$

（2）每科的课程学分绩点。

$$每科的课程学分绩点 = 课程学分 \times 课程权重系数 \times 课程绩点$$

式中，课程绩点是通过对照表10-1来确定的。

（3）课程权重系数。

课程权重系数由课程的重要性决定。例如，必修课的权重系数取 1.2，其他必修课的权重系数取 1.1，而选修课的权重系数取 1.0。

2. 平均绩点计算举例

例如，某学生 5 门课程的学分和成绩分别为：A 课程为 4 学分，成绩为 92 分，即对应等级为 A；B 课程为 3 学分，成绩为 80 分，即对应等级为 B；C 课程为 2 学分，成绩为 98 分，即对应等级为 A；D 课程为 6 学分，成绩为 70 分，即对应等级为 C；E 课程为 3 学分，成绩为 89 分，即对应等级为 B。

分四分制算法与标准算法两种不同情况，计算以上 5 门课程的平均绩点（GPA）如下。

（1）四分制算法。

$$GPA=(4\times4+3\times3+2\times4+6\times2+3\times3)/(4+3+2+6+3)=3.00$$

（2）标准算法。

$$GPA=[(92\times4+80\times3+98\times2+70\times6+89\times3)\times4]/[(4+3+2+6+3)\times100]=3.31$$

3. 程序实现

实现上述算法的示例程序如下：

```
x=eval(input("请输入你的课程成绩："))      #等待输入课程成绩
if x<80:
    print("你的课程绩点低于 3 分")         #此处两条语句构成语句块 1
    print('不得不提醒你，你要加油！')
else:
    print("你很棒，为你点赞！")            #此处两条语句构成语句块 2
    print('你的课程绩点超过了 3 分')
```

上述程序是不完整的，只列举了其中的一部分代码，读者可据此写出完整的程序。

10.2.3 if 语句的第三种语法形式

第三种语法形式的本质是多个 if 语句，但它们是一个整体，即每个 if 子句允许使用各自的测试条件。通过第三种语法形式可实现多分支。if 语句的第三种语法形式如下：

```
if<条件 1>:
    <语句 1 或语句块 1>
elif<条件 2>:
    <语句 2 或语句块 2>
elif<条件 3>:
    <语句 3 或语句块 3>
else:
    <语句 n 或语句块 n>
```

第三种语法形式可具有多个判断条件，常被用于多分支的场景。因为它既有 if 子句，也有数量不限的 elif 子句和一个 else 子句。关键字 elif 是 else if 的缩写，可理解为"否则如果"。else 子句必须在所有 elif 子句之后，它相当于默认的分支，类似于 C 语言中的 default。所有的子句必须以":"结尾。

第三种语法形式实现在不同测试条件成立时程序的流向控制。if 语句的第三种语法形式的流程图如图 10-3 所示。需要提请注意的是，该流程图只演示了三分支情形下的流程图画法。

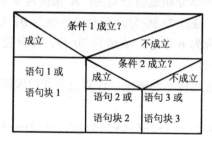

图 10-3 if 语句的流程图 3

举例 5：计算课程绩点的完整程序。

```
score=eval(input("请输入你的课程成绩："))        #等待输入成绩
if score>=90 and score<=100:                      #判断分数在哪个区间内
    point=4                                        #确定绩点
    grade='A'                                      #确定等级
elif score>=85 and score<=89:
    point=3.7
    grade='A-'
elif score>=82 and score<=84:
    point=3.3
    grade='B+'
elif score>=78 and score<=81:
    point=3.0
    grade='B'
```

```
    elif score>=75 and score<=77:
        point=2.7
        grade='B-'
    elif score>=71 and score<=74:
        point=2.3
        grade='C+'
    elif score>=66 and score<=70:
        point=2.0
        grade='C'
    elif score>=62 and score<=65:
        point=1.7
        grade='C-'
    elif score>=60 and score<=61:
        point=1.3
        grade='D'
    elif score<60:
        point=0
        grade='F'
    elif score>100:                              #如果输入的分数超过 100 分
        point=-1                                 #则为变量 point 赋值-1
    else:
        point=1.0
        grade='D-'
    if point>=0:                                 #第二条 if 语句，根据 point 的正负执行相应操作
        print("你的绩点={:.2f}".format(point))   #格式化输出绩点（保留两位小数）
        print("你的等级：",grade)                #输出课程等级
    else:
        print("你输入的成绩有误，成绩不能超过 100 分")   #提示输入错误
```

运行上述程序，输入分数 93 分，得到如下结果：

```
请输入你的课程成绩：93
你的绩点=4.00
你的等级： A
>>>
```

运行上述程序，输入分数 101 分，得到如下结果：

```
请输入你的课程成绩：101
你输入的成绩有误，成绩不能超过 100 分
>>>
```

  在上述程序中，只计算了课程的绩点和等级，并没有计算平均绩点。该程序使用了两条 if 语句：第一条 if 语句采用了多个条件判断，即它采用的是 if-elif 形式（上述第三种语法形式），该语句根据具体成绩确定相应的绩点和等级，它体现的是多分支结构；第二条 if 语句采用上述第二种语法形式，它根据绩点变量 point 的正负性，判断并输出绩点、等级或其他提示信息，它体现的是两分支结构。

  程序中的两个 if 语句是相互独立的，没有任何隶属关系。

10.3 多重 if 语句与 if 语句的嵌套

从本质上来说，多重 if 语句与 if 语句的嵌套是相同的，均指在 if 语句中包含一个或多个 if 语句的情况。这些 if 语句之间具有隶属关系，也就是说，某个 if 语句包含另一个 if 语句，有主从之分。虽然 if 语句中可包含的 if 语句数量不受限制，但是，为了提高程序的可读性，if 语句嵌套的层次往往被建议不要超过 3 层。因此，如果出现 if 语句嵌套的层次太多的情况，则必须考虑优化算法，减少层次，使程序符合扁平化要求。扁平化是 Python 语言本身的要求之一。

多重 if 语句（if 语句的嵌套）的语法形式如下：

```
if<条件 1>:
    if<条件 11>:
        <语句 11 或语句块 11>
    else:
        <语句 12 或语句块 12>
else:
    if<条件 21>:
        <语句 21 或语句块 21>
    else:
<语句 22 或语句块 22>
```

在上述语法形式中，只展示了 if 语句嵌套一个 if 语句的情形，它是两重嵌套，即层次深度为 2 层。当然，如果需要，则可进行三重嵌套甚至更多。

if 语句的嵌套也是实现多分支的一种途径。

在不同的应用场景下，可选择 if 语句的第三种语法形式或 if 语句的嵌套两种形式中的任意一种，以实现多分支结构程序。

举例 6：根据任意输入的星期几信息，输出对应的星期几的英文。

1. 以 if 语句的第三种语法形式实现程序

采用 if 语句的第三种语法形式实现上述要求的程序如下：

```
#1.获取用户输入的数字
num = input("请输入 1~7 数字，分别代表周一至周日：")

#2.根据用户输入的数字，显示相应的信息
if num=="1":
    print("周一:","Monday".title())
elif num=="2":
    print("周二:","Tuesday".title())
elif num=="3":
    print("周三:","Wednesday".title())
elif num=="4":
    print("周四:","Thursday".title())
```

```
elif num=="5":
    print("周五:","Friday".title())
elif num=="6":
    print("周六:","Saturday".title())
elif num=="7":
    print("周日:","Sunday".title())
else:
    print("你又犯糊涂了,输错啦!")
```

2. 以 if 语句嵌套的方式实现程序

采用 if 语句嵌套的方式实现上述要求的程序如下:

```
#1.获取用户输入的数字
num = input("请输入 1～7 数字,分别代表周一至周日: ")

#2.根据用户输入的数字,显示相应的信息

if num=="1":
    print("周一:","Monday".title())
else:
    if num=="2":
        print("周二:","Tuesday".title())
    else:
        if num=="3":
            print("周三:","Wednesday".title())
        else:
            if num=="4":
                print("周四:","Thursday".title())
            else:
                if num=="5":
                    print("周五:","Friday".title())
                else:
                    if num=="6":
                        print("周六:","Saturday".title())
                    else:
                        if num=="7":
                            print("周日:","Sunday".title())
                        else:
                            print("你又犯糊涂了,输错啦!")
```

　　从本质上来说,上述程序只有两条语句:一条是输入语句;另一条是 if 语句。因为输入语句后的多个 if 语句都从属于一个 if 语句,所以不是独立语句。如果对程序进行仔细分析,则不难看出,if 语句的层次深度最多达到 7 层。建议对该程序进行优化,减少 if 语句的层级。

10.4 关于 if 语句的重要小结

1. 细节

注意 if 语句的有关细节，主要是":"和"缩进"。因为 Python 采取强制缩进的语法，它是通过缩进来表达层次关系的。

2. 层次

if 语句多重嵌套的层次不宜过多，建议不要超过 3 层。换句话说，if 语句的嵌套不要超过 2 层，最好是 1 层。如果层次深度超过 3 层，则建议对算法进行优化，以减少嵌套层级。

3. 条件表达式

if 语句中的条件表达式要尽量简明。如果条件表达式过于复杂，则必须对它进行优化处理，将涉及的运算分解成若干个子表达式，并把分解后的子表达式各自赋给相应的变量。

if 语句只有当"测试条件"的值为 True 时，才执行相应的语句或语句块。那么，在 Python 中，如何判断一个"测试条件"的值是真还是假呢？可能有人会问：为什么要提及此问题？原因是，在使用 if 语句时不可避免地涉及表达式，而表达式是否正确，可通过一定的手段加以检验。在运算符部分，已讨论过布尔类型，并提到通过内置函数 bool()可以判断某个条件表达式的值是 True 还是 False。因此，上述问题的解决方案就是借助内置函数 bool()。

以下举例演示 bool()函数的使用与判断规则。

举例 7：

```
>>> bool(False)
False
>>> bool(True)
True
>>> bool('')
False
>>> bool(' ')
True
>>> bool(not False)
True
>>> bool('hello')
True
>>> bool(7>8)
False
>>> bool(100<1000)
True
>>> bool('s' in 'shinesun')
True
>>>
```

内置函数 bool()通常被用于检验测试条件书写的正确性，通过检验以确认 if 语句所用的条件表达式是否正确。

但在实际的 if 语句中，一般不会使用 bool()函数。换言之，尽管 if bool(x>7)与 if x>7 是等效的，但是通常不会使用 if bool(x>7) 的形式。另外，有一点必须加以提醒，尽管 if bool(x>7)和 if x>7 是等效的，但 if bool(x>7)的形式不为 Python 所提倡。

4．三元表达式

在 Python 中，与 if 有关的三元表达式十分有意义。三元表达式常被用于赋值语句。

三元表达式的语法形式如下：

变量 = x if 条件表达式 else y

上述语句的执行过程是：当条件表达式成立时，将 x 赋给变量；否则，将 y 赋给变量。其中的 x 与 y 可为变量、常量，也可为一般的表达式。

举例 8：

```
>>> name = 'C' if "" else "Python"
>>> name
'Python'
>>> x=1
>>> y=2 if x>0 else 3
>>> y
2
>>> x=-5
>>> y=2 if x>0 else 3
>>> y
3
>>> x=5
>>> y=9
>>> c=x+5 if x>6 else y
>>> c
9
>>> x=8
>>> c=x+5 if x>6 else y
>>> c
13
>>>
```

上述三元表达式与 C 语言中的条件表达式非常相似，如 z=x>y?1:2。正因为如此，在 Python 的官方描述中，它被称为"条件表达式"。

Python 支持另一种形式的三元表达式，也常被用于赋值语句。它的语法形式如下：

变量 = 二元序列 [条件表达式]

其中，二元序列可为列表或元组类型，并且只有两个元素；条件表达式可为任意表达式。当条件表达式的值为 False 时，将二元序列中的第 0 号元素赋给变量；当条件表达式的值为 True 时，将二元序列中的第 1 号元素赋给变量。
举例 9：

```
>>> y=10
>>> x=[1,2][y>10]
>>> x
1
>>> y=9
>>> x=[1,2][y>10]
>>> x
1
>>> y=11
>>> x=[1,2][y>10]
>>> x
2
>>>
```

由此可见，Python 中的赋值运算的确称得上"神奇"。

10.5 练一练——正整数分离

学习语言最好的方法是实践，在实践中才能加深理解，在实践中才能取得进步。俗话说得好，"光说不练是假把式"。在学习 Python 的时候，不少学习者有相似的感受：感觉内容太多，记不住。为此，他们的内心很苦恼、彷徨。其实死记硬背真不是好办法，笔者的建议是，要不停练习、重复练习，也就是"学中练、练中学"，只有持续地练习，才有可能熟练掌握、真正理解所学的内容。

下面演示一个练习，即编写一个程序，可从键盘输入一个 5 位以内的正整数，实现以下 3 项功能：

- 求出该数的位数。
- 分别求出每一位数字。
- 输出该数的逆序数。

实现上述要求的示范程序如下：

```
#1 程序功能：输入一个正整数，求出它的位数、每一位数字、逆序数

#2 输入正整数
print("本程序求正整数的位数、数字、逆序数  作者：我")
temp=eval(input("输入 5 位以内正整数："))

#3 如果输入的数是 5 位以内的正整数，则求解；否则提示出错，不求解

if temp<=99999 and temp>=0:            #判断是否符合 5 位以内正整数的要求
    if temp//10000!=0:                 #是 5 位数。注意：这里必须使用整除运算
        print("%d 是五位数"%temp)
        ww=temp//10000
```

```
            qw=temp%10000//1000
            bw=temp%1000//100
            sw=temp%100//10
            gw=temp%10
            print("对应的数字：%d %d %d %d %d"%(ww,qw,bw,sw,gw))
            print("它的逆序数：%d"%(gw*10000+sw*1000+bw*100+qw*10+ww))
        elif temp//1000!=0:                    #是 4 位数
            print("%d 是四位数"%temp)
            qw=temp//1000
            bw=temp%1000//100
            sw=temp%100//10
            gw=temp%10
            print("对应的数字：%d %d %d %d"%(qw,bw,sw,gw))
            print("它的逆序数：%d"%(gw*1000+sw*100+bw*10+qw))
        elif temp//100!=0:                     #是 3 位数
            print("%d 是三位数"%temp)
            bw=temp//100
            sw=temp%100//10
            gw=temp%10
            print("对应的数字：%d %d %d"%(bw,sw,gw))
            print("它的逆序数：%d"%(gw*100+sw*10+bw))
        elif temp//10!=0:                      #是 2 位数
            print("%d 是两位数"%temp)
            sw=temp//10
            gw=temp%10
            print("对应的数字：%d %d"%(sw,gw))
            print("它的逆序数：%d"%(gw*10+sw))
        else:                                  #是 1 位数
            print("%d 是一位数"%temp)
            print("对应的数字：%d"%temp)
            print("它的逆序数：%d"%temp)
else:    #输入的数据不是 5 位以内的正整数
    print("输入的数据不符合要求！")
```

在上述程序中，为了判断是几位数，使用了"//"运算符。请问：如果使用"/"运算符可行吗？如果不可行，原因是什么？

上述程序被运行后，任意输入一个 5 位以内的正整数，均能得到正确的结果，如下：

```
本程序求正整数的位数、数字、逆序数  作者：我
输入 5 位以内正整数：4891
4891 是四位数
对应的数字：4 8 9 1
它的逆序数：1984
>>>
```

但是，如果输入 123.45，那么结果如何？

```
本程序求正整数的位数、数字、逆序数  作者：我
```

```
输入5位以内正整数：123.45
123 是三位数
对应的数字：1 2 3
它的逆序数：366
>>>
```

显然，结果是有问题的。那么，是什么导致结果不正确的？

原因就在于下面这条语句，因为它在逻辑上显得不严谨。

```
if temp<=99999 and temp>=0: #判断是否符合5位以内正整数的要求
```

这条语句只判断输入的数是否为 100000 以内的正数，并没有判断它是否为整数。那么，如何判断一个数是否为整数呢？

Python 的内置函数 isinstance()可以解决上述问题。该函数的功能是，判断某个对象（实例）是否属于某种数据类型。它的用法如下：

```
isinstance(被判断的对象,数据类型)
```

例如，isinstance(temp,int)，即判断 temp 是否属于 int 类型。

因此，上述 if 语句中的条件测试部分必须加以修改，具体如下：

```
if isinstance(temp,int) and temp<=99999 and temp>=0: #判断是否为5位以内的正整数
```

修改后，再运行上述程序，如果输入 123.45，则会得到正确的结果，如下：

```
本程序求正整数的位数、数字、逆序数  作者：我
输入5位以内正整数：123.45
输入的数据不符合要求！
>>>
```

以上举例再次印证了一个结论：Python 真的博大精深。在 Python 的世界里，一切皆有可能！

思考与实践

1．请列出 if 语句的所有语法形式及各自的注意要点。

2．从键盘输入三角形的三边长，计算三角形的面积。在程序中必须考虑必要的逻辑性，例如，输入的三角形三边长是否合法。

3．编写一个程序，可根据父母的身高预测小孩成年时的身高。预测公式如下：

男孩子成年时的身高 $=(f+m)\times 0.54$（cm）

女孩子成年时的身高 $=(f\times 0.923+m)/2$（cm）

除上述公式外，还有两个因素可影响身高，因此也不得不加以考虑：如果爱好运动，则身高可增加 2%；如果饮食习惯良好，则身高可增加 1.5%。

第 11 章

重复操作与循环语句

学习目标

- 理解循环的概念及其应用。
- 掌握 while 与 for 语句的基本使用。
- 理解 continue 与 break 语句。
- 能用循环语句解决一般的循环问题。

多媒体课件和导学微视频

11.1 循环及其应用

在日常生活中,循环问题与循环现象屡见不鲜,例如,老师要求学生抄写三遍课文,装配线装配工人组装某一产品等。

对计算机而言,凡是重复性的操作,均被称为"循环",循环是计算机程序中除顺序控制、分支控制之外的一种流程控制形式。所谓循环,就是多次重复执行某些类似的操作。当然,这些操作不一定完全相同,但是基本相似。例如,手机用户查看手机上的照片,对应的应用程序需要将照片一张张找出来,逐一打开并展现。显示照片的过程就是循环过程,尽管每次显示的照片是不同的,但过程是相似的,带有明显的重复性。

当计算机程序被运行时,无外乎顺序地执行、有条件地执行和循环地执行 3 种形式,它们分别对应于顺序结构、分支结构和循环结构。借助循环结构,计算机可以非常高效地完成人类很难或无法完成的事情。比如,在大量文件中查找包含某个关键词的文档;又如,对几十万条销售数据进行统计汇总。

循环结构的流程图如图 11-1 所示。

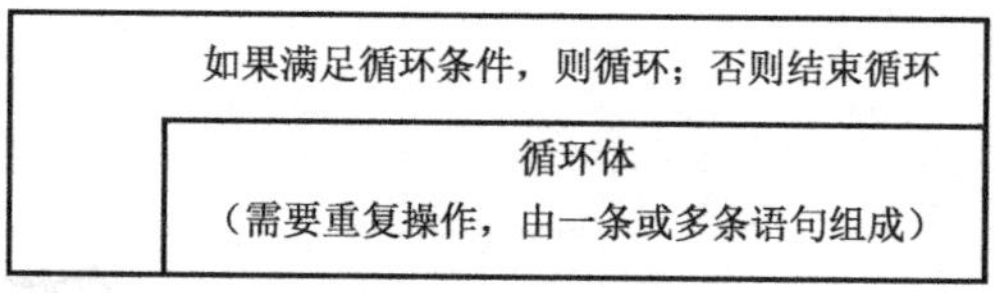

如果满足循环条件,则循环;否则结束循环
循环体 (需要重复操作,由一条或多条语句组成)

图 11-1 循环结构的流程图

上述流程图中所说的循环体即需要重复的操作,它通常是由一条或多条语句(语句块)组成的。

可将循环分为确定次数循环与非确定次数循环两种。

1. 确定次数循环

它的循环过程是:当循环次数小于或等于设定次数时,循环体被循环一次,并且循环次数自动加 1,如此重复,直到循环次数大于设定次数时退出循环。

2. 非确定次数循环

它的循环过程是:当满足循环条件时,循环体被循环一次,如此重复,直到不再满足循环条件,从而结束循环。

与 C、C++语言不同,Python 语言只提供了 while 和 for 两种循环语句,前者常被用于非确定次数循环,后者常被用于确定次数循环。当然,这也不是绝对的。

11.2 while 和 for 语句

11.2.1 while 语句

while 语句的一般形式如下:

```
while <表达式>:
    <循环体>
```

1. 表达式

关键字 while 后的表达式即循环的测试条件,它可以为任何形式的任意表达式。该表达式的结果只能是成立(True)或不成立(False)两种。如果为 True,则继续循环;否则,结束循环,即退出循环。

2. 循环体

循环体即需要重复的操作,它是一条语句或由多条语句组成的语句块。通俗地说,它就是被重复的操作。必须注意循环体与关键字 while 之间的缩进关系。

while 语句虽然常被用于不确定循环次数的循环程序中,但是并不代表它不能用于已知次数的循环程序中。也就是说,for 循环语句和 while 循环语句可相互转换。

举例1：求 1+2+3+…+n。

```
sum=0
i=1
n=int(input('1+2+3+…+n,请输入 n 值："'))
while i<=n:
    sum+=i
    i+=1
print("累加和={}".format(sum))
```

在本例中，表达式 i<=n 是循环的测试条件，由被缩进的两条语句 sum+=i 和 i+=1 构成的语句块即本循环的"循环体"。前者决定循环是否继续，后者决定循环的内容（操作）。它的执行过程是：判断表达式是否成立，如成立则循环一次，即执行循环体一次；每次循环后，通过循环体中的 i+=1 语句使循环次数计数增 1，当次数 i>n 时，循环条件不再满足，此时结束循环，从而实现累加操作。

本例使用了内部函数 int()，它用于将 input() 的函数值由字符串转换为整型数据。

运行本程序后，输入 20，得到的结果如下：

```
1+2+3+…+n,请输入 n 值：20
累加和=210
```

举例2：将一个字符串逆序输出。

```
s1='Good good study,day day up'     #原字符串
changdu=len(s1)                      #通过内置函数 len()求出字符串长度
i=0                                  #循环计数器清零
while i<changdu:                     #当循环次数少于字符串长度时循环
    print(s1[changdu-i-1],end='')    #从字符串尾部逐一取出字符，不换行
    i+=1                             #循环计数+1
```

运行程序，得到的结果如下：

```
pu yad yad,yduts doog dooG
```

11.2.2 for 语句

1. for 语句的一般形式

for 语句的一般形式如下：

```
for <循环变量> in <序列、集合等对象>:
    <循环体>
```

其中，for 和 in 为关键字，"序列、集合等对象"后的"："是该语句的必需特征符，不能缺少。"循环体"可为一条语句，也可为由多条语句组成的语句块（程序段）。循环体必须缩进。具体地说，"序列、集合等对象"可为字符串、文件、列表、集合、字典或者 range() 函数产生的序列等。

for 语句的工作原理为：先从"序列、集合等对象"中逐一提取元素并将它存入"循环

变量",然后执行一次"循环体"操作,直到"序列、集合等对象"中的元素被取完。该过程又被称为"遍历"。

举例 3:求 $1+2+3+\cdots+n$。

```
'''
    求累加和的 for 语句实现法
    1+2+3+…+n
'''

#输入 n
n=int(input('1+2+3+…+n,请输入 n:'))
sum=0
for i in range(n+1):
    sum+=i

print(("累加和=%d"%sum).center(20,'-'))
```

在上述程序中,"循环变量"为 i,"序列、集合等对象"为 range(n),"循环体"为语句 sum+=i。由于内置函数 range(n)的元素是从 0 开始直到 n-1,所以,为了求 $1+2+3+\cdots+n$,程序中 range()函数的参数必须是(n+1)。如果该函数的参数是 n,即 range(n),则计算得到的是 $1+2+3+\cdots+(n-1)$ 的结果。这显然不符合要求。

由于实现字符串居中的内置函数 center()只能被用于字符串对象,因此 print()函数中的 ("累加和=%d"%sum)必须加"()",它是一个字符串对象,此时 center()是它的一个方法,产生的效果是将整个字符串居中,左右两侧以"-"填充。如果 center()函数被用于非字符串对象,则不被允许。具体地说,如果("累加和=%d"%sum)不使用"()",则 print()函数中的参数为"累加和=%d"%sum.center(20,'-'),这意味着 sum.center(20,'-'),而 sum 为整型对象,它不能使用 center()方法,因此导致出现如下错误提示:

```
1+2+3+…+n,请输入 n:10
Traceback (most recent call last):
  File "K:/python_work/累加和 for.py", line 12, in <module>
    print("累加和=%d"%sum.center(20,'-'))
AttributeError: 'int' object has no attribute 'center'
>>>
```

举例 4:将一个字符串逆序输出。

```
s1='Good good study,day day up'    #原字符串
ls=list(s1)                         #将字符串转换为列表
ls.reverse()                        #调用内置函数将列表转置(逆序化)
for ss in ls:                       #遍历列表
    print(ss,end='')                #从列表中逐一取出元素,不换行
```

举例 2 和举例 4 说明一个道理:程序没有标准答案。更何况要实现举例 4 的功能,实现程序不止举例 2 和举例 4 这两种,还可以有第三、四种方案等。举例 5 展示了第三种实现方案。

举例 5：将一个字符串逆序输出。

```
s1='Good good study,day day up'    #原字符串
i=0                                #循环计数器清零
ls=list(s1)
lsl=len(ls)                        #求出列表的长度（元素个数）
for ss in ls:                      #当循环次数少于字符串长度时循环
    print(ls[lsl-i-1],end='')      #从字符串尾部逐一取出字符，不换行
    i+=1
```

很显然，分别运行举例 4 程序和举例 5 程序，得到的结果完全一致。

2. for 语句的扩展形式

for 语句的扩展形式如下：

```
for <循环变量> in <序列、集合等对象>:
    <循环体>
else:
    <语句或语句块>
```

如果将上述 for 语句分为 for 子句和 else 子句两部分，那么 for 子句的执行过程与前述 for 语句的一般形式完全相同。当 for 子句被执行后，如果是正常结束循环的，那么将执行 else 子句中的语句块；如果是由 break 语句强制终止循环的，那么不执行 else 子句中的语句块。也就是说，只有在 for 循环正常退出的情况下，才执行 else 子句中的语句块。

举例 6：

```
ss={'ss':1,'fffg':2}               #定义字典
for key in ss.keys():              #通过 keys()函数实现键遍历
    print(ss[key])
else:
    msg="循环结束"
print(msg)
```

运行上述程序后，输出的结果如下：

```
1
2
循环结束
```

从上述程序及其运行结果中可以清晰地看出，else 后的语句"msg="循环结束""被执行了，因为 for 子句是被正常执行的，也就是循环是被正常终止的。循环语句后的"print(msg)"语句输出 msg 对应的信息。如果循环是被 break 语句结束或其他方式异常终止的，结果就会大不一样。

举例 7：

```
>>> for i in range(10):
        print(i)
        if i==5:
```

```
                break
        else:
                print("eee")



0
1
2
3
4
5
>>>
```

在举例 7 中，for 循环被 break 语句提前终止，因此 for 子句属于非正常结束，在此情形下，else 子句就不会被执行。

for 语句的扩展形式是 Python 语言特有的。如果能灵活、巧妙地应用此形式，则可以提高开发程序的效率。

举例 8：

```
for i in range(-20):
        print(i)
else:
        s='dddd'
print(s)
```

运行该程序，结果如下：

```
dddd
```

为什么会出现这样的运行结果？原因是，如果 range()函数只有一个参数，那么该参数将被作为终值。例如，上述程序中的 range(-20)只有一个参数-20，由该函数的帮助文档可知，range()函数的默认起始值为 0，默认增量为 1，即从 0 开始以增量 1 递增，终止于-20-1，很显然，这是不可能的！因此，在举例 8 中，for 语句的循环条件始终没有被满足，故循环体没有被执行，它属于正常结束循环，因而 else 子句被执行。

range()函数的一般用法如下：

```
range(start,stop[,step])
```

其中，start 为起点，stop 为终点（注意不是实际终点），step 为步长（增量）。

例如，range(0,-20,-1)意味着产生序列 0,-1,-2,…,-19。必须引起注意的是，真正的终值是-19，而不是-20。

11.3 break 和 continue 语句

在实际的循环应用程序中，常会遇到需要强制终止循环或在本次循环体尚未被完全执行的情况下直接开始下一次循环的情形，这必须借助两条循环辅助语句 break 和 continue 来实现。

1. break 语句

break 语句用于终止（退出）它所在的当前整个循环，它必须与 for 或 while 语句配合，换言之，break 语句只能被用于 for 或 while 语句。需要加以强调的是，break 语句终止的是整个循环，而不是某次循环。

2. continue 语句

continue 语句用于提前结束本次循环，它必须与 for 或 while 语句配合，换言之，continue 语句只能被用于 for 或 while 语句。在 for 或 while 循环中，如果执行 continue 语句，那么 continue 语句后循环体的余下部分将不再被执行，而是直接开始下一次循环。需要加以强调的是，continue 语句结束的是本次循环，而不是整个循环。

通过以下程序的对比，可有助于清晰地展示两者在用法和作用上的差异。

举例 9：使用 break 语句的循环程序。

```
s1='Hello!Shen hongwei'         #定义字符串
for ss in s1:                   #遍历字符串
    if ss==' ':                 #如果等于空格，则 break（退出循环）
        break
    print(ss,end='')            #否则，输出当前字符
```

上述程序被运行后的结果如下：

```
Hello!Shen
>>>
```

举例 10：使用 continue 语句的循环程序。

```
s1='Hello!Shen hongwei'
for ss in s1:
    if ss==' ':
        continue#如等于空格则 continue，本次循环提前结束，余下的 print()语句不会被执行
    print(ss,end='')
```

该程序由两条语句组成循环体。它的执行过程是：循环从字符串中逐一取出字符，当字符为空格时，将执行 continue 语句，本次循环提前结束，循环体余下的 print()语句不会被执行，而直接开始下一次循环。也就是说，空格没有被显示，所以在 n 后显示的是空格后的 h。因此，上述程序被运行后的结果如下：

```
Hello!Shenhongwei
>>>
```

举例 11：输入口令。

```
'''
口令输入与检查程序
允许输入三次
如果口令正确，则结束输入
```

```
    沈红卫，2018/4
'''
cnt=0
while True:
    psw=input("Password:")
    if psw=='Shw':
        break
    cnt+=1
    if cnt<3:
        continue
    else:
        break
if cnt==3:
    print('口令错误！')
else:
    print('口令正确！')
```

举例 11 再次完整地展示了 break 和 continue 语句的使用，它有助于理解 break 和 continue 语句的作用。

11.4 练一练——摄氏与华氏温度转换

11.4.1 程序设计要求与具体程序

1．程序设计要求

本程序的设计要求如下：
（1）可选择待转换的温度类型。
（2）可任意输入相应的温度，输出转换后的温度；转换后的温度保留 1 位小数。
（3）程序可连续运行，直至按【Esc】键退出。

2．算法设计及其分析

为了实现上述要求，设计了以下算法：
（1）通过循环实现连续运行。
（2）在运行过程中捕捉按键信息。如果捕捉到的是【Esc】键，则结束程序运行；如果捕捉到的是数字键，则将输入的数字字符逐一拼装成数字字符串，然后转换为数字型温度值。
（3）通过分支语句实现转换类型的选择。
（4）为了捕捉按键，获取按键信息，必须调用相关函数，为此使用了内置模块 msvcrt。但必须引起注意的是，msvcrt 模块只能被用于 Windows 系统。借助 msvcrt 模块，可实现 C 运行库（Run-time Library）的诸多功能。当然，内置模块 msvcrt 的函数只能被用于终端方式。也就是说，凡是使用 msvcrt 模块的程序，只能在命令行方式下被运行。

3. 实现程序

实现上述算法的完整程序如下：

```python
#1 引用内置模块 msvcrt
import msvcrt

#2 按键定义
Esc=27                   #【Esc】键
Enter=13                 #回车键
Backspace=8              #退格键（Backspace）

while True:
    #3 温度接收缓冲区定义
    inchars=[]

    #4 转换类型选择
    print("\n 温度互换程序 V2.0  沈红卫  绍兴文理学院\n")
    wdtype=input("1. 摄氏到华氏    2. 华氏到摄氏  3. 退出程序")
    if wdtype=='3':                      #选择 3 则退出大循环，也就是结束程序
        break
    elif wdtype not in ['2','1']:        #判断是否是有效选择，1 或者 2
        continue                         #不是，则继续等待选择
    print('\n')
    print('请输入'.center(20,'-'))

    flag=0                               #【Esc】键标志

    #5 接收温度值
    while True:
        if msvcrt.kbhit():
            newchar=ord(msvcrt.getch())
            if newchar==Esc:
                flag=1   #标志 1
                break
            elif newchar==Enter:
                break
            elif newchar==Backspace:
                if inchars:
                    del inchars[-1]
                    msvcrt.putch('\b'.encode(encoding='utf-8'))
                    #光标回退一格
                    msvcrt.putch(' '.encode(encoding='utf-8'))
                    #用一个空格覆盖原来的星号
                    msvcrt.putch('\b'.encode(encoding='utf-8'))
                    #光标回退一格准备接收
            elif newchar in range(48,58) or newchar in [45,46]:
```

```
                        #数字、.、-有效, 否则无效
                inchars.append(newchar)
                msvcrt.putch(chr(newchar).encode(encoding='utf-8'))
#显示为星号
        else:
            continue                            #不按键则继续循环

    #6 如果上面按了【Esc】键则直接退出程序, 不进行温度转换
    if not flag:                                #否则, 进行温度转换
        #7 将缓冲区中字符串类型的温度值转换为数值
        i=0
        while i<len(inchars):
            inchars[i]=chr(inchars[i])          #将 byte 类型转换为字符类型
            i+=1

        inchars="".join(inchars)                #将列表 inchars 转换为字符串类型

        wd=eval(inchars)                        #将数字字符串转换为数值类型

        print('\n')
        print('转换结果如下:'.center(20,'-'))

        #8 两种温度值转换
        if wdtype=='1':                         #摄氏到华氏
            print("摄氏: {} --> 华氏: {:.2f}".format(wd,9/5*wd+32))
        elif wdtype=='2':                       #华氏到摄氏
            print("华氏: {} --> 摄氏: {:.2f}".format(wd,5/9*(wd-32)))
        elif wdtype=='3':
            break
        else:
            print("你刚才的选择无效, 只能选 1、2 或者 3")
    else:
        print("\n 你按了 Esc 键退出程序')
        break
print('感谢您的使用@@')
```

在 Windows 命令栏中输入并执行"cmd"命令, 进入命令行方式, 然后运行上述程序。假如上述程序的文件名为"温度转换.py", 它被存储在 K:\python_work 文件夹下, 那么在命令行方式下运行它的方法(只能在命令行方式下被运行)如图 11-2 所示。

图 11-2 在命令行方式下运行程序

11.4.2 程序的详细分析

由于在上述程序中包含了比较详细的注释，所以不再系统地分析程序的实现算法。此处着重讨论程序中涉及的数据类型转换问题和编码转换问题。

1. 数据类型转换问题

首先将 byte 类型列表（ASCII 码列表，即 bytes 字符串）转换为字符列表，然后转换为字符串（必须是数字字符串），最后将该数字字符串转换为数值，即待转换的温度值。实现上述要求的具体过程如下：

（1）ASCII 码转换为字符：调用内置函数 chr()。
（2）ASCII 列表转换为字符列表：使用循环结构。
（3）字符列表转换为字符串：调用内置函数 join()。
（4）数字字符串转换为数值：调用内置函数 eval()。

此处重点讨论内置函数 join()。可借助帮助系统得到该函数的用法与功能，如下：

```
>>> help(str.join)
Help on method_descriptor:

join(...)
    S.join(iterable) -> str

    Return a string which is the concatenation of the strings in the
    iterable.   The separator between elements is S.
```

内置函数 join() 的对象必须为字符串，它是字符串对象的一个方法，用于将序列中的元素以指定的字符连接生成一个新的字符串。

join() 函数的语法形式如下：

str.join(待转换的序列)

其中，str 为指定的连接字符，"待转换的序列"为待连接的对象，它通常是元素为字符的元组或列表。该方法的返回值为被连接后的字符串。

举例 12：

```
>>> ss=['1','2','7','.','8']
>>> zs=''.join(ss)          #连接字符为空字符
>>> zs
'127.8'
>>> ss=['1','2','7','.','8']
>>> zs='-'.join(ss)         #连接字符为 -
>>> zs
'1-2-7-.-8'
>>>
```

2. 编码转换问题

1）msvcrt.getch()和msvcrt.putch()的转码

与 C 语言中的 getch()和 putchar()函数可被直接使用不同的是，在使用 msvcrt.getch()和 msvcrt.putch()函数的过程中必然涉及转码操作。因为这两个函数（方法）涉及的数据必须是 bytes 类型的，即字节字符串，此处为字符的 ASCII 码。例如：

```
msvcrt.putch('\b'.encode(encoding='utf-8'))
```

上述语句用于将字符串'\b'转换为 UTF-8 编码格式。

由 UTF-8 编码特性可知，在对字符串按 UTF-8 格式转码的过程中，将根据被转换的对象是英文或中文等不同情形，自动转换为 1 字节、2 字节或 3 字节编码。在上述语句中，putch()函数的参数为 "'\b'.encode(encoding='utf-8')"，它的作用是将普通字符串'\b'转换为字节字符串类型，也就是字符串对应的 ASCII 码。因此，对于以下语句：

```
msvcrt.putch('\b'.encode(encoding='utf-8'))
```

它的等价形式如下：

```
msvcrt.putch(b'\b')
```

b'\b'表示将普通字符串'\b'转换为字节字符串类型。

以此类推，可知以下语句：

```
msvcrt.putch('\n'.encode(encoding='utf-8'))
```

它的等价形式如下：

```
msvcrt.putch(b'\n')
```

同理，msvcrt.getch()的返回值也为字节字符串类型，如图 11-3 所示。图中表示，按数字键 5 输入，则 x 得到的是 b'5'，以此证实 msvcrt.getch()的返回值为字节字符串类型。

与 C 语言中的同名函数一样，msvcrt.getch()与 msvcrt.getche()的区别在于，后者具有回显功能，而前者没有。所谓"回显"，就是通过按键输入字符后，在屏幕上同时显示所输入的字符。如图 11-3 所示，'5'即输入的字符。

```
>>> import msvcrt
>>> x=msvcrt.getch()
>>> x
b'5'
>>> x=msvcrt.getch()
>>> x=msvcrt.getche()
5>>>
```

图 11-3 msvcrt.getch()与 msvcrt.getche()的演示

2）ord()函数

ord()函数是 chr()函数的配对函数，它以一个字符（长度为 1 的字符串）作为参数，返回对应的 ASCII 码值。

以下是 ord()函数的语法：

```
ord(c)
```

参数 c 是被转换的字符串，请注意，只能是单字符的字符串，如 ord("a")。而 ord("ab")则是非法的，会触发异常：TypeError。

返回值是参数 c 对应的十进制整数，实际上就是字符对应的 ASCII 码。

例如，在终端方式下，执行以下命令并输入 5，结果如图 11-4 所示。

```
>>> x=ord(msvcrt.getche())
5>>> x
53
>>>
```

图 11-4　ord()函数的演示

从图 11-4 中可以看出，通过 ord()函数将 getche()函数得到的返回值转换为 1 字节的 ASCII 码，以便于后续程序通过 ASCII 码值进行分析和做相应处理。

3）decode()函数

decode()函数是字符串对象的一个方法，它用于对字节字符串以指定编码格式进行解码，因此，也可通过 decode()函数进行类型转换。它的语法形式如下：

```
str.decode('编码格式')
```

如果省略参数，即不指定编码格式，则按默认的 UTF-8 格式进行解码。这里不得不提及 Python 中字符串编码的常用类型：UTF-8、GB2312、CP936、GBK 等。在 Python 中，常通过 decode()和 encode()函数进行解码和编码，它们均使用 Unicode 类型作为编码的基础类型。即

```
decode            encode
str ---------> unicode --------->str
```

例如，在终端方式下执行以下命令并输入 5，则得到解码后的结果为普通字符串'5'，如图 11-5 所示。在此基础上，后续程序就可按普通字符串进行处理，例如，进行判断 x== '5'，因此显得更直观，也更方便。

```
>>> x=msvcrt.getche().decode()
5>>> x
'5'
>>>
```

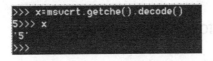

图 11-5　decode()函数的演示

4）encode()函数

可通过以下方式获取内置函数 encode()的使用方法及其功能描述。

```
>>> help(str.encode)
Help on method_descriptor:

encode(...)
    S.encode(encoding='utf-8', errors='strict') -> bytes
```

> Encode S using the codec registered for encoding. Default encoding
> is 'utf-8'. errors may be given to set a different error
> handling scheme. Default is 'strict' meaning that encoding errors raise
> a UnicodeEncodeError. Other possible values are 'ignore', 'replace' and
> 'xmlcharrefreplace' as well as any other name registered with
> codecs.register_error that can handle UnicodeEncodeErrors.

由上述文档可知，如果要将'\n'输出，则可使用以下两条语句，它们是完全等效的，如图 11-6 所示。

```
>>> msvcrt.putch('\n'.encode(encoding='utf-8'))
>>> msvcrt.putch('\n'.encode())
>>>
```

图 11-6　encode()函数的演示

因为 encode()函数有一个指定编码的参数 encoding，它的默认值为'utf-8'，所以，上述两种方式的效果是一样的。

5）对列表元素的删除操作

在程序中使用了删除列表元素的两种方法，具体如下。

- del inchars[-1]：表示将最后一个元素删除。
- inchars.pop()：表示将最后一个元素删除。

上述两种方法均可实现删除元素的操作。前者采用 del 语句，而后者则基于序列对象的内置方法 pop()。

本范例程序的特点是，在运行过程中可通过选择 3 或直接按【Esc】键即时退出程序。可将该退出算法应用于其他程序中。

11.5　归纳与总结

11.5.1　循环语句 for 与 while 的 else 扩展

在 11.2.2 节中已经详细讨论了 for 语句的 else 扩展用法，其实 while 语句同样有 else 扩展用法，它的语法形式如下：

```
while <表达式>:
    <循环体>
else:
    <语句块>
```

关键字 else:后的语句块只有在循环正常结束的情况下才会被执行。如果循环是被 break 或 return 语句强制结束的，那么 else 子句中的语句块不会被执行。此特性与 for 语句的扩展用法完全一致。

举例 13：break 语句强制退出循环。

```
s1='Shaoxing welcome you'      #定义字符串
i=0
while i<len(s1):               #遍历字符串
    if s1[i]=='w':             #当前字符如果为'w'则退出循环
        break
    print(s1[i],end='')        #否则，显示该字符，不换行
    i+=1
else:
    print('循环正常被退出')      #正常结束循环会显示它
```

上述程序被运行后的结果如下：

Shaoxing
>>>

从运行结果中可以得知，else 子句中的语句块并没有被执行，原因就是循环是被 break 语句强制终止的，而不是正常结束的。

再看下例。

举例 14：

```
s1='Shaoxing welcome you'
i=0
while i<len(s1):
    if s1[i]=='w':
        i+=1
        continue
    print(s1[i],end='')
    i+=1
else:
    print('循环正常被退出')
```

运行上述程序后，得到的结果如下：

Shaoxing elcome you 循环正常被退出
>>>

由运行结果的分析可知，由于 while 循环是正常结束的，所以在循环结束后执行了 else 子句。

由 while 和 for 语句实现的循环程序可以相互转换，也就是说，用 while 语句实现的循环程序一定可以用 for 语句加以实现，本章中的几个相关举例说明了这一点。所以，读者要学会迁移，以真正掌握这两条循环语句。

11.5.2　break 与 continue 语句的区别

以下通过举例再次说明 break 与 continue 语句的区别，请认真分析并理解它。

举例 15：

```
while True:
    x=eval(input("输入一个数：   "))
    if x==0:
        continue
    else:
        print("其倒数=%f"%(1/x))
    if x>=1000:
        break
```

在 IDLE 中运行上述程序，得到的结果如下：

```
输入一个数：  1
其倒数=1.000000
输入一个数：  2
其倒数=0.500000
输入一个数：  3
其倒数=0.333333
输入一个数：  0
输入一个数：  0.0
输入一个数：  0.00001
其倒数=100000.000000
输入一个数：  1001
其倒数=0.000999
>>>
```

认真分析程序，比对运行结果，将有助于读者更好地理解 break 与 continue 语句的作用和差别。

思考与实践

1．利用公式 $\pi = 4\times(1-1/3+1/5-1/7+\cdots)$ 设计一个程序，可计算 π 的近似值，直到最后一项的绝对值小于 10^{-6}，并以合适的方式输出 π 的值和累加的项数。

2．鸡兔同笼问题的程序实现：鸡兔同笼，共有 98 个头、386 只脚，请编程计算鸡和兔子各有几只。

3．任意输入一个字的汉语拼音，统计其中声母的个数，直到按【Esc】键退出程序。

第12章 函数让程序优雅

学习目标

- 理解函数及其概念。
- 熟练掌握函数的定义与调用。
- 理解函数的参数传递与不定长参数。
- 掌握匿名函数的定义与使用。
- 理解变量的作用范围。

多媒体课件和导学微视频

12.1 什么是函数

在绝大多数计算机语言中，函数均具有举足轻重的地位，Python 语言也不例外。函数是 Python 程序不可或缺的组成部分。

12.1.1 函数的概念

所谓"函数"，是指功能相对单一，具有输入/输出接口，按一定规范组织的程序段。
函数的意义在于使程序组织更有条理性，结构更清晰，代码可被重复利用。
按照不同的分类标准，可将函数分为以下类型。

1. 解释器内置函数与用户自定义函数

Python 内置了不少标准函数，它们可被直接调用，这些标准函数又被称为"内置函数"。但是，由于问题的复杂性与多样性，面对五花八门的应用需要，在很多情况下，仅仅依靠标准函数是不够的，必须由开发者自行开发若干函数，此类函数被称为"用户自定义函数"。

2. 普通函数与匿名函数

Python 既支持一般意义上的函数，它必须有函数名和若干个参数；也支持一类特殊的函数——匿名函数，它不被命名，仅有参数。前者可反复多次被调用，而后者往往被调用一次，因此也被称为"临时函数"。

简言之，可以通俗地将函数理解为对某段程序的封装，通过封装使得该程序段可以更简便地被重复利用，从而提高程序开发的效率。

12.1.2 为什么要使用函数

前 11 章所举的一些范例程序往往比较小，代码少则几行，多则几十行。但在实际的应用开发中，涉及的程序通常是比较大的，代码少则几百行，多则上千行甚至更多，相对而言，可将这些程序称为中大规模程序。为了降低开发大规模程序的复杂度和难度，通常的做法是将大问题分解成小问题，小问题再被分解成小小问题，然后提炼出这些问题之间的公用问题，因而可用若干个功能相对单一、代码相对短小的程序块去解决这些公用问题和小小问题。如果将这些程序块按一定的规范封装，它们就是用户自定义函数。当然，用户自定义函数可调用若干所需的标准函数。

函数是现代化大生产理论中分工合作思想在程序设计领域的一种应用。通过函数的形式，可降低大型程序开发的难度，实现团队化分工合作开发程序，使得"标准化""高效率"开发程序成为可能。由于函数将一些信息自我封装，在一定程度上确保了信息的隐藏与安全，从而使得程序更稳健，所以说，函数不仅使得程序可读性更好、更容易被理解，而且更重要的是，它使得程序更容易被调试和维护。

函数让程序变得"优雅"!

图 12-1 揭示了一个程序中程序本身、模块文件与函数三者之间的结构关系。

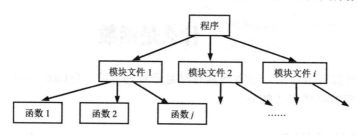

图 12-1 程序的结构关系

解释器内置的数量可观的标准函数对程序的开发是极为有利的，因为直接调用内置函数即可实现程序的诸多功能。因此，为了在程序中正确使用标准函数，学习者和开发者一定要熟悉、理解它们。而熟悉、理解它们的最好方法是平时多浏览内置函数及其功能。"书到用时方恨少"，只有通过不断积累，才有可能做到在开发程序时更精准地确定所需要的标准函数。对于开发者而言，内置函数是巨人的"肩膀"!

在开发应用程序的过程中，仅使用内置函数不足以解决问题。为了实现程序的功能，开发者不可避免地要自行设计若干函数，这些函数即用户自定义函数。

设计和应用用户自定义函数的流程大致如下：

首先，定义函数，即按照函数的语法要求设计实现某一功能的语句块（程序段）。
其次，调试函数，即对函数的语法、逻辑进行校核，直到符合要求。
最后，调用函数，即通过"函数名(参数)"的形式调用已被定义的函数。函数一旦被定义，就可无限次数地被调用。

由图 12-1 可知，函数是一个程序中最为基础和核心的部分。可以毫不夸张地说，深刻理解函数的思想和本质，能熟练地定义和使用函数，是学好 Python 的重要基础和基本能力。

12.2 函数的定义与调用

12.2.1 如何定义一个函数

定义函数的一般形式如下：

```
def 函数名(<参数 1>,<参数 2>,<参数 3>,...):
    函数体
    return <表达式>
```

其中，
- def——定义函数的关键字，它是单词 define 的简写。
- 函数名——它属于标识符，因此必须按标识符的命名规则进行命名。在命名时，应遵循"顾名思义"原则，风格统一，切忌随意命名。良好的习惯是程序开发者的基本素养。
- 参数——函数可有一个或多个参数，也可无参数。定义函数时的参数被称为"形式参数（形参）"，与此相对应，调用函数时的参数则被称为"实际参数（实参）"。
- 函数体——函数体是函数的主体部分，它决定了函数的功能。函数体可由一条语句或多条语句组成，它必须被缩进。如果函数体内无语句，那么此类函数被称为"空函数"。
- return——它是函数体中的一条语句。视实际需要，函数体可有一条或多条 return 语句。该语句的功能是结束函数的运行并返回函数值。它的语法形式有两种。

第一种形式：

```
return 表达式
```

它表示将表达式的值作为函数值返回给调用方。此类函数被称为"有值函数"。表达式可为任意表达式；也可为 None，表示返回空值。

第二种形式：

```
return
```

它表示返回空值（None），等价于 return None。

要引起注意的是，与其他语句一样，"def 函数名(<参数 1>,<参数 2>,<参数 3>,...):"中的冒号":"是语法的有机组成部分，不可省略。

举例1：定义判断一个年份是否是闰年的函数。

```
# 定义判断闰年函数
#   函数参数：year——被判断的年份
#   函数值：是闰年返回True，不是闰年则返回False
def isleap(year):
    if year%4==0 and year%100!=0 or year%400==0:
        return True
    else:
        return False

# 调用示例
year=int(input("请输入年份："))        #年份必须是整数
if isleap(year):
    print("{} is a leap!".format(year))
else:
    print("{} is not a leap!".format(year))
```

在上例中，定义了一个名为 isleap 的函数，它只有一个参数 year。通过判断，该函数将是否是闰年的结果以布尔型常量 True 或 False 的形式返回。

程序中使用了判断闰年的表达式：year%4==0 and year%100!=0 or year%400==0。在该表达式中，优先级最高的是求余数运算%，其次是关系运算==，逻辑运算 and 的优先级比 or 的优先级高，当然，这两个逻辑运算是3种运算中优先级最低的。因此，上述表达式对应的判断是"能被4整除但不能被100整除"或"能被400整除"，它是判断某年份是否为闰年的基本算法。

运行程序，输入2000，得到如下结果：

```
请输入年份：2008
2008 is a leap!
>>>
```

再次运行程序，输入2017，得到如下结果：

```
请输入年份：2017
2017 is not a leap!
>>>
```

举例2：判断某数是否为素数。

```
'''
函数功能：判断素数
参数：dat 为被判断的数，必须是正整数
函数值：1 代表是素数，0 代表不是素数
'''
#1 函数定义
def isprime(dat):
    for i in range(dat):        #不能被2~(dat-1)之间的数整除
        if dat==0 or dat==1:    #0，因为1不是素数
            flag=0              #标志变量置0
```

```
            break                  #直接退出穷举循环
        elif i==0:                 #除数从 2 开始，所以 0 和 1 被直接跳过
            flag=0
            continue
        elif i==1:
            flag=0
            continue
        elif dat%i==0:             #判断能不能整除（余数是否为 0）
            flag=0                 #能整除，则说明不是素数，标志变量置 0
            break                  #直接退出循环
        else:
            flag=1                 #不能整除，标志变量置 1，继续循环直到穷举结束
    if flag==1:                    #根据标志变量，判断函数返回值是 1 还是 0
        return 1
    else:
        return 0
#2 函数调用示例
data=int(input("请输入一个正整数："))
if isprime(data)==1:
    print("{0}是素数".format(data))    #format()格式化法
else:
    print("%d 不是素数！"%data)        #%格式化法
```

在上述程序中，定义了一个判断某数是否为素数的函数，它是一个用户自定义函数，它的具体算法已在注释中进行了详细说明。程序中涉及的素数又被称为质数，指只能被 1 与本身整除的正整数，但 0 和 1 不是素数。用户自定义函数的返回值被定义为 1 和 0，也可把返回值定义成 True 和 False 或其他，因为程序没有标准答案。

12.2.2 如何调用函数

函数被定义后，它不会自动执行。函数必须被自己或另外的语句调用才会执行。函数可不限次数地被调用。被自己调用的函数被称为"递归调用函数"，函数调用自己的过程被称为"递归调用"。

如何才能调用用户自定义函数呢？

调用函数的一般形式如下：

函数名(实际参数)

函数名和实际参数的个数、类型必须与定义时的函数名和形式参数的个数、类型完全一致，否则就会出错。

以上面的举例 1 和举例 2 程序为例，调用形式如下：

isleap(2007)——调用 isleap()函数判断 2007 年是闰年还是平年，小括号内的 2007 是实际参数，必须有且只能有 1 个，因为在定义函数时只定义了一个形式参数。

isprime(17)——调用 isprime()函数判断 17 是素数（质数）还是合数，小括号内的 17 是实际参数，必须有且只能有 1 个，因为在定义函数时只定义了一个形式参数。

举例 3：

```
"""
递归调用函数的定义举例
函数功能：求 n!
函数参数：n
函数值：n!
"""
#1 函数定义
def fact(n):                        #此处的 n 为形式参数
    if n<0:                         #对正整数才有效
        return -1                   #-1 表示参数无效
    elif n==0 or n==1:              #0!或 1!结果均等于 1
        return 1
    else:
        return n*fact(n-1)
#递归调用求出 n!并返回，fact(n-1)中的 n-1 为实际参数

#2 函数调用示例
n=int(input("输入 n:"))
if n>=0:
    print(fact(n))                  #调用函数并直接输出函数的值，此处的 n 为实际参数
else:
    print("不能对负数或其他数据求阶乘！")
```

上述程序中的用户自定义函数 fact()就是典型的递归调用函数，通过递归调用实现阶乘运算。程序被运行后，输入 5 的结果如下：

```
输入 n:5
120
```

举例 4：通过迭代法求 n!。

在图 12-2 中，左右两侧为一个程序文件的两部分，右侧部分定义了迭代法求 n!的函数，即 fact1(n)；左侧部分则通过调用该函数求输入的某个整数 n 的阶乘 n!。图中的箭头形象地演示了函数调用和被调用的关系与过程。

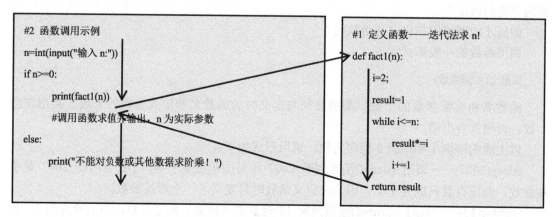

图 12-2　函数的定义与调用过程

12.3 函数的参数传递与不定长参数

在调用函数时，必然发生从"实际参数"向"形式参数"传递的问题，即函数的参数传递。在 Python 中，函数的参数传递必须把握以下 3 个方面：
- 不可变类型参数的传递与可变类型参数的传递。
- 必须参数、默认参数与关键词参数。
- 不定长参数。

12.3.1 不可变类型参数的传递与可变类型参数的传递

在第 7 章中，将 Python 中的数据类型分为不可变类型和可变类型两类。具体地说，字符串（String）、元组（Tuple）和数值（Number）类型的对象是不可被更改（Immutable）的，即不可变类型；而列表（List）、字典（Dict）等类型的对象则是可被更改（Mutable）的，即可变类型。

对应于上述两种数据类型，Python 程序在调用函数的过程中发生的参数传递也分为两种情况。

1. 不可变类型参数的传递

对于不可变类型参数，它的传递过程类似于 C 语言中的值传递，即它是一种"值传递"的过程。例如，调用 fun(a)，如果函数参数为不可变类型，那么此时传递的只是实际参数 a 的值；如果在 fun() 函数内修改 a 的值，那么修改的是另一个复制的对象，并不会影响 a 本身。

2. 可变类型参数的传递

对于可变类型参数，它的传递过程类似于 C 语言中的地址传递，即它是一种"地址传递"的过程。例如，调用 fun(vl)，如果函数参数为可变类型，那么实际参数 vl 的地址将被传递给形式参数，即实际参数和形式参数的地址是完全一样的，它们属于同一个对象。因此，如果在 fun() 函数内修改 vl，那么这种修改本质上就是修改实际参数。

综上所述，两类参数传递的过程和作用具有根本性的差别。在调用函数时，一定要充分关注它们的不同之处。

举例 5：不可变类型参数的传递。

```
#1 定义函数
def immutabledemo(a):        #一个数值型形式参数
    if a>0:
        a=-1                 #改变参数值为-1
    else:
        a=1                  #改变参数值为 1
    return                   #函数直接返回
```

```
#2 调用示例
x=float(input('输入一个负数：'))
immutabledemo(x)          #调用函数
print(x)                  #输出实际参数，看看有没有变化
x=float(input('输入一个正数：'))
immutabledemo(x)          #调用函数
print(x)                  #输出实际参数，看看有没有变化
```

运行上述程序，得到的结果如下：

```
输入一个负数：-3
-3.0
输入一个正数：4
4.0
```

从上述运行结果中可以得知，虽然输入了一个负数-3，在函数内对形式参数进行了改变，但是实际参数仍然是-3，并没有被改变为 1；虽然输入了一个正数 4，但是实际参数仍然是 4，并没有被改变为-1。

举例 6：可变类型参数的传递。

```
#1 定义函数：演示可变类型参数的传递
def mutable(la):              #形式参数为列表（可变类型数据）
    i=0
    while i<len(la):          #通过遍历法将列表的每个元素加 5
        la[i]=la[i]+5
        i+=1
    return                    #直接返回

#2 调用示例
ll=[1,2,3,4,5]                #定义一个列表
mutable(ll)                   #将上述列表作为实际参数调用函数
for i in ll:                  #循环输出列表中的所有元素
    print(i,end=' ')          #不换行，用空格隔开
```

上述程序被运行后，得到的结果如下：

```
6 7 8 9 10
>>>
```

在本例中，用户自定义函数的参数属于可变类型参数。从程序的运行结果来看，由于在函数内部对形式参数进行了调整，因此作为实际参数的列表 ll 也被函数改变了，也就是从原来的列表[1,2,3,4,5]改变为新的列表[6,7,8,9,10]。

从上述两例中可以清晰地看出两种不同传递类型的差别所在。

最后补充一下，Python 中的可变类型对象是指列表、集合和字典（值可被修改）3 类。换言之，如果函数以上述 3 类对象作为参数，那么该函数属于可变类型参数传递函数。

12.3.2 必须参数、默认参数与关键词参数

从另一个角度来看，函数的参数又可被分为 3 类：必须参数、默认参数和关键词参数，它们在特性和功能上有较大差异。

1. 必须参数

函数的必须参数必须以正确的顺序和数量从实参向形参传递，也就是说，调用时的数量和顺序必须与定义时的数量和顺序保持完全一致，即符合"一一对应"关系。

举例 7：判断三角形是否合法——数量和顺序一致。

```
#1 定义函数
def istriangle(b1,b2,jiajiao):          #形式参数有 3 个，分别是边长 1、边长 2 和夹角
    if jiajiao<0 or jiajiao>180:
        return False                    #不可能是三角形
    else:
        return True                     #是三角形

#2 调用示例
b1=float(input('输入边长 1：'))          #边长应该是实数型
b2=float(input('输入边长 2：'))
b3=float(input('输入夹角：'))
if istriangle(b1,b2,b3):                #调用时必须有 3 个实际参数，不可缺少，而且顺序不能颠倒
    print('{0:.3f} {1:.3f} {2:.3f}构成三角形！'.format(b1,b2,b3))
else:
    print('{0:.3f} {1:.3f} {2:.3f}不构成三角形！'.format(b1,b2,b3))
```

在上例中，在定义函数时规定了 3 个参数，那么在调用函数时必须有 3 个实际参数，而且实际参数的数量和顺序必须与形式参数的数量和顺序一一对应，不可缺少、不能颠倒，否则就会出错报警。因为如果将顺序颠倒，就会将边长当成夹角、将夹角当成边长处理。显然，这是不行的。

下面的例子再次演示了顺序必须一致的问题。

举例 8：判断某数字在列表中出现的次数。在调用函数时，要注意参数的数量和顺序。

```
#1 定义函数——演示调用时参数的数量和顺序必须一致
def counts(x,ll):           #形式参数有 2 个：整数和列表
    cnt=0
    for i in ll:
        if i==x:            #统计相同的次数
            cnt+=1
    return cnt

#2 调用示例
a=int(input('输入一个整数：'))
lb=[3,4,5,5,7,8,9,3,7,9]
```

```
cnts=counts(a,lb)          #调用时，实际参数 a 和 lb 是两个参数，顺序不能颠倒
print('{} 在列表 {} 中出现的次数为{}'.format(a,lb,cnts))
```

运行上述程序，结果如下：

```
输入一个整数：5
5 在列表[3, 4, 5, 5, 7, 8, 9, 3, 7, 9] 中出现的次数为2
>>>
```

如果将程序中的函数调用语句由 cnts=counts(a,lb)改为 cnts=counts(lb,a)，也就是参数的顺序颠倒了，那么会发生什么呢？

请看以下结果：

```
输入一个整数：5
Traceback (most recent call last):
  File "K:/python_work/数量和顺序必须一致.py", line 12, in <module>
    cnts=counts(lb,a)      #调用时，实际参数 a 和 lb 是两个参数，顺序不能颠倒
  File "K:/python_work/数量和顺序必须一致.py", line 4, in counts
    for i in ll:
TypeError: 'int' object is not iterable
>>>
```

从上面的结果中可以看出，如果参数的顺序不一致，则会出错报警。如果将实际参数由两个改为一个，那么同样会出错报警。

2. 默认参数

在定义函数时，如果指定形式参数的值，那么该值被称为默认值。在调用时，如果省略实际参数，则形式参数使用默认值；如果传入实际参数，那么将实际参数传递给形式参数。这就是 Python 的"默认参数"传递规则，它是有别于其他语言的参数传递规则，也是非常实用的语法特征。

关于"默认参数"，必须清楚的一点是，在定义函数时，有默认值的形式参数必须位于无默认值的形式参数之后，否则不被允许。

举例 9：自定义求 x 的 n 次方的函数。

```
#1 定义函数
def pow(x,n=2):  #功能是求 x 的 n 次方
    '''
    两个形式参数，第二个参数指定默认值 2，
    也就是调用函数时如果省略，就按默认值 2 执行
    '''
    r = 1
    while n > 0:
        r *= x
        n -= 1
    return r

# 调用示例
```

```
print(pow(3))       #第二个实际参数省略，则按形式参数指定的默认值求 3 的 2 次方
print(pow(3,3))     #第二个实际参数为 3，则求 3 的 3 次方
```

上述程序演示了如何定义与调用形式参数带默认值的函数，通过该例中的两次函数调用，可以清晰地看出"默认参数"传递规则的使用要求与使用方法。

需要再次强调的是，带"默认参数"的函数在被调用时，同样必须遵循顺序一致的原则，即实际参数的顺序必须与形式参数的顺序相一致；在定义函数时，带默认值的参数必须位于无默认值的参数之后。

3. 关键词参数

必须参数又被称为"位置参数"，即调用函数时实际参数的数量和顺序必须严格对应定义函数时形式参数的数量和顺序，也就是说，调用函数时参数位置不能被搞错。但是，如果把定义函数时的形式参数名视为"关键词"，那么神奇的事情发生了：如果调用时实际参数以以下形式传递，那么调用函数可不考虑参数的顺序（位置）关系。

函数(形式参数名 2=实际参数 2,形式参数名 1=实际参数 1)

举例 10：自定义求 x 的 n 次方的函数，演示另一种调用函数的方法。

```
#1 定义函数
def pow(x,n=2):         #功能是求 x 的 n 次方
    '''
    两个形式参数，第二个参数指定默认值 2，
    也就是调用函数时如果省略，就按默认值 2 执行
    '''
    r = 1
    while n > 0:
        r *= x
        n -= 1
    return r

#2 调用示例

#必须参数和默认参数调用
print(pow(3))           #第二个实际参数省略，则按形式参数指定的默认值求 3 的 2 次方
print(pow(3,3))         #第二个实际参数为 3，则求 3 的 3 次方

#关键词参数调用
print(pow(n=3,x=2))     #求 2 的 3 次方，关键词参数调用，参数的顺序颠倒了也无妨
print(pow(x=2))         #求 2 的 2 次方
print(pow(x=2,n=4))     #求 2 的 4 次方
```

运行上述程序后，得到如下结果：

```
9
27
8
```

```
4
16
>>>
```

由上述运行结果的后 3 个——8、4、16，可进一步印证关键词参数的使用方法和作用。

要使用关键词参数的前提是，必须记住用户自定义函数中形式参数的"大名"。当然，对开发者而言，这应该不是问题，因为函数是由开发者自己定义的。

12.3.3 不定长参数

所谓"不定长参数"，是指参数的长度是可变的参数。

如果将元组、字典类型的数据作为函数参数，则可使用不定长参数。换言之，调用函数时参数的长度可长可短。什么是元组、字典的长度？即它们包含的元素的个数。可用内置函数 len()求取元组、字典等对象的长度。

举例 11：len()函数的使用。

```
>>> dd={"name":"sss","sex":"f"}
>>> len(dd)
2
>>>
```

必须强调的一点是，不定长参数必须位于定长参数后。以下通过举例来演示元组和字典两种不定长参数的使用方法，它们的流程基本是一致的：

首先，定义带不定长参数的函数。

其次，调用与传递不定长参数。

1. 将元组类型数据作为不定长参数

举例 12：在好友名册中查找指定的某个好友——常量传递。

```
#1 定义函数
'''
函数功能：在给定的好友名册中查找指定的好友的序号
函数参数：第一个是指定的好友，第二个是不定长参数——好友名册
函数值：好友的序号，或者-1（代表没有找到）
'''
def findfriend(name,*friends):
    for i,f in enumerate(friends):      #遍历，使用 enumerate()函数求每个元素的序号
        if f==name:
            return i                    #找到了，则直接返回序号
        else:
            continue                    #当前的序号不是要查找的，继续查找
    return -1                           #遍历结束，返回-1，则说明没有找到


#2 调用示例
#21 常量传递
```

```
print('-'*40)
print('第 1 次找')
fr='Mayun'
i=findfriend(fr,'Shenhongwei','Mahuateng','Mayun','Liuqiangdong')     #4 个好友
if i!=-1:
    print(i)
else:
    print('Sorry!')

print('-'*40)
print('第 2 次找')
fr='Mayun'
i=findfriend(fr,'Shenhongwei','Mahuateng','Liuqiangdong')             #3 个好友
if i!=-1:
    print(i)
else:
    print('Sorry!')

print('*'*40)
print('上面演示了常量不定长参数的定义和使用，后面的好友个数可以是不定的')
```

运行上述程序，结果如下：

```
----------------------------------------
第 1 次找
2
----------------------------------------
第 2 次找
Sorry!
****************************************
上面演示了常量不定长参数的定义和使用，后面的好友个数可以是不定的
>>>
```

程序中的"for i,f in enumerate(friends):"循环语句调用了内置函数 enumerate()。

内置函数 enumerate()用于将一个可遍历的数据对象（如列表、元组或字符串）组合为一个索引序列，同时列出数据和数据下标。它一般被用在 for 循环语句中。

enumerate()函数的一般用法如下：

enumerate(sequence,[start=0])

其中，
- sequence：一个序列、迭代器或其他支持迭代对象。
- start：下标起始位置。它是可选参数，默认值为 0。

enumerate()函数返回枚举对象。

举例 13：enumerate()函数的应用。

```
>>> seasons = ['Spring', 'Summer', 'Fall', 'Winter']
>>> list(enumerate(seasons, start=1))        #下标从 1 开始
```

```
[(1, 'Spring'), (2, 'Summer'), (3, 'Fall'), (4, 'Winter')]
>>> seq = ('one', 'two', 'three')
>>> for i, element in enumerate(seq):
        print(i, element)


0 one
1 two
2 three
>>>
```

举例 14：将元组作为不定长参数。

```
>>> frs=('Shenhongwei','Mahuateng','Mayun','Liuqiangdong')
>>> print(*enumerate(frs))                    #在 enumerate(frs)前必须有*
(0, 'Shenhongwei') (1, 'Mahuateng') (2, 'Mayun') (3, 'Liuqiangdong')
>>> frs=list(enumerate(frs))
>>> print(frs)
[(0, 'Shenhongwei'), (1, 'Mahuateng'), (2, 'Mayun'), (3, 'Liuqiangdong')]
>>>
```

举例 15：在好友名册中查找指定的某个好友——元组变量传递。

```
#1  定义函数
'''
  函数功能：在给定的好友名册中查找指定的好友的序号
  函数参数：第一个是指定的好友，第二个是不定长参数——好友名册
  函数值：好友的序号，或者-1（代表没有找到）
'''
def findfriend(name,*friends):
    for i,f in enumerate(friends):          #遍历，使用 enumerate()函数求每个元素的序号
        if f==name:                          #找到了，则直接返回序号
            return i
        else:
            continue                         #当前的序号不是要查找的，继续查找
    return -1                                #遍历结束，返回-1，则说明没有找到
#2  调用示例
#22  变量传递
print('*'*40)
print('下面演示了变量不定长参数的定义和使用')
fr=input('要查找谁：')
frs=('Shenhongwei','Mahuateng','Mayun','Liuqiangdong','Zhangsanfeng','Liming')
i=findfriend(fr,*frs)
if i!=-1:
    print(i)
else:
    print('Sorry!')
```

运行上述程序后，输入"Mayun"，则得到如下结果，它表明程序被正常运行。

****

下面演示了变量不定长参数的定义和使用
要查找谁：Mayun
2
\>\>\>

从语句 i=findfriend(fr,*frs)中得到启示，如果在调用函数时，实际参数是元组变量，则必须在变量前加"*"。当然，这个变量的长度可不固定，可长可短。举例 13 中有一条调用内置函数的语句 print(*enumerate(frs))，它的第一个形式参数即不定长参数，因此，当使用 enumerate(frs)作为 print()函数的第一个参数时，在该参数前需加一个"*"。

2. 将字典类型数据作为不定长参数

将字典类型数据作为函数参数，同样可实现不定长参数的传递。与将元组类型数据作为函数参数有所不同的是，在定义函数时，元组类型的形式参数前是"*"，而字典类型的形式参数前是"**"；在调用函数时，元组类型的实际参数（变量）前是"*"，而字典类型的实际参数（变量）前是"**"。

举例 16：将字典作为函数参数实现不定长传递。

```
#1 定义函数
'''
本程序演示以字典作为函数参数的不定长传递
'''
def multiarg(sel,**args):         #两个形式参数，第一个为数值型，第二个为字典
    if sel==1:                    #等于1，则输出字典
        for key in args:
            print(key+":"+(args[key])
    else:                         #不等于1，则输出字典的键/值对数
        print('不定长参数的键/值对数：%d'%len(args))

#2 调用示例

#21 常量传递
print('*'*40)
print('下面演示了常量不定长参数的使用')

multiarg(1,name='Shenhongwei',sex='M')                    #使用关键词参数
print('-'*40)
multiarg(1,**{'name':'Shenhongwei','sex':'M','address':'shaoxing'})   #字典，**必需

#22 变量传递
print('*'*40)
print('下面演示了变量不定长参数的使用')
frs={'name':'Shenhongwei','sex':'M'}
multiarg(1,**frs)                                         #在变量前必须加"**"
print('-'*40)

frs={'name':'Shw','sex':'M','address':'ningbo'}
```

```
multiarg(1,**frs)
print('-'*40)
multiarg(2,**frs)
```

上述程序被运行后,输出以下结果:

```
*************************************
下面演示了常量不定长参数的使用
name:Shenhongwei
sex:M
----------------------------------------
name:Shenhongwei
sex:M
address:shaoxing
*************************************
下面演示了变量不定长参数的使用
name:Shenhongwei
sex:M
----------------------------------------
name:Shw
sex:M
address:ningbo
----------------------------------------
不定长参数的键/值对数: 3
>>>
```

请将上述结果与程序进行对照,从而有助于理解将字典类型数据作为函数参数以实现不定长传递的使用要领与作用。

3. 使用不定长参数的注意事项

综上所述,在定义函数时,如果参数前有"*"或"**",则表示该函数可接收不定长参数。在调用函数时,在相应的实际参数前必须加"*"或"**"。如果在实际参数前不带相应的"*"或"**",那么该实际参数将被作为普通的对象传递给形式参数,而不是不定长参数。

举例17:调用函数时实际参数带"*"或"**"。

```
>>> def multiple(arg, *args):
        print( "arg: ", arg)
        #打印不定长参数
        for value in args:
              print ("other args:", value)


>>> multiple(1,'a',True)
arg:   1
other args: a
other args: True
>>>
```

由于在定义函数 multiple()时第二个参数前带"*"，因此该函数在被调用时可接收不定长参数。在此例中，实际调用语句为 multiple(1,'a',True)，它有 3 个参数，似乎与定义时规定的两个参数不符。但由于该函数可接收不定长参数，所以，第一个实际参数 1 传递给形式参数 arg，而余下的两个实际参数则作为不定长参数传递给第二个形式参数 args。该程序的运行结果可证实上述结论。

举例 18：调用函数时实际参数不带"*"或"**"。

```
>>> def multiple(arg, *args):
        print( "arg: ", arg)
        #打印不定长参数
        for value in args:
            print ("other args:", value)


>>> mytuple=("a","shw",7.8)
>>> multiple(1,*mytuple)
arg:    1
other args: a
other args: shw
other args: 7.8
>>> multiple(1,mytuple)
arg:    1
other args: ('a', 'shw', 7.8)
>>>
```

由举例 18 可知，在第二次调用函数时，由于在实际参数 mytuple 前不带"*"，因此它被视为普通参数，而不是不定长参数。

举例 17 和举例 18 演示了元组作为参数的情形，上述规律同样适用于字典类型。请将举例 17 和举例 18 中的形式参数改为"**"，并将实际参数改为字典类型，以进一步验证上述规律。

12.4 匿名函数

Python 允许使用一种无名的函数，它被称为"匿名函数"。

Python 通过关键字 lambda 来创建匿名函数。由于匿名函数使用关键字 lambda，因此又被称为"lambda 函数"。从本质上说，"匿名函数"只是一个表达式，虽然它也有所谓的"函数体"，但其函数体比普通函数的函数体要简单得多。

为什么要引入"lambda 函数"？主要是为了减少栈内存占用，从而提高程序的运行效率。因为在函数中定义的变量和对象均占用函数的栈内存。说得更通俗一点，引入匿名函数是为了提高程序的运行效率，减少资源占用。

此处不讨论栈内存的概念问题，如果可能，请读者自行查阅资料加以领会。

与普通函数相似，匿名函数也可带形式参数。但匿名函数不能访问自有参数之外的变量或全局变量。

lambda 函数的一般形式如下：

```
lambda [arg1<,arg2,...,argn>]:expression
```

其中，lambda 为关键字；[]为函数形式参数表列，可为一个或多个，以逗号分隔；参数表列后是"："；然后是一个表达式，相当于普通函数的"函数体"，该表达式的值就是匿名函数的函数值。

举例 19：匿名函数的两种用法。

```
>>> a,b=3,5
>>> r=lambda x,y:x*3+y-1    #定义匿名函数
>>> print(r(a,b))           #输出匿名函数的值
13
>>> print((lambda x,y:x*3+y-1)(3,5))
13
>>>
```

举例 19 说明，lambda 函数有两种使用方式。

1. 使用方式一：先定义后调用

先定义 lambda 函数并将函数值赋给某个变量，如 r=lambda x,y:x*3+y-1；然后通过实际参数的形式调用 lambda 函数将实际参数传入，如 r(a,b)，a 和 b 为实际参数。

这种方式定义的匿名函数可被多次调用。

2. 使用方式二：在定义的同时调用

例如，print((lambda x,y:x*3+y-1)(3,5))。

它的一般形式是：

(lambda 函数)(实际参数)

以这种方式定义的匿名函数只能被调用一次。

如果用普通函数实现上述匿名函数的功能，则对应的函数应被定义为：

```
def ff(x,y):
    return x*3+y-1
```

上述函数的调用形式为：ff(a,b)。

12.5 变量的作用范围

变量的作用范围又被称为变量的作用域，顾名思义，是指变量在程序的哪个范围内发生作用（有效）。

根据作用范围的不同，可将变量分为"局部变量"和"全局变量"。

1. 局部变量

定义在函数内部的变量为局部变量。局部变量拥有一个局部的作用域，它只能在本函数内发生作用，被本函数所使用。

2. 全局变量

定义在函数外部的变量为全局变量。全局变量拥有全局的作用域，可在整个程序范围内起作用、被访问。

3. 局部变量与全局变量的关系

当函数内的变量名与全局变量名重名时，函数优先使用函数内的局部变量。因此，既不用担心多个函数内变量重名的问题，也不用担心全局变量与函数内变量重名的问题。

举例 20：全局变量和局部变量。

```
total= 0; #这是一个全局变量
# 定义函数
def sum(arg1,arg2):                # 两个形式参数就是局部变量
    total = arg1 + arg2;           # total 在这里是局部变量
    print("函数内是局部变量:",total)
    return total

# 调用 sum()函数
sum(10,20)
print("函数外是全局变量:",total) #total 在这里是全局变量
```

上述程序被运行后的结果如下：

函数内是局部变量: 30
函数外是全局变量: 0
>>>

举例 20 很好地揭示了局部变量与全局变量的关系。

12.6 练一练——"剪刀、石头、布"游戏

12.6.1 程序设计要求与算法设计

1. 程序设计要求

程序设计要求如下。

（1）游戏双方：计算机和人（游戏者）。

（2）游戏规则：计算机先出拳，游戏者后出拳，按游戏规则判断输赢并计分。可自定游戏局数，获胜局数多者为获胜者。

（3）设计思想：采用函数的思想编写整个程序。由 3 个自定义函数分别实现计算机出拳、游戏者出拳、判断输赢并计分的功能，整个程序通过主函数 main()组织起来。由于出拳是随机的，因此程序要使用 Python 内置模块 random，通过该模块实现产生随机数的功能。

2. 关于 random 模块

random 是内置模块，它的作用是产生随机数，被广泛应用于程序开发中。

可通过以下两种方法获取 random 模块的使用方法。

1）在 IDLE 终端方式下通过 help(random)获取使用方法

具体操作演示如下：

```
>>> help(random)
Help on module random:

NAME
    random - Random variable generators.

DESCRIPTION
        integers
        --------
               uniform within range
```

限于篇幅，以上只展示了其中的一部分内容。通过该方法，可获取 random 模块的功能和所有函数的使用方法与作用等信息。

2）导入法

先使用 import 导入 random 模块，然后使用命令 dir(random)也能获取该模块有哪些函数。需要说明的是，这种方法只能获取该模块的简明信息，也就是说，它提供的信息不如第一种方法提供的信息全面。

```
>>> import random
>>> dir(random)
['BPF', 'LOG4', 'NV_MAGICCONST', 'RECIP_BPF', 'Random', 'SG_MAGICCONST', 'SystemRandom', 'TWOPI', '_BuiltinMethodType', '_MethodType', '_Sequence', '_Set', '__all__', '__builtins__', '__cached__', '__doc__', '__file__', '__loader__', '__name__', '__package__', '__spec__', '_acos', '_bisect', '_ceil', '_cos', '_e', '_exp', '_inst', '_itertools', '_log', '_pi', '_random', '_sha512', '_sin', '_sqrt', '_test', '_test_generator', '_urandom', '_warn', 'betavariate', 'choice', 'choices', 'expovariate', 'gammavariate', 'gauss', 'getrandbits', 'getstate', 'lognormvariate', 'normalvariate', 'paretovariate', 'randint', 'random', 'randrange', 'sample', 'seed', 'setstate', 'shuffle', 'triangular', 'uniform', 'vonmisesvariate', 'weibullvariate']
>>>
```

random 模块中常用的函数如表 12-1 所示。

表 12-1　random 模块中常用的函数

函　数	功　能	用　法
Seed()	改变随机数生成器的种子，通常在调用其他函数前调用此函数。只要种子值相同，产生的随机数就会出现重复。默认使用系统时间作为种子	random.seed(x)或 random.seed()默认值
Random()	生成一个 0~1 之间的随机浮点数，包括 0 但不包括 1，也就是[0.0, 1.0)	random.random()
Randint()	生成 a~b 之间的随机整数，不同于 uniform(a, b)生成 a~b 之间的随机浮点数	random.randint(a,b)
choice()	从序列中随机选取一个元素。参数必须是序列，如列表、元组、字符串	random.choice(seq)

3. random 模块的用法

random 模块被引用后,即可使用其所有的函数。

首先,引用 random 模块。

```
import random
```

其次,通过 seed()函数初始化种子。不过,该模块的默认种子是系统时间,所以,如果不调用该函数,则使用默认种子。建议使用默认种子,它是计算机的时间戳。

4. 程序的算法

计算机"出拳"是通过随机函数实现的,即每次随机从"剪刀""石头"和"布"中随机抽取一个。

游戏者"出拳"是通过游戏者即兴输入实现的。

游戏的计分办法是:首先根据游戏规则判断某一局的输赢,然后决定何者得分。计算机和游戏者中任何一方每赢一局得 1 分。每轮游戏的局数可由游戏者任意确定。游戏结束后,根据最终得分高低确定输赢方,得分高的为赢者。

主程序的流程图如图 12-3 所示。由于其他模块(函数)相对比较简单明了,所以不再给出它们的流程图,请结合程序中的注释自行分析相应的算法。

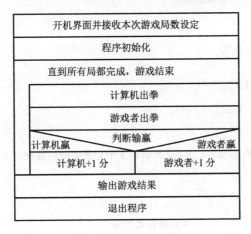

图 12-3 主程序的流程图

12.6.2 完整程序与运行结果

1. 完整程序

完整程序如下:

```
'''
剪刀石头布游戏程序 V1.0
作者:沈红卫
绍兴文理学院 机械与电气工程学院
```

2018/3/28

本程序基于函数思维编写，很好地演示了函数的应用
'''

```python
#1 引用外部模块
#11 random 是 Python 的标准模块，用于产生随机数
import random as rd              #使用别名 rd 更简洁
rd.seed()                         #初始化种子，默认种子是系统时间

#2 定义开机界面函数
def welcome():
    print('*'*60)
    print("剪刀石头布游戏  V1.0  沈红卫  绍兴文理学院  机电学院")
    print('*'*60)
    return int(input('共几局：'))    #获取本次游戏的局数

#3 定义退出界面函数
def byebye():
    print('*'*60)                  # *显示 60 个
    print("感谢你使用剪刀石头布游戏！")
    print('*'*60)

#4 定义局数输入错误提示函数
def warn():
    print("你输入的局数不对啦！")

#5 定义计算机出拳函数
def computer():
    return rd.choice(['剪刀','石头','布'])  #从列表的 3 个元素中随机抽取一个

#6 定义游戏者出拳函数
def you():
    while True:                    #出拳有效便退出
        rq=input('1.剪刀 2.石头 3.布，请出拳（1，2，3）：')
        if rq in ['1','2','3']: #出拳是否有效
            if rq=='1':            #如果出拳有效，则转换成剪刀、石头、布
                return '剪刀'
            elif rq=='2':
                return '石头'
            else:
                return '布'
        else:
            print('无效，重来！')   #如果出拳无效，则提示并重来
            continue

#7 定义判断一局胜负的函数
```

```
def judge(com,man):              #形式参数有两个：计算机出拳、游戏者出拳
    if com=='剪刀'and man=='剪刀':  #按游戏规则进行判断，并返回0、1、-1
        return 0                 #1——计算机赢，0——平，-1——游戏者赢
    if com=='剪刀'and man=='石头':
        return -1
    if com=='剪刀'and man=='布':
        return 1

    if com=='石头'and man=='剪刀':
        return 1
    if com=='石头'and man=='石头':
        return 0
    if com=='石头'and man=='布':
        return -1

    if com=='布'and man=='剪刀':
        return -1
    if com=='布'and man=='石头':
        return 1
    if com=='布'and man=='布':
        return 0

#8 定义开始游戏函数
def start(n):                    #一个形式参数：局数
    i=0
    cnt1=0                       #计算机得分，每局得1分
    cnt2=0                       #游戏者得分
    while i<n:                   #直到完成所有局
        cq=computer()            #调用计算机出拳函数，计算机出拳
        rq=you()                 #调用游戏者出拳函数，游戏者出拳
        res=judge(cq,rq)         #调用判断输赢函数，判断这一局的输赢

        if res==1:               #计算机赢
            print('你输了！')
            cnt1+=1              #计分
        elif res==-1:            #游戏者赢
            print('你赢了！')
            cnt2+=1
        else:                    #平局，不计分
            print('平局啦')
        i+=1                     #计局数

    if cnt1>cnt2:                #这一轮的得分比较
        return 1                 #计算机得分高，返回1
    elif cnt1<cnt2:              #否则，游戏者得分高，返回-1
        return -1
    else:
```

```
            return 0              #平，则返回 0

#9  主程序
if __name__=='__main__':           #确保本程序文件既可独立运行，也可被其他文件调用
    while True:                    #循环
        jushu=welcome()            #调用开机界面函数
        if jushu>0:                #局数有效，则开始游戏
            win=start(jushu)       #调用开始游戏函数
            print('\n')
            print('-'*40)
            if win==1:             #根据返回值，判断这一局的输赢
                print('计算机赢了，你输了！')
            elif win==-1:
                print('恭喜你赢了！')
            else:
                print('你们平局啦@@')
            print('-'*40)
            print('\n')
            break
        else:
            warn()                 #局数无效，则告警提示
            continue               #重新开始游戏

    byebye()                       #程序结束，调用退出界面函数
```

2. 运行结果

运行上述程序后，结果如下：

```
************************************************************
剪刀石头布游戏  V1.0  沈红卫  绍兴文理学院  机电学院
************************************************************
共几局：5
1.剪刀 2.石头 3.布，请出拳（1，2，3）：5
无效，重来！
1.剪刀 2.石头 3.布，请出拳（1，2，3）：3
你赢了！
1.剪刀 2.石头 3.布，请出拳（1，2，3）：3
平局啦
1.剪刀 2.石头 3.布，请出拳（1，2，3）：3
你赢了！
1.剪刀 2.石头 3.布，请出拳（1，2，3）：3
平局啦
1.剪刀 2.石头 3.布，请出拳（1，2，3）：3
你输了！
```

```
恭喜你赢了！
-----------------------------------
```

```
************************************************
感谢你使用剪刀石头布游戏！
************************************************
```

12.7 归纳与总结

12.7.1 函数的意义

对于程序中经常使用的程序段、语句块，建议把它们封装成函数，以优化程序的结构，提高程序的开发效率和可读性。另外，使用函数还便于程序的调试和维护。

在 Python 中，必须遵循的一条原则是：必须先定义函数，才能调用函数，但在调用前不需要声明，直接调用它即可。

所谓"小函数大程序"，是指函数往往是一个功能单一的代码段（语句块），函数中的代码往往比较短小。以函数的思维开发程序，可使开发程序的难度大大降低。

12.7.2 return 语句

return 语句的一般形式如下：

return <表达式>

它的作用是退出函数，选择性地向调用方返回一个值（表达式的值）。不带参数值的 return 语句返回空值（None）。

函数可返回任意类型的数据，如数值型、序列型（列表、字符串、元组）、字典等。以下以字典为例说明 return 语句的使用。

举例 21：return 语句的使用。

```
#1 函数定义
#11    返回值是字典类型的
def dictdemo(no,program,age=None):      #有 3 个形式参数，第三个默认为空值
    student={'Id':no,'专业':program}    #利用形式参数构建字典
    if age:                              #如果年龄参数不是空值（None）
        student['yearsold']=age          #则将年龄添加到字典中
    return student                       #返回字典

#2 调用示例
print('以下是该同学的信息：')
print(dictdemo('17001101','自动化',19))  #显示函数返回值
```

上述程序定义了一个返回值为字典类型的函数，该程序被运行后的结果如下：

以下是该同学的信息：
{'Id': '17001101', '专业': '自动化', 'yearsold': 19}
>>>

12.7.3 关于默认参数

为了简化函数的调用，Python 提供了默认参数机制。在定义带有默认参数的函数时，需要注意以下两点。

1. 参数的先后顺序

默认参数只能被定义在必选参数后。

2. 设置默认参数的原则

设置默认参数的基本原则是：将参数值变化小的参数设置为默认参数。

不可否认，默认参数非常有用。但是，任何事物都有两面性，使用默认参数一定要谨慎，否则会出现意想不到的问题。这里引用一个官方的经典示例来阐述这一点。

举例 22：有问题的默认参数程序。

```
def bad_append(new_item, a_list=[]):
    a_list.append(new_item)
    return a_list

print(bad_append('1'))
print(bad_append('2'))
```

运行上述程序，并没有按照预期打印以下内容：

['1']
['2']

而是打印了以下内容：

['1']
['1', '2']

那么，问题出在哪里？

其实，出现上述问题的根源不在于默认参数本身，而在于对默认参数的初始化。

此处分两种情况加以说明：不可变类型的默认参数和可变类型的默认参数。对于不可变类型的默认参数，多次调用不会造成任何影响；而对于可变类型的默认参数，多次调用的结果将出现问题。因此，如果使用可变类型的默认参数，那么，一般不应在定义函数时初始化默认参数（设置默认值），而应在函数体内初始化默认参数。这就意味着，该函数每被调用一次就被重新初始化。

实践证明，通过在定义函数时指定可变类型的默认参数值为 None，而在函数体内重新设定默认参数的值，可以很好地解决可变类型默认参数的上述问题。

举例 23 是对举例 22 的完善和优化。
举例 23：优化后的默认参数示例程序。

```
def good_append(new_item, a_list = None):        #首先定义成 None

    if a_list is None:                            #如果使用默认值
        a_list = []                               #则在函数体内绑定 a_list 为空列表

    a_list.append(new_item)
    return a_list

print(good_append('1'))
print(good_append('2'))
print(good_append('c', ['a', 'b']))
```

12.7.4 if __name__ =='__main__'的作用

在程序文件中使用 if __name__ =='__main__'语句是模块化设计的需要，因为包含此语句的程序文件可作为一个模块被其他程序引用，而且该模块自身也可单独执行。

通过举例可以更加清晰地阐述上述思想。

首先，设计一个程序并将它保存为 mydemo.py。该程序的完整内容如下：

```
def main():
    print("we are in %s"%__name__)
if __name__ == '__main__':
    main()
```

在上述程序中，只定义了一个 main()函数，然后通过 if __name__ =='__main__'语句调用它。运行 mydemo.py 程序，发现结果打印为"we are in __main__"，由此说明 if 语句的语句块被执行了，也就是调用了 main()函数。

但是，如果从另一个模块 other.py 导入该模块，并调用一次 main()函数，那么结果又是什么呢？将以下代码保存为 other.py，该程序只有两条语句：引用 mydemo 模块和调用 main()函数。

```
from mydemo import main
main()
```

运行 other.py 程序，结果显示"we are in mydemo"，而不显示"we are in __main__"。也就是说，mydemo.py 模块中的 if __name__ =='__main__' 语句并没有被执行。

通过上述方法，既可独立运行"模块"文件，也可让"模块"文件被其他程序引用，此时不执行模块文件中的 if __name__ =='__main__'语句。正因为如此，模块文件 mydemo.py 中 if __name__ =='__main__'下的代码常被称为"测试代码"，主要用于测试本模块的正确性。

以下简要分析 if __name__ =='__main__'的原理。

在直接执行 a.py 程序的时候，该程序中的 if __name__ == '__main__'语句成立，因为内置变量 __name__ 的值为 __main__。但是，在从另一个.py 文件（如 other.py）中通过语句

233

import a 导入 a.py 文件的时候，内置变量__name__的值是 other，而不是__main__，所以 if __name__ == '__main__'语句不再成立。

举例 24：if __name__ == '__main__'的问题。

文件 dddict.py 的内容如下：

```
def mutable(la):        #形式参数为列表（可变类型数据）
    i=0
    la.pop()
    return              #直接返回

print(__name__)
```

文件 mmm.py 的内容如下：

```
import dddict
print(__name__)
```

在 IDLE 中运行文件 dddict.py 的结果如下：

```
__main__
>>>
```

在 IDLE 中运行文件 mmm.py 的结果如下：

```
dddict
__main__
>>>
```

通过认真比对和分析，可理解 if __name__ == '__main__'语句所涉及的有关内容。

思考与实践

1．用函数实现求出任意两个整数的最大公约数和最小公倍数的程序。

2．编写一个函数，用于判断某数是否为素数。然后在主函数中调用此函数，求出任意输入范围 $m \sim n$ 内的所有素数及其个数，并以友好的格式输出。

3．编写程序，实现以下功能：任意输入年、月、日，计算该天是该年的第几天。

第 13 章

"分而治之"与程序的模块化

学习目标

- 理解模块化的意义与途径。
- 熟练掌握定义模块的方法。
- 掌握使用模块的方法。
- 理解模块化设计中应注意的问题。

多媒体课件和导学微视频

13.1 模块化及其意义

13.1.1 为什么要模块化

大多数应用项目往往具有功能要求多、性能要求高的特点，由此导致的结果是使得程序代码复杂而且庞大。当程序代码多达几百行、几千行甚至上万行时，为了加快开发进度、提高开发效率，需要团队协作、分工合作开发程序。如果缺少有效的组织方式，那么不仅使得协同开发难以做到，而且程序的调试将变得异常艰难，后期的维护和升级更加困难重重。"模块化"思想应运而生！

模块化是组织程序项目的一种有效形式。所谓"模块化"，是指程序设计的一种方法，它将整个程序项目视为一个"大包"，按功能要求分割成若干个子功能模块，然后将每个子功能模块细分成若干个子任务，从而使程序项目呈现大模块、中模块和小模块的结构形式。每个子功能模块对应一个程序文件，一个程序文件就是一个"模块"；若干个功能相近的模块组成一个"子包"。每个子任务通过一个或多个函数加以实现，每个函数又被视为一个"小模块"。这种由大及小、自顶向下的设计方法就是程序中普遍采用的"模块化"设计方法。

采用模块化设计方法开发程序，具有以下 3 个方面的优势。

1. **降低开发难度，便于调试与维护**

因为每个模块相对比较短小、功能相对单一，因此它的复杂性被降低，这对于开发与调试十分有益。当一个模块被设计、调试后，其他程序可直接引用和重复使用，因此提高了程序的复用率和效率。一名优秀的开发者往往具有很强的学习、借鉴和迁移能力，他们善于利用已有的程序模块，加快开发项目的进度。

2. **便于分工合作、协同开发**

当确定程序的顶层设计和框架后，即可对项目的功能进行分割。在统一程序设计的规范和接口要求的基础上，按功能将项目开发团队分成若干个设计开发组，各设计开发组分头进行并行开发，最后对项目进行"总装"与测试。通过这样的方式，可大大提高开发效率。

3. **使程序结构清晰**

按功能分割和组织程序，可使程序结构清晰，提高可读性，便于理解和管理。通过模块化封装，可避免函数名、变量名的重名冲突，因为在不同模块中的同名标识符具有各自的作用域，互不干扰。

13.1.2 什么是模块

根据以上表述，Python 程序中的模块有层次之分，分为大模块、中模块和小模块 3 种层次类型。

1. **模块的 3 种层次类型**

1）大模块

大模块即"包（Package）"。

一个相对大型的程序通常包含多个文件，按照功能相近的原则，可将这些文件分组，每组包含若干个文件，每个组常被称为"包"。每个"包"即所谓的"大模块"。

2）中模块

中模块即一个文件。

为了提高代码的可维护性，可将项目中的所有自定义函数进行归类分组，以文件形式组织同类函数，因此，每个文件的功能相对单一，每个文件包含的代码相对较少。这对项目管理和代码的重复利用十分有利。多数计算机语言均支持类似的组织代码方式，Python 也不例外。在 Python 中，一个.py 文件常被称为一个模块（Module）。

3）小模块

小模块即一个函数。

函数也是模块化设计的产物，通过函数实现程序功能是模块化设计思想的一种很好的体现。一个模块文件通常是由若干个函数或类组成的。

2. 3种层次类型的模块的特点

1）模块的特点

模块是从逻辑（功能）上组织代码的一种载体，可包含变量、函数和类。换言之，模块不仅仅包含函数。

模块的本质是.py文件。文件与模块之间的关系是：文件是物理上的组织形式，如文件module_name.py；而模块是逻辑上的组织形式，如文件 module_name.py 对应的模块为module_name。因此，常将文件理解为模块。

2）包的特点

包是一种 Python 应用程序执行环境，通常由若干个模块和若干个子包组成，它的本质是一个有层次的文件目录结构。包一般包含一个名为__init__.py 的文件，该文件通常是一个空文件，无任何内容。

3）函数的特点

函数是指具有输入/输出接口、功能单一的语句块。

3. 关于模块的几个概念

模块具有层次性，因此模块又可被分为内置函数、内置模块、第三方模块和自定义模块。

内置函数是 Python 的标准函数，可被直接调用。

内置模块是 Python 的标准库，必须通过 import 语句引用后才可使用。内置模块文件默认安装在 Python 的"安装路径\Python\PythonXXX\lib"下，即安装在 lib 文件夹下。

第三方模块是指由第三方开发的、实现各种特定功能的模块，又被称为"第三方库"。数量众多的第三方库是 Python 优越性的重要体现。

自定义模块是指由开发者自行设计的模块。

在大多数情况下，模块是指文件模块，即"中模块"。不同层次的模块之间呈现出如图 13-1 所示的关系。

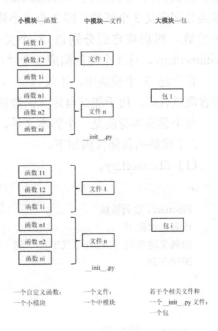

图 13-1　不同层次模块之间的关系

13.2　如何定义和使用模块

深刻理解模块化思想，善于利用各种模块解决问题，是一名程序开发者应有的能力和必需的素养。

由于在第 12 章中已经详细讨论了函数的定义和使用问题，所以，本章不再讨论小模块——函数，重点讨论"中模块"和"大模块"的定义及应用问题。

13.2.1 中模块——文件模块的定义与应用

第三方库（模块）和内置模块为应用程序开发提供了极大的便利。但是，由于实际问题的复杂性和特定问题的特殊性，在很多情况下，仅利用现有模块不足以满足开发的需要，必然需要设计若干自定义模块。

1. 模块定义

在通过测试、验证后，如果将功能相近的自定义函数或解决某类问题的系列化自定义函数以文件形式加以组织，那么该文件就构成一个模块。

以下举例说明如何定义模块。

在进行数学分析时，常会使用各种数列。例如，斐波那契数列（Fibonacci，又被称为黄金分割数列）、等比数列（Geometric）和等差数列（Arithmetic）是 3 类不同的数列，为此按类分别定义 3 个函数，即 3 个"小模块"——数列输出 1 函数、数列输出 2 函数和数列求和函数，然后将它们分别以 3 个文件加以组织并保存——fibonacci.py、geometric.py 和 arithmetic.py，这 3 个文件构成 3 个"中模块"。

在上述 3 个模块中，不仅包含 3 个自定义函数，还包含测试代码。一个模块通常应该包含测试代码，用于测试自定义函数的正确性。

每个模块本身就是一个脚本文件，可独立运行。

3 个模块的具体代码如下。

（1）fibonacci.py。

```
'''
Fibonacci 数列模块
作者：沈红卫
绍兴文理学院  机械与电气工程学院
2018/3/28
'''

__author__='沈红卫'

#1 定义数列输出函数
def fib(n):                    # 输出小于 n 的 Fibonacci 数列，n 为数列的最后项的序号
    a, b = 0, 1
    while b < n+1:
        print(b,)
        a, b = b, a+b          # 赋值

#2 定义数列转为列表函数
def fib2(n):                   # 返回小于 n 的 Fibonacci 数列
    result = []                # 定义存放数列元素的空列表
    a, b = 0, 1
```

```
        while b < n+1:
            result.append(b)      # 将每个元素存入列表中
            a, b = b, a+b
        return result

#3 定义数列求和函数
def fib3(n):
    result = []                   # 定义存放数列元素的空列表
    a, b = 0, 1
    while b < n+1:
        result.append(b)          # 将每个元素存入列表中
        a, b = b, a+b
    a=0
    for i in result:              # 遍历数列
        a+=i                      # 元素累加
    return a                      # 返回累加和

#4 模块测试代码
if __name__=='__main__':
    # 如果是模块本身被运行，则运行以下代码；否则，不运行
    n=int(input('请输入 Fibonacci 数列的 n:'))
    fib(n)
    print('数列=',fib2(n))
    print('数列和=',fib3(n))
```

（2）geometric.py。

```
'''
等比数列模块
作者：沈红卫
绍兴文理学院 机械与电气工程学院
2018/3/28
'''
__author__='沈红卫'

#1 定义等比数列输出函数
def geometric1(q,n,a1):           # 形式参数有 3 个：q 为公比，n 为项数，a1 为首项
    s=a1
    for i in range(n):
        print('{}'.format(s))
        s=s*q

#2 定义等比数列转为列表函数
def geometric2(q,n,a1):           # 形式参数有 3 个：q 为公比，n 为项数，a1 为首项
    result = []                   # 定义存放数列元素的空列表
    b=0
    ai=a1
    while b < n:
```

```
            result.append(ai)      # 将每个元素存入列表中
            ai = ai*q              # 下一个数
            b=b+1
    return result

#3  定义等比数列求和函数
def geometric3(q,n,a1):       # 形式参数有3个：q为公比，n为项数，a1为首项
    if q==1:
        return n*a1
    else:
        return a1*(1-pow(q,n))/(1-q)

#4  模块测试代码
if __name__=='__main__':
# 如果是模块本身被运行，则运行以下代码；否则，不运行
    n = int(input('请输入等比 geometric 数列的n:'))
    q = int(input('请输入等比 geometric 数列的公比:'))
    a1 = int(input('请输入等比 geometric 数列的首项:'))
    geometric1(q,n,a1)
    print('数列=',geometric2(q,n,a1))
    print('总和=',geometric3(q,n,a1))
```

（3）arithmetic.py。

```
'''
    等差数列模块
    作者：沈红卫
    绍兴文理学院 机械与电气工程学院
    2018/3/28
'''
__author__='沈红卫'

#1  定义等差数列输出函数
def arithmetic1(d,n,a1):      # 形式参数有3个：d为公差，n为项数，a1为首项
    s=a1
    for i in range(n):
        print('{}'.format(s))
        s=s+d

#2  定义等差数列转为列表函数
def arithmetic2(d,n,a1):      # 形式参数有3个：d为公差，n为项数，a1为首项
    result = []               # 定义存放数列元素的空列表
    b=0
    ai=a1
    while b < n:
        result.append(ai)     # 将每个元素存入列表中
        ai = ai+d             # 下一个数
        b=b+1
```

```
        return result

#3 定义等差数列求和函数
def arithmetic3(d,n,a1):       # 形式参数有 3 个：d 为公差，n 为项数，a1 为首项
    result = []                # 定义存放数列元素的空列表
    b = 0
    ai = a1
    while b < n:
        result.append(ai)      # 将每个元素存入列表中
        ai = ai + d            # 下一个数
        b = b + 1
    return n*(result[0]+result[-1])/2   # 1/2*n*(a1+an)

#4 模块测试代码
if __name__ == '__main__':
# 如果是模块本身被运行，则运行以下代码；否则，不运行
    n = int(input('请输入等差 arithmetic 数列的 n:'))
    d = int(input('请输入等差 arithmetic 数列的公差:'))
    a1 = int(input('请输入等差 arithmetic 数列的首项:'))
    arithmetic1(d,n,a1)
    print('数列=',arithmetic2(d,n,a1))
    print('总和=',arithmetic3(d,n,a1))
```

由上述 3 个模块可见，在每个模块前部，通常应包含模块的相关说明。

以上通过具体的举例重点讨论了模块的定义问题。请读者结合程序中的详细注释，认真消化相关要点。

2. 关于模块测试

必须经过调试和测试才能避免模块中隐含的错误和缺陷（Bug）。上述 3 个模块均包含测试代码，这些测试代码通常被置于模块的尾部。以下是测试代码的常用组织形式：

```
if __name__ == '__main__':
    测试语句块
```

由 if 语句组织相关的测试代码，它的工作原理是：当运行模块文件本身时，Python 解释器将特殊变量（内置全局变量）__name__ 的值置为字符串 __main__，因此 __name__ == '__main__' 成立；如果该模块被其他程序所引用，那么 __name__ 的值会被置为引用它的程序文件名（不包括.py），此时，__name__ == '__main__' 不再成立，所以测试语句块不会被执行。因此，模块中的测试代码只用于测试模块本身的正确性，不会对引用它的模块造成影响。

3. 模块应用

模块被定义并通过测试后，即可被其他模块、其他程序和其他开发者所使用。不过，在使用模块前，首先必须正确地引用模块。

引用模块的方式通常有以下 4 种，在这些方式中所说的模块（名）即文件名，即不包

括.py 扩展名的文件名，例如，模块（文件）mmm.py 的模块（名）即 mmm。

1）引用模块的第一种方式

形式如下：

import 模块1,模块2

例如：

import fibonacci   # 导入一个模块

上述语句引用一个名为 fibonacci 的模块，该模块的文件名为 fibonacci.py。

再如：

import fibonacci,geometric,arithmetic   # 导入多个模块

上述语句引用 3 个名为 fibonacci、geometric、arithmetic 的模块，3 个模块对应的文件名为 fibonacci.py、geometric.py 和 arithmetic.py。

由此可见，import 可一次性导入多个模块，模块之间必须以","隔开。

2）引用模块的第二种方式

形式如下：

import 模块 as 别名

由于别名往往比较简洁，因而引用模块中的对象和方法更加便捷。当采用此方式引用模块中的对象或方法时，必须使用别名。

例如：

import fibonacci as fb   # 导入一个模块，并指定其别名为 fb

上述语句引用一个名为 fibonacci 的模块，并指定其别名为 fb。这样，当引用模块中的对象（变量和类）和方法（函数）时，可通过"别名.对象"或"别名.方法"的方式引用。例如，fb.fib1(5)。

再如：

import fibonacci as fb,geometric as ge,arithmetic as ar #导入多个模块并指定别名

上述语句引用 3 个模块，并分别指定各自的别名。

3）引用模块的第三种方式

形式如下：

from 模块 import 模块中的函数（变量、类）

从模块中导入指定的函数、变量或类，可对导入的对象或方法（函数）指定别名以简化引用。

例如，不指定方法（函数）或对象的别名。

from fibonacci import fib1,fib2   # 导入 fibonacci 模块中的 fib1、fib2 函数

再如，指定方法（函数）或对象的别名。

from geometric import geometric1 as geo1

导入 geometric 模块中的 geometric1 函数并指定其别名为 geo1

在这种方式下,引用模块中的对象或方法(函数)的形式必须是"模块.对象或方法的别名",例如,geometric.geo1(2,3,6)。

4)引用模块的第四种方式

形式如下:

from 模块 import *

导入模块中的所有对象和方法(函数)。"*"被称为"通配符",意为全部、所有。

虽然方式四可一次性导入模块中的所有对象和方法(函数),但是通常不建议这么做,因为它极有可能引起命名冲突(Name Conflict),即该模块中的对象名或函数名与被导入的其他模块中的对象名或函数名重名,从而导致冲突。

在模块中也可导入其他模块。

所有的导入语句必须置于模块文件的首部。

13.2.2 模块是如何被找到并引用的——模块搜索路径

1. 搜索的路径

通过 import 语句可导入待引用的自定义模块、第三方模块或内置模块。import 语句要导入模块,首先要搜索并找到该模块。那么,在导入模块时,import 是如何定位模块所在路径的呢?答案是:sys.path。它是内置模块 sys 的一个属性,其内容为路径列表,import 是通过该路径列表搜索并定位所引用的模块的。

换言之,凡是 sys.path 列举的路径,均为导入模块时自动搜索的路径。sys.path 通常由以下几部分组成:

(1)脚本文件所在的路径,即当前路径。

(2)PYTHONPATH 系统变量设定的路径。

(3)默认安装路径。

那么,如何查看 sys.path 呢?

方法很简单,在 IDLE 终端或 PyCharm 终端(Terminal)环境下,执行以下两条语句:

```
import sys
print(sys.path)
```

以 PyCharm 执行上述命令为例,具体步骤如下。

图 13-2 所示为 PyCharm 界面的一部分截图,图中黑线框起的部分即 PyCharm 终端(Terminal)。单击【Terminal】,其界面如图 13-3 所示。

在终端模式下,首先输入并执行 python 命令,运行 Python,然后执行上述两条语句,具体如图 13-4 所示。

从图 13-4 中可以看到 sys.path 的具体内容(路径信息)。凡是列表中所列的路径,均为搜索路径。如果待引用的模块在这些路径下,那么可直接通过"import 模块"的方式被正常导入和使用,不需要指定路径信息。

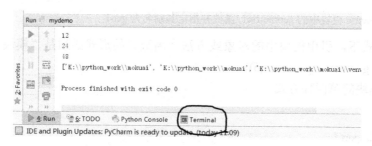

图 13-2　PyCharm 的【Terminal】

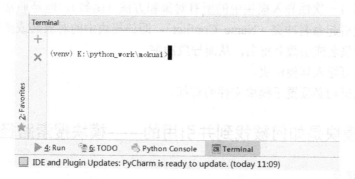

图 13-3　PyCharm 的终端模式

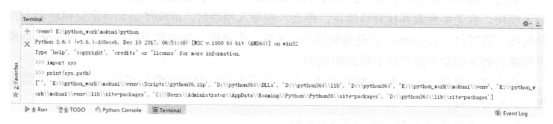

图 13-4　在 PyCharm 终端下查看 sys.path 的内容

2. 修改 sys.path

如果 sys.path 列表中没有包含模块的路径，那么无法直接引用模块。例如，列表中无路径 "e:\myprj"，如果要引用该路径下一个名为 "myfile1.py" 的文件，则必须通过以下两种方式将所需的路径加入 sys.path 列表中。

1）动态修改 sys.path

通过 sys.path.append('路径')添加所需路径，它属于一种动态修改 sys.path 的方法。所谓 "动态"，是指程序退出后，将删除添加的路径信息，恢复 sys.path 的内容。

举例 1：

```
import sys
import os
prj_path= os.path.dirname(os.path.abspath('e:\myprj\__file__'))
# 或者 prj_path= os.path.dirname(os.path.abspath('e:\myprj\myfile1.py'))
sys.path.append(prj_path)
```

将上述语句放在程序的首部,程序被运行后,可将路径"e:\myprj"添加到 sys.path 列表中。

举例 2:

```
# 路径动态添加举例程序.py
import sys                    # 必须导入该内置模块
import os                     # 必须导入该内置模块

print(sys.path)               # 显示添加前的路径列表
workpath = os.path.dirname(os.path.abspath(sys.argv[0]))    # 取得当前工作路径
sys.path.insert(0, os.path.join(workpath, 'e:\myprj'))
# 将需要的路径添加到 sys.path 列表中
print(sys.path)
# 显示添加后的路径列表,可以看到 e:\myprj 被添加在列表的第一个位置
```

需要指出的是,以举例 1 和举例 2 列举的这两种方式添加的路径均为动态的。也就是说,被添加的路径只在程序运行期间起作用,程序退出后,sys.path 列表中不再保留被添加的路径。

2)静态修改 sys.path

可通过以下两种方式静态修改 sys.path:

- 在系统环境变量中新建变量 PYTHONPATH,然后添加所需路径,即 PYTHONPATH = e:\myprj。
- 直接在 Path 系统环境变量中添加所需路径,即 Path = [各种路径]; e:\myprj,或者 Path = %PATH%; e:\myprj。前者表示在现有各种路径后添加所需路径,后者表示在 Path 变量现有值的基础上添加一项新的内容 e:\myprj。上述两种方法均以";"作为分隔符。

通过静态修改法添加的路径是静态的,永久有效。因此,当需要添加的路径较多时,建议使用此法,因为它更加高效、快捷。

动态修改法的优势在于,它是即用即改的,程序退出后,自动清理和恢复环境,因此不对环境产生影响,即不改变任何环境变量。

13.3 大模块——包的定义与应用

13.3.1 什么是"包"

使用模块可避免函数名、变量名相互冲突,同名的函数、变量可分别存在于不同的模块中,因此,在设计自定义模块时,不必考虑各模块间标识符命名冲突的问题。

也许有人想到一个问题:如果不同的开发者各自设计的模块出现重名,那么应该如何处理?Python 引入了一种"包"的机制,可避免此类问题。为了避免模块名冲突,Python 引入按目录组织模块的方法,该目录被称为"包(Package)"。

图 13-5 展示了包与模块之间的关系。

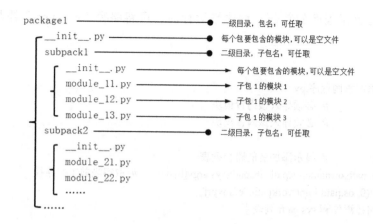

图 13-5 包与模块之间的关系

通俗地说，"包"就是一个文件夹，在包下存储了若干个文件（模块）和子包，在该文件夹下通常还包含一个名为__init__.py 的文件；而"子包"就是包下的一个二级文件夹，在子包下存储了若干个文件（模块）和子子包，其中也通常包含一个名为__init__.py 的文件。

在一般情况下，文件__init__.py 是一个空文件，当然，根据需要也可包含用于对包进行某些初始化工作或设置内置全局变量__all__的语句。__all__是为使用语句"from package-name import *"而准备的，在执行该语句时，将导入__all__变量定义的所有模块和对象。

在 Python 3.3 以前，每个包必须包含一个__init__.py 文件。但是，从 Python 3.3 开始，包不再必须使用__init__.py 文件。Python 官方手册中 PEP 420 的相关描述证明了这一点。

> Native support for package directories that don't require __init__.py marker files and can automatically span path segments   multiple (inspired
> by various third party approaches to namespace packages, as described in PEP 420）

在上述描述中，主要的意思就是，__init__.py 文件不是必需的。

尽管如此，为了使包更具规范性和通用性，建议还是保留__init__.py 文件。所以，在以下讨论中，还会出现该文件。

13.3.2 如何定义包

概括地说，要定义一个包，主要通过以下 3 步。

第一步：创建一个名为"包"名的文件夹。
第二步：在该文件夹下创建一个__init__.py 文件，它是一个空文件。
第三步：根据需要，在该文件夹下存放若干个模块和子包。
下面通过举例说明定义一个包的过程和方法。
举例 3：在 IDLE 环境下定义一个包。

第 13 章 "分而治之"与程序的模块化

1. 任务要求

在 fibonacci.py、geometric.py 和 arithmetic.py 3 个文件已经被编辑完成并保存的前提下,在 E:\packdemo 文件夹下创建一个名为"shulie"的包。

2. 主要过程

主要过程如下。

第一步:新建文件夹 E:\packdemo\shulie。

第二步:将存储在某处的 fibonacci.py、geometric.py 和 arithmetic.py 文件复制到上述文件夹下。

第三步:通过 IDLE 中的【File】→【New file】命令新建一个内容为空的文件__init__.py 并保存,如图 13-6 所示。

图 13-6 __init__.py 文件的新建与保存

保存__init__.py 文件后,出现如图 13-7 所示的界面。

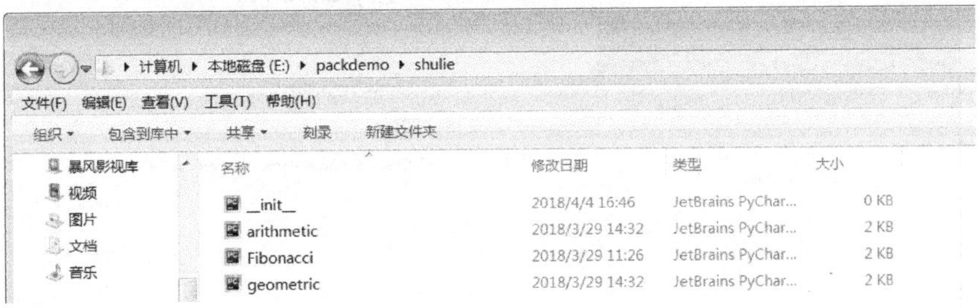

图 13-7 __init__.py 文件被保存在包所在的文件夹下

至此,一个名为"shulie"的包被定义完成。该包包含 3 个模块和一个__init__.py 文件,该文件也是一个模块,即该包包含 4 个模块。

举例 4:在 PyCharm 环境下定义一个包。

在 PyCharm 环境下,要定义一个包,可采用以下 3 种方式。

1. 第一种方式

与在 IDLE 环境下定义一个包的过程相同。在这种方式下定义的包，只要将包所在的路径通过程序添加到 sys.path 中即可使用。

2. 第二种方式

通过 PyCharm 中的【File】→【New】→【New Package】命令定义一个包。

这种方式适用于将公共性的若干模块定义成一个包，如此定义的包不属于某个工程，可供所有工程使用。

第一步：新建一个存放包的文件夹。

新建一个存放包的文件夹，如"E:\packdemo"，如图 13-8 所示。

图 13-8　新建存放包的文件夹

第二步：关闭所有工程。

启动 PyCharm 后，关闭所有工程，出现如图 13-9 所示的界面。

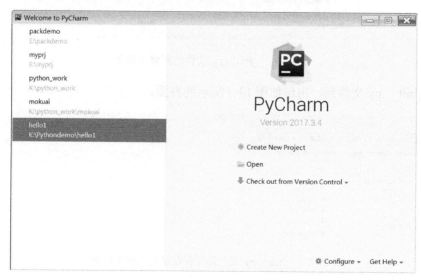

图 13-9　关闭所有工程后的界面

单击图中右侧第二个选项【Open】后，出现如图 13-10 所示的界面并选择刚才新建的文件夹 packdemo。

第13章 "分而治之"与程序的模块化

图 13-10 选择打开工程

单击【OK】按钮后，出现如图 13-11 所示的界面。

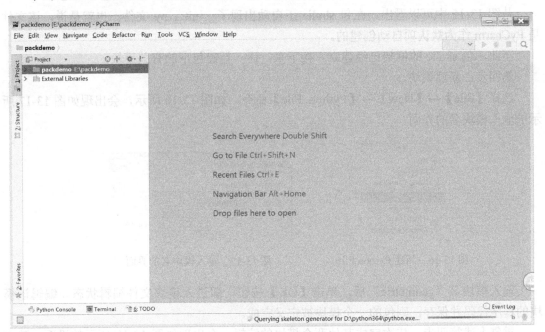

图 13-11 打开工程后的界面

第三步：新建 Python Package。

选择【File】→【New】命令，出现如图 13-12 所示的选择文件类型界面。

选择【Python Package】命令后，出现如图 13-13 所示的输入包名的界面。

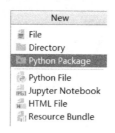

图 13-12　选择文件类型界面　　　　　图 13-13　输入包名的界面

输入包名，如 shulie，如图 13-14 所示，单击【OK】按钮，会出现如图 13-15 所示的界面。

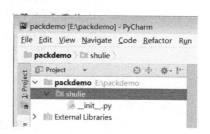

图 13-14　输入包名后的界面　　　　　图 13-15　新建包的界面

从图 13-15 中可以看出，在包 shulie 下自动出现了__init__.py 文件。也就是说，该文件是 PyCharm 作为默认项自动创建的。

至此，包 shulie 的框架已经建立。接下来，逐一新建包下的有关模块。

第四步：新建模块。

选择【File】→【New】→【Python File】命令，如图 13-16 所示，会出现如图 13-17 所示的输入模块名的界面。

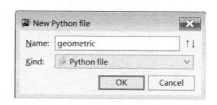

图 13-16　新建 Python File　　　　　图 13-17　输入模块名的界面

输入模块名"geometric"后，单击【OK】按钮，即进入模块文件编辑状态。编辑该模块的程序代码并保存，则包的一个模块被定义完成。

重复上述第四步，依次完成其他两个模块的编辑，会出现如图 13-18 所示的界面，其中黑框内表示包所包含的模块。

至此，一个名为 shulie 的独立包被定义完成。该包存储在文件夹 E:\packdemo 下，共包含 4 个文件：__init__.py、arithmetic.py、fibonacci.py 和 geometric.py。其中，第一个文件是自动生成的，后 3 个文件是由开发者设计的自定义模块。

第 13 章 "分而治之"与程序的模块化

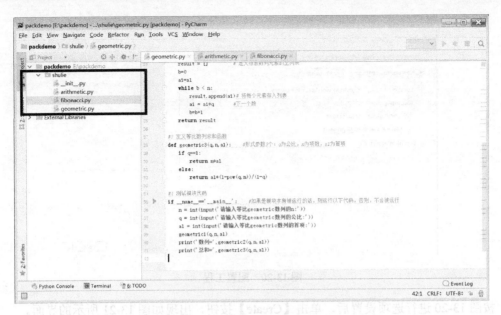

图 13-18 完成 3 个模块后的界面

3. 第三种方式

在 PyCharm 的工程中新建包。

这种方式适用于将工程中的模块按功能归类，定义成一个或多个包。如此定义的包通常只属于该工程，存在于工程中，一般只供本工程使用。当然，由于包的本质是一个目录（文件夹），因此，任何一个包都可被其他工程引用。

第一步：新建工程。

选择【File】→【New Project】命令，出现如图 13-19 所示的界面。

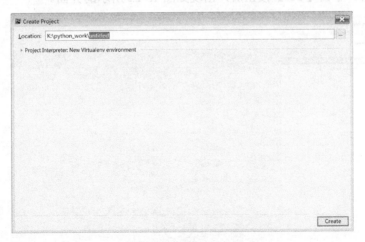

图 13-19 输入工程名

输入工程名，如 packdemo，并单击【Project Interpreter】左侧的【▶】图标，出现如图 13-20 所示的界面。

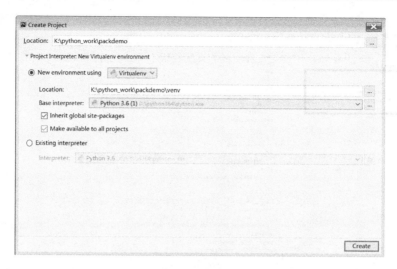

图 13-20　配置工程

按图 13-20 进行选项设置后,单击【Create】按钮,出现如图 13-21 所示的界面。

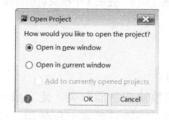

图 13-21　选择工程的工作窗口

可选择在当前窗口中打开新工程,也可选择在新窗口中打开新工程,这里选择在新窗口中打开新工程。单击【OK】按钮后,出现如图 13-22 所示的界面。

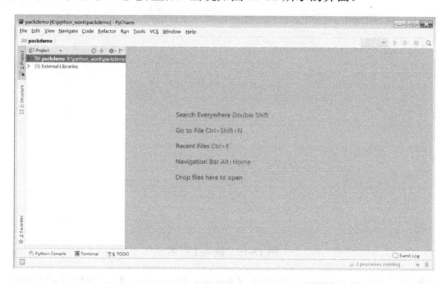

图 13-22　新工程在新窗口中被打开的界面

单击工程名 packdemo 左侧的【>】图标后，出现如图 13-23 所示的界面，表明一个工程架构已被新建完成。

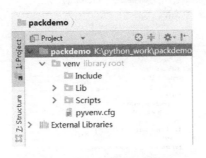

图 13-23　工程被新建完成的界面

第二步：新建包。这一步操作与第二种方式中的第三步操作完全一致。

接下来，就是向包 shulie 中新建模块，其后的步骤与"第二种方式"完全相同，所以不再赘述。要提请注意的是，为了向包 shulie 中添加新模块，必须选中包 shulie，因为只有这样，才能将新建的文件纳入该包。同理，如果要在工程下新建模块，则必须选择工程 packdemo。换言之，一定要分清是包的模块，还是工程本身的模块。

13.3.3　包的使用

本小节只讨论在工程内创建一个自定义包后，如何导入和引用自定义包。如果要引用其他形式的包（工程外的包），则方法大致类似，请读者自行参照下述内容加以实现。

1. 导入包的 3 种方法

导入自定义包的方法与导入模块的方法十分相似，通常有以下 3 种方法。

import 包.子包.模块

在使用时，必须用全路径名。

from 包.子包 import 模块

可直接使用模块名，而不用加上包前缀。

from 包.子包.模块 import 函数

可直接导入模块中的函数或变量。在使用时，必须指定包名和模块名。

2. 包的使用举例

下面以刚才创建的自定义包 shulie 的使用为例，说明引用自定义包的问题。

图 13-24 所示是已创建的自定义包 shulie 的界面，该包存在于工程 packdemo 中。

由图 13-24 可知，除了一个自定义包 shulie，工程 packdemo 暂无任何其他模块。

以下内容主要用于演示工程 packdemo 引用自定义包 shulie 的过程，讨论自定义包被引用的方法。

图 13-24　已建有一个包 shulie 的工程 packdemo

首先选择工程 packdemo，然后选择【File】→【New】→【Python File】命令，在弹出的界面中输入文件名"demo"，单击【OK】按钮后，出现如图 13-25 所示的界面。

此时在工程 packdemo 下新增了模块文件 demo.py，只不过它尚无任何代码，是一个空的模块。接下来编辑该模块，向模块中添加的代码主要用于演示如何导入和应用自定义包 shulie。

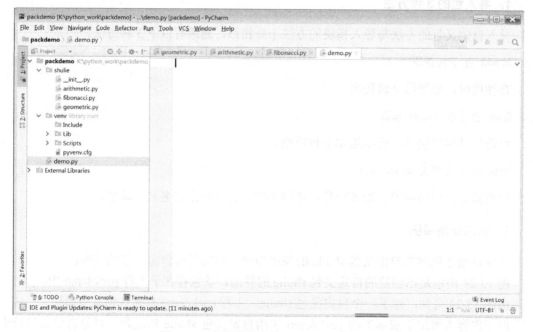

图 13-25　新增模块文件 demo.py 后的界面

模块文件 demo.py 的完整代码如下：

```
'''
    自定义包的使用范例
    演示如何导入和引用工程中定义的包下的模块
    沈红卫
    绍兴文理学院  机械与电气工程学院
    2018 年 4 月 5 日
'''
#1  导入和引用包及其模块的第一种方式
import shulie.geometric              #使用时必须用全路径名

#2  导入和引用包及其模块的第二种方式
from shulie import arithmetic
#可以直接使用模块名而不用加上包前缀，可对模块指定别名
#  如下
#from shulie import arithmetic as ar
#对模块指定别名

#3  导入和引用包及其模块的第三种方式
from shulie.fibonacci import fib1,fib2,fib3 as fsum
#直接导入模块中的函数或变量，可指定别名

#4  引用第一个模块的函数
shulie.geometric.geometric1(3,3,3)
print('数列：',shulie.geometric.geometric2(3,3,3))
print('数列和=',shulie.geometric.geometric3(3,3,3))

#5  引用第二个模块的函数
n = int(input('请输入等差 arithmetic 数列的 n:'))
d = int(input('请输入等差 arithmetic 数列的公差:'))
a1 = int(input('请输入等差 arithmetic 数列的首项:'))
arithmetic.arithmetic1(d, n, a1)
print('数列=', arithmetic.arithmetic2(d, n, a1))
print('总和=', arithmetic.arithmetic3(d, n, a1))

#6  引用第三个模块的函数
n = int(input('请输入 Fibonacci 数列的 n:'))
fib1(n)
print('数列=', fib2(n))
print('数列和=', fsum(n))
#  如果不用别名，则必须用全路径才行，如下
#print('数列和=', shulie.fibonacci.fib3(n))
```

实践出真知！如果读者能认真消化上述举例程序，那么应该有信心掌握如何定义和使用包。

13.4 归纳与总结

1. 关于 import 语句的语法

以下分两种情形说明 import 语句的语法要点。

1）第一种情形

当使用 from package import item 时，item 可为 package 的模块或子包，或其他被定义在包中的一个标识符，如一个函数、一个类或一个变量。

当执行该语句时，首先检查 item 是否被定义在包中，如果不是，那么解释器会将 item 视为一个独立模块并尝试加载它，当加载失败时，会抛出一个 ImportError 异常。

2）第二种情形

当使用 import item.subitem.subsubitem 时，subsubitem 前的 subitem 必须是一个包，而 subsubitem 可以是一个模块或一个包，但不能是类、函数和变量。

2. 关于 from 包或模块 import * 语句的语法

如果在包的__init__.py 文件中使用了一个名为__all__的内置变量，那么它是一个列表类型变量，该列表包含的所有元素，包括模块名、函数名、对象名或变量名等，都将被导入引用它的模块中，但是不在该列表中定义的则不会被导入。

如果__init__.py 文件中没有定义__all__，那么语句所指定的"包或模块"将被完整导入，即导入包或模块中的所有标识符。

变量__all__是 Python 内置的一个全局变量。

3. 模块属性__name__

每个模块均有一个属性__name__，它的值由 Python 解释器设定。如果脚本文件是本身直接被运行的，那么它的值就被设为__main__；如果是作为模块被其他文件所引用的，那么变量__name__的值就是引用它的模块的文件名，但不包括".py"文件扩展名。

变量__name__也是 Python 内置的一个全局变量。

4. 模块内的代码

模块内既可定义若干个函数，也可包含一些独立的可执行语句。这些可执行语句通常是用于对模块进行初始化的语句，它们只在"首次"导入该模块时被执行一次。此后，如果工程中的其他模块再次引用该模块，那么这些语句将不再被执行。

这一点非常重要，千万不要以为这些语句将因为模块多次被导入而多次被执行。

5. dir()函数

内置函数 dir()可查看模块定义了哪些标识符，包括变量名、模块名、函数名等。它的用法是：dir(模块名)。如果不带参数，则返回所有当前被定义的标识符。

6. 关于生成.pyc 文件的问题

某模块在被引用时，Python 解释器为加快程序的启动速度，将自动在模块文件所在路径（文件夹）下新建一个名为__pycache__的文件夹，并在该文件夹内自动生成该模块的.pyc 文件。因为 Python 是解释性的语言，而.pyc 文件是经过编译后的字节码文件，所以这一转码工作是自动完成的，而无须程序员人工干预。经过编译后的字节码文件即"文件名.pyc"，它保持与源码文件同名，只是文件类型不同。

思考与实践

1. 设计 3 个模块文件，第一个模块用于显示水仙花数，第二个模块用于显示某一范围内的素数，第三个模块用于显示由任意输入的 4 个 0~9 的数字组成的 3 位正整数及其个数。以包的形式管理这 3 个模块，并设计一个程序演示如何引用这 3 个模块。

2. 按照模块化思想，将以前设计的程序以模块和包的形式进行管理，然后设计一个程序演示如何引用它们。

第 14 章 文件与数据格式化

学习目标

- 掌握文件的打开、读/写与关闭。
- 理解文件迭代操作。
- 了解 CSV 格式文件及其操作。
- 理解 JSON 格式文件及其操作。

多媒体课件和导学微视频

14.1 文件及其操作

14.1.1 文件概述

　　文件是计算机组织信息（数据）的一种常用形式。计算机文件是以计算机硬盘为载体、存储在计算机上的信息集合。

　　文件种类众多，类型包括文本文件、图片文件、程序文件等，常通过文件扩展名来指示文件类型。例如，普通文本文件的扩展名为".txt"，图片文件的扩展名为".jpg"，Python 源程序文件的扩展名为".py"。

　　读/写文件是计算机中最常见的 I/O 操作。Python 内置了读/写文件的函数，它们的用法与 C 语言中相关函数的用法是基本一致的。读/写磁盘文件的功能均由操作系统提供，操作系统不允许应用程序直接对磁盘进行操作。因此，为了对文件进行读/写，首先要请求操作系统打开文件对象，然后通过操作系统提供的接口，实现从文件对象中读取数据——读文件或将数据写入文件对象——写文件的操作。

计算机对文件的读/写操作必须遵循规范步骤：打开文件—读（写）文件—关闭文件。Python 支持文本文件（Text）和二进制字节（Byte String，字节字符串）两种格式的文件。

14.1.2 打开文件——open()函数

open()是 Python 内置的打开文件函数。它的一般形式如下：

open(file, mode='r', buffering=-1, encoding=None, errors=None, newline=None, closefd=True, opener=None)

它的功能是打开一个文件，返回一个流（文件对象）。如果打开失败，则会抛出 IOError 错误。如果文件被正常打开，则可通过该文件对象对其进行读/写操作。

该函数有多个参数，但是只有第一个参数是必需的，其他参数均为可选参数。

为了方便分析 open()函数的用法，以下内容均以一个文本文件为例加以说明，文件名为 e:\demo\mydemo.txt。该文件的初始内容如下：

> 我爱 Python!
> 我被用来演示文件的操作。
> 谢谢你。

1. 参数 1——file

参数 file 是必需的参数，表示要打开的文件或句柄，可使用相对路径，也可使用绝对路径。当指定的路径不存在时，则会报错。

1）使用相对路径

如果使用相对路径，则表示待打开的文件存储在当前工作路径下。

举例 1：用相对路径方式打开文件 open_file1.py。

```
# 用相对路径方式打开文件 open_file1.py
myf = open('mydemo.txt')    #没有指定打开方式，则默认为文本文件
print(myf)
myf.close()
```

由于被打开的文件不在当前工作路径下，所以出现文件找不到异常。

```
Traceback (most recent call last):
  File "K:/python_work/文件范例程序/open_file1.py", line 2, in <module>
    myf = open('mydemo.txt') #没有指定打开方式，则默认为文本文件
FileNotFoundError: [Errno 2] No such file or directory: 'mydemo.txt'
>>>
```

如果要避免上述错误，则可采用以下两种办法。

办法一：将 e:\demo\mydemo.txt 文件复制到文件 open_file1.py 所在文件夹（当前工作路径），或将文件 open_file1.py 复制到 e:\demo。也就是说，文件 open_file1.py 和 mydemo.txt 必须位于同一个文件夹下。

办法二：使用绝对路径访问文件。

2）使用绝对路径

如果使用绝对路径，则必须完整地指定文件所在的具体文件夹，它必须包含从盘符开始直到文件名为止的完整路径信息。

举例2：用绝对路径方式打开文件。

```
# 用绝对路径方式打开文件
#myf = open('e:\\demo\\mydemo.txt')   #没有指定打开方式，则默认为文本文件
myf = open('e:\demo\mydemo.txt')      #没有指定打开方式，则默认为文本文件
#myf = open(r'e:\demo\mydemo.txt')    #没有指定打开方式，则默认为文本文件
print(myf)
myf.close()
```

运行上述程序，得到的结果如下：

```
<_io.TextIOWrapper name='e:\\demo\\mydemo.txt' mode='r' encoding='cp936'>
>>>
```

需要说明的是，在上述程序中，涉及 open() 函数的代码有 3 行，其中两行被注释了，只有一行是可执行语句。其实，这 3 行的作用在 Python 3 及以上的环境中是一样的。

（1）myf = open('e:\\demo\\mydemo.txt')。

由于 C 语言中的 "\" 有特殊意义，为了表示字符 "\"，必须采用转义方式 "\\"。Python 早期沿用并遵循 C 语言的这条规则。

（2）myf = open('e:\demo\mydemo.txt')。

从 Python 3 开始支持此写法，简单明了，对初学者而言，它更容易理解。如今又出现了一种更好的表示方法：e:/demo/mydemo.txt。此处用了正斜杠，而不是反斜杠。这种方法被强烈推荐！

（3）myf = open(r'e:\demo\mydemo.txt')。

在字符串前加 "r" 引导，表示其后的字符串为非转义的原始字符串。这是 Python 特有的表示形式。

如果在字符串前添加 u、r、b 引导字符，那么它们各自表示如下含义。

（1）u/U——表示 Unicode 字符串，大、小写均可。

它不仅仅针对中文，也适用于任何字符串，表示对字符串进行 Unicode 编码。

对于英文字符，在一般情况下，不管使用哪种编码格式，均可正常被解析，所以一般不需要带 u；但是对于中文字符，必须指明所需的编码格式，否则将导致转码错误，出现乱码现象。

就 Python 而言，推荐使用的编码格式是 UTF-8。

自 Python 3 以后，所有字符串均以 Unicode 编码格式被存储，所以不再需要前缀字符 u。也就是说，u/U 已经被废止了。

（2）r/R——非转义的原始字符串，大、小写均可。

在字符串中难免会使用一些特殊的字符，如转义字符。而转义字符的表达形式是反斜杠加上有特定含义的字母，用于表示特定的含义。比如，最常见的转义字符 "\n" 表示换行，而 "\t" 表示制表符（Tab）。如果某个字符串以 r 引导，则说明它后面的字符串均被作为普

通字符串处理，不进行转义。例如，r"\n"表示它是由一个反斜杠字符和一个字母 n 组成的字符串，而不再表示换行的意思。

（3）b/B——字节字符串，大、小写均可。

在 Python 3 中，只有两种字符串：普通字符串和字节字符串。前者的默认格式为 Unicode 编码格式；而后者则必须以字符 b 引导，b 代表其后的字符串为字节字符串。

字节字符串必须由十六进制数或 ASCII 字符组成，不能有非 ASCII 字符。例如，ss=b"你好"是不被允许的，因为该字符串中包含中文，所以是非法的。

>>> b"你好"

SyntaxError: bytes can only contain ASCII literal characters.

2. 参数 2——mode

参数 mode 表示打开文件的模式。常见的打开文件的模式如表 14-1 所示。在实际使用时，可根据情况进行组合。需要说明的是，序号 2、3、4 对应的 3 种写模式均不能使用 read*()读方法。

表 14-1 打开文件的模式

序 号	模 式	含 义
1	'r'	以只读模式打开（默认模式）
2	'w'	只写模式。若文件存在，则被清空，然后重新创建；若文件不存在，则新建文件。不可读
3	'x'	只写模式。若文件不存在，则被创建；若文件存在，则报错。不可读
4	'a'	追加模式。若文件存在，则将追加到文件的末尾；若文件不存在，则新建文件。不可读
5	'b'	二进制模式
6	't'	文本模式（默认模式）
7	'+'	读写模式
8	'U'	以通用换行符模式打开

上述各种读写模式可组合使用，而序号 5、6、7、8 对应的 4 种模式不能单独使用，必须与序号 1、2、3、4 对应的 4 种模式组合使用。

常见的组合模式有以下几种。

- 'r'或'rt'——默认模式，以文本读模式打开。
- 'w'或'wt'——以文本写模式打开，打开前文件将被清空。
- 'rb'——以二进制读模式打开。
- 'ab'——以二进制追加模式打开。
- 'wb'——以二进制写模式打开，打开前文件将被清空。
- 'r+'——以文本读写模式打开，可在文件任何位置写入内容；默认写在文件首。
- 'w+'——以文本读写模式打开，打开前文件将被清空。
- 'a+'——以文本读写模式打开，只能写在文件末尾，即拼接。
- 'rb+'——以二进制读写模式打开。

- 'wb+'——以二进制读写模式打开，打开前文件将被清空。
- 'ab+'——以二进制读写模式打开，写在文件末尾，即拼接。

下面举例说明上述这些模式的使用。

举例 3：模式的使用。

```
#1 以文本模式打开，只读
print('-'*50)
print('只读文本模式')
myf=open("e:\demo\mydemo.txt")      # r 模式，文本
txt=myf.read()                      # 读取整个文件
print(txt)                          # 显示
myf.close()

#2 以二进制模式打开，只读
print('-'*50)
print('只读二进制模式')
myf=open("e:\demo\mydemo.txt",'rb') # rb 模式，二进制
txt=myf.read()                      # 读取整个文件
print(txt)                          # 显示（字节字符串）
myf.close()

#3 以文本模式拼接打开，可读写
print('-'*50)
print('文本模式拼接')
myf=open("e:\demo\mydemo.txt",'a+') # a+模式，文本
myf.write('我是刚加的\n')            # 添加新内容
myf.seek(0)                         # 文件指针必须归位，才能从头开始读取
txt=myf.read()
print(txt)                          # 显示所有新、老内容
myf.close()

#4 以文本模式打开，只写
print('-'*50)
print('只写文本模式')
myf=open("e:\demo\mydemo.txt",'w')  # w 模式，文本
txt=myf.write('前面的都没了，我是刚加的') # 写入文件
myf.close()                         # 必须先关闭，再以可读模式打开，才能读
myf=open("e:\demo\mydemo.txt")      # r 模式，文本
txt=myf.read()                      # 读取整个文件
print(txt)                          # 显示
myf.close()
```

运行上述程序后，得到如下结果：

```
--------------------------------------------------
只读文本模式
我爱 Python!
```

```
我被用来演示文件的操作。
谢谢你。
我是刚加的

------------------------------------------------

只读二进制模式
b'\xce\xd2\xb0\xaePython!\r\n\xce\xd2\xb1\xbb\xd3\xc3\xc0\xb4\xd1\xdd\xca\xbe\xce\xc4\xbc\xfe\xb5\xc4\x
b2\xd9\xd7\xf7\xa1\xa3\r\n\xd0\xbb\xd0\xbb\xc4\xe3\xa1\xa3\r\n\xce\xd2\xca\xc7\xb8\xd5\xbc\xd3\xb5\xc4\r\n'

------------------------------------------------

文本模式拼接
我爱 Python!
我被用来演示文件的操作。
谢谢你。
我是刚加的
我是刚加的

------------------------------------------------

只写文本模式
前面的都没了，我是刚加的
>>>
```

将程序与运行结果仔细对照，应该不难理解各种模式的特点和使用方法。

从运行结果中可以看出，程序中采用的第二种方式是对文本文件以二进制方式打开并操作，这当然也是被允许的，只是读取的是字节字符串：b'\xce\...\xc4\r\n'。

归纳起来，第一个参数 file 是必需的；第二个参数 mode 虽说是可选的，但往往是被选用的，否则被默认为以文本读模式打开文件。所以，在文件操作中使用最多的就是这两个参数。从第三个参数开始，它们都是可选参数。

3. 参数 3——buffering

参数 buffering 表示对文件进行读/写操作时使用何种缓冲策略（Buffering Policy），被称为缓冲方式参数。对于大文件而言，设置缓冲方式参数是必要的，因为缓冲方式将影响文件存取的速度。如果在文件操作中使用了缓冲策略，即通过缓冲区访问文件，那么在文件没有被正常关闭或非法关闭的情况下，缓冲区中的内容无法被回存，有可能导致文件内容丢失。

buffering 通常有以下 4 个选项。

选项 1——无。即使用默认值-1，也就是采用默认的缓冲策略。此时，对于二进制文件，缓冲区大小通常为 4096 字节或 8192 字节；对于交互式文本文件，通常为行缓冲；对于其他文本文件，缓冲策略等同于二进制文件的缓冲策略，大小固定为 4096 字节或 8192 字节（视系统而定）。

选项 2——0。该选项值只适用于二进制文件，表示关闭缓冲区。

选项 3——1。该选项值只适用于文本文件，代表行缓冲方式。

选项 4——大于 1 的整数。该选项值用于设定缓冲区的大小，适用于文本文件和二进制文件。

关于该参数，必须重点关注以下 3 点。

（1）所有文件均被存储在外设（硬盘或优盘）中，从外设存取数据的速度均低于从内存存取数据的速度。因此，对于大文件而言，为了提高文件存取的速度，一般应设置缓冲区。至于缓冲区大小，取决于操作系统、内存的大小等若干因素。对于小文件而言，通常不需要设置缓冲方式。

（2）缓冲方式不同，存取文件的行为也有所不同。不过，要记住选项 2（值为 0）只适用于二进制文件。

（3）如果设置了缓冲方式（除选项 2 外），那么，只有在正常关闭文件的情况下，才可确保当前缓冲区中的内容被写入文件；如果对文件执行了写入操作，但没有执行正常关闭文件的操作，那么很有可能导致缓冲区中的内容被丢失。正因为如此，常采用刷新文件缓冲区的方法将缓冲区中的内容及时写回文件，以确保文件内容不被丢失。

举例 4：刷新缓冲区以回存。

```
>>> a=open('e:\demo\mydemo4.txt','wt',encoding='utf-8')    #默认缓冲方式
>>> a.write('这一行后我们使用缓冲区刷新也能保证写入文件')
21
>>> a.flush()                                              #缓冲区刷新方法
>>> a.write('这一行后我们没有正常关闭文件就退出了')          #没有被写入文件
18
>>>
```

在上述代码中，尽管没有执行正常关闭文件操作而采用非法退出的方式，但是，由于使用了 flush()刷新缓冲区方法，从而将当前缓冲区中的内容写回文件，确保了文件内容不被丢失。所以，用记事本打开 mydemo4.txt 文件，看到的结果是符合代码设想的，如图 14-1 所示。

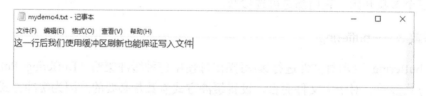

图 14-1　用记事本查看文件的内容

可见，通过动态刷新缓冲区也可保证缓冲区中的内容被写入文件。但由于是非法退出的，没有执行正常关闭文件操作，所以导致后面写入的内容没有被真正写入文件，因为它们被留在缓冲区而丢失了。

4. 参数 4——encoding

参数 encoding 只用于文本文件，表示读/写文件时所使用的文件编码格式。

如果在文件存取时采用与文件本身不一致或不兼容的编码格式，那么将出现解码报错、错码或乱码现象。因此，对文件的写入和读取要采用统一的编码格式。

在 Python 中，建议采用广泛使用的 UTF-8 编码格式。

举例 5：

用 Notepad 编辑软件，编辑如图 14-2 所示的内容，并以 UTF-8 编码格式保存为文件

mydemo2.txt，该文件的路径为 e:\demo\mydemo2.txt。

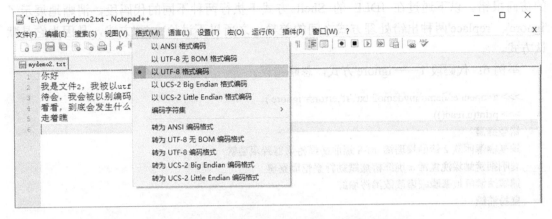

图 14-2　以指定编码格式 UTF-8 编辑和保存文件内容

然后，在 IDLE 的 Shell 方式下执行以下代码。由于 encoding 参数的值不同，两种不同的编码格式设定对文件的读操作产生完全不一样的结果。

```
>>> a=open('e:\demo\mydemo2.txt','rt') #未指定 encoding，即使用默认编码格式
>>> print(a.read())
Traceback (most recent call last):
  File "<pyshell#1>", line 1, in <module>
    print(a.read())
UnicodeDecodeError: 'gbk' codec can't decode byte 0xbd in position 8: illegal multibyte sequence
>>> a=open('e:\demo\mydemo2.txt','rt',encoding='utf-8')
>>> print(a.read())
你好
我是文件 2，我被以 utf-8 格式编码并存储，
待会，我会被以别的编码格式打开，
看看，到底会发生什么？
走着瞧

>>>a.close()
```

5. 参数 5——errors

参数 errors 只适用于文本文件，表示读/写文件时由于编码而引起的错误如何被处理（等级）。

参数 errors 有 3 个选项，分别对应 3 个级别。

（1）'strict'。它代表严格级别，也是默认的级别。即如果省略 errors 参数，则按此级别处理字符编码，有报错即抛出异常。

（2）'ignore'。它代表忽略级别。即如果字符编码有错，则忽略。

（3）'replace'。它代表替换级别。即如果字符编码有错，则将出错的字符替换为字符'?'。

下面通过举例加以说明，以揭示上述后两个选项之间的差异。

在 encoding 参数的举例中已表明，由于 encoding 参数的设置不正确，将导致对文件的访问报错。以下通过在 IDLE 的 Shell 方式下执行两种不同的代码段，清晰地展示了'ignore'、'replace'两种出错处理方式之间的差异。之所以不讨论'strict'方式，是因为它是默认方式。

举例6：代码段1——'ignore'方式，忽略错误。

```
>>> a=open('e:\demo\mydemo2.txt','rt',errors='ignore')
>>> print(a.read())
锗夸绛濂
鍀戛楲鋸困欢 2 锛屾垜琚浠 utf-8 鐭煎紡绲栨爜寋跺巩鍙锛
寰呬細锛屾垜浼氭浠ュ埗绛栨爜鐨勬柟寮忔挱鏀锛
鍝嬬湅锛屽垵瓒細鍙彇鏁浠涔堬紵
壁扮潃鐡
```

>>>a.close()

由此可见，尽管演示文件采用的是 UTF-8 编码格式，但打开文件时采用了默认编码格式，而不是 UTF-8 编码格式，因为 errors 参数被设置为'ignore'，因此不会出现报错信息，文件被读取，但内容是乱码。

举例7：代码段2——'replace'方式，以字符'?'代替无法读取的字符。

```
>>> a=open('e:\demo\mydemo2.txt','rt',errors='replace')
>>> print(a.read())
锗夸绛濂�
鍀戛楲鋸困欢 2 锛屾垜琚�浠�utf-8 鐭煎紡绲栨爜寋跺巩鍙�锛�
寰呬細锛屾垜浼氭��浠ュ埗绛栨爜鐨勬柟寮忔挱鏀�锛�
鍝嬬湅锛屽垵瓒曠細鍙彇鏁�涔堬紵
壁扮潃鐡�
```

>>>a.close()

由此可见，尽管演示文件采用的是 UTF-8 编码格式，但打开文件时采用了默认编码格式，而不是 UTF-8 编码格式，因为 errors 参数被设置为'replace'，因此不会出现报错信息，文件被读取，以字符'?'代替无法读取的字符。

6. 参数6——newline

参数 newline 用于区分不同的换行符，只对文本模式有效。该参数的选项有以下5种。
- None（空值，或省略，对应默认方式）。
- '\n'（换行）。
- '\r'（回车）。
- ''（空字符）。
- '\r\n'（回车换行）。

自 Python 3 以后，可通过 open()函数的 newline 参数来控制通用换行方式（Universal New Line Mode）。该参数对读取和写入将产生不同的影响。

1）读取时

如果不指定 newline 参数（省略），则默认开启通用换行方式，所有的换行符均被处理为默认换行符\n。

举例 8：

>>> a=open('e:\demo\mydemo2.txt','rt',encoding='utf-8')

>>> a.readlines()

['\ufeff 你好\n', '我是文件 2，我被以 utf-8 格式编码并存储，\n', '待会，我会被以别的编码格式打开，\n', '看看，到底会发生什么？\n', '走着瞧\n']

>>>a.close()

如果指定 newline=''（注意是空字符，而不是空格），则表示不做任何转换。

举例 9：

>>> a=open('e:\demo\mydemo2.txt','rt',encoding='utf-8',newline='')

>>> a.readlines()

['\ufeff 你好\r\n', '我是文件 2，我被以 utf-8 格式编码并存储，\r\n', '待会，我会被以别的编码格式打开，\r\n', '看看，到底会发生什么？\r\n', '走着瞧\r\n']

>>>a.close()

如果指定 newline 为其他 3 种值，则表示输入行被指定字符所终止，而换行符\n 并没有做任何转换。

举例 10：newline='\n'。

>>> a=open('e:\demo\mydemo2.txt','rt',encoding='utf-8',newline='\n')

>>> a.readlines()

['\ufeff 你好\r\n', '我是文件 2，我被以 utf-8 格式编码并存储，\r\n', '待会，我会被以别的编码格式打开，\r\n', '看看，到底会发生什么？\r\n', '走着瞧\r\n']

>>>a.close()

举例 11：newline='\r'。

>>> a=open('e:\demo\mydemo2.txt','rt',encoding='utf-8',newline='\r')

>>> a.readlines()

['\ufeff 你好\r', '\n 我是文件 2，我被以 utf-8 格式编码并存储，\r', '\n 待会，我会被以别的编码格式打开，\r', '\n 看看，到底会发生什么？\r', '\n 走着瞧\r', '\n']

>>>a.close()

举例 12：newline='\r\n'。

>>> a=open('e:\demo\mydemo2.txt','rt',encoding='utf-8',newline='\r\n')

```
>>> a.readlines()
```

['\ufeff 你好\r\n', '我是文件 2,我被以 utf-8 格式编码并存储,\r\n', '待会,我会被以别的编码格式打开,\r\n', '看看,到底会发生什么?\r\n', '走着瞧\r\n']
```
>>> a.close()
```

2)写入时

(1)省略 newline 参数。

即不指定 newline 参数,表示换行符被转换为系统默认的换行符,而系统默认的换行符为 os.linesep,它是内置模块 os 的属性变量。

可通过以下代码查看 os.linesep 的值。从中可以看出,当前系统使用的换行符为'\r\n'。

```
>>> import os

>>> os.linesep

'\r\n'
>>>
```

众所周知,不同的操作系统往往采用不同的换行符,有些是'\r',而有些是'\n'。因此建议,在打开文件时不指定 newline 参数,以此来确保所有文件在相同的操作系统下换行符的统一性,除非被打开的文件是在不同的操作系统下被创建的。

(2)newline='\n'或 newline=''。

如果 newline='\n'或 newline='',则不对换行符做任何转换。

举例 13:newline=''。

```
>>> a=open('e:\demo\mydemo3.txt','wt',encoding='utf-8',newline='')

>>> a.write('我是演示写入文件第 2 行\n')

12
>>> a.write('我是演示写入文件第 2 行\n')

12
>>> a.close()

>>> a=open('e:\demo\mydemo3.txt','rt',encoding='utf-8',newline='')

>>> a.read()
```

'我是演示写入文件第 2 行\n 我是演示写入文件第 2 行\n'
```
>>> a.close()

>>>
```

（3）newline='\r'或 newline='\r\n'。

如果 newline='\r'或 newline='\r\n'，则换行符均被替换为参数 newline 指定的字符。

举例 14：newline='\r'。

```
>>> a=open('e:\demo\mydemo3.txt','wt',encoding='utf-8',newline='\r')#打开写

>>> a.write('我是演示写入文件第 1 行\r\n')

13
>>> a.write('我是演示写入文件第 2 行\r\n')

13
>>> a.close()

>>> a=open('e:\demo\mydemo3.txt','rt',encoding='utf-8',newline='')#打开读

>>> a.read()

'我是演示写入文件第 1 行\r\r 我是演示写入文件第 2 行\r\r'
>>>a.close()
```

从上述举例中可以看出，换行符'\r\n'已被替换为参数 newline 指定的字符'\r'，即'\r\r'。

关于如何使用参数 newline 的问题，可简单地归纳为一个原则：在打开文件时，建议不要使用 newline 参数（采用默认值），除非被打开的文件是在不同的操作系统下被创建的，因为不同的操作系统使用不同的换行符。

7. 参数 7——closefd

参数 closefd 用于表示 file 参数的类型是文件还是文件句柄，它是一个布尔参数，默认值为 True。如果 file 为文件，则必须设置为 True；如果 file 为文件句柄，则必须设置为 False。

换言之，当参数 closefd=False 时，file 只能是文件句柄（又被称为"文件描述符"）。文件描述符是一个非负整数，在 UNIX 内核的系统中，打开一个文件，便会返回一个文件描述符。在此情况下，即便文件被关闭，底层文件描述符仍处于被打开的状态。

在绝大多数情况下，尤其在 Windows 系统环境下，往往直接对文件进行操作，所以，应设置参数 closefd=True。在此情况下，当关闭文件后，底层文件描述符同时会被关闭。

举例 15：参数 file 为文件名，而参数 closefd=False，报错。

```
>>> a=open('e:\demo\mydemo4.txt',closefd=False)

Traceback (most recent call last):
  File "<pyshell#2>", line 1, in <module>
    a=open('e:\demo\mydemo4.txt',closefd=False)
ValueError: Cannot use closefd=False with file name
>>> a=open('e:\demo\mydemo4.txt',closefd=True)

>>>
```

8. 参数 8——opener

参数 opener 是用来实现自定义打开文件方式的一个参数。由于自定义打开文件方式比较复杂，初学者通常不会选用该方式，因此不需要对参数 opener 进行任何设置。也就是说，使用参数 opener 的默认值 None 即可。

举例 16：读取 mydemo4.txt 文件的内容。

```
>>> a=open('e:\demo\mydemo4.txt',encoding='utf-8',opener=None)
>>> a.read()
'这一行后我们使用缓冲区刷新也能保证写入文件'
>>> a.close()
>>> a=open('e:\demo\mydemo4.txt',encoding='utf-8')
>>> a.read()
'这一行后我们使用缓冲区刷新也能保证写入文件'
>>> a.close()
>>>
```

由此可见，虽然上述程序采用两种不同的 opener 参数设定，但读取文件的结果是一样的，因为它们的实质是一样的。

14.1.3 打开文件举例

举例 17：演示如何通过相对路径方式打开文件并写入内容。

1. 设计要求

在当前路径下创建一个名为 spamspam.txt 的文件并写入一行文字，在该路径下已有一个名为 mmm.txt 的文件。所谓当前路径，即程序文件所在的路径。

2. 实现程序

实现程序如下：

```
'''
文件名：open_opener 的举例 1.py
参数 opener 用来实现自定义打开文件方式。
这种使用方式比较复杂，比如，可使用本例所演示的方法打开通过相对路径指定的文件。
沈红卫
绍兴文理学院 机械与电气工程学院
2018 年 5 月 1 日
劳动节劳动着
'''
import os
dir_fd = os.open('mmm.txt', os.O_RDONLY)    #取得相对路径
def opener(path, flags):                     #自定义打开方式
    return os.open(path, flags)
```

```
#with open('spamspam.txt', 'w', opener=opener) as f:
f=open('spamspam.txt', 'w', opener=opener)
print('This will be written to mmm.txt 所在文件夹下的 spamspam.txt', file=f)

os.close(dir_fd)                              # 没有关闭底层文件描述符
f.close()                                     # 必须关闭文件
```

3. 运行结果

运行上述程序后,在当前路径下出现一个名为 spamspam.txt 的新文件,双击它后即用记事本程序打开该文件,可以看到它的内容如下:

```
This will be written to mmm.txt 所在文件夹下的 spamspam.txt
```

文件的内容是被举例 17 的程序所写入的。举例 17 演示了基于 opener 参数实现自定义打开文件方式的方法。认真消化举例 17,这对于理解参数 opener 及其使用十分有帮助。

14.1.4 读文件

所谓读文件,即从已被打开的文件中读取内容。如果文件以文本方式被打开,那么它将以字符串方式被读取,读取时采用当前计算机使用的编码格式或打开文件时指定的编码格式;如果文件以二进制方式被打开,那么它将以字节流方式被读取。

关于文件读取,有两点非常重要。

第一点,有 3 种方法可读取文件,3 种方法及其各自的用途和用法。

第二点,3 种方法有哪些相同和不同的地方。

1. read()读取

它的一般形式如下:

```
read(size=-1)
```

功能:从文件中读入整个文件内容(省略参数),或读入文件从当前指针开始的前 size 字节长度的字符串或字节流。

举例 18:全部读入 mydemo.txt——文本方式。

```
>>> a=open('e:\demo\mydemo2.txt','rt',encoding='utf-8')
>>> print(a.read())
你好
我是文件 2,我被以 utf-8 格式编码并存储,
待会,我会被以别的编码格式打开,
看看,到底会发生什么?
走着瞧

>>> a.close()
```

举例 19：读取指定字节数——文本方式。

```
>>> a=open('e:\demo\mydemo2.txt','rt',encoding='utf-8')
>>> print(a.read(10))   #读取 10 字节
你好
我是文件 2,
>>> print(a.read(10))   #读取 10 字节
我被以 utf-8 格式
>>> a.close()
>>>
```

由以上两例可知，无论是中文还是英文字符，均被视为 1 字节。由于本系统的换行符为\r\n，因此读取前 10 字节的内容为：

```
你好
我是文件 2,
```

第一行共 4 字节，第二行共 6 字节，两者相加正好为 10 字节。第二次继续读取 10 字节，则是其后的 10 字节。注意，字节数中包含回车换行两个字符，因此，"你好"是 2 字节，加上没被显示的"\r\n"也是 2 字节，所以一共是 4 字节。

举例 20：读取全部字节和指定字节——二进制方式。

```
>>> a=open('e:\demo\mydemo2.txt','rb')
>>> print(a.read())
b'\xef\xbb\xbf\xe4\xbd\xa0\xe5\xa5\xbd\r\n\xe6\x88\x91\xe6\x98\xaf\xe6\x96\x87\xe4\xbb\xb62\xef\xbc\x8c\xe6\x88\x91\xe8\xa2\xab\xe4\xbb\xa5utf-8\xe6\xa0\xbc\xe5\xbc\x8f\xe7\xbc\x96\xe7\xa0\x81\xe5\xb9\xb6\xe5\xad\x98\xe5\x82\xa8\xef\xbc\x8c\r\n\xe5\xbe\x85\xe4\xbc\x9a\xef\xbc\x8c\xe6\x88\x91\xe4\xbc\x9a\xe8\xa2\xab\xe4\xbb\xa5\xe5\x88\xab\xe7\xbc\x96\xe7\xa0\x81\xe7\x9a\x84\xe6\xa0\xbc\xe5\xbc\x8f\xe6\x89\x93\xe5\xbc\x80\xef\xbc\x8c\r\n\xe7\x9c\x8b\xe7\x9c\x8b\xef\xbc\x8c\xe5\x88\xb0\xe5\xba\x95\xe4\xbc\x9a\xe5\x8f\x91\xe7\x94\x9f\xe4\xbb\x80\xe4\xb9\x88\xef\xbc\x8c\r\nxe8\xb5\xb0\xe7\x9d\x80\xe7\x9e\xa7\r\n'
>>> a.close()
>>> a=open('e:\demo\mydemo2.txt','rb')
>>> print(a.read(10))
b'\xef\xbb\xbf\xe4\xbd\xa0\xe5\xa5\xbd\r'
>>> a.close()
>>>
```

2. readline()读取

它的一般形式如下：

readline(size=-1)

功能：如果省略参数，即采用默认值-1，则从文件中读入一行；如果设定 size 参数，则读取从当前行开始的前 size 个字符或字节流。

举例 21：读取 mydemo2.txt 的一行——文本方式。

```
>>> a=open('e:\demo\mydemo2.txt','r',encoding='utf-8')
```

```
>>> print(a.readline())
你好

>>> a.close()
```

举例 22：读取 mydemo2.txt 某一行的指定字节——文本方式。

```
>>> a=open('e:\demo\mydemo2.txt','r',encoding='utf-8')
>>> print(a.readline())
你好

>>> print(a.readline(5))
我是文件 2
>>> a.close()
>>>
```

由举例 22 可知，该程序的确读取了第二行的前 5 个字符。

3. readlines()读取

它的一般形式如下：

```
readlines(size=-1)
```

功能：如果省略参数，那么从文件中读取所有行，返回的是以行为单位的列表；否则，读取指定的覆盖 size 字节数的前若干行。

举例 23：读取所有行——文本方式。

```
>>> a=open('e:\demo\mydemo2.txt','r',encoding='utf-8')
>>> print(a.readlines())
['\ufeff 你好\n', '我是文件 2，我被以 utf-8 格式编码并存储，\n', '待会，我会被以别的编码格式打开，\n', '看看，到底会发生什么？\n', '走着瞧\n']
>>>
```

以读取全部行方式读取的结果是一个以行为元素的列表，包括换行符。从上面的结果中再次看到非法字符串 "\ufeff"，关于它，后续会专门加以讨论。

举例 24：读取指定字节数——文本方式。

```
>>> a=open('e:\demo\mydemo2.txt','r',encoding='utf-8')
>>> print(a.readlines(6))      #读取前 6 字节（把前 2 行都读进来了）
['\ufeff 你好\n', '我是文件 2，我被以 utf-8 格式编码并存储，\n']
>>> a.close()
>>>
```

从运行结果中可以看出，a.readlines(6)中的参数是 6，既不是指 6 行，也不是指纯粹意义上的 6 字节，而是指 6 字节所跨越的行，即 2 行，因为 6 字节必定跨越了 2 行。这是对于 readlines()函数要特别注意的地方。

举例 25：读取指定字节数——二进制方式。

```
>>> a=open('e:\demo\mydemo2.txt','rb')
```

```
>>> print(a.readlines(12))    #读取前 12 字节
[b'\xef\xbb\xbf\xe4\xbd\xa0\xe5\xa5\xbd\r\n',
b'\xe6\x88\x91\xe6\x98\xaf\xe6\x96\x87\xe4\xbb\xb62\xef\xbc\x8c\xe6\x88\x91\xe8\xa2\xab\xe4\xbb\xa5utf-
8\xe6\xa0\xbc\xe5\xbc\x8f\xe7\xbc\x96\xe7\xa0\x81\xe5\xb9\xb6\xe5\xad\x98\xe5\x82\xa8\xef\xbc\x8c\r\n']
>>> a.close()
>>>
```

虽然参数是 12（字节），但是，由于 12 字节跨越了 2 行，所以最终读取的是前 2 行的内容。由此可见，在 readlines()方法下，一定要正确设置函数参数。

14.1.5 写文件

所谓写文件，是指将有关内容写入已经打开的文件。写文件操作是保存数据的常用方式。与读文件类似，关于写文件这部分内容，有以下两点非常重要。

第一点，有两种方法可用于写文件，两种方法及其各自的用途和用法。

第二点，两种方法有哪些相同和不同的地方。

1. write()写入

它的一般形式如下：

```
write(s)
```

功能：将指定的字符串或字节流写入文件。参数 s 为待写入的内容。

注意：文件必须以可写入的方式被打开。如果以只读方式打开文件，则写入是不被允许的。

举例 26：写入——文本方式。

```
>>> a=open("e:\demo\mydemo5.txt",'w',encoding='utf-8')
>>> a.write('我是被写入的东西！ \r\n')
11
>>> a.close()
>>>
```

运行举例 26 的程序，打开 e:\demo\mydemo5.txt 文件，可以看到内容被成功写入，如图 14-3 所示。

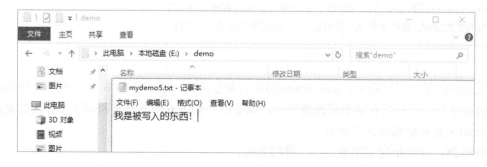

图 14-3　通过记事本查看被写入文件的内容

举例 27：写入——二进制方式。

```
>>> a=open("e:\demo\mydemo5.txt",'wb')
>>> a.write(b'fhhghjjrrtr')          #b 引导的字符串——字节流（字节字符串）
11
>>> a.close()
>>>
```

在上例中，是以二进制写方式打开文件 mydemo5.txt 的。注意，在此方式下，如果文件存在，则被覆盖，然后写入指定的字节字符串"b'fhhghjjrrtr'"，在 Python 中又称之为字节流。用记事本打开该文件，可以看到该内容已被成功写入文件，如图 14-4 所示。

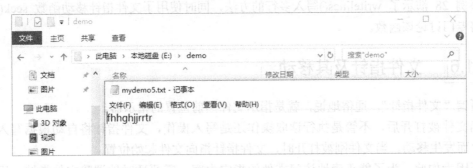

图 14-4　通过记事本查看被以二进制方式写入文件的内容

在普通字符串前加字符"b"即可将之转换为字节流，例如，b'I love you!'，就是将字符串"I love you!"转换为字节流。当然，此法只能用于常规的 ASCII 字符串，也就是说，不能用于中文字符串。

2. writelines()写入

它的一般形式如下：

writelines(lines)

功能：将包含多行的字符串列表 lines 写入文件。参数 lines 为待写入的字符串列表，通常以行为元素。

举例 28：writelines()的应用。

```
>>> a=open("e:\demo\mydemo5.txt",'r+')      #以读并且可以写入的方式打开
>>> lines=['aaaaa','bbbbb','cccccc','ddddd']
>>> a.writelines(lines)
>>> a.seek(0)                                #指针归位，即指向文件开始
0
>>> print(a.read())
aaaaabbbbbccccccddddd
>>> a.close()
>>> a=open("e:\demo\mydemo5.txt",'r+')      #以读并且可以写入的方式打开
>>> lines=['ffffffff\n','bbbbb\n','cccccc\n','ddddd\n']  #加换行
>>> a.writelines(lines)                      #写入
```

```
>>> a.seek(0)                    #指针归位
0
>>> print(a.read())              #显示写入后的内容
ffffffff                         #文件从头开始被覆盖
bbbbb
cccccc
ddddd

>>> a.close()
>>>
```

举例 28 演示了 writelines()写入多行的方法，同时使用了文件指针移动函数 seek()，下一节将专门讨论该函数。

14.1.6 文件指针及其移动

所谓"文件指针"，通俗地说，就是指示文件当前位置的指示器。

当文件被打开后，不管是执行读取操作还是写入操作，文件指针将自动根据写入内容的多少而发生移动。当文件刚被打开时，文件指针指向文件起始位置。

正因为如此，为了能正确地访问文件的指定内容，需要适时地调整文件指针。用于调整文件指针的方法是 seek()。它的一般形式如下：

seek(offset)

其中，参数 offset 的值可取为 0、1、2，分别代表文件开始、当前位置、文件结尾。

举例 29：以写入为例。

```
>>> a=open("e:\demo\mydemo5.txt",'a+')  #以拼接并且可以读入的方式打开
>>> print(a.read())                      #读全部，但由于是拼接，指针指向文件结尾，所以读入内容为空

>>> a.seek(0)                            #指针指向文件开始
0
>>> print(a.read())                      #再次读入，则读取到全部内容
ffffffff
bbbbb
cccccc
ddddd

>>> lines=['我是刚加的内容']
>>> a.writelines(lines)                  #指针指向文件结尾，写入
>>> a.seek(0)                            #为了读入全部内容，指针必须归位
0
>>> print(a.read())
ffffffff
bbbbb
cccccc
ddddd
```

我是刚加的内容
>>>a.close()

从读取的结果中可以看出，新写入的内容"我是刚加的内容"被正确地写入原文件结尾。因为在读取全部内容后，文件指针被自动调整而指向了文件结尾，所以新写入的内容就被写入文件结尾。

14.1.7 关闭文件

当完成文件的读/写操作后，必须正常地关闭文件。因为文件对象占用操作系统的资源，并且操作系统在同一时间能打开的文件数量是有限的，所以，如果不执行关闭文件操作，那么不仅会导致缓冲区中的内容因为没有被写入而丢失，还将浪费计算机资源。

关闭文件的方法是 close()。它的一般形式如下：

文件对象.close()

功能：关闭文件，释放文件占用的资源。

举例 30：close()的使用。

```
>>> a=open("e:\demo\mydemo5.txt",'r')    #以读入的方式打开
>>> a.read()
'ffffffffff\nbbbbb\nccccccc\ndddddd\n 我是刚加的内容'
>>> a.close()                             #关闭文件
>>>
```

再次强调，打开文件，对文件进行读/写操作后，要及时关闭文件！

14.2 文件的应用举例——词频统计

14.2.1 英文文献的词频统计

1. 词频统计及其算法

所谓"词频"，是指一篇文章或文献中单词出现的次数，它在进行有关分析时十分有用，是数据挖掘的一种形式。要统计英文词频，关键是对文章进行"分词"，也就是将文章切割成一个单词列表，然后按单词进行计数，以此来实现词频统计。

对英文文献进行分词相对简单，可直接使用 split()方法。通过该方法分词后，得到的结果是一个列表。当然，在分词前，最好将英文文献中的所有标点符号用空格加以替换，进行规整化处理，这样可提高分词的精确性。字符替换可使用方法 replace()加以实现。

在通常情况下，统计结果会被存入一个字典，字典的键为单词，字典的值为单词出现的次数。但是，由于字典无法被改动，因而无法对其进行排序。所以，为了按数量进行排序，必须将字典转换为列表，然后按数量进行逆序排序，从而统计出现次数最多的前 n 位单词。

以下举例程序对英文文献的长度与内容无特殊要求，唯一的要求是，英文文献必须是.txt 格式的文本文件。

2. 实现程序

举例 31：英文文献的词频统计。

```
'''
    文件名：英文词频 1.py
    英文词频统计
    统计某一篇英文的单词的数量，并排列前 5 位
    沈红卫
    绍兴文理学院 机械与电气工程学院
    2018 年 5 月 3 日
    参考了嵩天先生的范例，特致谢
'''
#英文词频
def ftext():         #定义规整文本函数
    text=open('e:\demo\example.txt','r').read()    #打开并读取
    text=text.lower()                              #所有内容全部转换为小写
    for ch in '!"''"#$%&()*.:;?@[]{}':
        text=text.replace(ch,' ')                  #遍历，将指定字符全部转换为空格
                                                   #空格
    return text                                    #返回规整后的文本

excludes={'a','the','to','and','of','in','is','for','at'}   #要排除统计的单词
mytxt=ftext()
counts={}                                          #空的字典
words=mytxt.split()                                #分词后得到分词表（列表）
for word in words:                                 #遍历分词表，对分词进行数量统计
    counts[word]=counts.get(word,0)+1
    #get(word,0)表示如果 word 在 counts 中，则返回键 word 对应的值；否则为 0
for word in excludes:
    del(counts[word])                              #遍历，剔除不要的分词统计结果
items=list(counts.items())                         #将字典转换为列表，因为字典不可排序
#结果如：items=[("they",14),("on",6),("food",6),("are",6),("their",6)]
items.sort(key=lambda item:item[1],reverse=True)   #根据数量进行逆序排序
for i in range(5):                                 #排 5 个，前 0～4
    word,count=items[i]                            #分别取出单词和数量
    print("{:<10} {:>5}".format(word,count))       #显示单词和数量，单词左对齐，数量右对齐
```

在上述程序中，定义了一个集合 excludes，集合中的元素是不参与排名的单词，可根据实际文献的情况和统计的需要确定该集合的具体内容。

在 IDLE 中运行上述程序，得到的结果如下：

```
they           14
on              6
food            6
are             6
```

their   6
>>>

14.2.2 jieba模块与中文文献的词频统计

所谓中文文献的词频，是指中文文献中各词汇出现的次数。与英文文献最大的不同在于，中文文献的词与词之间无标点符号或空格。因此，要对中文文献进行词频统计，首先要解决中文分词问题。

通过jieba等分词模块可解决中文分词问题。jieba模块是在Python中常用的一个第三方模块，它的功能就是解决中文分词问题。目前，与此相类似的模块较多，如jieba-fast等，它们均可解决中文分词问题，但在效率和准确性上各有特色。

1. 安装jieba模块

要想使用jieba模块，首先必须安装它。
在命令行（终端方式）下，输入如下命令：

python –m pip install jieba

按回车键执行后，即可完成安装，如图14-5所示。

图14-5 jieba模块的安装

jieba模块将被自动安装在默认路径下。例如，Python被安装在D:\python364文件夹下，则第三方库（模块）将被自动安装在D:\python364\Lib\site-packages路径下。

2. jieba模块的使用

jieba模块主要用于中文分词。

jieba模块分词的原理是：将中文文献与库所带的分词字典逐一比对和匹配，找到概率最大的词或词组。显然，字典是关键。jieba模块通常使用默认的分词字典，当然，也可使用自定义的分词字典，或在默认字典的基础上自行增加中文词汇，用于更加精确地分词。

为了完整获取jieba模块的使用说明，可在IDLE下执行以下代码：

>>>import jieba
>>>help(jieba)

通过上述方法得到的使用说明文档非常详细。

jieba模块采用3种模式进行分词：精确模式、全模式和搜索引擎模式。其中，用得最多的是精确模式，它将文献内容进行精确的切分，往往被用于文本分析。

3. 中文文献的词频统计

总的来说,中文文献词频统计的算法与英文文献词频统计的算法基本一致,主要差异在于分词部分,必须借助 jieba 等第三方模块才能实现中文分词。

以下以"十九大报告"文本为例,说明中文文献词频统计的具体实现。需要提醒的是,中文文献也必须以.txt 格式被保存。

4. 实现程序

举例 32:"十九大报告"的词频分析。

```python
'''
文件名:中文词频 1.py
中文词频统计
统计某一篇中文中的词的数量,并排列前 n 位
沈红卫
绍兴文理学院 机械与电气工程学院
2018 年 5 月 4 日
参考了嵩天先生的范例,特致谢
'''
#中文词频
import jieba                #导入 jieba 模块
excludes={}                 #要排除统计的单词,根据需要添加内容
ftxt=open('e:\demo\中国共产党第十九次全国代表大会上的报告.txt','r').read() #打开文件并读取
words=jieba.lcut(ftxt)      #以精确模式分词,将结果存放在列表变量 words 中
counts={}                   #空的字典
for word in words:          #遍历分词表,对分词进行数量统计
    if len(word)!=1:
        counts[word]=counts.get(word,0)+1
        #get(word,0)表示如果 word 在 counts 中,则返回键 word 对应的值;否则为 0
    else:
        continue            #跳过一个字的词,不计其统计结果
for word in excludes:       #遍历,剔除不要的分词统计结果
    del(counts[word])
items=list(counts.items())  #将字典转换为列表,因为字典不可排序
#结果如: items=[("发展",212,(" 中国",169),("人民",157),("建设",148),("社会主义",147)]
items.sort(key=lambda item:item[1],reverse=True)    #根据数量进行逆序排序
n=int(input('你要统计词频最高的前多少个结果: '))
for i in range(n):                  #排 5 个,前 0~4
    word,count=items[i]             #分别取出单词和数量
print("{:<10}{:>5}".format(word,count)) #显示单词和数量,单词左对齐,数量右对齐
```

在 IDLE 中运行上述程序,得到的结果如下:

```
Building prefix dict from the default dictionary ...
Loading model from cache C:\Users\ADMINI~1\AppData\Local\Temp\jieba.cache
Loading model cost 0.720 seconds.
Prefix dict has been built succesfully.
```

```
你要统计词频最高的前多少个结果：5
发展          212
中国          169
人民          157
建设          148
社会主义       147
>>>
```

14.3 CSV 格式文件与 JSON 格式文件的操作

文件是有效组织数据的常用方式。虽然 Python 只支持文本文件和二进制文件两类文件，但是 Python 支持多种文本文件格式，其中常用的文本文件格式就是 CSV 与 JSON。

14.3.1 CSV 格式文件及其操作

1. CSV 格式文件

"CSV"被翻译成中文就是"逗号分隔值"，它是"Comma-Separated Values"的简称，有时也被称为字符分隔值，因为分隔字符也可以不是逗号。

CSV 格式文件是以纯文本形式存储表格数据（数字和文本）的。这种格式文件常被用于不同程序之间的数据交换。

因为 CSV 格式文件是文本文件，所以可使用文字编辑软件查看它的内容，例如，使用记事本软件，当然也可以使用 Excel 查看它的内容。

CSV 格式文件必须遵循一定的格式规范，具体要求如下：

（1）每条记录只占一行。
（2）每行可以有多个字段，以逗号作为分隔符，逗号前后的空格会被忽略。
（3）字段中如果包含逗号，那么该字段必须使用双引号。
（4）字段中如果包含换行符，那么该字段必须使用双引号。
（5）字段前后如果包含空格，那么该字段必须使用双引号。
（6）字段中如果要使用双引号，那么该字段必须使用双引号。
（7）第一条记录通常是所有的字段名。

表 14-2 所示是学生信息简表，其中包含"学号""宿舍"等 5 个字段。

表 14-2 学生信息简表

学号	姓名	班级	手机号	宿舍
201801010001	张三	自动化 181	667781	河西 3 幢 401
201801010004	李四	自动化 182	667783	河西 3 幢 306
201801010018	王五	计算机 181	667731	南山 4 幢 501

在记事本或 Excel 软件中，将上述表格转换为如图 14-6 所示的内容，并以 CSV 格式文件的形式保存它，如 E:\demo\student.csv。

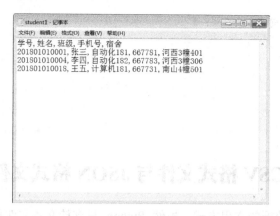

图 14-6 用记事本保存为 CSV 格式文件

2. CSV 格式文件的操作

与其他文件一样,对 CSV 格式文件的读/写操作并不复杂,可通过访问该文件得到文件的有关内容。

举例 33:CSV 格式文件的读取。

```
'''
CSV 格式文件的读取
说明 CSV 格式是一种通用的、跨平台且访问简便的文件格式
沈红卫
绍兴文理学院 机械与电气工程学院
2018 年 5 月 5 日
'''
#1 以文本读方式打开文件
fcsv=open('e:\demo\student1.csv')

#2 定义空列表以存储文件内容
ls=[]

#3 文件迭代,读出内容
for line in fcsv:
    line=line.replace('\n','')          #换行用空字符取代
    ls.append(line.split(','))          #用","对每行进行切片(以行为元素)

#4 关闭文件
fcsv.close()

#5 对文件列表进行格式化输出处理
for line in ls:                         #取出一行
    for info in line:                   #每行的各个字段
        print("{:<16}".format(info),end="")#显示字段,宽度为 16 个字符,左对齐,不换行
    print("")                           #换行
```

在 IDLE 中运行上述程序，得到的结果如下：

学号	姓名	班级	手机号	宿舍
201801010001	张三	自动化 181	667781	河西 3 幢 401
201801010004	李四	自动化 182	667783	河西 3 幢 306
201801010018	王五	计算机 181	667731	南山 4 幢 501

\>>>

在上述程序中使用了方法 split()，它的功能是以指定分隔符对字符串进行切片（Slice）。它的一般形式如下：

str.split(str="", num=string.count(str))

其中包含两个参数。

（1）str——分隔符，默认为所有的空字符，包括空格、换行符（\n）、制表符（\t）等。

（2）num——分割次数。如果参数 num 有指定值，则仅分割 num 个子字符串，而默认分割整个文本。

举例 34：split()的用法。

```
>>> mystr="Hi,welcome to Python world,Enjoy yourself!"
>>> mynewstr=mystr.split()
>>> mynewstr
['Hi,welcome', 'to', 'Python', 'world,Enjoy', 'yourself!']
>>> mynewstr=mystr.split(",",3)
>>> mynewstr
['Hi', 'welcome to Python world', 'Enjoy yourself!']
>>>
```

14.3.2 JSON 格式文件及其操作

1. 什么是 JSON 格式文件

JSON 翻译成中文就是"JavaScript 对象表示法"，它是"JavaScript Object Notation"的缩写，是一种存储与交换文本信息的语法。JSON 格式有点类似于 XML，但是它比 XML 更小、更快，也更易被解析。

JSON 格式是轻量级的文本数据交换格式，它使用 JavaScript 语法描述数据对象。但是，JSON 独立于任何计算机语言和平台，JSON 的解析器通常支持多种不同的编程语言。因此，JSON 格式文件被广泛应用。

JSON 格式文件的语法要求如下：

（1）数据以"名称/值（键/值）"形式呈现，键和值之间用冒号隔开。例如，"firstName"："John"。

（2）数据必须以逗号分隔。

（3）{}用于保存对象。

（4）[]用于保存数组。

（5）JSON 的值可以是：
- 数字（整数或浮点数）。
- 字符串（在双引号中）。
- 逻辑值（True 或 False）。
- 数组（在方括号中）。
- 对象（在花括号中）。

（6）JSON 的对象（相当于一条记录）被包含在花括号中。当然，可以包含多个键/值对。例如，{ "firstName":"John" , "lastName":"Doe" }。

2. JSON 格式文件举例——各国（地区）GDP 数据（部分）

程序如下：

```
[
{'Country Code': 'GHA',
 'Country Name': 'Ghana',
'Value': 38616536131.648,
'Year': 2014},
{'Country Code': 'GRC',
'Country Name': 'Greece',
'Value': 237029579260.722,
'Year': 2014},
{'Country Code': 'GRL',
'Country Name': 'Greenland',
'Value': 2551126948.77506,
'Year': 2014},
{'Country Code': 'GRD',
'Country Name': 'Grenada',
'Value': 911481481.481481,
'Year': 2014}
]
```

由上述程序可知，JSON 格式最典型的特征是数组和对象，数组使用[]表示，每个对象（每条记录）则使用{}表示，记录之间用逗号隔开。

3. 利用 Pygal 模块对 JSON 格式的数据进行可视化

Pygal 是一个 SVG 图表生成库。

SVG 是一种矢量图格式，它的全称为"Scalable Vector Graphics"，翻译成中文为"可缩放矢量图形"。

使用网页浏览器可以打开并查看 SVG 格式的文件，并方便地与之交互。

Pygal 模块的功能较多，可生成柱状图、折线图、数据地图等。由于它是一个第三方模块，因此在使用前必须先安装。

以下以生成 GDP 数据的折线图为例，简单地讨论 Pygal 模块及 JSON 格式文件的使用。

举例 35：1960—2016 年中国 GDP 折线图。

```
'''
通过 Pygal 将 GDP 数据生成折线图
文件名：json 读取 1.py
沈红卫
绍兴文理学院 机械与电气工程学院
2018 年 5 月 8 日
'''

#1 导入外部模块
import json          #导入 JSON 模块，以处理 JSON 格式数据
import pygal         #导入 Pygal 模块，以生成 SVG 图

#2 读取 JSON 格式文件
fp=open('e:\demo\gdp_json.json')
s1=json.load(fp)
fp.close()

#3 读取中国的 GDP 数据
ls=[]
for ss in s1:
    if ss['Country Code']=='CHN':        #提取键（国别码）的值为 CHN 的元素
        ls.append(ss)                    #拼接到列表中

#4 取出各年的 GDP 数据并转换为万亿
lgdp=[]
for item in ls:
    lgdp.append(item['Value']/1000000000000)

#5 调用 Pygal 生成折线图
line_chart = pygal.Line()                           #线对象
line_chart.title = '中国历年 GDP 数据/万亿 '          #标题
line_chart.x_labels = map(str, range(1960, 2017))   #1960—2016 年
line_chart.add('1960-2016 的 GDP', lgdp)             #从列表中提取纵坐标

line_chart.render_to_file(r'e:\demo\bar_chart.svg')  #生成 SVG 格式的文件

#通过浏览器可查看上述 SVG 格式的文件
```

在 PyCharm 中编辑并调试上述程序，运行程序后得到 SVG 格式的文件，它被保存在 E:\demo\bar_chart.svg 路径下。双击此文件，即可看到如图 14-7 所示的折线图。

在图 14-7 中，纵坐标代表 GDP 数据，横坐标代表年份，因为文字较多，所以文字较小。该图支持游标，鼠标指针指向某一点数据，将自动显示年份。

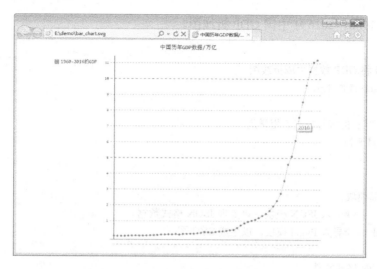

图 14-7　在浏览器中查看 SVG 格式的文件

14.4 归纳与总结

14.4.1 关于文件的几点注意事项

1. IDLE 不支持大文件

在 IDLE 环境的终端方式（Shell 方式）下，处理稍大一点的文件将出现未响应的问题，这一点要引起注意。在实践中发现，在 Shell 方式下，当处理大小为 1MB 以上的文件时，将出现长时间无响应的问题。所以，不宜在 IDLE 环境的终端方式下对大文件进行读/写处理。

2. 文件对象属性

打开一个文件后，得到一个文件对象 fp，通过它可以获得与该文件相关的各种信息。以下是与文件对象相关的所有属性。

- fp.closed：如果文件已被关闭，则返回 True；否则返回 False。
- fp.mode：打开文件的模式。
- fp.name：得到已被打开的文件的文件名。

3. 列表中出现字符串"\ufeff"及其解决方案

举例 36：\ufeff 问题及其解决办法。

```
>>> fp=open('e:\demo\mydemo2.txt',encoding='utf-8')
>>> line=fp.readlines()
>>> line
['\ufeff 你好\n', '我是文件 2, 我被以 utf-8 格式编码并存储, \n', '待会, 我会被以别的编码格式打开, \n', '看看, 到底会发生什么? \n', '走着瞧\n']
```

```
>>> print(line)
['\ufeff 你好\n', '我是文件 2,我被以 utf-8 格式编码并存储,\n', '待会,我会被以别的编码格式打开,
\n', '看看,到底会发生什么? \n', '走着瞧\n']
>>> fp.seek(0)
0
>>> for line in fp:
        print(line)

你好

我是文件 2,我被以 utf-8 格式编码并存储,

待会,我会被以别的编码格式打开,

看看,到底会发生什么?

走着瞧

>>> fp.close()
>>>
```

上述程序打开一个示例文件,但从结果中发现,在读取的内容中出现了\ufeff,而真正的文件内容是从"你好"开始的。

解决办法如下:

```
>>> fp=open('e:\demo\mydemo2.txt',encoding='utf-8')
>>> line=fp.readline()
>>> print(line)
你好

>>> line
'\ufeff 你好\n'
>>> line=line.encode('utf-8').decode('utf-8-sig') #这是解决\ufeff 问题的关键
>>> line
'你好\n'
>>>
```

从上述改进后的程序中可以看出,解决\ufeff 问题的关键在于通过 utf-8-sig 编码格式对字符串进行转码:decode('utf-8-sig')。

由此得到启发,如果在打开文件时直接采用 utf-8-sig 编码格式,那么能不能解决这个乱码问题?答案是令人惊喜的,请看:

```
>>> fp=open('e:\demo\mydemo2.txt',encoding='utf-8-sig')
>>> line=fp.readline()
>>> line
'你好\n'
>>> fp.close()
>>>
```

真的解决了！这是为什么呢？

实际上，需要从以下两种编码格式的本质加以阐述。

（1）UTF-8 编码。它以字节为编码单元，字节顺序在所有系统中都相同，不存在字节序的问题，因此它并不需要字节序标记（Byte Order Mark，BOM）。

（2）utf-8-sig 编码。它是一种带 BOM 的 UTF-8 编码格式，存在字节序的问题，必须带 BOM 以标识字节序，而 BOM 即字符 U+FEFF。从 Unicode 3.2 开始，U+FEFF 只能出现在字节流的开头，只能用于标识字节序。由此可知，列表中的字符串"\ufeff"并不是乱码，而是由于编码格式不一致才出现的。

14.4.2 文件的迭代

所谓文件的"迭代"，就是对文件中的内容进行遍历操作。

迭代的好处之一在于可省略中间变量，使得实现更快捷。

举例 37：文件迭代。

```
'''
文件迭代的演示
文件名：文件迭代 1.py
沈红卫
绍兴文理学院 机械与电气工程学院
2018 年 5 月 8 日
'''
#1 传统的文件处理方式
fp=open('e:\demo\mydemo2.txt',encoding='utf-8-sig')
while True:              #循环读取一行
    line=fp.readline()   #读取一行
    if line!='':
        print(line)
    else:
        break
fp.close()


#2 文件迭代的方式
fp=open('e:\demo\mydemo2.txt',encoding='utf-8-sig') #打开文件
for line in fp: #文件迭代操作，直接从文件对象中遍历
    print(line)
fp.close()
```

举例 38：使用迭代器。

```
'''
文件迭代的演示
文件名：文件迭代 2.py
沈红卫
绍兴文理学院 机械与电气工程学院
```

```
   2018 年 5 月 8 日
'''
#1 传统的文件处理方式
fp=open('e:\demo\mydemo2.txt',encoding='utf-8-sig')
while True:              #循环读取一行
    line=fp.readline()   #读取一行
    if line!='':
        print(line)
    else:
        break
fp.close()

#2 迭代器的方式

fp=open('e:\demo\mydemo2.txt',encoding='utf-8-sig') #打开文件
f_iter=iter(fp)          #迭代器
for line in f_iter:
    print(line)   #如果改为写入一行，则是写入迭代
fp.close()
```

通过以上两个举例，读者应能基本领会文件迭代的含义及迭代器的使用方法。由此可见，迭代器具有神奇的功能。

思考与实践

1．编写一个英文字典的程序，程序的功能是，可查找任意输入的英文单词的中文词义。提示：从网上下载以.txt 格式保存的字典文件，文件以行为单位，每行的格式为"英文单词 中文词义"。

2．所有用户的信息被保存在 JSON 格式文件中，每个用户的信息应包括姓名、性别、所在城市、登录账号、登录密码等。编写一个登录管理程序：如果输入的账号与密码正确，则提示"欢迎你，xxx"，其中 xxx 为用户姓名；否则，3 次密码输入错误，则告警并退出程序。

第15章

面向对象与类——让程序更人性化

学习目标

- 理解面向对象与类的概念。
- 掌握类的定义与使用。
- 理解类的封装性、继承性、多态性和神奇性。
- 初步建立类与对象的思维。

多媒体课件和导学微视频

15.1 面向对象与类

程序设计方法通常有两种:面向过程的程序设计和面向对象的程序设计。它们既是程序设计的两种范式,也是程序设计的两种思想。

15.1.1 面向过程的程序设计

面向过程的程序设计是由英文"Procedure Oriented Programming"翻译而来的,它被简称为"POP"。

面向过程的程序设计以时间或顺序为中心,把拟解决的某个问题分解成若干步骤,按顺序逐一执行,最终达成目标。

例如,要编写一个五子棋游戏程序,面向过程的设计思路如下。

首先,分析问题,并将问题分解成以下步骤。

Step1:开始游戏。

Step2:黑子先走。

Step3：绘制画面。
Step4：判断输赢。
Step5：白子走步。
Step6：绘制画面。
Step7：判断输赢。
Step8：返回Step2。
Step9：游戏结束，输出结果。

其次，将每一步定义成一个或多个函数，按步骤顺序调用这些函数，最终实现五子棋游戏的功能。

面向过程的程序设计，它的核心是"顺序"，程序的"序"由此而来。

面向过程的程序设计方法是一种传统的程序设计方法。

15.1.2 面向对象的程序设计

面向对象的程序设计是由英文"Object Oriented Programming 翻译而来的，它被简称为"OOP"。

面向对象的程序设计以对象为中心，把计算机程序视为一组对象的集合，而每个对象均可接收其他对象发送过来的消息，并处理这些消息。计算机程序的执行就是一系列消息在各个对象之间的传递。

基于 OOP 思想开发程序的过程大致可分为划分对象→抽象类→将类组织成层次化结构（继承与合成）→用类与实例进行设计和实现等几个阶段。

在面向对象的程序设计中，对象是程序的基本单元，一个对象通常包含数据（属性）及操作数据的方法（函数）。

再次以五子棋游戏程序为例，面向对象的设计思路如下。

首先，将整个五子棋游戏程序分为3类对象。

- 黑白棋子类：黑白双方的行为是一模一样的。
- 棋盘类：负责绘制画面。
- 规则类：负责判定犯规、计分、判断输赢。

其次，根据各自的特性和要求，确定每类对象的操作（方法）。

- 第一类对象：即玩家对象，负责接收用户输入，并告知第二类对象（棋盘对象）棋子布局的变化。
- 第二类对象：即棋盘对象，负责接收棋子的变化信息，刷新屏幕显示。
- 第三类对象：即规则对象，负责对变化后的棋局进行判定。

由此可见，面向对象的程序设计是以功能划分问题的，而不是以步骤划分问题的。以绘制棋局为例，如果采用面向过程的程序设计，那么它将被分散于多个步骤中，很有可能出现不同的绘制版本，因为设计人员在分别实现时将进行程度不一的简化；如果采用面向对象的程序设计，那么绘图功能是由棋盘对象单独完成的，从而保证了绘图的统一。功能上的统一可保证面向对象的程序设计的扩展性。以增加悔棋功能为例，如果采用面向过程的程序设计，那么必须改动从输入、判断到显示的所有步骤，甚至包括步骤之间的顺序；如果采用面向对象的程序设计，那么只需改动棋盘对象即可，无须改动显示和判断规则，也无须改动所有对对象功能的调用顺序，因而是一种局部性改动。

进一步说，开发者要将五子棋游戏改为围棋游戏，如果采用面向过程的程序设计，那么，由于五子棋游戏的规则被分布在程序的每一部分，因而改动程序的难度不亚于重新设计一个程序；但是，如果采用面向对象的程序设计，那么只需改动规则对象即可，因为五子棋游戏与围棋游戏的区别只有规则。

面向对象的程序设计拥有诸多优势，因而越来越受到追捧，已成为一种主流的开发方法和开发思想。

面向对象的程序设计，关键在于对象，难点在于类的抽象与设计。对于习惯应用面向过程的程序设计的学习者而言，要理解和应用面向对象的程序设计，首先要建立类的思维，善于以对象的思维分析问题。学习者一定要从理解类、把握类的角度，深刻理解和实践面向对象的程序设计。

15.1.3 类

面向对象的设计思想是从自然界中得到的灵感，其中核心部分是对象，而类是高度抽象的对象的模板。例如，自然界中的"鸟类"是具体某种鸟的抽象化，而"兽类"是具体某种动物的抽象化。

"类（Class）"可被视为种类或者类型的同义词，它是一种抽象概念，因此有人说，"类提供默认的特征和行为，是实例的工厂"。所谓工厂，就是可用同一个模子生产大量具体产品的场所。类相当于模子，而实例相当于具体产品，实例是程序处理的实际对象。例如，定义一个 Student 类，它是指"学生"这个概念，而一个个具体的学生，如"张其超""王小明"，就是它的一个个实例（Instance）。

面向对象的设计思想是：首先抽象出类，然后根据类创建若干个具体的实例。

类的抽象程度比函数的抽象程度要高，因为类既包含数据，又包含操作数据的函数。前者被称为"属性"，属性的本质是变量；后者被称为"方法"，方法的本质是函数，只不过方法通常有一个名为"self"的特殊参数，因而方法是一类特殊的函数。

15.2 类的定义

15.2.1 类的定义与__init__()方法

以下从类定义的语法、类定义的举例和__init__()方法3个方面讨论类的定义问题。

1. 类的定义

定义类的一般形式如下：

```
class 类名(继承类):
    语句块（又称为"类体"，包括类成员定义、属性和方法）
```

其中，
- class——关键字，表示定义类的开始。
- 继承类——又被称为"基类"，可为一个或多个，是类的父类。关于继承的概念，后面有专门的章节予以讨论。在一般情况下，如果没有合适的继承类，则常使用 object 类，这是所有类最终均将继承的基类。换言之，object 类是所有类的父类。
- 类名——可任取，只要符合标识符命名规则即可；通常首字符采用大写形式，以有别于其他函数或方法，用于表示它是类名。
- 语句块（类体）——定义该类属性和方法的具体代码。如果语句块为空，则建议使用语句 pass。这是 Python 强烈建议的，因为 Python 语言没有类似 C、C++语言中的空语句 ";"。语句 pass 是 Python 语言中的空语句，它有 3 个功能：代表空语句（do nothing）；保证格式完整；保证语义完整。

2. 类定义的举例

举例1：定义一个学生类1。

```
class Student(object):
    pass
```

上述代码定义了一个名为"Student"的类，只不过它既无属性，也无方法，所以它是一个空类。它的父类是 object。

举例2：定义一个学生类2。

```
class Student:
    pass            #pass 表示先不做任何处理，是为了防止出现语法错误
```

上述代码同样定义了一个名为"Student"的类。在 Python 3 中，在类名后如果省略"(object)"，则 Python 解释器将自动补上它，所以，举例1和举例2所定义的类在功能上是完全等效的。从规范的角度而言，使用举例1的方法更为合适。

举例 1 和举例 2 所定义的类均为空类，既无属性，也无方法。那么，如何添加属性呢？

举例3：向由空类创建的实例添加属性。

```
#1 定义一个类
class Student(object):
    pass                    #空语句，所以是一个空类

#2 实例化 1
st1=Student()               #通过 Student()产生一个实例（对象 st1）

#3 给实例添加属性
st1.name="马云"              #设置实例的属性 name
st1.age=18                  #设置实例的属性 age
print(st1.name)             #显示实例的属性
```

```
print(st1.age)

#4 实例化 2
st2=Student()              #通过 Student()再产生一个实例（对象 st2）
print(st2.name)            #出错，因为 st2 没有 name 这个属性
```

上述代码被执行后，结果如下：

```
马云
18
Traceback (most recent call last):
  File "K:/python_work/类的定义 11.py", line 16, in <module>
    print(st2.name)              #出错，因为 st2 没有 name 这个属性
AttributeError: 'Student' object has no attribute 'name'
>>>
```

出错的原因在于，不是在定义类时定义的实例属性，而是在类外定义的实例属性，所以创建的实例属性只对该实例有效，不能适用于其他实例。如果要使所有实例均包含 name 和 age 属性，则必须在定义类时定义实例属性。

举例 4：定义一个游戏玩家类（Gamer）——初步。

在图 15-1 中，初步定义了一个名为"Gamer"的类，并对其做了详细的解释说明。

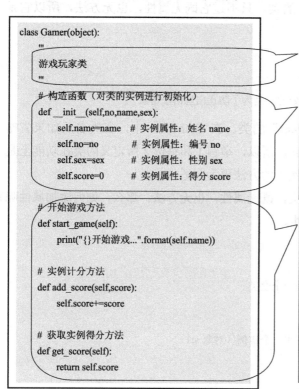

图 15-1　初步定义的 Gamer 类

上述 Gamer 类的继承类（父类）为 object，它是系统默认的基类。该类目前定义了 4 个实例属性：name、no、sex 和 score，分别用于设置每个实例的姓名、编号、性别和得分。该类定义了 3 个实例方法：start_game()、add_score()和 get_score()，分别用于实现启动游戏、计分和获取得分 3 个行为。

类的方法主要用于设定实例的行为。方法的第一个参数必须是 self，表示实例本身，但在调用时，不需要传递该参数。

3. __init__()方法

__init__()方法又被称为"构造函数"，它有以下 4 个特性。

（1）该方法很特殊。init 前后均有双下画线"__"，它的第一个参数必须是"self"，其意义同其他方法一样，而其他参数用于设置实例的属性，数量不限。该方法不能使用 return 语句。

（2）__init__()方法可在类中的任何位置被定义。

（3）在由类创建一个新的实例时，该方法被自动调用一次。即每创建一个实例，该方法都会被调用一次。

（4）常用该方法定义实例的属性，但定义实例的属性不局限于该方法。换言之，在其他方法中同样可以定义实例的属性。

15.2.2 实例方法、类方法和静态方法

举例 5：定义一个游戏玩家类（Gamer）——进阶。

在图 15-2 中定义了一个进阶的 Gamer 类。它在举例 4 的基础上对类做了进一步的优化和改善，使之更加符合实际需要，而且具有更好的容错性。

由举例 5 可见，与类相关的方法有 3 类：实例方法、类方法和静态方法。

1. 实例方法

实例方法是类中定义的没有加任何装饰符的一般方法，即不加@classmethod 和@staticmethod 标记的方法。如果实例方法有 n 个形式参数，那么在由类调用时，实际参数必须为 n 个；而在由实例调用时，实际参数则只需要 n-1 个，因为第一个参数被系统默认为实例本身。由于这个规定，所以，如果实例方法是无参数函数，那么实例无法调用该方法，只有类可以调用它。因此，实例方法一般至少需要一个参数 self，它代表类的对象（实例）。

```
class Gamer(object):
    '''
    游戏玩家类 V2
    沈红卫
    绍兴文理学院 机械与电气工程学院
    2018年4月10日
    '''
    top_score=0        # 类变量，保存历史最高分
    games=0            # 玩家数量

    # 静态方法
    @staticmethod
    def show_help():   # 不需要类变量和实例变量的方法
        print('这是一个猜数的小游戏（1～100整数）')
        print('可以同时有三个玩家')
        print('谁最接近，谁得分最高')
        print('准确则得 10 分')
        print('误差在 10%以内得 8 分，20%得 6 分')
        print('误差在 30%以内得 5 分，否则不得分')

    # 类方法
    @classmethod
    def show_top_score(cls):        #显示历史最高分
        print("游戏最高分是 %d" % cls.top_score)
    @classmethod
    def show_games(cls):            #显示游戏玩家数
        print("游戏玩家总 %d 人" % cls.games)

    # 构造函数（对类的实例进行初始化）
    def __init__(self,no,name,sex):
        self.name=name     # 实例属性：姓名 name
        self.no=no         # 实例属性：编号 no
        self.sex=sex       # 实例属性：性别 sex
        self.score=0       # 实例属性：得分 score
        Gamer.games+=1     # 游戏玩家数量+1

    # 开始游戏方法
    def start_game(self):
        print("{}开始游戏...".format(self.name))

    # 实例计分方法
    def add_score(self,score):
        self.score+=score

    # 获取实例得分方法
    def get_score(self):
        return self.score
```

▶ 类的文档字符串
▶ 用于对类进行说明，可用"类名.__doc__"访问
▶ 可选。从规范的角度，建议有

▶ 类的变量。它是静态变量
▶ 用于对类的有关共有属性进行设置。由类引用
▶ 类内、外均可引用，引用方法：类名.变量名

▶ 类的方法。属于类，由类引用
▶ 在方法定义的前一行，通过装饰符@staticmethod 声明，表明接下来定义的方法为静态方法
▶ 参数可选。没有隐性传入参数
▶ 类内、外均可引用。类和实例均可引用

▶ 类的方法
▶ 第一个参数必须为 cls。其他参数取决于类的需要
▶ 类内、外均可引用。类和实例均可引用

▶ 类的实例方法
▶ 第一个参数必须为 self。其他参数取决于类的需要
▶ 类内、外引用。只能实例引用
▶ 类内引用：self.方法
▶ 类外引用：实例.方法

▶ 类变量——静态变量
▶ 属性变量——动态变量
▶ 一般变量——动态变量，某个方法内的中间变量
▶ 类方法、静态方法、实例方法

图 15-2　进阶的 Gamer 类

举例6:实例调用与类调用。

```
'''
实例调用与类调用的演示
有参数方法和无参数方法,在调用时要注意的问题
沈红卫
'''
#定义一个类
class Student(object):
    def __init__(self,name,sex,year):
        self.name=name
        self.sex=sex
        self.year=year

    def show(self):
        print(self.name)
        print(self.sex)
        print(self.year)

    def demo():
        print("我没有参数,实例不能调用我哦!")

#使用类
st1=Student("shenhw","M",46)    #创建实例

st1.show()          #实例调用有参数方法,正常

st1.demo()          #实例调用无参数方法,异常,会抛出 TypeError 异常

Student.demo()  #类调用无参数方法,正常
```

在运行上述程序时,将抛出异常,因为实例调用了无参数方法,即语句 st1.demo()。如果将该语句删除,那么程序即可被正常运行。

此例有助于读者理解实例调用和类调用的概念。

2. 类方法及其装饰符——@classmethod

@classmethod 是一个函数装饰符,用它装饰的方法不是实例方法,而是类方法。类方法只能被类调用,而不能被实例调用,常被用于方法重载。

类方法的第一个参数必须是 cls,表示类本身;而实例方法的第一个参数是 self,表示该类的一个实例。当类由子类继承时,在调用类方法时,传入的类变量 cls 的实际参数是子类,而非父类。对于类方法,既可由类调用,也可由类的实例调用。

假设类方法有 n 个形式参数,如果由类调用它,则需要传递的实际参数只能为 $n-1$ 个,第一个参数默认为类本身;如果由实例调用它,则需要传递的实际参数为 n 个。

3. 静态方法及其装饰符——@staticmethod

@staticmethod 也是一个函数装饰符，用它装饰的方法是静态方法。静态方法属于类方法，不是实例方法，可将它理解成全局函数，因此可被类或类的实例调用。在调用时，它不会被隐式地传入任何参数。也就是说，静态方法可以没有任何参数。例如，举例 5 中的静态方法 show_help()，它在程序中的作用是实现一个类的简单帮助功能。

由于静态方法无内定的隐性参数，所以，调用静态方法时的实际参数个数必须与形式参数个数严格一致。

为什么要引入静态方法？有时候需要将一组逻辑上相关的函数放在一个类里，便于组织代码。例如，可将类中被其他多个方法调用的通用方法定义为静态方法。一般而言，如果一个方法不需要使用 self 参数，它就适合被定义为静态方法。

15.2.3 实例变量与类变量

从以上举例中不难发现，与 Python 类相关的变量有两类：实例变量和类变量。除此之外，实例方法中也有可能使用一些中间变量，这些中间变量只能用在某个实例方法中，它们是普通变量。全局变量在所有的实例中均可使用。

1. 实例变量

在实例方法中定义的非普通变量就是实例变量，又被称为"实例属性"。实例变量既可被定义它的方法所调用，也可被类中的其他方法所调用，调用的形式是：self.变量。

实例变量不是只能由__init__()方法所定义的。

例如，在 Gamer 类中，定义了 4 个实例变量：表示姓名的变量 name，表示编号的变量 no，表示性别的变量 sex，表示得分的变量 score，它们均由构造函数（初始化方法）__init__()所定义。当然，在其他实例方法中，同样可以定义实例变量。

举例 7：实例变量的定义——定义了两个。

```
class Mm():
    def __init__(self,name):
        self.name=name                    #被__init__()定义的实例变量

    def setmm(self,age):
        self.age=age                      #被其他方法定义的实例变量
    def show(self):
        print(self.name,self.age)

a1=Mm("shh")
a1.setmm(34)

a1.show()
print(a1.name,a1.age)
```

运行上述程序，结果如下：

```
shh 34
shh 34
>>>
```

在上述举例中，用两种不同的方式定义了两个实例变量——name 和 age。请认真思考这两个实例变量在使用时有哪些不同。

实例变量可在类内或类外被实例所引用。不过，有一点必须加以注意，实例变量只能被实例所引用。引用实例变量的方法有以下两种。

第一种是在类内引用实例变量的方法，它的语法形式为：self.实例变量。

例如：

```
self.name='马化腾'
```

第二种是在类外引用实例变量的方法，它的语法形式为：实例.实例变量。

例如：

```
a1=Gamer('101','sss',19)
a1.score+=10
```

2. 类变量

所谓"类变量"，是指在类中单独被定义，但不是在类的任何方法内被定义的变量，又被称为"类属性"，它不同于实例属性。例如，在 Gamer 类中被定义的两个变量 top_score 与 gamers 均为类变量。

类变量可由类的所有实例共享。

类变量往往不像实例变量那样频繁地被引用。

类变量可在类内或类外被类所引用，但是类变量只能被类所引用。引用类变量的方法有以下两种。

第一种是在类内引用类变量的方法，它的语法形式为：cls.类变量。

例如：

```
cls.games+=1
```

第二种是在类外引用类变量的方法，它的语法形式为：类.类变量。

例如：

```
a1=Gamer('101','sss',19)
Gamer.games+=1
```

3. 实例变量与类变量的关系

实例变量与类变量的关系如下：

（1）实例变量被每个实例所拥有，而且每个实例的实例变量相互独立；而类变量只能被类所拥有。

（2）如果实例变量与类变量重名，那么实例变量的优先级高于类变量的优先级，因此，实例变量将屏蔽类变量。换言之，实例变量被优先使用。

15.2.4 私有属性和私有方法

1. 私有属性

从以上讨论中不难得知属性和方法被访问的权限。

为了确保安全性和私密性，某些属性和方法不希望在类外被访问。也就是说，某些属性和方法被限定于类内引用。

为此，首先必须讨论访问权限。Python 对属性和方法的访问权限控制是通过属性名或方法名加以实现的。

1）私有属性和方法

如果一个属性名或方法名是由双下画线"__"开头的，那么该属性或方法就无法在类外被访问，它们被称为"私有属性"和"私有方法"。

2）内置属性和方法

如果一个属性或方法以"__xxx__"形式被定义，即前后均有双下画线，那么该属性或方法可在类外被访问。在 Python 的类中，以"__xxx__"形式定义的属性和方法为特殊属性和特殊方法，它们又被称为"内置属性"和"内置方法"。

在一般情况下，不要以"__xxx__"形式定义普通属性。

Python 已经预定义了多个特殊属性和特殊方法。

所有 Python 类均持有以下内置属性，并且可以像任何其他属性一样被访问。

- __dict__：包含类的命名空间的字典。
- __doc__：类文档字符串。
- __name__：类名。
- __module__：定义类的模块名称。此属性在交互模式下的值为"__main__"。
- __bases__：一个包含基类的元组，元组元素按在基类列表中出现的顺序排列。

例如：

```
>>> class DemoClass1():
    pass

>>> class DemoClass2(object):
    pass

>>> class DemoClass3(DemoClass1,DemoClass2):
    pass

>>> DemoClass3.__bases__
(<class '__main__.DemoClass1'>, <class '__main__.DemoClass2'>)
>>>
```

3）特殊私有属性

如果以"_xxx"形式定义属性，那么该属性也是私有属性，它是一种特殊的私有属性，因为此类属性可在类外被访问。但是，强烈建议不要在类外访问此类私有属性。

2. 私有属性的举例

以双下画线开头的属性是私有属性，因此在类外不能直接使用或访问该类属性。

1）在类内访问私有属性

当通过类内的方法访问私有属性时，必须以 "self.__私有属性" 的形式。

举例8：私有属性的使用。

```
class Mytester(object):
    def __init__(self,dat1,dat2):
        self.__dat1=dat1
        self.dat2=dat2
    def get_dat1(self):
        return self.__dat1

if __name__=='__main__':
    test1=Mytester(10,18)
    print(test1.dat2)
    print(test1.__dat1) #私有属性（变量），在类外不能通过"实例.属性"的方式访问
```

在举例 8 中，dat2 是普通的实例属性，可在类外被访问，所以 test1.dat2 是符合语法的。而变量__dat1 是类的私有属性，在类外不能被直接访问，因此以 test1.__dat1 的形式进行访问将出错，如下所示：

```
18
Traceback (most recent call last):
  File "K:/python_work/私有属性的定义 11.py", line 11, in <module>
    print(test1.__dat1)
AttributeError: 'Mytester' object has no attribute '__dat1'
>>>
```

2）在类外访问私有属性

在类外能不能访问私有属性呢？可以！在类外访问私有属性的方法有以下两种。

（1）在类外访问私有属性的第一种方法。

在类外访问私有属性必须通过特定的方式。以举例 8 中的__dat1 为例，为了在类外访问它，必须对举例 8 中的有关语句进行改动。例如，将以下语句

```
print(test1.__dat1)
```

改为

```
print(test1._Mytester__dat1)
```

上述改动的关键在于，在私有属性变量前加 "_类名"，即_Mytester。

（2）在类外访问私有属性的第二种方法。

由于类内的方法可直接访问私有属性，因此，为了在类外访问私有属性，可借助类内的方法加以实现。举例 9 演示了该方法的主要思想，即不直接访问私有属性，而是通过类内的方法访问私有属性。

举例 9：通过类内的方法访问私有属性。

```
class Mytester(object):
    def __init__(self,dat1,dat2):
        self.__dat1=dat1
        self.dat2=dat2
    def get_dat1(self):
        return self.__dat1

if __name__=='__main__':
    test1=Mytester(10,18)
    print(test1.dat2)
    # print(test1._Mytester__dat1)
    print(test1.get_dat1())         # 通过类内的方法访问私有属性
```

3）关于私有属性的 4 个要点

（1）"__私有属性"被解释器重命名为"_类名__私有属性"。

在类外不能通过"实例.__私有属性"的形式直接访问私有属性，因为它只能在类内被直接访问。通过"实例._类名__私有属性"的形式可在类外访问私有属性。

（2）私有属性不能被继承。

（3）查看全部属性的办法。

通过"实例.__dict__"的形式，即通过内置属性"__dict__"即可获得类的所有属性列表。例如：

```
tst1=Mytester(10,18)
print(test1.__dict__)
```

（4）属性的一个秘密。

至此，有关私有属性的特性基本讨论完毕。但是，在属性的应用过程中，必须注意"真假"属性的问题。

举例 10：私有属性的诡异之处。

```
class Mytester(object):
    def __init__(self,dat1,dat2):
        self.__dat1=dat1
        self.dat2=dat2
    def get_dat1(self):
        return self.__dat1

if __name__=='__main__':
    test1=Mytester(10,18)
    test1.__dat1=45             # 向 test1.__dat1 中写入 45
    print(test1.__dat1)         # 显示
```

运行上述程序，没有出现任何出错提示，得到的结果如下：

45
>>>

以上结果说明私有属性在类外也可直接被写入，似乎有悖于前述结论。
请再仔细看举例 11。

举例 11：

```
class Mytester(object):
    def __init__(self,dat1,dat2):
        self.__dat1=dat1
        self.dat2=dat2
    def get_dat1(self):
        return self.__dat1

if __name__=='__main__':
    test1=Mytester(10,18)
    test1.__dat1=45              # 向 test1.__dat1 中写入 45
    print(test1.__dat1)          # 显示这个 __dat1
    # 继续看
    print(test1._Mytester__dat1) # 显示类内的那个 __dat1
```

运行上述程序，得到的结果如下：

```
45
10
>>>
```

由举例 11 及其结果可知，原来 test1.__dat1 的 __dat1 不是类内定义的那个 __dat1，test1.__dat1=45 的 __dat1 只属于实例 test1，而内部的私有属性 __dat1 属于所有实例。

举例 11 再次说明，在类外不可直接访问私有属性。

3. 私有方法

以双下画线开头的方法是私有方法。私有方法不能在类外被调用。在类的内部调用私有方法时，必须通过 "self.__私有方法()" 的形式。

举例 12：私有方法的调用。

```
class Person(object):

    def __init__(self):
        self.__name = '王五'       # 私有属性
        self.age = 22

    def __get_name(self):          # 私有方法
        return self.__name

    def get_age(self):             # 公有方法
        return self.age

if __name__=='__main__':
    p1 = Person()
```

```
        print(p1.get_age())
        print(p1.__get_name())           # 不能在类外这样直接访问
```

上述程序被执行后,出现错误,如下:

```
22
Traceback (most recent call last):
  File "K:/python_work/私有方法的定义 11.py", line 16, in <module>
    print(p1.__get_name())     # 不能在类外这样直接访问
AttributeError: 'Person' object has no attribute '__get_name'
>>>
```

在举例 12 中,get_age()方法是类的实例方法,为所有实例所共有,因此可在类外直接被调用;而__get_name()方法是类的私有方法,只能在类内被调用,不可在类外直接被调用。
如果非要在类外调用它呢?
在类外调用私有方法的原理与在类外访问私有属性的原理有点类似,Python 对它们均使用一种被称为名字改变(Name Mangling)的技术。该技术自动将私有方法名"__get_name()"替换成"_Person__get_name",从而导致在类外直接使用私有成员名时,出现类似于"no attribute '__get_name'"的错误。
综上所述,如果将语句"print(p1.__get_name())"改为"print(p1._Person__get_name())",那么程序将被正常运行,说明私有方法已被正确调用。
需要提醒的是,Python 不主张如此调用私有方法,因为这样做违背了私有方法或私有属性的设计初衷。

15.3 类的使用

类被定义后,如何使用类也是有挑战性的。以下分 3 部分讨论类的使用问题。

15.3.1 不带默认属性的类及其使用

一个类被定义后,可通过以下过程使用它。
首先,由类创建一个具体的对象,方式如下:

对象 1=类(参数 1,参数 2,..)

然后,通过以下形式访问实例或类的属性,调用实例或类的方法。
(1)访问实例属性的形式是:对象.实例属性。
(2)访问类属性的形式是:类.类属性。
(3)调用实例方法的形式是:对象.实例方法。
(4)调用类方法的形式是:类.类方法或类.类静态方法。
举例 13:没有默认值的类及其使用。

```
class Gamer(object):
    '''
    游戏玩家类 V2
```

沈红卫
绍兴文理学院 机械与电气工程学院
2018 年 4 月 10 日

```python
    '''
    top_score=0        # 类变量，保存历史最高分
    games=0            # 玩家数量

    # 静态方法
    @staticmethod
    def show_help():# 不需要类变量和实例变量的方法
        print('这是一个猜数的小游戏（1~100 整数）')
        print('可以同时有三个玩家')
        print('谁最接近，谁得分最高')
        print('如果完全一样，则得 10 分，误差在 10%以内得 8 分，20%得 6 分')
        print('误差在 30%以内得 5 分，否则不得分')

    # 类方法
    @classmethod
    def show_top_score(cls):          #显示历史最高分
        print("游戏最高分是  %d" % cls.top_score)
    @classmethod
    def show_games(cls):              #显示游戏玩家数
        print("游戏玩家总 %d 人" % cls.games)

    def test():
        print('kkkk')

    # 构造函数（对类的实例进行初始化）
    def __init__(self,no,name,sex):
        self.name=name        # 实例属性：姓名 name
        self.no=no            # 实例属性：编号 no
        self.sex=sex          # 实例属性：性别 sex
        self.score=0          # 实例属性：得分 score
        Gamer.games+=1        # 游戏玩家数量+1

    # 开始游戏方法
    def start_game(self):
        self.age=16
        print("{}开始游戏...".format(self.name))

    # 实例计分方法
    def add_score(self,score):
        self.score+=score

    # 获取实例得分方法
    def get_score(self):
        # self.add_score(s)
```

```
            return self.score

Gamer.show_help()              # 调用类方法
a1=Gamer('101','sss',19)       # 创建实例 a1
a1.start_game()                # 调用实例方法
a1.add_score(10)               # 调用实例方法
print(a1.get_score())
a1.add_score(10)
print(a1.get_score())
print(Gamer.games)
a2=Gamer('102','sss',19)
Gamer.show_top_score()
Gamer.show_games()
a1.age                         # 访问实例属性
# print(type(Gamer.test()))


'''
print(Gamer.__dict__)
print(Gamer.__doc__)
print(Gamer.__module__)
print(Gamer.top_score)
'''
```

上述程序被运行后，得到的结果如下：

```
这是一个猜数的小游戏（1~100 整数）
可以同时有三个玩家
谁最接近，谁得分最高
如果完全一样，则得 10 分，误差在 10%以内得 8 分，20%得 6 分
误差在 30%以内得 5 分，否则不得分
sss 开始游戏...
10
20
1
游戏最高分是 0
游戏玩家总 2 人
>>>
```

请注意举例 13 中各种属性、方法的使用方法。

15.3.2 带默认属性的类及其使用

在定义类时，可对实例属性进行默认值设置。如果在调用方法时省略实际参数，那么相应的实例属性就被设置为默认值。

举例 14：使用默认属性值。

```
'''
```

```python
设计一个用于外卖的类
沈红卫
绍兴文理学院 机械与电气工程学院
2018 年 4 月 16 日
'''
#1 外卖类之妹妹奶茶
class Food(object):
    """ 妹妹奶茶类 """
    # 属性：顾客、地址、手机号、份数、折扣
    def __init__(self,name,address,mobile,discount=1): # 默认没有折扣
        self.name = name                # 顾客
        self.address = address          # 地址
        self.mobile = mobile            # 手机号
        self.discount = discount        # 折扣（优惠）

    # 计算费用方法
    def cacl_all(self, servings=1): # 份数默认为 1
        return servings*10*self.discount

#2 调试代码——使用举例
if __name__ == '__main__':
    # 顾客 1
    name=input("这里是妹妹奶茶，你好，请问姓名：")
    mobile=input("请问手机号：")
    address=input("请问地址：")
    servings=int(input("请问份数："))

    c1=Food(name,address,mobile)      # 创建实例

    # 调用方法计算总额
    print("份数{} 费用{}".format(servings,c1.cacl_all(servings)))

    # 顾客 2
    name=input("这里是妹妹奶茶，你好，请问姓名：")
    mobile=input("请问手机号：")
    address=input("请问地址：")
    servings=int(input("请问份数："))

    c2=Food(name,address,mobile,0.9)    # 创建实例，打 9 折

    # 调用方法计算总额
    print("份数{} 费用{}".format(servings,c2.cacl_all(servings)))
```

上述程序演示了如何定义带默认值属性的类及其使用问题。该程序被运行后，得到的结果如下：

```
这里是妹妹奶茶，你好，请问姓名：强哥
请问手机号：13757581188
```

```
请问地址：文理学院河西 5 幢
请问份数：2
份数 2 费用 20
这里是妹妹奶茶，你好，请问姓名：化腾
请问手机号：13758588888
请问地址：文理学院南山 6 幢
请问份数：2
份数 2 费用 18.0
>>>
```

在举例 14 中，实例属性 discount 是带默认值 1 的属性。在程序中，顾客 1 使用默认值，即不打折；而顾客 2 则不使用默认值，折扣为 9 折。

15.3.3 类的组合使用

在部分应用中，通常需要使用多个类，并且类中可能嵌套另一个类，这被称为类的"组合使用"。

举例 15：类的组合使用。

```
'''
设计一个用于外卖的类——组合类
沈红卫
绍兴文理学院 机械与电气工程学院
2018 年 4 月 16 日
'''
#1 外卖类之妹妹奶茶——类组合
class Food(object):
    """ 食品类 """
    # 属性：品名、折扣、单价、份数
    def __init__(self,name,price,servings,discount):
        self.name = name            # 品名
        self.discount = discount    # 折扣（优惠）
        self.price = price          # 单价
        self.servings = servings    # 份数

#2 顾客类
class Customer(object):
    ''' 顾客类 '''
    # 属性：顾客、地址、手机号
    def __init__(self,name,address,mobile):
        self.name = name            # 顾客
        self.address = address      # 地址
        self.mobile = mobile        # 手机号

    # 订购食品方法
    def order_food(self,fname,srevings,fprice,discount):
        return Food(fname,servings,fprice,discount)
```

```python
        # 计算顾客总费用方法
        def cacl_all(self, flist):        # flist 为该顾客订单
            money=0
            for dd in flist:
                money+=dd.price*dd.servings*dd.discount
            return money

#3 调试代码——组合类的使用举例
if __name__ == '__main__':
    # 顾客1
    name=input("这里是妹妹奶茶，你好，请问姓名：")
    mobile=input("请问手机号：")
    address=input("请问地址：")

    c1=Customer(name,address,mobile)

    flist=[]            # 订单列表
    while True:
        fname=input("请问您需要什么：")
        servings=int(input("请问份数："))
        price=eval(input('本品的价格='))
        discount=eval(input("本品的折扣="))

        flist.append(c1.order_food(fname,servings,price,discount)) #加入订单

        answer=input("您还需要吗？(Y/N)")
        if answer!='y' and answer!='Y':
            break

    print("感谢您的惠顾！")
    print("您总的费用是%f"%(c1.cacl_all(flist)))   #调用方法算出总金额
```

在上述程序中，涉及两个类与它们的组合使用：在 Customer 类中使用 Food 类。由于程序已包含详细的注释，通过注释说明了组合的思想和方法，所以，此处不再予以详细分析。

上述程序被运行后的结果如下：

这里是妹妹奶茶，你好，请问姓名：强哥
请问手机号：13757581188
请问地址：文理学院河西5幢
请问您需要什么：珍珠奶茶
请问份数：2
本品的价格=10
本品的折扣=1
您还需要吗？(Y/N)y
请问您需要什么：草莓蛋糕

```
请问份数：1
本品的价格=25.8
本品的折扣=1
您还需要吗？(Y/N)n
感谢您的惠顾！
您总的费用是 45.800000
>>>
```

15.4 类的封装性

15.4.1 什么是封装

"封装"无处不在。

如今，几乎人人拥有手机，每个人都会使用微信，但是绝大多数用户根本不了解，当然也无须了解，手机是由哪些部件组成的、是如何工作的，用户只需在屏幕上滑动手指即可完成相关操作，这是一种功能的封装。

在使用支付宝付款时，只需让收款方扫描你的二维码，或者扫描收款方提供的二维码，就可以完成支付，但是用户根本不清楚支付宝的支付接口及后台的处理流程，这是一种方法的封装。

硬件爱好者常在淘宝网上购买硬件板卡，而提供硬件板卡的厂商为了方便使用者进行二次开发，往往会提供相应的动态链接库，库中提供了若干函数。尽管使用者不是很理解板卡的内部结构与具体原理，但是只需根据厂商提供的硬件板卡使用说明，理解函数的参数、返回值的用法，就可以轻松地对硬件板卡进行操作，这些函数被称为"接口函数"，接口函数是对代码的一种"封装"。

所以说，生活中处处有"封装"。

类是封装的典型产物。

封装不是单纯意义上的隐藏，封装数据的主要目的是保护隐私，封装方法的主要目的是隔离复杂度、提高安全性。

就 Python 而言，封装分为两个层面。

第一层面的封装：在创建类和对象时，分别创建两者的名称空间。只能通过"类名."或"对象."的方式访问类内的属性、调用类内的方法。

第二层面的封装：在定义类时，把某些属性和方法隐藏起来，或者将它们定义为私有，只允许在类的内部使用，在类的外部不允许访问。实现类外访问的途径是通过接口函数的方式。

以上两种封装在 Python 中被广泛采用。

15.4.2 如何封装

通俗地说，封装就是将属性或方法封闭起来、隐蔽起来。通过封装，以实现程序的安全、便捷和容错。在 Python 中，既有属性的封装，又有方法的封装，前者又被称为"变量的封装"，后者又被称为"逻辑的封装"。

1．3 种封装方法

通常有以下 3 种方式实现类的封装。
1）在类内定义私有属性与私有方法
在类外不能直接访问和引用私有属性与私有方法，以实现属性与方法的隐藏和封闭。
2）在类内定义实例属性和实例方法
在类内直接定义公用的属性和方法，用该类创建的每个实例可直接拥有这些属性和方法，既方便，又安全。
上述两种封装方法被称为"一般封装法"。
3）通过__slots__等特殊方式
Python 允许在定义类的时候，定义一个特殊的__slots__变量，此变量用于限制该类可被添加和使用的实例属性。
这种封装方法被称为"特殊封装法"。

2．一般封装法

所谓"一般封装法"，是指对属性和方法进行封装的常规方法，包括属性的封装和方法的封装两个方面。
在以上讨论中，列举过一个游戏玩家的例子。借助这个例子，可解释和说明类的一般封装法的主要思想。

```
class Gamer(object):
    pass
```

此处，定义一个名为"Gamer"的空类。用这个类创建实例并尝试输出，如下所示：

```
class Gamer(object):
    pass
g1=Gamer()
g1.no='A101'
g1.name='梅超风'
g1.sex='F'
print(g1.no,g1.name,g1.sex)

g2=Gamer()
print(g2.no,g2.name,g2.sex)
```

如果运行上述程序，则将发生什么？
很显然，实例 g2 无 no、name 和 sex 属性。因为 no、name 和 sex 属性是在类外通过实例（对象）g1 被定义的，它们只适用于实例 g1，而不适用于实例 g2。所以，运行上述程序后，得到的结果如下：

A101 梅超风 F

```
Traceback (most recent call last):
  File "K:/python_work/类的封装 12.py", line 10, in <module>
    print(g2.no,g2.name,g2.sex)
AttributeError: 'Gamer' object has no attribute 'no'
>>>
```

这个例子很直观地说明，以这样的方式定义和使用类是十分不方便的，因为需要对每个实例分别进行属性定义和设置。

如果将上述程序改成以下程序，那么结果又会如何？

举例 16：改进后的 Gamer 类。

```
class Gamer(object):
    def __init__(self,no,name,sex):
        self.no=no          #实例属性
        self.name=name      #实例属性
        self.sex=sex        #实例属性
        self.score=0        #实例属性

g1=Gamer('A101','梅超风','F')
print(g1.no,g1.name,g1.sex)
print(g1.score)

g2=Gamer('A102','梅西','M')
print(g2.no,g2.name,g2.sex)
print(g2.score)
```

运行上述程序后，得到的结果如下：

```
A101 梅超风 F
0
A102 梅西 M
0
>>>
```

原来，通过如此这般的改动，在类 Gamer 的内部定义了每个实例的属性：no、name 和 sex。因此，在创建每个实例时，就可以直接设置每个实例的上述 3 个属性。这 3 个属性是每个实例所公有的，它们是公有属性。如此定义属性的形式被称为"属性的封装"。

如果要对某个游戏玩家赋分，例如，对 g1 赋分，则程序如下。

举例 17：缺乏容错性的类。

```
class Gamer(object):
    def __init__(self,no,name,sex):
        self.no=no          #实例属性
        self.name=name      #实例属性
        self.sex=sex        #实例属性
        self.score=0        #实例属性

g1=Gamer('A101','梅超风','F')
```

```
print(g1.no,g1.name,g1.sex)
print(g1.score)

g2=Gamer('A102','梅西','M')
print(g2.no,g2.name,g2.sex)
print(g2.score)

g1.score=-30              #对 g1 赋分-30
print(g1.score)
print(g2.score)
```

运行上述程序后,得到的结果如下:

```
A101 梅超风 F
0
A102 梅西 M
0
-30
0
>>>
```

可见,实例 g1 的 score 属性确实被修改为-30。但是,一个新的问题又出现了:按照这个游戏的规则和常理,g1 不可能出现负的分数,但是上述程序却轻而易举地、不加任何检查地将 g1 的 score 属性设置为-30。很显然,这对数据的安全和容错产生了风险。鉴于此,必须对上述程序做进一步的改进。改进的方法是:通过实例方法更改或设置实例属性,而不是在类外直接更改或设置实例属性。

举例 18:通过方法封装属性。

```
class Gamer(object):
    def __init__(self,no,name,sex):
        self.no=no                #实例属性
        self.name=name            #实例属性
        self.sex=sex              #实例属性
        self.score=0              #实例属性

    # 开始游戏方法
    def start_game(self):
        self.age=16
        print("{}开始游戏...".format(self.name))

    # 实例计分方法
    def add_score(self,score):
        if score not in [10,8,6,5]:
            print('你给 %s 的分不符合要求啦!'%(self.name))
        else:
            self.score+=score

    # 获取实例得分方法
```

```
        def get_score(self):
            # self.add_score(s)
            return self.score

g1=Gamer('A101','梅超风','F')
print(g1.no,g1.name,g1.sex)

g2=Gamer('A102','梅西','M')
print(g2.no,g2.name,g2.sex)

# 给两个玩家记分 1 次
g1.add_score(12)
g2.add_score(8)
print('{}目前的分：'.format(g1.name),g1.score)
print('{}目前的分：'.format(g2.name),g2.score)
```

运行上述程序后，得到的结果如下：

```
A101 梅超风 F
A102 梅西 M
你给 梅超风 的分不符合要求啦！
梅超风目前的分： 0
梅西目前的分： 8
>>>
```

很明显，上述程序的容错性得以提高，能够对不合理的属性值进行辨别，在对属性进行更改或设置前进行合法性或有效性检查。采用此方式进行的封装被称为"逻辑的封装"，也就是"方法的封装"。

3. 特殊封装法——利用__slots__封装

在一定程度上，一般封装法确实可以提高程序的私密性与安全性，但是不能做到真正的封闭。请看下面的例子。

举例 19：

```
class Gamer(object):
    def __init__(self,no,name,sex):
        self.no=no              #实例属性
        self.name=name          #实例属性
        self.sex=sex            #实例属性
        self.score=0            #实例属性

    # 开始游戏方法
    def start_game(self):
        self.age=16
        print("{}开始游戏...".format(self.name))

    # 实例计分方法
```

```python
    def add_score(self,score):
        if score not in [10,8,6,5]:
            print('你给 %s 的分不符合要求啦！'%(self.name))
        else:
            self.score+=score

    # 获取实例得分方法
    def get_score(self):
        # self.add_score(s)
        return self.score

g1=Gamer('A101','梅超风','F')
g1.area='绍兴'                        #在类外给对象 g1 增加了属性 area
print(g1.name,g1.area)
```

运行上述程序后，得到的结果如下：

梅超风 绍兴
>>>

很显然，实例 g1 被增加了属性 area。但是，从封闭和安全的角度来看，这是非常不利的。

那么，如果要限制实例被增加属性该怎么办？例如，Gamer 类的每个实例只被允许拥有 no、name、sex 和 score 4 个属性。为了达到限制的目的，Python 允许在定义类的时候，通过专门定义一个特殊的变量 __slots__，来限制该类的实例可拥有或可添加的实例属性。

举例 20：__slots__ 的使用 1。

```python
class Gamer(object):
    __slots__=('no','name','sex','score') #通过__slots__限定 4 个属性
    def __init__(self,no,name,sex):
        self.no=no              #实例属性
        self.name=name          #实例属性
        self.sex=sex            #实例属性
        self.score=0            #实例属性

    # 开始游戏方法
    def start_game(self):
        self.age=16
        print("{}开始游戏...".format(self.name))

    # 实例计分方法
    def add_score(self,score):
        if score not in [10,8,6,5]:
            print('你给 %s 的分不符合要求啦！'%(self.name))
        else:
            self.score+=score

    # 获取实例得分方法
```

```
        def get_score(self):
            # self.add_score(s)
            return self.score

g1=Gamer('A101','梅超风','F')
g1.area='绍兴'                    #在类外给对象 g1 增加了属性 area
print(g1.name,g1.area)
```

运行上述程序后,得到的结果如下:

```
Traceback (most recent call last):
  File "K:/python_work/类的封装 12.py", line 76, in <module>
    g1.area='绍兴'                    #在类外给对象 g1 增加了属性 area
AttributeError: 'Gamer' object has no attribute 'area'
>>>
```

由此可见,在定义了__slots__变量后,如果在类外给实例 g1 增加属性 area,则是不被允许的。那么,在类内给实例增加属性可以吗?

举例 21:__slots__的使用 2。

```
class Gamer(object):
    __slots__=('no','name','sex','score')     #通过__slots__限定属性
    def __init__(self,no,name,sex):
        self.no=no                            #实例属性
        self.name=name                        #实例属性
        self.sex=sex                          #实例属性
        self.score=0                          #实例属性


    # 开始游戏方法
    def start_game(self,age):
        self.age=age                          #在类内给实例增加属性 age
        print("{}开始游戏...".format(self.name))

    # 实例计分方法
    def add_score(self,score):
        if score not in [10,8,6,5]:
            print('你给 %s 的分不符合要求啦!'%(self.name))
        else:
            self.score+=score

    # 获取实例得分方法
    def get_score(self):
        # self.add_score(s)
        return self.score

g1=Gamer('A101','梅超风','F')
g1.start_game(16)
```

```
g1.area='绍兴'              #在类外给对象 g1 增加属性 area
print(g1.name,g1.area)
```

运行上述程序后，同样得到出错的结果，如下：

```
Traceback (most recent call last):
  File "K:/python_work/类的封装 12.py", line 77, in <module>
    g1.start_game(16)
  File "K:/python_work/类的封装 12.py", line 61, in start_game
    self.age=age            #在类内给实例增加属性 age
AttributeError: 'Gamer' object has no attribute 'age'
>>>
```

之所以出现上述错误，是因为属性 age 并不是 __slots__ 变量的元素，因此不能定义 age 属性。如果试图增加 age 属性，则一定会出现 AttributeError 错误。

至此，基本可以得出结论：通过使用特殊变量 __slots__ 可有效地封装实例属性，使代码更加安全。

不过，不得不提醒的是，使用 __slots__ 时一定要十分注意。元组变量 __slots__ 所定义的属性仅对类的实例起作用，对继承它的子类是无效的，除非在子类中也定义一个 __slots__ 变量，这样，子类实例允许被定义的实例属性包括两个部分：自身的特殊变量 __slots__ 所限定的、父类的特殊变量 __slots__ 所限定的。也就是说，子类实例可拥有父、子类各自的特殊变量 __slots__ 所定义的全部属性。

举例 22：子类的 __slots__ 及其特性。

```
>>> class DemoClass1():
        __slots__=("name","sex")
        def __init__(self,name,sex):
            self.name=name
            self.sex=sex

>>> class DemoClass2(DemoClass1):
        __slots__=("age","address")
        def __init__(self,age,address):
            self.address=address
            self.age=age

>>> obj1.name="shw"
>>> obj1.sex="M"
>>> obj1.age=47
>>> obj1.address="Hangzhou"
>>> obj1.attr="haha"
Traceback (most recent call last):
  File "<pyshell#45>", line 1, in <module>
    obj1.attr="haha"
AttributeError: 'DemoClass2' object has no attribute 'attr'
```

```
>>> class DemoClass3(DemoClass1):
        def __init__(self,a,b):
            self.a=a
            self.b=b


>>> obj2=DemoClass3(1,2)
>>> obj2.age=26
>>> obj2.age
26
>>>
```

通过仔细分析以上举例，可进一步理解特殊变量 __slots__ 的使用特性。例如，实例 obj1 只能拥有父类和子类所规定的 4 个实例属性：name、sex、age 和 address，要在类外向实例 obj1 增加 attr 属性被拒绝，而实例 obj2 却可以增加 age 属性。

需要指出的是，举例 22 仅为说明特殊变量 __slots__ 的使用特性，子类 DemoClass2 和 DemoClass3 仅作为演示用，因此，它们在功能上是不完备的，例如，它们均没有继承父类的构造函数，这在正常的类继承中是不被允许的。

15.5 类的继承性

15.5.1 什么是继承

作为面向对象编程语言的一个重要特点和主要能力，继承是指类可使用现有类（父类）的所有功能，并在无须修改父类的情况下对现有功能进行扩展。

通过继承创建的新类被称为"子类"或"派生类"，被继承的类被称为"基类"、"父类"或"超类"。继承的过程就是从一般到特殊的过程。Python 的一个子类可继承一个或多个基类。如果只继承一个基类，则被称为"单继承"；如果继承两个或多个基类，则被称为"多继承"；如果子类 3 继承子类 2，而子类 2 又继承子类 1，则被称为"多重继承"。但是，在一般情况下，一个子类通常只有一个基类，要实现多继承，可采用多级继承（多重继承）。

在考虑使用继承时，有一点必须加以注意，即两个类之间应该是"属于"关系。例如，雇员类 Employee 是人，管理者类 Manager 也是人，因此，这两个类均可继承 Person 类（人类）。但是腿类 Leg 却不能继承 Person 类，因为腿类与人类之间没有属于与被属于的关系。

子类继承父类的属性和方法，子类可使用父类的所有属性和方法。

在 Python 中，类继承的一般形式如下：

```
class 子类(父类 1[, 父类 2, ...]):
    类体（定义属性和方法的语句块）
```

()内的父类可为一个或多个。如果是一个，则为单继承；如果是多个，则为多继承；如果省略，则父类默认为 object，它是系统默认的所有类的基类。

多个父类之间必须以逗号分隔。

15.5.2 类的单继承

所谓"单继承"，是指子类只继承一个父类。在单继承的情形下，子类只有一个基类。子类可继承和使用父类的所有属性和方法。

举例 23：单继承。

```
'''
单继承的演示
沈红卫
绍兴文理学院 机械与电气工程学院
2018 年 4 月 19 日
'''
#1 定义父类
class Animal(object):
    def __init__(self,name,sex,classtype):    #父类的属性有 3 个
        self.name=name                         #名称
        self.sex=sex                           #公母/性别
        self.classtype=classtype               #类别
    def decribe(self):                         #父类的方法
        print("名称:{0}雌雄:{1}科类:{2}".format(self.name,self.sex,self.classtype))

#2 定义子类
class Bird(Animal):
    def __init__(self,name,sex,classtype,flyable):   #一个属性
        #super(Bird,self).__init__(name,sex,classtype)
        Animal.__init__(self,name,sex,classtype)
#构造函数的继承，以继承父类的属性和方法
        self.flyable=flyable                   #子类的属性

if __name__=='__main__':
    b1=Bird('maque','F','birdclass','fly')
    print(b1.name)                             #显示实例 b1 的属性 name（父类的属性）
    b1.decribe()                               #调用父类的方法
```

运行上述程序，得到如下结果：

```
maque
名称:maque 雌雄:F 科类:birdclass
>>>
```

根据运行结果可分析得到，子类并没有定义 name 属性和 describe()方法，但是子类的实例 b1 可访问 name 属性、调用 describe()方法，因为它们是属于父类的。由此可见，子类的确继承了父类的属性和方法。

此例形象地展示了子类与父类的继承关系和继承方式。

319

归纳起来，在定义子类时，在括号内将父类作为参数，用于表示继承关系。就举例 23 而言，即：

class Bird(Animal):
    类体

图 15-3 以图解的方式说明了单继承的语法要点。

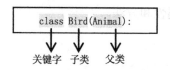

图 15-3　单继承的语法要点

举例 23 最关键的地方在于，在定义子类的构造函数__init__()时，使用了以下调用父类构造函数的语句，如图 15-4 所示。

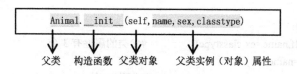

图 15-4　调用父类的构造函数

图 15-4 中的语句是子类继承并使用父类所有属性和方法的关键所在。如果将此语句移除，即将程序改为如举例 24 所示，则将出现什么结果？

举例 24：不继承父类构造函数的情形。

```
'''
单继承的演示
沈红卫
绍兴文理学院 机械与电气工程学院
2018 年 4 月 19 日
'''
#1 定义父类
class Animal(object):
    def __init__(self,name,sex,classtype):    #父类的属性有 3 个
        self.name=name                         #名称
        self.sex=sex                           #公母/性别
        self.classtype=classtype               #类别
    def decribe(self):                         #父类的方法
        print("名:{0}性:{1}科:{2}".format(self.name,self.sex,self.classtype))

#2 定义子类
class Bird(Animal):
    def __init__(self,name,sex,classtype,flyable):    #一个属性
        self.flyable=flyable                          #子类的属性

if __name__=='__main__':
```

```
        b1=Bird('maque','F','birdclass','fly')
        print(b1.name)            #显示实例 b1 的属性 name（父类的属性）
    b1.decribe()                  #调用父类的方法
```

运行上述程序，结果报错：

```
Traceback (most recent call last):
    File "K:/python_work/类的继承 12.py", line 24, in <module>
        print(b1.name)            #显示实例 b1 的属性 name（父类的属性）
AttributeError: 'Bird' object has no attribute 'name'
>>>
```

上述错误类型为 AttributeError，它的意思是，Bird 对象并无属性 name。这是因为子类并没有继承父类的 name 属性，子类自身也无 name 属性。由此可得出结论：要使子类继承父类的属性和方法，必须在子类的构造函数中显式地调用父类的构造函数。此过程被称为"构造函数的继承"。

15.5.3 构造函数的继承

由类的定义可知，如果要向实例传递参数，则必须定义和使用"构造函数"。由此可见构造函数的重要性！

那么，构造函数能否被继承、该如何被继承，子类又如何定义自己的属性呢？

解决上述问题的办法是，在定义子类的构造函数中显式地调用父类的构造函数，一般来说有两种方式。

1. 继承构造函数的第一种方式

第一种方式是经典方式，它的形式如下：

```
父类名称.__init__(self,参数 1,参数 2,...)
```

其中，括号内的第一个参数必须为 self，余下的参数即父类的实例属性。例如，Animal.__init__(self,name,sex,classtype)。

要特别提醒的是，当以这种方式调用时，第一个参数 self 必须被显式传递，它不会被隐式传递，即必须为 self，如果被省略，则将报错；其余参数则为父类的实例属性，直接复制父类的实例属性即可。

此方式既可被用在单继承场合，也可被用在多继承场合。

2. 继承构造函数的第二种方式

第二种方式为新式方式，它的形式如下：

```
super(子类,self).__init__(参数 1,参数 2,...)
```

其中，内置函数 super(子类,self)用于表示子类的父类，它有两个参数——子类与 self；而__init__(参数 1,参数 2,...)为构造函数，与第一种方式不同的是，它不需要 self 参数，所有参数均为父类的实例属性。

例如，super(Bird,self).__init__(name,sex,classtype)，此处，super()的第一个参数是子类，也就是正在定义构造函数的类；第二个参数必须为 self，它代表子类的对象。很显然，此方式过于烦琐，所幸的是，Python 3 将上述方式改为更简洁的形式，但两者完全等效，如下：

super().__init__(name,sex,classtype)

换言之，Python 3 的第二种方式采用以下形式：

super().__init__(参数 1,参数 2,..)

以下简单地介绍内置函数 super()的语法形式。

super(type[, object-or-type])

其中，
- type：类，是一个子类。
- object-or-type：一般为 self。

3. 关于继承的一个重要特性

如果只是简单地在子类中定义一个构造函数而不调用父类的构造函数，那么此方式被称为"重构"。以此方式定义的子类通常无法继承父类的属性和方法。但是，如果子类不引用父类的任何属性，那么父类的方法可被继承和引用。

举例 25：

```
'''
    单继承的演示
    沈红卫
    绍兴文理学院 机械与电气工程学院
    2018 年 4 月 19 日
'''
#1 定义父类
class Animal(object):
    def __init__(self,name,sex,classtype):    #父类的属性有 3 个
        self.name=name                         #名称
        self.sex=sex                           #公母/性别
        self.classtype=classtype               #类别
    def describe(self):                        #父类的方法，没有引用父类的属性
        print("I am father!")


#2 定义子类
class Bird(Animal):                            #没有继承父类的构造函数
    def __init__(self, flyable):               #一个属性
        self.flyable=flyable                   #子类的属性

if __name__=='__main__':
    b1=Bird('fly')
    b1.describe()                              #调用父类的方法
```

运行上述程序后，得到如下结果：

I am father!
\>\>\>

由举例 25 可知，虽然子类并没有继承父类的构造函数，但由于父类的方法 describe()不引用任何属性，因此它可被子类对象 b1 所调用。

综上所述，在定义子类的构造函数时，一般应继承父类的构造函数，这样子类也能拥有父类的所有属性和方法。

子类的构造函数继承父类的构造函数的原理（执行过程）如下：

实例化对象 a → a 调用子类__init__() → 子类__init__()继承父类__init__() → 调用父类__init__()。

再举一个单继承的例子，以对类的继承问题进行归纳。通过该例，可进一步理解继承的概念及其有关要点。

举例 26：

```
'''
类的单继承演示程序
该程序的主要思想借鉴了网络上的一份资料
沈红卫
绍兴文理学院 机械与电气工程学院
2018 年 4 月 18 日
'''
#1 定义父类，用于单位转换
class ScaleConverter(object):
    def __init__(self,unit_from,unit_to,factor):    #第一个参数必须是 self
        self.unit_from=unit_from
        self.unit_to=unit_to
        self.factor=factor
    def description(self): #函数必须传入 self，以区分是哪个对象调用该方法的
        return 'Convert '+self.unit_from+' to '+self.unit_to
    def convert(self,value):
        return value*self.factor


#2 定义子类，演示类继承
class ScaleAndOffsetConverter(ScaleConverter):    # 继承 ScaleConverter 类
    def __init__(self,unit_from,unit_to,factor,offset):
        ScaleConverter.__init__(self,unit_from,unit_to,factor)
#通过父类的 init()函数构造
        # super().__init__(unit_from,unit_to,factor) #推荐使用这种方式
        self.offset=offset
    def convert(self,value):    #覆盖父类的 convert()方法
        return value*self.factor+self.offset
```

```
#3 使用举例
if __name__=='__main__':
    #31 父类的使用
    c1=ScaleConverter('英寸','毫米',25)        #实例化类
    print(c1.description())
    print('-'*50)
    fdat1=3                                    #待转换的值
    print('%f%s 被转换后的值='%(fdat1,c1.unit_from)+'{:.4f}'.format(c1.convert(fdat1))+c1.unit_to)
    print('-'*50)
    print("")       #空一行

    #32 子类的使用
    c2=ScaleAndOffsetConverter('摄氏','华氏',1.8,32)   #实例化类
    print(c2.description())
    print('-'*50)
    fdat2=37 #待转换的值
    print('%f%s 被转换后的值='%(fdat2,c2.unit_from)+'{:.2f}'.format(c2.convert(fdat2))+c2.unit_to)
    # 上述 print()中的格式化很有意思，值得好好琢磨
    print('-'*50)       #显示 50 个 "-" 字符
    print("")           #空一行
```

运行该程序，得到的结果如下：

```
Convert 英寸 to 毫米
--------------------------------------------------
3.000000 英寸被转换后的值=75.0000 毫米
--------------------------------------------------


Convert 摄氏 to 华氏
--------------------------------------------------
37.000000 摄氏被转换后的值=98.60 华氏
--------------------------------------------------

>>>
```

在上述程序中，使用了以下语句：

print('%f%s 被转换后的值='%(fdat1,c1.unit_from)+'{:.4f}'.format(c1.convert(fdat1))+c1.unit_to)

该语句使用了两种字符串的格式化方法：%和 format()。

15.5.4 类的多继承

与单继承不同的是，"多继承"指的是子类继承两个或多个父类。在定义多继承子类时，采用以下形式：

class 子类(父类 1,父类 2): # 两个父类（基类），可以有三个甚至更多
    类体

以下通过一个汽车的例子,形象地说明多继承的问题。众所周知,市面上的汽车主要有燃油汽车、电动汽车和混合动力汽车 3 类。从继承的角度来看,可将混合动力汽车理解为对燃油汽车和电动汽车的一种继承,也就是说,混合动力汽车类继承了燃油汽车类和电动汽车类,它是一个多继承的子类。

图 15-5 展示了其继承关系。

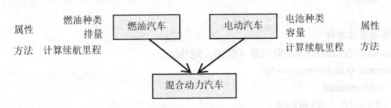

图 15-5　混合动力汽车的多继承关系示意图

从图 15-5 中可以看出,混合动力汽车既继承了父类 1——燃油汽车的所有属性和方法,也继承了父类 2——电动汽车的所有属性和方法,但同时它也可以拥有自己的属性和方法。例如,计算续航里程,这个方法肯定不同于燃油汽车,也不同于电动汽车。显然,混合动力汽车子类是一个典型的多继承类,因此,为了继承所有父类的属性和方法,必须在定义子类的构造函数中显式地调用父类的构造函数。如果有两个父类,则必须有两条调用语句;如果有三个父类,则必须有三条调用语句,依次类推。

混合动力汽车有两个父类,所以必须显式地调用两个父类各自的构造函数,具体实现参见程序注释。

举例 27:多继承。

```
'''
类的多继承范例
子类:混合动力汽车
父类 1:燃油汽车
父类 2:电动汽车
沈红卫
绍兴文理学院　机械与电气工程学院
2018 年 4 月 20 日
写在中兴被制裁之时,我们要加油
'''
#1　父类 1——燃油汽车
class Gascar(object):
    '''
燃油汽车类
    '''
    #11　构造函数
    def __init__(self,gastype,displacement,oil): #定义属性
        #属性:燃油种类 gastype,排量 displacement,油量 oil
        self.gastype=gastype
        self.displacement=displacement
        self.oil=oil
```

```
#12 计算续航里程的方法
    def mileage1(self):    #计算续航里程，百公里平均油耗为9L
        if self.oil>0:
            return 100*self.oil/9
        else:
            return 0

#13 加油或走油方法
    def adjustoil(self,oilmass): #调整油量（加油、烧油）
        if olimass>0 and oilmass<=60:
            oil+=oilmass
            if oil>60:    #油箱加满
                oil=60
        if olimass<0 and oilmass>=-60:
            oil-=oilmass
            if oil<0:    #油箱无油
                oil=0

#2 父类2——电动汽车
class Electriccar(object):
    '''
    电动汽车类
    '''
    #21 构造函数
    def __init__(self,batterytype,capacity,residual): #定义属性
        #属性：电池种类 batterytype，容量 capacity，剩余 residual
        self.batterytype=batterytype
        self.capacity=capacity
        self.residual=residual

    #22 计算续航里程的方法
    def mileage2(self):    #计算续航里程，百公里平均耗电为25度=25×1000瓦时
        if self.residual>0:
            return 100*self.residual/25000
        else:
            return 0

    #23 加油或走油方法
    def adjustoil(self,power): #调整电量（充电、耗电）
        if residual>0 and residual<=capacity:
            residual+=power
            if residual>60:    #充满了
                residual=60
        if residual<0 and residual>=-capacity:
            residual-=power
            if residual<0:    #没电了
```

```
                    residual=0

#3  子类——混合动力汽车
class Hybrids(Gascar,Electriccar):
    def __init__(self,gastype,displacement,oil,batterytype,capacity,residual):
        super().__init__(gastype,displacement,oil)           #继承父类 1 的构造函数
        Electriccar.__init__(self,batterytype,capacity,residual)  #继承父类 2 的构造函数
        #在后一个继承中，必须包含参数 self

    def endurance(self,oil,bat):      #计算混合动力汽车的续航里程
        self.oil=oil
        self.residual=bat
        return self.mileage1() + self.mileage2() #两个续航里程的和

if __name__=='__main__':
    c1=Hybrids('汽油',1.8,43,'锂铁',18400,16020) #比亚迪·唐汽车的电池容量为 18400kW·h
    print('能续航：{:.1f}'.format(c1.endurance(c1.oil,c1.residual)))
    c1.oil=55
    c1.residual= 18400
    print('能续航：{:.1f}'.format(c1.endurance(c1.oil,c1.residual)))
```

在 IDLE 中运行上述程序后，得到的结果是正确的，如下：

```
能续航：541.9
能续航：684.7
>>>
```

由上述程序和运行结果可以判断得到，作为子类的混合动力汽车完全继承了父类 1——燃油汽车和父类 2——电动汽车这两个父类的所有属性和方法。

最后，需要说明的是，如果子类中的属性名、方法名与父类中的属性名、方法名同名，那么子类的优先。换言之，子类使用自己的属性和方法，父类的同名属性或方法被屏蔽。此过程也被称为"重构"。

从举例 27 的程序中可看出，如果要继承两个父类的构造函数，则可以采用如下方式实现：

```
super().__init__(gastype,displacement,oil)           #继承父类 1 的构造函数
Electriccar.__init__(self,batterytype,capacity,residual)  #继承父类 2 的构造函数
#在后一个继承中，必须包含参数 self
```

第一条语句对应的是第一个父类，这是为什么？原因在于，它自动对应子类定义时两个父类的顺序，所以对应的是(Gascar,Electriccar)中的第一个父类——Gascar。但是，当第二个父类的构造函数被调用时，必须使用父类.__init__()的方式，而不能使用 super().__init__()的方式。

那么，如果子类有 3 个父类，那该如何解决？方法如下：

```
super().__init__()              #继承父类 1 的构造函数
父类 2.__init__(self,...)       #继承父类 2 的构造函数，必须包含参数 self
父类 3.__init__(self,...)       #继承父类 3 的构造函数，必须包含参数 self
```

15.5.5 类的多级继承

一个孙类继承一个子类，而子类又继承父类，常将这种继承关系称为"类的多级继承"。在 Python 中，类可多级继承，也就是说，继承的层级不受限制。在多级继承中，派生类将继承父类与子类的属性和方法。

在日常生活中，不乏多级继承的例子。例如，植物是生命的主要形态之一，包含树木、灌木、藤类、青草、蕨类、绿藻、地衣等生物。世界上现存的大约有 350000 个植物物种，被分为种子植物、苔藓植物、蕨类植物和藻类植物 4 类。其中的种子植物又被分为裸子植物和被子植物，裸子植物的种子裸露在外，其外层无果皮包被；而被子植物的种子外层则有果皮包被。所有的种子植物均有两个基本特征：一是体内有维管组织——韧皮部和木质部；二是能产生种子并用种子繁殖。

图 15-6 用示意图的方式，清晰地展示了植物的继承关系。

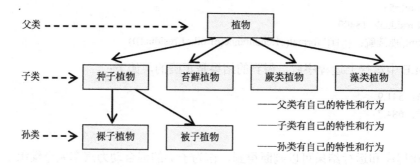

图 15-6　植物的继承关系

以下程序定义上述各类的框架，以此来说明多级继承的类及其定义问题。

```
#1 父类定义——植物
#11 植物的特性和行为对应的属性和方法（省略，下同）
class Plant(object):                    #父类
    pass

#2 子类定义——种子植物
class Spermatophyte(Plant):             #继承父类
    pass

#3 孙类定义——裸子植物
class Gymnosperms(Spermatophyte):       #继承子类
    pass
```

上述程序无具体代码，只是展示定义父、子和孙 3 个不同层次的类的一般形式。在实际应用中，任意一个层次的类均有自己的属性和方法，包括构造方法，因此，同样存在构造函数的继承问题。

15.5.6 类的混合继承

继承是面向对象编程的一个重要方式和特性，通过继承，子类可在拥有父类所有功能的基础上扩充新的功能。但是，在具体实现中，如果对类的继承处理不当，则将出现某些严重问题。

以动物为例，说明动物类 Animal 的层次化设计问题。

众所周知，动物被分为哺乳动物和卵生动物两大类。例如，猪和蝙蝠属于哺乳动物，而鸭子和鹦鹉属于卵生动物。

如果按照哺乳动物和卵生动物的归类方法，那么上述 4 种动物的类继承关系可被描述为图 15-7 所示。

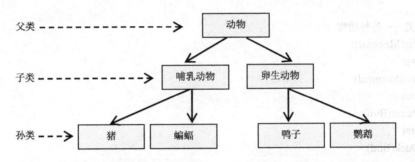

图 15-7　类的混合继承示例（归类 1）

毫无疑问，采用不同的归类原则，将产生不同的归类结果。上述动物归类方式是基于类别的，也可按照习性对动物进行归类。例如，如果按照"能游泳"和"能飞翔"归类，则类的层次关系应该如图 15-8 所示。

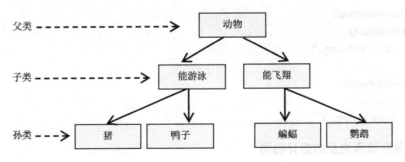

图 15-8　类的混合继承示例（归类 2）

如果同时采用上述两种分类原则对动物进行分类，则类的层次关系将变得非常复杂。例如，仅就哺乳类而言，可归类为能游泳的哺乳类、能飞翔的哺乳类等。如果继续增加分类方式，那么类的数量会呈指数级增长。显然，以此设计类的继承关系是不太可行的。

正确的做法是采用混合继承。混合继承又被简称为"MIXIN"。混合继承的目的是有效地增加类的属性和功能，它的实现方式是：在设计类的时候，优先考虑采用多继承和多层次继承的组合形式，而不是采用单纯的多层次继承，即横向与纵向结合的继承。

1. 以纵向设计为原则设计主类

主类以纵向设计为原则，采用多层次的继承方式，示例代码如下：

```
#1 大类——动物类
class Animal(object):
    pass

#2 子类——哺乳类和卵生类
class Mammal(Animal):
    pass
class Bird(Animal):
    pass

#3 孙类——各种动物
class Pig(Mammal):
    pass
class Bat(Mammal):
    pass
class Parrot(Bird):
    pass
class Duck(Bird):
    pass
```

2. 以横向设计为原则设计子类

为了给动物类加上 Swimable 和 Flyable 的功能，只需增加 Swimable 和 Flyable 两个子类即可，示例代码如下：

```
class Swimable(object):
    def swim(self):
        print('Swiming...')

class Flyable(object):
    def fly(self):
        print('Flying...')
```

3. 以混合继承为原则设计孙类

对于需要增加 Swimable 功能的动物，通过继承 Swimable 类加以实现。如 Pig 类，设计该类的示例代码如下：

```
class Pig(Mammal, Swimable):
    pass
```

对于需要增加 Flyable 功能的动物，通过继承 Flyable 类加以实现。如 Bat 类，设计该类的示例代码如下：

```
class Bat(Mammal, Flyable):
    pass
```

混合继承的优势在于，可减少类继承的层次，降低类关系的复杂度。通过混合继承，一个子类可同时获得多个父类的所有功能。

其实，Python 内置模块也常使用混合继承。例如，Python 自带了 TCPServer 和 UDPServer 两类网络服务，分别对应于两个网络通信类。为了将它们应用于多用户的场景，必须采用多进程或多线程模型，而多进程或多线程模型又分别由两个类提供，它们是多进程类 ForkingMixin 和多线程类 ThreadingMixin。在类似场景下，通过混合继承可创造出适合不同场景的通信服务。

正是由于 Python 对多继承的支持，因此，混合继承成为 Python 程序开发中很常见的一种设计方式。

15.6 类的多态性

15.6.1 什么是多态性

多态和多态性是两个不同的概念。

多态现象在自然界中大量存在。例如，动物可被分为人类和非人类；文件有多种形态，如文本文件、可执行文件、二进制文件和图像文件等。

多态性（Polymorphism）是面向对象的计算机语言所独有的一种特性，通常是指类的一种特性。因此，多态性常指"类的多态性"。

那么，什么是多态性？

多态性是指具有不同功能的函数（方法）可使用相同的函数名（方法名），也就是说，可用一个函数名调用不同内容的函数。换句话说，向不同的对象发送相同的消息，不同的对象在接收后会产生不同的行为（方法），因此，每个对象可用自己的方式去响应相同的消息。所谓"响应消息"，通俗地说，即调用函数，通过执行不同的函数来实现不同的行为。

1. 多态性的概念

在运行面向对象的程序时，相同的消息被分发至不同类的多个对象，系统依据对象所属的类，触发所属类的方法，从而产生不同的行为，这样的一种特性被称为"多态性"。

多态性一般指的是子类的多态性。

2. 多态性的优势

多态性的优势在于：

（1）增加程序的灵活性。以不变应万变，不论对象如何变化，均可通过同一种形式加以调用。当子类继承父类时，成员方法既可被重写，也可不被重写。当调用时，只需保证新方法的代码是正确的,而无须考虑原来代码的正确性。

(2)增加程序的可扩展性。多态性使得程序具有两种特性。一是对扩展开放(Open for Extension),即允许子类重写方法和函数;二是对修改封闭(Closed for Modification),即如果子类不重写方法和函数,则可直接继承父类的方法和函数。

15.6.2 多态性举例

举例 28 形象地展示了多态性及其实现,请好好消化它吧。

举例 28:多态性举例 1。

```
'''
类的多态性演示 1
本例改编自网络上的一份资料
沈红卫
绍兴文理学院  机械与电气工程学院
2018 年 4 月 22 日
'''
#1 类 1 定义
class Door(object):

    def open(self):        #类 1 的方法 open()定义
        print("打开门")

#2 类 2 定义
class Windows(object):

    def open(self):        #类 2 的方法 open()定义
        print("打开窗户")

#3 类 3 定义
class Conditioner(object):

    def open(self):        #类 3 的方法 open()定义
        print("打开空调")

#4 模块测试代码
if __name__ == "__main__":       #如果是本模块自身在运行
    a1=Door()                    #创建对象 1
    a2=Windows()
    a3=Conditioner()
    mylist = [a1, a2, a3]        #对象列表

    for item in mylist:          #遍历对象列表并调用方法 open()
        item.open()
```

在 IDLE 中运行上述程序,得到的结果如下:

```
打开门
打开窗户
打开空调
>>>
```

由此可见,不同类的对象在调用同名方法 open()后,自动产生不同的行为。这是类的多态性的一个例证。

举例 29:多态性举例 2。

```
"""
类的多态性演示 2
本程序改编自网络上的一份资料
沈红卫
绍兴文理学院 机械与电气工程学院
2018 年 4 月 22 日
"""
#1 父类定义
class Animal(object):

    def __init__(self, name):          #构造函数,带一个参数 name
        self.name = name                #实例属性 name

    def sound(self):                    #父类方法 sound()
        raise NotImplementedError("只有子类可以调用")#抛出 NotImplementedError

#2 子类 1 定义
class Cat(Animal):

    def sound(self):                    #子类 1 方法 sound()
        return '喵!'

#3 子类 2 定义
class Dog(Animal):

    def sound(self):                    #子类 2 方法 sound()
        return '汪!'

#4 模块测试代码
if __name__ == '__main__':

    animals = [Cat('大黑'),
               Cat('罗小姐'),
               Dog('阿黄'),
               Animal('高手'),    #这个逗号可有可无
               ]
    #产生对象列表。由于父类有一个属性,所以要带一个参数
```

```
    for animal in animals:          #遍历并调用同名方法
        print(animal.name + ': ' + animal.sound())
```

在举例 29 中，定义了一个父类和两个子类，它们均有一个名为 sound 的方法。由于类的多态性，所以，对于不同对象，自动调用相应的方法。而且，由于子类优先，所以子类的 sound()方法自动覆盖父类的 sound()方法。

在 IDLE 中运行上述程序，得到如下结果：

```
大黑: 喵!
罗小姐: 喵!
阿黄: 汪!
Traceback (most recent call last):
    File "K:/python_work/类的多态性 12.py", line 40, in <module>
        print(animal.name + ': ' + animal.sound())
    File "K:/python_work/类的多态性 12.py", line 15, in sound
        raise NotImplementedError("只有子类可以调用")#抛出 NotImplementedError
NotImplementedError: 只有子类可以调用
>>>
```

从上述运行结果中可以看到，前 3 个对象的 sound()方法被正常响应，第四个对象"高手"的 sound()方法也被正常响应，但由于调用的是父类自身的方法 sound()，该方法只有一条语句——抛出异常，因而抛出一个异常。当然，该异常是被故意设定的，其主要目的是演示类的多态性。

如果要使上述程序在运行时不抛出异常，则只要将列表 animals 中的"Animal('高手')"元素删除即可。

15.7 从模块中导入类

按照程序的模块化设计思想，在类被定义后，最好根据"功能相近"原则，分别以不同的文件加以存储。这些文件就是模块。

如何从文件（模块）中导入所需要的类呢？

一般来说，要从模块中导入类，可通过以下 3 种方式。

1. 导入整个模块（所有类）

导入整个模块的语法形式如下：

```
import module_name
```

在这种方式下，调用类的属性和方法的方法如下：

首先，以类似于 x = module_name.class_name(,)的形式创建实例。此处的 module_name 代表模块名，而 class_name 代表模块中的类名。

其次，通过 x.属性和 x.方法()的方式调用类的属性和方法。

2. 导入一个或若干个类

从模块中导入一部分类的语法形式如下：

from module_name import class_name1[,class_name2 ...]

在这种方式下，调用类的属性和方法的方法如下：

首先，创建实例 x = class_name(,)，即不需要使用模块名，可直接使用类名。

其次，通过 x.属性和 x.方法()的方式调用类的属性和方法。

3. 导入模块中所有的类

从模块中导入所有类的语法形式如下：

from module_name import *

在这种方式下，调用类的属性和方法的方法如下：

首先，创建实例 x = class_name(,)，即不需要使用模块名，可直接使用类名。

其次，通过 x.属性和 x.方法()的方式调用类的属性和方法。

就上述方式 2 和方式 3 而言，假如类名相同，则将会产生相互覆盖，即最后被导入的类有效。由于被覆盖后，前面的类将失效，所以方式 2 和方式 3 通常不被推荐。

举例 30：在一个程序中导入模块，并使用模块中定义的类。

以下分两部分讨论程序的实现问题。

（1）先定义所需要的类，并将它保存为一个文件（模块）。

```python
'''模块名：私有方法的定义 11；对应文件名：私有方法的定义 11.py'''
class Person(object):

    def __init__(self):
        self.__name = '王五'   # 私有属性
        self.age = 22

    def __get_name(self):      # 私有方法
        return self.__name

    def get_age(self):          # 公有方法
        return self.age

if __name__ == '__main__':
    person = Person()
    print(person.get_age())
    # print(person.__get_name())   # 不能在类外这样直接访问
    print(person._Person__get_name())
```

（2）引用该文件（模块），导入并使用被定义的类。

```python
#1 方式一
import 私有方法的定义 11              #导入模块
```

```
c1=私有方法的定义 11.Person()         #带模块名
print(c1._Person__get_name())

#2 方式二
from 私有方法的定义 11 import Person
c1=Person()                          #无须模块名
print(c1._Person__get_name())        #调用私有方法

#3 方式三
from 私有方法的定义 11 import *
c1=Person()                          #无须模块名
print(c1._Person__get_name())
```

上述程序展示了 3 种导入模块的方式。在程序中，调用了私有方法。

在 PyCharm 中运行上述程序后，得到如图 15-9 所示的结果。由运行结果可见，3 种方式是等效的。

图 15-9　3 种方式的运行结果

15.8　归纳与总结

关于面向对象与类，要重点把握的内容是对象与类的设计，即如何抽象出类、如何定义类（属性和方法）、如何继承类。关于面向对象与类的内容博大精深，学习和理解类与对象是螺旋上升的过程，所以一定要多实践、多思考、多坚持。

Python 的装饰器非常特别，主要有@property、@staticmethod 和@classmethod。诸如__slots__、__dict__等左右均带双下画线的内置变量也很特殊，要特别加以注意。

此处重点讨论两个问题：一是类方法如何被属性化；二是在多继承和多级继承中，属性和方法的查找顺序是如何被确定的。

15.8.1　类方法的属性化

在实际应用开发中，常会遇到类似问题：不显式地调用方法，又能对属性的设置进行容错检查，如何才能解决？

解决途径：类方法的属性化。

为此，不得不再次提及装饰器（Decorator），因为借助 Python 内置的@property 装饰器即可将方法属性化。

在部分应用中，不希望某些属性被直接暴露和访问，而是希望通过方法访问这些属性。但是，通过方法访问属性又显得不如直接操作属性简便。为此，引入方法的属性化方法。它的具体原理如下：利用装饰器@property 定义 getter 和 setter 两个方法，借助它们以实现对属性的读/写操作，但是对这两个方法的调用与对属性的访问在形式上完全一致，显得十分方便，这就是所谓的"方法的属性化"。如果只定义 getter 方法而不定义 setter 方法，那么对应的属性就是一个只读属性；否则是可读写的属性。

下面通过一个 Screen 类的例子，说明如何利用装饰器@property 实现方法的属性化，以及在实现过程中要注意的事项。

定义一个 Screen 类，它有两个可读写属性 width 和 height，以及一个只读属性 resolution，它们均为属性化方法，它们的本质是方法。

举例 31：方法的属性化。

```
'''
方法的属性化演示
本例改编自网络上的一份资料
沈红卫
绍兴文理学院 机械与电气工程学院
2018 年 4 月 23 日
核心提示：
@property 对应的是 getter 方法（如 width 方法）——读方法
那么@width.setter 对应的是 setter 方法——写方法
如果只有读方法，那么方法就变成了只读属性
'''
#1 定义类 Screen
#11 它有两个由方法转化而成的属性 width、heigth
#12 它还有一个只读属性 resolution（也是由方法转化而成的）
class Screen(object):
    @property
    def width(self) :              #getter 方法
        return self.__width
    
    @width.setter
    def width(self,valuer) :       #setter 方法
        if not isinstance(valuer,int):   #判断设置值是否为整型
            raise ValueError('宽度必须是整数')
        if valuer < 0 :
            raise ValueError('宽度不能小于 0')
        self.__width=valuer
    
    @property
    def height(self) :
        return self.__height
```

```
        @height.setter
        def height(self,number) :
            if not isinstance(number,int) :
                raise ValueError('高度必须是整数')
            if number < 0 :
                raise ValueError('高度不能小于 0')
            self.__height = number

        @property
        def resolution(self):          #getter 方法
            return self.__width * self.__height

#2 类的使用举例
if __name__=='__main__':
    s=Screen()                  #创建实例
    s.width = 1024              #属性化设置宽度
    s.height = 768              #属性化设置高度
    print('当前设置：{}*{}'.format(s.width,s.height)) #读
    print(s.resolution) #显示屏幕分辨率（通过只读方法）
```

从举例 31 的程序中不难发现，程序中有两个私有属性 __width 和 __height，它们被限定于类内使用，不对外暴露。将一个 getter 方法变成属性，只需在定义该方法时加上前导装饰器 @property 即可，如 width 的 getter()。此时，@property 本身将创建另一个装饰器 @xxx.setter，它负责将一个 setter 方法变为"属性"，如 width 的 setter()。它并不是真正意义上的类属性，只是可像普通属性一样被读/写，而且该"属性"是一个可控的、有一定容错性的属性，如程序中的 width，可以采用以下形式对它进行读/写操作：

```
s.width = 1024              #属性化设置宽度
s.height = 768              #属性化设置高度
```

上述两条语句中的 width 和 height 本身并不是实例的属性，而是方法，但给人的感觉似乎是属性，这就是所谓的方法的属性化。

要注意的是，上述 @xxx.setter 中的 xxx 是在 @property 下定义的方法名，应视具体情况而定。

15.8.2 关于内置变量 __mro__

在执行多继承操作时，子类是如何查找父类方法和属性的呢？这就涉及 Python 继承寻址方式的问题。

Python 继承寻址方式遵循的是"广度优先"原则，也就是先从左到右，然后逐级寻址直到基类。那么，如何才能得知继承寻址顺序呢？

通过访问内置变量 __mro__ 即可获知继承寻址顺序。

举例 32：通过访问内置变量 __mro__ 获知继承寻址顺序。

```
'''
类继承中多态性方法的调用顺序演示
沈红卫
2018年4月23日
'''
class A(object):
    def hello(self):
        print("I am in A")
    def tell(self):
        print("You are calling A")

class B(object):
    def hello(self):
        print("I am in B")
    def tell(self):
        print("You are calling B")

class C(A):
    def hello(self):
        print("I am in C")

class D(B):
    def hello(self):
        print("I am in D")

class E(D,C,A,B):
    pass

class F(D,C,B,A):
    pass

if __name__=='__main__':
    print(E.__mro__)        #属性__mro__，显示E类的继承寻址顺序
    e=E()
    e.hello()
    e.tell()

    print(F.mro())          #方法mro()，显示F类的继承寻址顺序
    e=F()
    e.hello()
    e.tell()
```

在IDLE中运行上述程序后，得到的结果如下：

(<class '__main__.E'>, <class '__main__.D'>, <class '__main__.C'>, <class '__main__.A'>, <class '__main__.B'>, <class 'object'>)
I am in D
You are calling A
[<class '__main__.F'>, <class '__main__.D'>, <class '__main__.C'>, <class '__main__.B'>, <class

'__main__.A'>, <class 'object'>]
I am in D
You are calling B

举例 32 的程序与运行结果很形象地展示了"广度优先"原则，有助于理解继承寻址顺序的问题。

通过__mro__属性和 mro()方法均可获知继承寻址顺序，只是前者返回一个元组，而后者返回一个列表。举例 32 的运行结果印证了这一点。

15.8.3 关于内置函数 issubclass()与 isinstance()

可使用内置函数 issubclass()或 isinstance()检查两个类之间或实例与类之间的关系，前者得到的是继承关系，后者得到的是从属关系。

内置函数 issubclass()的一般用法如下：

issubclass(sub,sup)

其中，参数 sub 和 sup 分别表示子类和超类。如果给定的子类 sub 的确是超类 sup 的子类，则函数返回 True；否则返回 False。

内置函数 isinstance()的一般用法如下：

isinstance(obj,Class)

其中，参数 obj 和 Class 分别表示对象和类。如果对象 obj 是类 Class 的一个实例，或者类 Class 的一个子类的实例，则函数返回 True；否则返回 False。

在 Python 中，还有一个内置函数 type()，它也被用于判断对象的类型，只不过它没有 isinstance()那么强大和灵活。

例如：

```
>>> type(1)
<class 'int'>
>>> isinstance(1,int)
True
>>>
```

15.8.4 关于内置函数 dir()

如果要获得一个对象的所有属性和方法，则可使用内置函数 dir()。该函数返回一个包含所有属性和方法名的列表，属性和方法名均以字符串形式呈现。

例如，为了获得一个字符串常量对象"hello"的所有属性和方法，可以采用如下方式实现：

```
>>> dir('hello')
['__add__', '__class__', '__contains__', '__delattr__', '__dir__', '__doc__', '__eq__', '__format__', '__ge__', '__getattribute__', '__getitem__', '__getnewargs__', '__gt__', '__hash__', '__init__', '__init_subclass__', '__iter__', '__le__', '__len__', '__lt__', '__mod__', '__mul__', '__ne__', '__new__', '__reduce__', '__reduce_ex__', '__repr__',
```

'__rmod__', '__rmul__', '__setattr__', '__sizeof__', '__str__', '__subclasshook__', 'capitalize', 'casefold', 'center', 'count', 'encode', 'endswith', 'expandtabs', 'find', 'format', 'format_map', 'index', 'isalnum', 'isalpha', 'isdecimal', 'isdigit', 'isidentifier', 'islower', 'isnumeric', 'isprintable', 'isspace', 'istitle', 'isupper', 'join', 'ljust', 'lower', 'lstrip', 'maketrans', 'partition', 'replace', 'rfind', 'rindex', 'rjust', 'rpartition', 'rsplit', 'rstrip', 'split', 'splitlines', 'startswith', 'strip', 'swapcase', 'title', 'translate', 'upper', 'zfill']
>>>

再如，g1 为 Gamer 类的一个对象，为获取 g1 的所有属性和方法，可以采用如下方式实现：

>>>g1=Gamer()
>>>print(dir(g1))

思考与实践

1. 创建一个汽车类，其属性和方法自定。基于该类设计一个程序，以实现加油、查询续航里程和剩余油量的功能。
2. 创建一个成绩管理类，以实现对成绩的输入、查询和分类统计功能。
3. 请用方法的属性化方法重新设计上面两个程序。

第16章 异常处理让程序健壮

学习目标

- 理解程序中的错误与异常及其处理方法。
- 掌握异常处理的 try 方法。
- 掌握异常处理的 with 方法。

多媒体课件和导学微视频

16.1 错误与异常

在程序设计和运行的过程中，均有可能出现错误和异常现象。错误与异常两者在概念和本质上均有区别。

16.1.1 错误（Error）

计算机语言中的错误通常被分为两类：语法性错误（Syntax Error）和逻辑性错误（Logic Error），后者又被称为"功能性错误"。

1. 语法性错误

绝大多数语法性错误是由于语句不符合语法要求而导致的，如冒号丢失、标点符号不正确等，这类错误往往比较明显，也容易被发现。如果在 Python 平台上编写程序，那么这类错误大多会被自动提示。而且，如果程序中存在此类错误，那么程序是无法被执行的。

举例 1：语法性错误演示。

图 16-1 所示是在 IDLE 环境下编写一个程序的场景。由于 if 语句缺少"："，所以 IDLE 立即自动提示"SyntaxError: invalid syntax"，意即"语法错误：无效的语法"。此类错误通

常被称为低级错误,因为它们往往出现于初学阶段。随着学习者学习的深入,语法性错误将逐渐减少甚至不再出现。

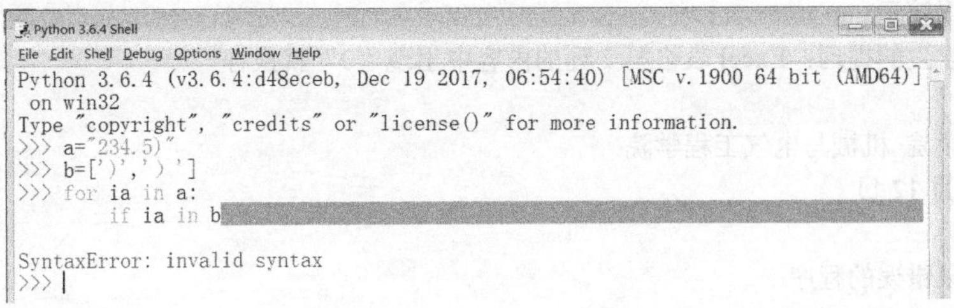

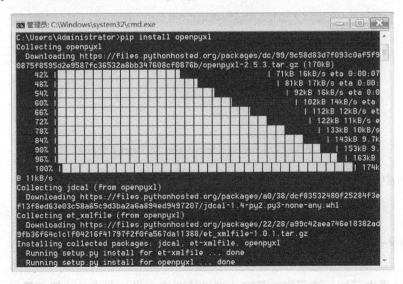

图 16-1　语法性错误示例

2. 逻辑性错误

所谓逻辑性错误,通常是指由于算法设计不周密、不科学、不合理而导致的错误,也就是说,程序不能达到设计要求而导致的错误。这类错误往往很隐蔽,不容易被发现,程序开发平台也不可能在程序编写阶段自动提示相关错误信息,它们必须在运行过程中才会被表现出来。因此,对于学习者和开发者而言,这类错误是最令人头疼的,定位和排除这类错误很花费时间和精力。

举例 2:逻辑性错误演示。

设计要求:搜索 Excel 表格第 2 列所有单元格的内容,如遇到字符")"即换行。

本程序涉及对 Excel 文件的操作。为了直接操作 Excel 文件,必须安装第三方模块 openpyxl。请自行查阅相关资料了解该模块的具体功能和用法。利用 dir(openpyxl)命令可获知该模块有哪些属性和方法。

要想使用 openpyxl 模块,首先必须安装它。在终端方式(命令行方式)下,输入 pip install openpyxl 命令并执行,即可安装 openpyxl 模块,如图 16-2 所示。

图 16-2　安装 openpyxl 模块

为了实现上述设计要求,设计了如下程序:

```
'''
逻辑性错误演示
来自一个学生的提问:Excel 表格第 2 列的内容中出现")"就换行
沈红卫
绍兴文理学院 机械与电气工程学院
2018 年 5 月 12 日
'''
#1 这是结果错误的程序
# 使用 Excel 表格操作模块
import openpyxl                                          #引用模块
wb=openpyxl.load_workbook('e:\demo\myexceldemo1.xlsx')   #打开 Excel 文件
#ws=wb.get_sheet_by_name('Sheet1')                       #使用 Sheet1
ws=wb['Sheet1']                                          #使用 Sheet1
old_str=[')',')'] #中、英文")"
for i in range(1,ws.max_row):           #所有行
    a=ws.cell(row=i,column=2).value     #第 2 列
    
    if a in old_str:
        ws.cell(row=i,column=2).value=')\n' #如果该列内容包含")"则换行
        print(ws.cell(row=i,column=2).value)
print('--end of row--')
```

该程序中使用的文件 e:\demo\myexceldemo1.xlsx 是一个 Excel 文件,其中 Sheet1 的内容如图 16-3 所示。

	A	B
1	a	aa
2	b	bb)
3	c	cc
4	d	dd
5	e	ee)
6	f	ff
7	g	gg
8	h	)
9	i	ii
10	l	ll
11	m	mm
12	n	nn

图 16-3 文件 myexceldemo1.xlsx 中 Sheet 1 的内容

在 IDLE 中运行上述程序后,结果如下:

```
)

--end of row--
>>>
```

从上述结果中可知,该程序并没有达到设计要求。设计要求是:搜索第 2 列,凡是内容中出现右括号的,均直接换行。但实际结果是:只有单元格内容等于")"才换行。显然,

这不符合设计要求。

这是因为程序中存在逻辑性错误。如果要实现只要内容中包含")"就换行的要求,那么需要如何修改?

以下是符合设计要求的程序:

```
'''
逻辑性错误演示
来自一个学生的提问:Excel 表格第 2 列的内容中出现")"就换行
沈红卫
绍兴文理学院 机械与电气工程学院
2018 年 5 月 12 日
'''
#2 这是结果正确的程序
# 使用 Excel 表格操作模块
import openpyxl        #引用模块
wb=openpyxl.load_workbook('e:\demo\myexceldemo1.xlsx')    #打开 Excel 表文件
#ws=wb.get_sheet_by_name('Sheet1')                         #使用 Sheet1
ws=wb['Sheet1']                                            #使用 Sheet1
old_str=[')',')']                                          #中、英文")"
for i in range(1,ws.max_row):                              #所有行
    a=ws.cell(row=i,column=2).value                        #第 2 列
    '''
    if a in old_str:
        ws.cell(row=i,column=2).value=')\n' #如果该列内容包含")"则换行
        print(ws.cell(row=i,column=2).value)
    '''
    for la in a:
        if la in old_str:
            ws.cell(row=i,column=2).value=')\n'
            print(ws.cell(row=i,column=2).value)

print('--end of row--')
```

在 IDLE 中运行上述程序后,得到正确结果:有 3 处被换行了!

```
)

)

)

--end of row--
>>>
```

上述程序使用了外部模块 openpyxl,它被专门用于对 Excel 文件进行操作。

16.1.2 异常（Exception）

在一般情况下，在排除 Python 程序的语法错误后，程序即可被运行，但是，在运行的过程中也有可能发生错误，常常把在运行期间出现的错误称为"异常"。

在运行过程中，一旦遇到异常，程序立即被终止，同时抛出异常错误报警（Traceback）。

举例3：求一个整数的所有因子。

```
'''
异常演示：
本程序存在两个异常：
  类型错误
  除数为0
'''
a=input('请输入一个整数：')
for i in range(a+1):
    if a%i==0:
        print('最小公倍数=%d'%(i))

    i+=1
```

在 IDLE 中运行上述程序，会出现如下结果：

```
请输入一个整数：10
Traceback (most recent call last):
  File "K:/python_work/异常（类型和除数为0）举例 1.py", line 8, in <module>
    for i in range(a+1):
TypeError: must be str, not int
>>>
```

为什么会出现上述异常呢？这是因为 input()函数的返回值 a 是字符串类型（str）的，而程序中 for 循环语句使用内置函数 range()，该函数的参数必须是整型（int）的，因此出现类型不匹配异常（TypeError）。

修改后的程序如下：

```
'''
异常演示：
本程序存在两个异常：
  类型错误
  除数为0
'''
a=int(input('请输入一个整数：'))
for i in range(a+1):
    if a%i==0:
        print('最小公倍数=%d'%(i))

    i+=1
```

在 IDLE 中运行上述程序后,出现另一个异常:

```
请输入一个整数: 10
Traceback (most recent call last):
  File "K:/python_work/异常(类型和除数为 0)举例 1.py", line 9, in <module>
    if a%i==0:
ZeroDivisionError: integer division or modulo by zero
>>>
```

这又是为什么?

因为 i 的取值为 0~a,所以出现了除数为 0 的情况,因而出现"被零除错误(ZeroDivisionError: integer division or modulo by zero)"的异常报警,程序随即被终止执行。

如何修改上述程序使之正确呢?请读者自行解决吧!

16.1.3 常见的标准异常

程序中存在逻辑或算法错误,或者在运行过程中计算机本身出现诸如内存不够或 I/O 错误,都将导致异常的发生。

Python 中的异常被分为两类:标准异常和自定义异常。

1. 标准异常及其描述

标准异常是指由 Python 定义的异常,它由解释器抛出。

Python 常见的标准异常及其描述如表 16-1 所示。当运行程序,出现表 16-1 所描述的情况时,就会触发相应的标准异常并被解释器抛出,抛出的形式是"Traceback"。

表 16-1　Python 常见的标准异常及其描述

异常名称	具体描述
BaseException	所有异常的基类
SystemExit	解释器请求退出
KeyboardInterrupt	用户中断执行(通常是输入^C)
Exception	常规错误的基类
StopIteration	迭代器没有更多的值
GeneratorExit	当一个生成器对象被销毁时
StandardError	所有内建标准异常的基类
ArithmeticError	所有数值计算错误的基类
FloatingPointError	浮点计算错误
OverflowError	数值运算超出最大限制
ZeroDivisionError	除(或取模)零
AssertionError	断言语句失败
AttributeError	对象没有这个属性
EOFError	到达 EOF 标记

续表

异常名称	具体描述
EnvironmentError	操作系统错误的基类
IOError	输入/输出操作失败
OSError	操作系统错误
WindowsError	系统调用失败
ImportError	导入模块/对象失败
LookupError	无效数据查询的基类
IndexError	序列中无此索引（index）
KeyError	映射中无此键
MemoryError	内存溢出错误（对于 Python 解释器不是致命的）
NameError	未声明/初始化对象（没有属性）
UnboundLocalError	访问未初始化的本地变量
ReferenceError	试图访问已被垃圾回收的对象
RuntimeError	一般的运行时错误
NotImplementedError	尚未实现的方法
SyntaxError	Python 语法错误
IndentationError	缩进错误
TabError	Tab 和空格混用
SystemError	一般的解释器系统错误
TypeError	对类型无效的操作
ValueError	传入无效的参数
UnicodeError	与 Unicode 相关的错误
UnicodeDecodeError	Unicode 解码时错误
UnicodeEncodeError	Unicode 编码时错误
UnicodeTranslateError	Unicode 转换时错误
Warning	警告的基类
DeprecationWarning	关于被弃用的特征的警告
FutureWarning	关于构造将来语义会有改变的警告
OverflowWarning	旧的关于自动提升为长整型（long）的警告
PendingDeprecationWarning	关于特性将会被废弃的警告
RuntimeWarning	可疑的运行时行为（Runtime Behavior）的警告
SyntaxWarning	可疑的语法的警告
UserWarning	用户代码生成的警告

2. 标准异常举例

举例 4：标准异常举例——IOError。

该异常是指输入/输出发生错误。此处以文件的非正常读/写为例进行演示：如果文件以"w"模式被打开，则只能被写入，不能被读取。在此模式下，如果执行读操作，则将触发IOError异常。

示例程序如下：

```
'''
标准异常演示：标准异常举例1.py
文件读/写不被支持
沈红卫
2018年5月15
'''
wf=open('e:\\demo\\filedemo8.txt','w')    #以写方式打开文件
#要写入的多行内容存在于列表中
ss=['Welcome!\n','Here is Python wolrd.\n','Good good study,day day up.\n']
wf.writelines(ss)                         #写入多行
wf.seek(0)                                #文件指针归位
line=wf.readline()                        #读一行
print(line)                               #显示一行
```

在IDLE中运行上述程序后，得到的结果如下：

```
Traceback (most recent call last):
  File "K:/python_work/标准异常举例1.py", line 12, in <module>
    line=wf.readline()                    #读一行
io.UnsupportedOperation: not readable
>>>
```

之所以出现上述错误，是因为程序中对以"w"模式打开的文件进行了读操作。如果将程序中打开文件的方式由"w"改为"w+"，则程序可被正常运行，读取并得到正确的结果，如下：

```
Welcome!

>>>
```

如果将上述程序进行如下修改，则又会触发异常。先看程序：

```
'''
标准异常演示：标准异常举例1.py
文件读/写不被支持
沈红卫
2018年5月15
'''
wf=open('e:\demo\filedemo8.txt','w+')    #以写方式打开文件
#要写入的多行内容存在于列表中
ss=['Welcome!\n','Here is Python wolrd.\n','Good good study,day day up.\n']
wf.writelines(ss)         #写入多行
wf.seek(0)                #文件指针归位
```

```
line=wf.readline()        #读一行
print(line)               #显示一行
```

在 IDLE 中运行程序，得到的结果如下：

```
Traceback (most recent call last):
  File "K:/python_work/标准异常举例 1.py", line 7, in <module>
    wf=open('e:\demo\filedemo8.txt','w+')   #以写方式打开文件
OSError: [Errno 22] Invalid argument: 'e:\\demo\x0ciledemo8.txt'
>>>
```

这又是为什么呢？这是因为文件路径书写不正确，导致 OSError 异常被触发。

正确书写文件绝对路径的方式通常有以下两种。

- 转义法：e:\\demo\\filedemo8.txt。

与 C 语言相似，在 Python 语言中，普通字符"\"必须用转义字符"\\"加以表示。

- 非转义法：r'e:\demo\filedemo8.txt'。

在字符串前加字符"r"，以此表示其后的字符串为原始字符串。也就是说，"\"不再作为转义字符的前缀标志，而是一个普通的"\"字符。

除上述两种绝对路径表示方法外，还有没有其他表示方法呢？有！不过，请读者自行思考绝对路径的第三种表示方法。

16.1.4 自定义异常

Python 标准异常数量有限，在某些应用场景下，可能会出现不足以表达异常的情况。令人欣慰的是，如同 Java 一样，Python 也可自定义若干异常，并且可以手动抛出它们。注意，自定义异常只能被程序抛出，而无法被 Python 解释器抛出。

在程序中，可以通过创建一个新的异常类来定义自己的异常。不管以间接继承还是直接继承的方式，新创建的异常类必须继承 Exception 类，它是常规错误的基类。

自定义异常类的一般形式如下：

```
class 自定义异常类名(Exception):
    异常类的具体代码块
```

异常类一旦被定义，必须在程序中通过 raise 语句抛出异常（对象）。

raise 语句的语法形式如下：

```
raise 自定义异常类(参数)
```

举例 5：自定义异常及其抛出。

```
'''
自定义异常举例：自定义异常举例 1.py
沈红卫
2018 年 5 月 15 日
'''
# 定义异常类
class CustomError(Exception):              #必须继承内置基类 Exception
```

```
        #异常类代码（根据需要编写具体代码，此处只是为了演示）
        def __init__(self,ErrorInfo):          #构造函数
            super().__init__(self)             #初始化父类（继承基类的构造函数）
            self.errorinfo=ErrorInfo           #属性
        def __str__(self):
            return self.errorinfo

if __name__ == '__main__':
    try:
        raise CustomError('自定义异常')       #抛出异常
    except CustomError as e:
        print(e)
```

在 IDLE 中运行上述程序，得到的结果如下：

自定义异常
\>\>\>

在举例 5 中，使用了 Python 的"魔法方法"：__str__()。

__str__()方法非常神奇，它常作为类的一个方法被定义在类内。它的一般语法形式如下：

```
def __str__(self):
    return 与 self 有关的字符串
```

举例 6：__str__()方法及其使用 1。

```
#定义一个 Cat 类
class Cat(object):
    def __init__(self,name,color):
        self.name=name                         #实例属性：name
        self.color=color                       #实例属性：color
    def __str__(self):                         #定义魔法方法（实例方法）
        return "%s 的颜色是%s 色"%(self.name,self.color) #输出的字符串
    def eat(self):                             #定义普通实例方法
        print("%s 正在吃东西"%self.name)

mimi=Cat("Tom","黄")                           #创建对象 mimi

print(mimi)                                    #打印对象，即可调用魔法方法
mimi.eat()                                     #调用实例方法
```

某个类如果定义了__str__(self)方法，那么，当使用"print(对象)"语句输出对象时，将打印该方法中 return 语句后的字符串。例如，举例 5 中的语句 print(e)，打印的是"自定义异常"，它是__str__()中 return 语句后的 self.errorinfo 的值；再如，举例 6 中的 print(mimi)同样如此。

在 IDLE 中运行上述程序，得到的结果如下：

Tom 的颜色是黄色

Tom 正在吃东西
\>\>\>

举例 7：__str__()方法及其应用 2。

```
class Demo__str__(object):
    def __init__(self,name,age):
        self.name=name
        self.age=age

    def __str__(self):          #注意，该方法必须有参数 self
        return "打印对象就能输出我这个信息"

if __name__=="__main__":
    obj1=Demo__str__("沈红卫",28)
    print(obj1)                 #打印对象
```

在 IDLE 中运行上述程序，得到的结果如下：

打印对象就能输出我这个信息
\>\>\>

不得不说，__str__()方法真的很魔幻！

16.1.5 为什么要进行异常处理

在运行程序时，如果解释器检测到错误，则将会引发异常。如果程序本身没有对异常进行捕捉和处理，那么 Python 默认的异常处理机制将被启动：停止程序运行，显示出错信息。很显然，这是以牺牲程序的执行为代价的。如果不希望启动默认机制，就必须采取一定的算法对异常进行捕捉和处理。当程序出错时，异常将被程序本身的出错处理机制所捕获，处理完毕后，程序将继续执行。

举例 8：异常默认处理。

```
'''
异常默认处理举例 1：异常默认处理举例 1.py
演示程序运行中出现错误后默认的处理
沈红卫 绍兴文理学院 机械与电气工程学院
2018 年 5 月 16 日
'''
myl=[1,2,3,7,9,12,56]
for i in range(len(myl)+1): #下标为 0～6，最后一个下标 7 越界了
    myl[i]+=5
for ll in myl:
    print(ll)
```

在 IDLE 中运行上述程序，得到的结果如下：

Traceback (most recent call last):
  File "K:/python_work/为什么要处理异常举例 1.py", line 9, in \<module\>

```
    myl[i]+=5
IndexError: list index out of range
>>>
```

可见，由于举例 8 的程序本身无异常处理机制，所以导致异常被抛出，程序被终止执行。看到如此的结果，开发者的内心往往是崩溃的！

举例 9：程序进行容错性设计。

```
'''
 异常默认处理举例 2：异常默认处理举例 2.py
 演示在程序运行中进行容错性设计，以防止出现错误
 沈红卫 绍兴文理学院 机械与电气工程学院
 2018 年 5 月 16 日
'''
a = input("a= ")
#进行容错性设计，避免除数为 0 出错
while True:
    b = input("b= ")
    if b == "0":   #如果除数为 0，则要求重新输入
        continue
    else:
        break
c=eval(a)/eval(b)
print(c)
```

举例 9 的程序通过容错性设计来排除除数为 0 的情况，从而避免了在程序运行过程中出现异常。

为了提高程序的稳健性和可靠性，必须进行容错性设计。但是，任何事物都有两面性，容错性设计将增加程序的复杂性，牺牲程序的逻辑性和运行效率。而且，由于程序中存在错误是绝对的，所以，即便进行了容错性设计，也无法覆盖所有的出错可能。因此，进行异常捕捉和处理是十分必要的。

举例 10：异常处理。

```
'''
 异常默认处理举例 3：异常默认处理举例 3.py
 演示程序进行异常处理
 沈红卫 绍兴文理学院 机械与电气工程学院
 2018 年 5 月 16 日
'''
while True:
    a = input("a= ")
    b = input("b= ")
    #以下是异常捕捉和处理
    try:
        c=eval(a)/eval(b)
    except ZeroDivisionError:
        print('除数不能为 0，请重输！')
```

```
    else:
        print(c)
        break
```

在 IDLE 中运行上述程序,得到的结果如下:

```
a= 12
b= 0
除数不能为 0,请重输!
a= 12
b= 34
0.35294117647058826
>>>
```

举例 10 演示了如何通过 Python 的异常处理语句捕捉和处理"除数为 0"的异常。由此可见,它比举例 9 显得更加简便易行。当然,在举例 10 的程序中,还存在一些将导致异常的问题,例如,当变量"a"被赋值为字符串"4a"时,由于字符串"4a"不能被转化为十进制值,因此将触发默认异常,如下:

```
a= 4a
b= 4
Traceback (most recent call last):
  File "K:/python_work/为什么要处理异常举例 3.py", line 12, in <module>
    c=eval(a)/eval(b)
  File "<string>", line 1
    4a
     ^
SyntaxError: unexpected EOF while parsing
>>>
```

由此可见,在进行异常处理时,要充分考虑各种可能的异常。

16.2 异常处理的一般方法——try 语句

16.2.1 try 语句的一般语法

在 Python 中,常使用 try 语句处理异常。
异常处理语句 try 的一般形式如下:

```
try:
    正常处理语句块
except 异常 1:
    异常 1 处理语句块
except 异常 2 as 别名 2:
    异常 2 处理语句块(可使用别名)
except (异常 3,异常 4) as 别名 3:
    异常 3 和 4 处理语句块(共用别名)
```

```
else:
    其他处理语句块
finally:
    最终处理语句块
```

try 语句的工作流程和工作原理可以用图 16-4 简单地加以描述。

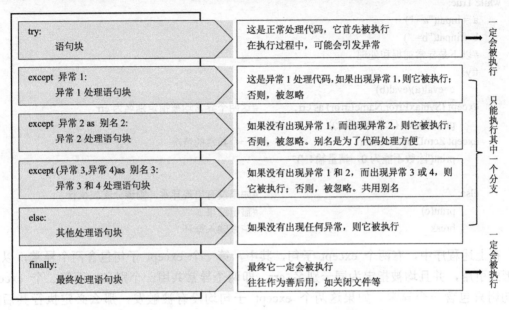

图 16-4 try 语句的工作流程和工作原理

16.2.2 try 语句的执行过程分析

try 语句常被用于异常处理，以下是对该语句执行过程的具体分析。

1. try 语句的基本语法要求

try 语句以关键字 try 开头，后跟一个冒号（:），其下为一个可能引发异常的语句块。该语句块从属于 try 子句，因此必须缩进，它是实现功能的代码。

2. except 子句及其处理

try 语句可指定一个或多个 except 子句，except 子句紧跟在 try 子句后，每个 except 子句可指定 0 个或多个异常类名，except 所在行的末尾必须有冒号（:）。

指定的异常类名代表由 except 子句处理的异常类型。except 子句可有多个，Python 自动按 except 子句的前后顺序依次匹配指定的异常。一旦某个异常被匹配并处理，后面的 except 子句将不被执行。

3. except 可指定别名

可在 except 子句中通过 as 指定一个别名，程序通过别名引用被捕获的异常对象，利用别名从异常对象处获取与异常有关的信息。因为别名往往比较简洁，所以它的优势是使书写更为简便。

举例 11：多个 except 与别名的例子。

```
#1 try 语句举例 1
while True:
    a = input("a= ")
    b = input("b= ")
    #以下是异常捕捉和处理
    try:
        c=eval(a)/eval(b)
    except (SyntaxError,NameError) as err:    #这两个异常均被指定别名为 err
        print('Error:{}'.format(err))
    except ZeroDivisionError:                  #一个异常的情况
        print('除数不能为 0，请重输！')

    else:                                      #如果没有出现异常，则该分支被执行
        print(c)                               #输出结果
        break                                  #结束输入循环
```

在上述程序中，有两个 except 子句，其中，第一个 except 子句包含两个异常，以元组形式引用，并且均被指定为同一别名 err，即两个异常共用一个别名；而第二个 except 子句则只包含一个异常。如果这两个 except 子句均没有被触发，那么必定执行其后的 else 子句。

在 IDLE 中运行上述程序，得到的结果如下：

```
a= 3a
b= 0
Error:unexpected EOF while parsing (<string>, line 1)
a= a4
b= 12
Error:name 'a4' is not defined
a= 34
b= 0
除数不能为 0，请重输！
a= 34
b= 12
2.8333333333333335
>>>
```

4. 没有指定异常的 except 子句

如果 except 子句没有指定任何异常类型，则将捕捉所有类型的异常。

举例 12：except 子句没有指定异常类型。

```
#1 try 语句举例 2
while True:
```

```
a = input("a= ")
b = input("b= ")
#以下是异常捕捉和处理
try:
    c=eval(a)/eval(b)
except ZeroDivisionError:        #一个异常的情况
    print('除数不能为 0，请重输！')
except:                          #捕捉除 ZeroDivisionError 以外的所有异常
    print('其他异常出现了！')

else:                            #如果没有出现异常，则该分支被执行
    print(c)                     #输出结果
    break                        #结束输入循环
```

上述程序共有两个 except 子句，第二个 except 子句没有指定任何异常类型，所以，它将捕捉除 ZeroDivisionError 以外的所有异常。

在 IDLE 中运行上述程序，得到的结果如下：

```
a= 3a
b= 12
其他异常出现了！
a= a3
b= 12
其他异常出现了！
a= 34
b= 0
除数不能为 0，请重输！
a= 34
b= 12
2.8333333333333335
>>>
```

如果将上述程序中两个 except 子句的前后顺序改动一下，即将两个子句改为如下形式：

```
except:                          #捕捉除 ZeroDivisionError 以外的所有异常
    print('其他异常出现了！')
except ZeroDivisionError:        #一个异常的情况
    print('除数不能为 0，请重输！')
```

那么，运行程序后，能否捕捉 ZeroDivisionError 异常？答案是：不仅不能运行程序，而且程序将出现语法错误。

原因在于，如果程序中有多个 except 子句，那么没有指定异常的 except 子句必须位于其他 except 子句后。换言之，该子句只能作为最后一个 except 子句。

5. else 子句

在最后一个 except 子句后，可选择性地添加一个 else 子句。else 子句所在的行也必须以冒号（:）作为结尾符。

如果 try 子句不引发异常，则将直接执行 else 子句。但是，如果 try 语句不包含任何 except 子句，则不允许包含 else 子句。

尽管 try 子句的语句块对语句无特别要求，但在通常情况下，该语句块只包含可能引发异常的语句。而 else 子句的语句块一般应为不会引发异常，而且只有在 try 子句不发生异常的前提下才应被执行的语句。

举例 13：无效语法——没有 except 子句，而只有 else 子句。

```
#1 try 语句举例 3
while True:
    a = input("a= ")
    b = input("b= ")
    #以下是异常捕捉和处理
    try:
        c=eval(a)/eval(b)

    else:                   #如果没有出现异常，则该分支被执行
        print(c)            #输出结果
        break               #结束输入循环
```

在上述程序中，无任何 except 子句，而只有 else 子句。在 IDLE 中运行上述程序，出现如图 16-5 所示的错误提示。

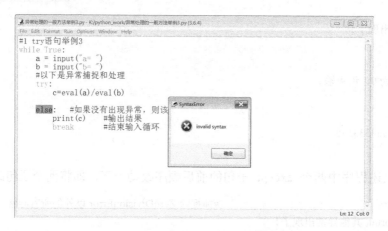

图 16-5　无 except 子句而只有 else 子句引起的错误

由此可见，else 子句必须与 except 子句配合才能使用，它表示在 except 子句列举的异常之外应采取的默认处理方式，有点类似于 C 语言中 switch 语句的 default 子句。

6. finally 子句

如果在 try 语句中不指定 except 子句，则必须包含一个 finally 子句。无论是否发生异常，finally 子句必定被执行。所以，finally 子句常被用于进行资源回收等善后处理。如果 try 子句执行成功，那么 finally 子句将在 try 子句结束后立即被执行。但是，如果 try 子句发生异常，则将在导致异常的那条语句被执行后立即执行 finally 子句，然后抛出异常。当然，前提条件是，try 语句不包含 except 子句。

举例 14：finally 子句的执行情况。

```
#1 try 语句举例 4
try:
    ft=open('e:\demo\mydemo5.txt')       #打开文件
    for line in ft:                       #遍历文件
        print(line)                       #输出每一行
finally:                                  #finally 子句进行善后处理
    print('我是 finally 子句的一部分哦！')
ft.close()
```

运行上述程序，如果正常打开文件，则将读取、显示文件的所有行，并且执行 finally 子句以关闭文件；如果不能打开文件，则将抛出异常，程序运行被终止，但是 finally 子句被执行，此时将触发无法关闭文件的异常。

必须确保文件 mydemo5.txt 存在于指定的路径下。在 IDLE 中运行上述程序，可得到如下所示的正确结果：

```
ffffffff

bbbbb

cccccc

ddddd

我是刚加的内容
我是 finally 子句的一部分哦！
>>>
```

由结果可知，程序正确地输出了文件的内容，并且在输出"我是 finally 子句的一部分哦！"后正常地关闭了文件。由此可以确认，finally 子句已被执行。

为了进行对比试验，有意将 mydemo5.txt 文件移至其他文件夹，这将导致程序无法找到指定的文件。再次运行程序，得到如下所示的结果：

```
我是 finally 子句的一部分哦！
Traceback (most recent call last):
    File "K:/python_work/异常处理的一般方法举例 4.py", line 3, in <module>
        ft=open('e:\demo\mydemo5.txt')       #打开文件
FileNotFoundError: [Errno 2] No such file or directory: 'e:\\demo\\mydemo5.txt'

During handling of the above exception, another exception occurred:

Traceback (most recent call last):
    File "K:/python_work/异常处理的一般方法举例 4.py", line 8, in <module>
        ft.close()
NameError: name 'ft' is not defined
>>>
```

359

由此可见，虽然因为找不到文件而抛出第一个异常 FileNotFoundError，但是 finally 子句还是被执行了，因为"我是 finally 子句的一部分哦！"被正常输出了。由于文件没有被打开，因此，在执行关闭文件语句 fb.close()时又触发了另一个异常 NameError。

可从该例的输出结果中发现 finally 子句的执行过程：由于文件打开错误触发异常，所以立即执行 finally 子句，然后又触发另一个异常。在本例中，要重点关注的问题是：为什么首先输出"我是 finally 子句的一部分哦！"，然后抛出两个异常？

举例 15：

```
>>> def func2():
    try:
        x=3/0
        print(x)
        print("I am i try")
    except:
        return 1
    finally:
        #return 3
        print("I am in finally")


>>> print(func2())
I am in finally
1
>>> def func3():
    try:
        x=3/0
        print(x)
        print("I am i try")
#    except:
#        return 1
    finally:
        #return 3
        print("I am in finally")


>>> print(func3())
I am in finally
Traceback (most recent call last):
  File "<pyshell#24>", line 1, in <module>
    print(func3())
  File "<pyshell#23>", line 3, in func2
    x=3/0
ZeroDivisionError: division by zero
>>>
```

在上述举例中，在执行 print(func2())语句时，因为 try 子句中的 x=3/0 触发异常，所以先执行 finally 子句，然后 except 子句捕获异常并处理，返回函数值 1；在执行 print(func3()) 语句时，因为 try 子句中的 x=3/0 触发异常，所以先执行 finally 子句，然后抛出异常，try 子句不再被执行。从举例 15 中不难理解 try 子句与 finally 子句之间的执行关系。

7. except 子句和 finally 子句的关系

except 子句不是必需的，finally 子句也不是必需的，但是二者必须有一个，否则使用 try 语句毫无意义。

8. try 语句中包含 return 语句的执行流程

如果 try 子句或 except 子句均不包含 return 语句，那么执行 try 子句或 except 子句后将执行 finally 子句；如果 try 子句或 except 子句包含 return 语句，则先锁定 return 的值，执行 finally 子句，并且在 finally 子句中不可修改 try 子句或 except 子句的返回值，再执行 return 语句。

举例 16：try 子句包含 return 语句的执行流程演示 1。

```
#1 try 语句举例 5
def testtrydemo(x,y):
    try:
        return x*x/y                    #try 语句块的 return
    except ZeroDivisionError as err:
        print('除数不能为 0！')

if __name__=='__main__':
    print('本次调用触发异常')
    print(testtrydemo(3,0))             #本次调用触发异常
    print('本次调用不触发异常')
    print(testtrydemo(3,2))             #本次调用不触发异常
```

在 IDLE 中运行上述程序，得到两次调用的结果如下。从返回的结果中可以看出，上述结论得到了印证。

```
本次调用触发异常
除数不能为 0！
None
本次调用不触发异常
4.5
>>>
```

9. finally 子句也包含 return 语句的情况

如果 try 子句或 except 子句包含 return 语句，并且 finally 子句也包含 return 语句，则只会执行 finally 子句中的 return 语句，不再执行 try 子句或 except 子句中的 return 语句。

举例 17：try 子句包含 return 语句的执行流程演示 2。

```
#1 try 语句举例 6
```

```
def testtrydemo(x,y):
    try:
        return x*x/y                       #try 语句块的 return
    except ZeroDivisionError as err:
        print('除数不能为 0！')

    finally:                               #finally 子句进行善后处理
        print('我是 finally 子句的一部分哦！')
        return x+5                         #finally 语句块的 return

if __name__=='__main__':
    print('本次调用触发异常')
    print(testtrydemo(3,0))                #本次调用触发异常
    print('本次调用不触发异常')
    print(testtrydemo(3,2))                #本次调用不触发异常
```

在 IDLE 中运行上述程序，得到两次调用的结果如下。从返回的结果中可以看出，上述结论得到了印证。

```
本次调用触发异常
除数不能为 0！
我是 finally 子句的一部分哦！
8
本次调用不触发异常
我是 finally 子句的一部分哦！
8
>>>
```

认真研究举例 17，将有助于进一步理解 try 语句的执行过程。

最后，对 try 语句做以下两点补充。

1. 不指定异常的 except 子句

在 except 子句后如果不指定异常类型，则将捕获所有异常。如果希望获知异常的具体信息，则可借助 logging 或 sys 内置模块，如 sys.exc_info()。但是，要尽量避免使用不指定异常的 except 子句，因为在不清楚逻辑的情况下捕获所有异常，很有可能导致严重的问题被隐藏。

sys.exc_info()方法返回 3 个值：type、value、traceback。它们的含义如下。
- type：异常类型。
- value：异常说明，可带参数。
- traceback：traceback 对象，包含更丰富的信息。

2. 重复抛出异常

如果在捕获异常后要重复抛出异常，则可使用 raise 语句。在此场景下，在 raise 语句后不能带任何参数或信息。

举例 18：重复抛出异常——raise 语句。

```
a=eval(input("输入 1："))
b=eval(input("输入 2："))
try:
    c=a/b

except ZeroDivisionError as err:
    print('除数不能为 0！')
    raise

else:
    print("a/b=",c)
```

在 IDLE 中两次运行上述程序，得到的结果如下：

```
输入 1：10
输入 2：2
a/b= 5.0
>>>
========================= RESTART: K:/python_work/raisedemo1.py =========================
输入 1：10
输入 2：0
除数不能为 0！
Traceback (most recent call last):
  File "K:/python_work/raisedemo1.py", line 5, in <module>
    c=a/b
ZeroDivisionError: division by zero
>>>
```

在本例中，使用了 else 子句。如果将它改为 finally 子句，那么运行结果会有什么不同？

try 语句的确不错，但是有点复杂。因此，要尽量使用内置的异常处理语句来代替 try/except 语句，如 with 语句。

16.3 异常处理的特殊方法——with 语句

在某些应用中，常常需要事先设置、事后清理。对于类似场景，Python 中的 with 语句提供了一种非常方便的处理方式，该语句适用于对资源进行访问的场合。在操作过程中，不管是否发生异常，with 语句均将执行必要的"清理"操作以释放资源。例如，在使用文件后自动关闭文件，在多线程应用中自动获取和释放线程锁等。

with 语句只能用于上下文管理器。

16.3.1 上下文管理

with 语句只能用于上下文管理器，也就是支持上下文管理协议的对象。因此，要讨论

with 语句，必须先讨论以下两个基本概念。

1. 上下文管理协议

"上下文管理协议"是由英文"Context Management Protocol"翻译而来的，该协议涉及两个非常重要的方法：__enter__()和__exit__()。凡是支持该协议的对象，必须实现这两个方法。

2. 上下文管理器

"上下文管理器"是由英文"Context Manager"翻译而来的。

支持上下文管理协议的对象就是上下文管理器，也就是实现了__enter__()和__exit__()两个方法的对象。上下文管理器定义执行 with 语句时要建立的运行时上下文，而__enter__()和__exit__()两个方法负责执行上下文的进入与退出操作。

部分 Python 内置模块支持上下文管理器，如文件模块（file）、线程模块（threading）、十进制数学运算模块（decimal）等。

实际上，任何实现了上下文协议的对象均为上下文管理器，文件就是一个典型的实现了上下文协议的上下文管理器。with 语句支持内置的和自定义的上下文管理器。

16.3.2 为什么要使用 with 语句

文件处理是 with 语句应用的一个很好的例证。

对于文件处理，在通常情况下，首先需要打开文件获取文件句柄，然后对文件进行读/写操作，最后关闭文件。with 语句非常适用于类似的场景，它使程序更简洁、更优雅，而且可以很好地处理上下文环境产生的异常。

通常有 3 种程序实现方式可以对一个文件进行操作。

1. 传统的方法

```
fp = open("e:\demo\mydemo5.txt", 'w')    #以写方式打开
data = fp.read()                          #操作
fp.close()                                #关闭
```

上述方式最大的问题在于：如果文件不能被打开，那么将触发异常；或者文件虽被正常打开，但是不能被正常存取，存取时触发异常，导致程序运行被终止，所以无法正常关闭文件。

2. 通过 try 语句避免因异常导致文件无法被关闭的问题

```
fp = open("e:\demo\mydemo5.txt", 'w')
try:
    for line in fp:
        print(line)
except:
    print("这里进行异常处理")
```

```
finally:
    fp.close()
```

上述方式采用传统的 try 语句,可确保出现异常后文件被正常关闭,从而避免资源占用和内存泄漏;但是该方式显得过于烦琐。

3. 使用 with 语句操作文件对象

```
with open("e:\demo\mydemo5.txt", 'w')
    for line in fp:
        print(line)
```

上述方式使用 with 语句,不管在处理文件的过程中是否发生异常,均能保证执行完毕后正常关闭已打开的文件。

相比较而言,在上述 3 种方式中,使用 with 语句可减少代码量,而且程序显得很简洁、优雅,符合 Python 语言的优雅特性。

16.3.3　with 语句的一般形式

with 语句的语法形式如下:

```
with context_expression [as target]:
    with 语句块
```

具体来说,各部分的意义和要求如下。

1. context_expression

context_expression 意即上下文表达式,它必须返回一个上下文管理器对象。

该对象并不赋给 as 子句的 target(如果指定了 as 子句),而是将上下文管理器的 __enter__()方法的返回值赋给 target。

2. as 子句

as 子句是可选的,其后的别名 target 可为一个或多个。如果指定多个别名,则必须以元组的形式,如(target1,target2)。相应地,__enter__()方法的返回值也是元组。

3. with 语句块

with 语句块是 with 语句的主体部分,是 with 语句的具体操作部分。

4. 冒号(:)

关键字 with 所在的行必须以冒号(:)作为结尾。

16.3.4　with 语句的工作机制

首先,执行上下文表达式(context_expression)的运算,从而生成一个上下文管理器对象（context_manager）。

其次，调用上下文管理器的__enter__()方法；如果使用 as 子句，则将__enter__()方法的返回值赋给 as 子句中的别名 target。

最后，执行 with 语句块。在此过程中，不管是否发生异常，都将调用上下文管理器的__exit__()方法。__exit__()方法负责执行"清理"工作，如释放资源等。

以下分两种情形讨论__exit__()方法的执行与返回。

1. 在无异常情形下

如果在执行过程中没有出现异常，或者在 with 语句块中执行以下 3 条语句之一：
- break。
- continue。
- return。

那么，均以 None 作为参数调用__exit__(None, None, None)方法。

2. 在出现异常情形下

如果在执行过程中出现异常，则使用 sys.exc_info()方法得到的 3 个异常信息作为参数调用上下文管理器的__exit__()方法，如下：

```
__exit__(type, value, traceback)
```

在出现异常情形下，如果__exit__(type,value,traceback)返回 False，则会重新抛出异常，让 with 以外的语句处理异常，这是一种通用做法；如果返回 True，则忽略异常，不再对异常进行处理。

举例 19：通过一个自定义上下文管理器演示 with 语句的工作机制。

```
'''
with 语句的举例 1：with 语句的举例 1.py
沈红卫
绍兴文理学院 机械与电气工程学院
2018 年 5 月 18 日
'''
#通过一个自定义上下文管理器演示 with 语句的工作机制

#1 自定义上下文管理器（带__enter__()和__exit__()方法的类）
class Test(object):
    '''
    可加其他属性和方法
    '''
    #定义__enter__()方法
    def __enter__(self):
        print("我到了__enter__()")
        return "我是__enter__()的返回值"
    
    #定义__exit__()方法
```

```
    def __exit__(self, type, value, trace):
        print("我到了__exit__()")

#2 演示上下文管理器的应用

def example():                #自定义函数
    return Test()             #返回管理器对象


with example() as ex:         #with 语句
    print("example:", ex)
```

上述程序仅仅用于演示 with 语句和上下文管理器。在该程序中,首先自定义一个带 __enter__()和__exit__()方法的类。按照上下文管理协议的规定,如果一个类包含上述两个方法,那么它的对象即上下文管理器。本例之所以自定义一个上下文管理器,是因为内建的上下文管理器虽然内置了这两个方法,但从类外无法看到它们的执行过程和结果,而本例可以清晰地展示上下文的进入与退出过程。

在 IDLE 中运行上述程序,得到的结果如下:

```
我到了__enter__()
example: 我是__enter__()的返回值
我到了__exit__()
>>>
```

从结果中可以清晰地看到 with 语句的执行机制和过程:首先,通过调用 example()方法生成一个上下文管理器对象;其次,调用__enter__()方法进入上下文,并将返回值赋给别名 ex;再次,执行 with 语句块,即 print("example:", ex)语句;最后,调用__exit__()方法退出上下文。

Python 中的 with 语句提供了一种有效的机制,使得代码更简洁,并且在产生异常时,也可确保完成相关的清理工作。

16.3.5 自定义上下文管理器

开发者可自定义支持上下文管理协议的类。

从本质上讲,支持上下文管理协议的对象即上下文管理器。自定义的上下文管理器必须实现上下文管理协议所需要的__enter__()和__exit__()方法。直白地说,只要自定义类包含这两个方法,那么这个由自定义类创建的对象就是上下文管理器。

1. __enter__()方法

为了阐明该方法的机制,先通过以下形式描述 with 语句与上下文管理器的关系。

```
with 上下文管理器:
    语句块
```

with 语句在执行语句块前,先执行上下文管理器的__enter__()方法以进入上下文,然后执行语句块，最后执行__exit__()方法以退出上下文。

上下文管理器往往表现为"运行时上下文表达式（context-expression）"的形式。如果使用 as 子句，那么 with 语句会将__enter__()方法的返回值赋给 as 子句所指定的别名 target。

2. __exit__(type, value, traceback)方法

该方法负责退出与上下文管理器相关的"运行时上下文"，并返回一个布尔值，该布尔值表示是否对发生的异常进行处理。__exit__()方法有 3 个参数，代表引起退出操作的异常信息。如果在退出时没有发生异常，则 3 个参数均为空值（None）。在发生异常情形下，如果该方法返回 True，则表示不处理异常；如果返回 False，则表示将在退出该方法后重新抛出异常，该异常将由 with 语句外的代码进行处理。因此，要跳过一个异常，只需让该方法返回 True 即可。从这个意义上说，__exit__()方法也可用于异常的监控和处理。

下面通过一个简单的示例演示如何构建自定义的上下文管理器。需要注意的是，上下文管理器必须同时定义__enter__()和__exit__()方法，缺少其中的任何一个都将导致出现 AttributeError 异常。

举例 20：__enter__()和__exit__()方法的机制。

```
class Managerdemo(object):

    def __init__(self):
        print('实例化一个对象')

    def __enter__(self):
        print('进入')

    def __exit__(self, exctype, excval, exctb):
        print('退出')

obj = Managerdemo()

with obj:
    print('正在执行')
```

在 IDLE 中运行上述程序，得到的结果如下：

```
实例化一个对象
进入
正在执行
退出
>>>
```

从举例 20 中可以清晰地看出__enter__()和__exit__()方法被调用的过程。

__exit__()方法除用于清理资源外，也可进行异常的监控和处理。如果要跳过一个异常，则只需让该方法对应地返回 True 即可。例如，以下代码用于跳过所有的 IOError 异常，而让其他异常被正常抛出。

```
def __exit__(self,type,value,traceback):
    return isinstance(value,IOError)
```

这是因为，只有触发 IOError 异常，isinstance(value,IOError)的返回值才为 True，由此 __exit__()的返回值为 True，所以将跳过所有 IOError 异常；如果其他异常被触发，那么 isinstance(value,IOError)的返回值为 False，由此 __exit__()的返回值为 False，因此，除 IOError 以外的异常均被正常抛出。

如果 __exit__()方法没有显式地返回任何值，那么它返回的是 None（空值）。

16.3.6 以 Socket 通信举例说明上下文管理器的定义

举例 21：Socket 服务器端与客户端的通信。

"一切皆 Socket！"此话虽有夸张的成分，但事实的确如此，如今的网络应用几乎无一例外地基于 Socket。

试想一下，当打开浏览器浏览网页时，浏览器的进程是如何与 Web 服务器通信的？当用 QQ 聊天时，QQ 进程又如何与服务器或好友的 QQ 进程通信？

所有这些的奥妙均在于 Socket！

1. 什么是 Socket

Socket 是应用层与 TCP/IP 协议族通信的中间抽象层，它是一组接口。Socket 把复杂的 TCP/IP 协议族以接口的形式加以封装，对用户而言，看到的只是一组简单的接口。换言之，Socket 就是将复杂的网络通信进行封装，以使复杂的协议套接简单化，用户只需借助简单的接口即可实现数据接收与发送。

在 TCP/IP 协议中，"IP 地址+TCP"或"UDP+端口号"是网络通信进程的唯一标识，所谓"Socket"即"IP 地址+ TCP"或"UDP+端口号"。建立连接的两个进程各自通过一个 Socket 加以标识，这两个 Socket 组成的 Socketpair 被用来唯一地标识一个连接。更通俗地说，Socket 就是借用了"插座"的意思，用来描述网络连接的一对一关系。

可将 Socket 视为一种特殊的文件，因为 Socket 通信的过程与文件的读/写过程非常相似，均采用"打开—读/写—关闭"的模式。Python 内置了 socket 模块，该模块提供打开、读/写和关闭操作所对应的接口函数。正是因为有了 socket 模块，Python 程序实现两台主机之间的通信变得简单易行。

2. Socket 的类型有哪些

Socket 可分为 TCP 和 UDP 两种类型。

1) TCP

TCP 是传输控制协议的简称。例如，HTTP 的交互方式即 TCP 方式。在 TCP 方式下，首先需要建立连接，它是一种面向连接的、可靠的字节流服务方式。在一个 TCP 连接中，仅有两方进行通信，TCP 不适用于广播和多播。当建立连接，形成数据传输通道后，可进行大数据传输，数据大小不受限制。由于 TCP 是基于三次握手完成连接的，所以它是可靠协议、安全送达协议。但是，也正是由于它必须建立连接，使得 TCP 通信效率相对较低。

2）UDP

UDP 是用户数据包协议的简称，它是一种无连接、不可靠的网络协议，多用于多播和广播，如上课的同步直播。它的实现原理是：将数据及源（本地计算机 IP 地址）和目的（远程计算机 IP 地址）封装成数据包，在不建立连接的情况下，进行数据的通信，以包的形式分发数据。每个数据包的大小被限制在 64KB 以内。由于它无须连接，因此 UDP 是不可靠协议；也正因为不需要建立连接，所以数据传输速度快，效率相对较高。

3．Socket 通信

Socket 通信必须包含服务器端程序和客户端程序，前者往往被称为 Server，后者往往被称为 Client。服务器端程序和客户端程序可被安装在同一台主机上，也可被安装在两台网络上互连互通的主机上。

1）服务器端程序——服务器（Server）

TCP 服务器的工作流程如下。

（1）创建套接字，绑定套接字至本地 IP 与端口。示例代码如下：

```
s=socket.socket(socket.AF_INET,socket.SOCK_STREAM)
s.bind()
```

（2）开始监听连接。示例代码如下：

```
s.listen()
```

（3）进入循环，不断接收客户端的连接请求。示例代码如下：

```
s.accept()
```

（4）接收客户端发送过来的数据或发送数据给客户端。示例代码如下：

```
s.recv() , s.sendall()
```

（5）传输完毕后，关闭套接字。示例代码如下：

```
s.close()
```

下面即将讨论的例子，重点是为了演示和说明自定义上下文管理器的内容，因此服务器端程序直接使用 Socket 调试助手"sokit"，它是一款完全免费的软件，可从网上下载得到。该软件免安装，下载后打开即可使用。图 16-6 所示是它的主界面。

在图 16-6 中，采用 TCP 通信类型，设置为服务器（Server）方式，指定端口为 60008，TCP Addr 为本机的 IP 地址。然后单击【TCP Listen】按钮进入监听状态，等待客户端的连接。如果有客户端发起连接，那么在【Connections】中将出现客户端的 IP 地址。需要提醒的是，作为服务器，【TCP Addr】必须被正确地填写为服务器所在主机的 IP 地址，而端口号可任意指定，只要与系统端口不发生冲突即可。所幸的是，sokit 将自动填写服务器所在主机的 IP 地址，也就是说，IP 地址是不需要手动填写的。

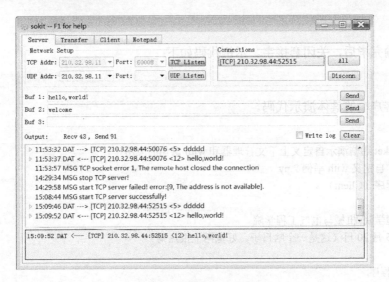

图 16-6 sokit 的主界面

客户端关闭连接后,界面则变为如图 16-7 所示。

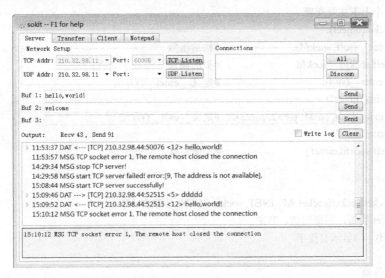

图 16-7 客户端关闭连接后的 sokit 界面

2)客户端程序——客户端(Client)

在 TCP 通信类型下,客户端的工作流程如下。

(1)创建套接字。示例代码如下:

s=socket.socket(socket.AF_INET,socket.SOCK_STREAM)

(2)连接服务器。示例代码如下:

s.connect() #其中的 IP 和 port 必须是服务器主机的 IP 和 port

(3)连接后发送数据和接收数据。示例代码如下:

s.sendall()

s.recv()

（4）传输完毕后，关闭套接字。示例代码如下：

s.close()

以下是客户端的具体演示代码。

```python
'''
通过 Socket 通信演示自定义上下文管理器和 with 语句的应用
文件名：自定义 with 举例 2.py
客户端程序（Client）
沈红卫
绍兴文理学院 机械与电气工程学院
2018 年 5 月 20 日（这是一个啥日子，好像网上很热闹）
'''
# 客户端程序
import socket                              #引用 socket 模块（内置，不需要安装）
from time import sleep                     #引用 time 模块中的 sleep()方法，用于延时

#1 定义一个上下文管理器
class Mysocket(object):
    def __init__(self, sockfd):            #构造函数
        self.sockfd = sockfd               #类的属性
    def __enter__(self):                   #定义__enter__()方法
        print("Enter")
    def __exit__(self, para1, para2, para3):   #定义__exit__()方法
        print("Exit")
        self.sockfd.close()                #关闭连接，清理现场

#2 套接字
sockfd = socket.socket(socket.AF_INET, socket.SOCK_STREAM)
#定义 Socket 类型，网络通信，TCP
print(sockfd)      #显示套接字


#3 连接服务器
sockfd.connect(("210.32.98.11", 60008))    #要连接的 IP 地址与端口号（服务器）

#4 接收和发送
sockfd.sendall(b'ddddd')
#sendall()表示把数据或命令发送给服务器，只能用字节字符串
#此处通过 b 将字符串 str 转换为字节字符串，也可以通过 repr()
print(sockfd.recv(100))                    #把接收的数据定义为变量，100 表示接收缓冲区长度
sleep(20)                                  #延时 20s

with Mysocket(sockfd):                     #创建上下文管理器对象，主要用于关闭连接
    pass                                   #语句块为空
```

上下文管理器的最大优势在于，不管程序是否出现异常，均能正确地做好诸如关闭文

件等善后工作。在上述程序中，重点关注__exit__()方法，因为在该方法内，通过语句 self.sockfd.close()实现关闭 Socket 连接的工作，完成了清理现场的任务。参考此例，可写出适合不同上下文管理器的__exit__()方法。

在 IDLE 中运行上述程序后，得到的结果如下：

```
<socket.socket fd=416, family=AddressFamily.AF_INET, type=SocketKind.SOCK_STREAM, proto=0>
b'hello,world!'
Enter
Exit
>>>
```

服务器端程序被安装在一台 IP 地址为 210.32.98.11 的主机上，而客户端程序被安装在另一台主机上。当然，客户端程序也可被安装在同一台主机上。

由结果可见，上述程序完成了一次 Socket 通信：客户端发起连接，发送了字符串"b'ddddd'"；然后服务器端接收连接，并返回了字符串"b'hello,world!'"。

不过，举例 21 的重点在于说明上下文管理器而不是 Socket 本身，程序中涉及 Socket 的部分尚有不少可被优化和完善的地方。

16.4 归纳与总结

16.4.1 关于 try 语句

try 语句在 Python 中很重要，一定要好好掌握它。这里重点强调两点。

1. try 语句的执行流程

首先，执行 try 子句的语句块；然后，根据执行情况，分别做如下处理。

（1）如果无异常被触发，则执行 else 子句和 finally 子句；如果没有 else 子句，则直接执行 finally 子句；如果有 else 子句，则先执行 else 子句，再执行 finally 子句。

（2）如果有异常被触发，则先执行相应的 except 子句，然后直接执行 finally 子句。

2. try 语句的注意事项

（1）在 try 应用中，一般不主张同时使用 else 和 finally 子句，或者同时使用 except 和 finally 子句。被推荐的子句组合形式主要有以下 3 种：

- try 与 except 两子句的组合。
- try 与 except 和 else 三子句的组合。
- try 与 finally 两子句的组合。

（2）每个 try 子句与第一个 except 子句之间，两个 except 子句之间，最后一个 except 子句与 else 子句之间，或者 else 子句与 finally 子句之间，均不允许出现任何独立语句。

如果 try 语句既无 finally 子句，也无 except 子句，则将被视为语法错误。换言之，如果 try 语句无 except 子句，那么它必须包含一个 finally 子句；如果 try 语句不使用 finally 子句，那么它至少应使用一个 except 子句。

（3）如果在 finally 子句的语句块中引发异常，那么将是非常危险的，因此要尽量避免 finally 子句的语句块出现异常。

16.4.2 关于异常的其他问题

1. 尽量不采用自定义异常

自定义异常必须直接或间接地继承 Exception 基类。但是，在标准异常可满足程序需要的前提下，不主张使用自定义异常，即不要轻易自定义异常。

2. 要十分小心地使用不带异常名的 except 子句

不带异常名的 except 子句必须被放在所有 except 子句的最后、else 子句前，否则不仅使得其后的 except 子句失效，而且在语法上也不被允许。

这里给出一个比较完整的异常处理的例子。

它的设计要求是：打开一个 .txt 文档，读入第一行的数据，将它转换成 int 类型的数据；如果上述操作成功，就打印该文件共有多少行；最后关闭文件。

举例 22：异常处理的完整例子。

```
'''
 一个比较完整的异常处理例子：try 子句的配合举例 1.py
'''
import sys                                      #引用 sys 内置模块
try:
    fp=open(r'e:\demo\mydemo11.txt','r+')       #以读写方式打开文件
    line= fp.readline()                         #读首行
    i=int(line.strip())                         #转换为数字

except IOError as e:                            #读/写异常
    print('I/O error({0}):{1}'.format(e.errno,e.strerror))  #错误号和具体信息
except ValueError:
    print("无法转换为整数！")
except:
    print("没有预料的异常:",sys.exc_info()[0])     #通过它读出第一个异常
else:
    fp.seek(0)                                  #文件指针必须归位，因为已经读过一行
    print('there has {0} lines in the file'.format(len(fp.readlines())))
    #整个文件有多少行
    fp.close()
```

重点强调举例 22 程序中的以下 4 点。

（1）e.errno,e.strerror。其中，e.errno 代表错误号；e.strerror 代表具体的错误信息。

（2）sys.exc_info()[0]。可通过内置模块 sys 的 sys.exc_info()方法读取异常信息。例如，sys.exc_info()[0]表示第一个参数信息。

（3）len(fp.readlines)。它表示读取文件的所有行，并以行为单位存储在一个列表中，然后通过内置函数 len()统计该列表的长度，即行数。

（4）不带异常的 except 子句。该子句必须被置于所有 except 子句的最后、else 子句前。

16.4.3 关于 Socket 通信的再说明

Socket 真的很重要，也很方便，因此，学习和掌握它的应用，是值得学习者下功夫去做的一件事情。

1．理解 Socket

几乎每个人都有寄快递的经历。

在寄快递时，只需要把收货方的信息和寄送方的信息告诉快递公司，把要寄送的快递物件交给快递公司，快递公司就可以准确地将快递送达收货方。至于是怎么运输的、又是怎么投递的等细节，寄件人一概不需要了解。

Socket 又被称为"插座""套接字"，它的工作原理很像寄快递。它将复杂的网络信息传送变得简单化：发送双方只需要知道对方的 IP 地址和端口号，无须知道网络的状况和网络通信的复杂协议，就可以像操作文件一样，轻松地将信息发送给对方，对方的发送过程也是如此。

在 Socket 通信中，TCP 方式安全可靠，但效率较低；UDP 方式安全性较差，但是效率高，并且可广播和多播。

2．Socket 通信的几个基本要领

作为服务器（Server），必须被安装在 IP 地址固定的主机上。该结论来自以下实验：

在进行举例 21 的 Socket 通信实验时，笔者首先使用一台主机方式（主机 A）：安装 sokit 作为服务器，运行举例用到的程序作为客户端，双方可正常通信。

随后，笔者想使用另一台主机（主机 B），它是通过连在另一个 IP 地址上的无线路由器接入网络的。以下是两次实验结果：

第一次，将 sokit 作为服务器在主机 B 上安装并运行，主机 A 运行客户端程序，这时发现无法进行连接和通信。

第二次，将 sokit 作为服务器在主机 A 上安装并运行，主机 B 运行客户端程序，这时发现可正常通信。

因为通过无线上网的主机，它的 IP 地址是浮动的，因此不允许作为服务器。如果非要将它作为服务器，就需要借助类似"花生壳"等其他手段。

3．学会使用 ping 命令

按照百度的说法，ping 是 Windows、UNIX 和 Linux 系统下的一个命令。ping 也是一个通信协议，是 TCP/IP 协议的一部分。利用 ping 命令可检查网络是否连通，可方便地帮助网络管理器分析和判定网络故障。

对于一名网络管理员来说，ping 命令是第一个必须掌握的 DOS 命令，它的原理是：利

用网络上每台机器 IP 地址的唯一性，向目标 IP 地址发送一个数据包，并要求对方返回一个同样大小的数据包，以此确定网络上的两台机器是否正常连接、通信中的时延是多少。

　　ping 命令的用法很简单：首先通过命令"cmd"进入终端状态（命令行方式），然后输入"ping 对方的 IP 地址"命令并按回车键。

　　例如，在进行 Socket 通信前，首先要检查客户端是否可以连接服务器。已知服务器所在主机的 IP 地址为 210.32.98.11，那么在客户端所在的主机上，通过进入命令行方式，执行如图 16-8 所示的命令得到相关的连接信息。

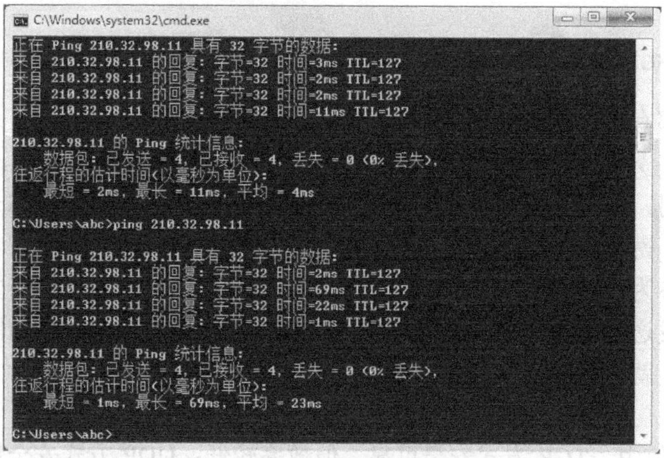

图 16-8　ping 命令的使用举例

　　图 16-8 中的信息表明，两台主机是正常连接和相互通信的。

　　该命令还可加入诸多参数，通过输入"ping"并按回车键，即可获知具体的参数及其用法。

思考与实践

　　1. 请用 try 语句编写一个处理 Excel 文件读/写的程序，要求可显示该文件的内容，并在现有内容的基础上增加一列内容，将该列标题标为"备注"，随意写入有关内容并保存。

　　2. 请用 with 语句重写从动态.gif 文件中提取每帧图像并保存为文件的程序。

　　3. 请从相关网站上下载所在城市近 3 个月的天气状况文件，然后用曲线图画出近 3 个月的温度变化。

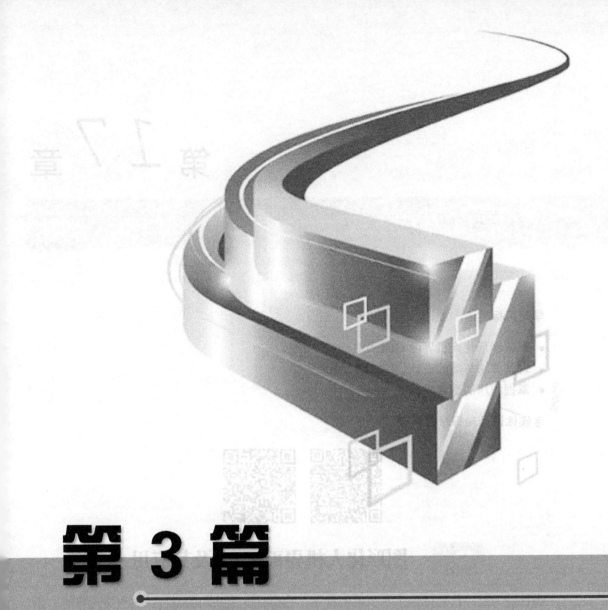

第 3 篇

实战演习

第 17 章 桌面小游戏——剪刀、石头、布

学习目标

- 理解图形化人机界面 GUI 及其应用。
- 理解算法与类的设计。
- 掌握程序的重要内容。

多媒体课件和导学微视频

17.1 图形化人机界面 GUI 及其应用

到目前为止，我们讨论了不少范例程序，它们有一个共同的特征：在程序运行时，出现的界面非黑即白，很单调，不够吸引眼球。难道 Python 程序不能有更好的、更让人愉悦的、更有视觉冲击力的程序界面吗？答案当然是否定的！

为此，首先简要地讨论应用程序的两种界面形式：CUI 和 GUI。

1. CUI——控制台应用程序界面

控制台应用程序界面被简称为"CUI（Command User Interface）"，也可被称为"字符用户界面"。它是基于文本的程序界面。在一般情况下，它不会创建窗口或进程消息，而且无图形元素。基于 CUI 的应用程序被包含在屏幕的窗口中，但是窗口只包含文本。CUI 方式即命令行终端方式。它通常不支持鼠标，用户只能通过键盘输入指令，计算机接收到指令后，予以执行，在窗口中输出文本信息。例如，经常使用的命令外壳程序 cmd.exe 就是一个典型的基于 CUI 的应用程序，如图 17-1 所示。

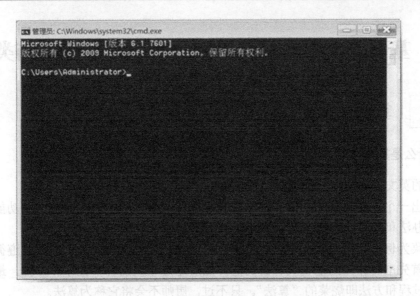

图 17-1　控制台界面示例——cmd.exe

2. GUI——图形用户界面

图形用户界面被简称为"GUI（Graphical User Interface）"。它采用视窗化的标准创建窗口，使用图形化菜单，可通过对话框与用户进行交互。准确地说，GUI 为屏幕产品的视觉体验和互动操作部分，即程序的人机界面。GUI 的广泛应用是当今计算机发展的重大成就之一，它为非专业用户操作计算机提供了极大的便利，因为基于 GUI 的程序不再需要死记硬背大量的命令，取而代之的是通过窗口、菜单、按键等方式操作计算机。

当今，几乎所有的手机应用程序，如微信、高铁管家等，都是基于 GUI 的程序；Windows 附件中的所有应用程序，如记事本、计算器等，以及绝大多数桌面应用程序，如 VC 6.0、Office 2010 等，均为基于 GUI 的程序。图 17-2 所示是手机版高铁管家的 GUI 界面。

图 17-2　手机版高铁管家的 GUI 界面

3. CUI 程序和 GUI 程序的区别

CUI 程序和 GUI 程序的区别在于，前者基于控制台（Console），通过输入命令进行操作；后者基于窗口（Window），通过鼠标等直接操作。

前面写过一个基于 CUI 的"剪刀、石头、布"游戏程序，本章将讨论一个基于 GUI 的"剪刀、石头、布"游戏程序，相比较而言，它的外观更惊艳、操作更方便。

17.2 基于GUI的"剪刀、石头、布"游戏的算法与类的设计

17.2.1 算法设计

1. 什么是算法

算法的英文是"Algorithm"。

要写出一个程序,首先要梳理程序的设计思路。为了实现既定的要求和功能,必须采用一定的办法和方法,这些办法和方法即算法。

以烧菜为例,可很好地阐述算法的本质。例如,要烧制宫保鸡丁,必须遵循以下步骤和方法:首先准备相关的配料及各自的量,然后通过相关的若干程序和步骤,最终烹饪完成,这个过程和方法即烧菜的"算法"。只不过,厨师不会将它称为算法。

什么是算法?算法就是定义一个良好的计算过程,它取一个或一组值作为输入,并产生一个或一组值作为输出。简单地说,算法就是一系列的计算步骤,通过这些步骤可将输入数据转化为输出结果,从而实现功能和性能要求。

由于算法属于意识形态的范畴,它存在于脑海中,看不见、摸不着,所以算法最终往往是以流程图的形式表现出来的。流程图通常有两种画法:传统流程图和N-S流程图。当然,这不是本章讨论的重点。请读者自行查阅资料,理解有关流程图的问题。

2. "剪刀、石头、布"游戏的算法设计

"剪刀、石头、布"游戏是一个简单的游戏程序,游戏双方分别是计算机和游戏者。该游戏主要由两部分组成:出拳和判断输赢。

它的总体设计如下。

1) 出拳

(1) 拳:包括剪刀、石头和布三种形态。

(2) 计算机出拳:通过随机数发生器,产生1、2 和 3 三个数,分别代表剪刀、石头和布。产生三个数的概率必须相同,这是关键。如果概率不等,就不符合游戏的要求。

(3) 游戏者出拳:由三个图形化按钮加以实现,三个按钮分别代表剪刀、石头和布,由游戏者自由选择,通过单击三个按钮中的任何一个代表游戏者出拳。为了增强游戏的刺激性和逼真度,可采用读秒倒计时方式,以限定出拳时间,只有在有效时间内出拳,出拳才被视为有效;否则,被判无效。如果出现无效情况,那么该局游戏者被判为"输"。

2) 游戏规则与判断输赢

根据游戏规则和双方的出拳,判定该局输赢。

(1) 游戏规则:如果双方出的拳一样,那么结果为平局;如果出拳为剪刀对石头,那么前者为输;如果出拳为剪刀对布,那么前者为赢;如果出拳为石头对剪刀,那么前者为赢;如果出拳为石头对布,那么前者为输;如果出拳为布对剪刀,那么前者为输;如果出拳为布对石头,那么前者为赢。

(2) 计分：每局计 1 分。当游戏结束时，将游戏者的最高分计入历史数据加以保存，以便下次开始游戏时，自动读取并显示。每次开始游戏时，显示最高得分者姓名及其得分（得分率）。

3）面向对象设计

采用面向对象的思想设计整个程序，其中最核心的是类的抽象与实现。定义哪些类、如何定义类，这是本项目的重点和难点所在。

3. 流程图

设计好算法后，设计与算法相匹配的流程图是重点。

设计流程图的原则主要有两个：一是要精当；二是要完整。

1）精当

所谓"精当"，是指要准确、精练地表达算法的思想。也就是说，流程图必须准确地反映算法的思想和内容。

2）完整

所谓"完整"，是指将算法的所有关键要素和关键步骤表达出来。判断流程图好不好的标准是，依据流程图"能"写出优美而正确的代码。

所以，一般一张流程图应对应一个函数或一个模块。换言之，一个程序的算法必须通过多张流程图才能完整地描述。

由于"剪刀、石头、布"游戏的算法并不复杂，因此，此处只给出主模块的 N-S 流程图，如图 17-3 所示。

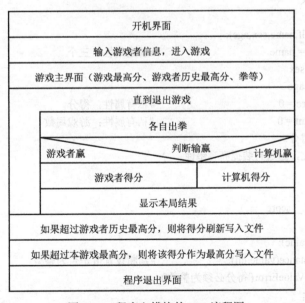

图 17-3　程序主模块的 N-S 流程图

游戏者的最高得分和本游戏程序的最高得分者的得分均将被写入历史数据文件。每次开始游戏时，将自动从文件中取出上述数据并加以显示；每次退出游戏时，又将根据得分情况写入文件以更新历史数据。

17.2.2 类的设计

在开发面向对象程序的过程中,最为关键的是进行类的设计。如果类设计得当,那么不仅可以加快程序开发进度,而且将使程序更加优雅和健壮。

从本游戏的实际出发,将程序中涉及的类抽象为两个:游戏者类和拳类。当然,这不是标准答案,设计多少类、如何定义每个类,通常是由设计者和程序本身的要求所决定的。

1. 游戏者类

为设计游戏者类,必须对游戏者进行抽象,确定游戏者的共同属性和行为(方法)。

1) 属性

游戏者的共同属性有姓名、年龄、性别和得胜率。

2) 方法

游戏者的共同行为(方法)有更新得分、查阅得分、更新局数和查阅局数。

3) 设计原则

为了提高安全性,将游戏者类的部分属性进行封装,把它们定义为私有属性,以私有属性的形式进行定义和访问。这里涉及的私有属性有两个:得分和游戏局数。

按照上述要求,设计游戏者类如下:

```python
#游戏者类模块:gamer.py
class Gamer(object):
    '''游戏者类定义'''
    #构造函数
    def __init__(self,name,sex,age):
        self.name = name                    #普通属性,三个
        self.sex = sex
        self.age = age
        self.__score = 0                    #私有属性:得分
        self.__count = 0                    #私有属性:游戏局数
    #类属性——得分
    #方法的属性化,通过封装提高容错性
    @property
    def score(self):
        return self.__score
    @score.setter
    def score(self,value):
        if not isinstance(value,int):       #判断设置值是否为整型
            raise ValueError('得分必须为整数')
        if value<0:
            raise ValueError('每局得分不能低于 0 分')
        self.__score=value                  #计分
    #类属性——已进行局数
    #方法的属性化
    @property
```

```
        def count(self):
            return self.__count
        @count.setter
        def count(self,value):
            if not isinstance(value,int):              #判断设置值是否为整型
                raise ValueError('局数只能整数')
            if value<0:
                raise ValueError('局数不能为负数')
            self.__count=value                          #新局数
if __name__=='__main__':                                #本模块的测试代码
    g1=Gamer('沈红卫','M',36)
    g1.score=g1.score+1
    g1.count=g1.count+1
    print(g1.score)
    print(g1.count)
    g1.score=g1.score+1
    g1.count=g1.count+1
    print(g1.score)
    print(g1.count)
```

在上述游戏者类中，应用了方法的属性化方法，即不显式调用方法，又能对有关参数设置进行容错检查，而且可以像访问属性那样简便地对类的方法进行调用。为此，必须使用 Python 内置的装饰器@property，通过它可将一个方法转换为"属性"。

由于得分和游戏局数被定义为私有属性，不会被直接暴露，因此，只有普通属性才能在类外被访问，这对提高安全性十分有益。

2. 拳类

此处所指的"拳"主要针对游戏者，而不适用于计算机的出拳。因为计算机出拳是自动出拳，它的核心就是随机产生三个数——1、2 和 3，分别代表剪刀、石头和布。

为设计游戏者的拳类，必须对它进行抽象，确定拳类的共同属性和方法。

1) 属性

拳类的共同属性有"拳"对应的显示文本、坐标 x 和坐标 y。

2) 方法

拳类的共同方法有拳的常态颜色、出拳时拳的颜色、出拳后的声音提示与计分。

以下是对拳类的定义。

```
#定义拳类
class Fist(object):
    def __init__(self,name):                #参数就是拳名
        if name=='rock':                     #石头
            self.name='石头'                  #文字
            self.xl=200                      #左下坐标 x
            self.yl=150                      #左下坐标 y
            self.xr=300                      #右上坐标 x
            self.yr=100                      #右上坐标 y
```

```python
        if name=='paper':
            self.name='布'              #文字
            self.xl=350                 #左下坐标 x
            self.yl=150                 #左下坐标 y
            self.xr=450                 #右上坐标 x
            self.yr=100                 #右上坐标 y
        if name=='scissors':
            self.name='剪刀'            #文字
            self.xl=50                  #左下坐标 x
            self.yl=150                 #左下坐标 y
            self.xr=150                 #右上坐标 x
            self.yr=100                 #右上坐标 y
    #显示出来
    def displayme(self,ktype,win):
        '''
        x,y=pag.position()
        # print(x,y)
        xl,yl=win.toScreen(x,y)
        print(win.x,win.y)
        '''
        fistdraw(self.xl, self.yl, self.name, ktype, win)   #画出按钮,带图标

    #鼠标指针移到按钮上,按钮背景色改变
    def onme(self,ktype,win):
        fistdraw(self.xl,self.yl,self.name,ktype,win)       #改变按钮背景色

    #单击按钮(出拳)
    def clickme(self,gamer,computer,win):
        winsound.Beep(600,250)                              #单击按钮,给出提示
        res=judge(self.name,computer)                       #判断,返回得分
        # print(self.name)                                  #调试用
        # print(res)                                        #调试用
        gamer.count+=1                                      #局数+1
        if res==1:                                          #游戏者赢
            gamer.score+=res                                #计分 1
            #报告结果
            message=Text(Point(250,50),'哇,你赢了!')
            message.setSize(20)
            message.draw(win)
            sleep(0.5)
            message.undraw()
        if res==0:                                          #平局
            #报告结果
            message=Text(Point(250,50),'你们平局了!')
            message.setSize(20)
            message.draw(win)
            sleep(0.5)
```

```
                message.undraw()
            if res==-1:                                    #游戏者输
                #报告结果
                message=Text(Point(250,50),'唉，你输了！')
                message.setSize(20)
                message.draw(win)
                sleep(0.5)
                message.undraw()
```

在上述程序中，使用了 winsound.Beep(600,250)方法和 sleep(0.5)函数，前者用于单击按钮（出拳）时的声音提示，其中，参数 600 表示声音频率为 600Hz，参数 250 表示持续声音 250ms；后者是延时用的函数，其中，参数 0.5 表示延时时间为 0.5s。

17.2.3 计算机出拳的实现

计算机作为游戏一方，它出拳的本质是程序自动产生 3 个随机数。那么，什么是随机数？如何产生随机数呢？

1. 随机数发生器

随机数是指专门的随机试验的结果。随机数最重要的特性是，两个随机数之间是毫无关系的。有很多方法可产生随机数，产生随机数的方法被称为"随机数生成器（发生器）"。

随机数被分为伪随机数和真随机数。

真随机数是通过物理现象产生的，如掷骰子、转轮等。产生真随机数的发生器被称为"物理性随机数发生器"，它的缺点是技术要求比较高。

在实际应用中，往往使用伪随机数即可满足需要。从表面上看，伪随机数"似乎"是随机的，但实际上它们是通过一个固定的、可重复的计算方法所产生的，尽管产生的随机数有很长的周期性，也就是说，重复周期很长，但毕竟是有周期的，所以它们不是真正意义上的随机数。产生伪随机数的发生器被称为"伪随机数发生器"。本章所讨论的随机数发生器属于伪随机数发生器。

2. 随机数发生模块

为了产生随机数，通常使用内置模块 random。尽管由 random 模块产生的随机数属于伪随机数的范畴，但它们足以满足大多数应用的需要。

内置模块 random 共有 9 个常用函数，可满足不同应用场景的需要。与本程序直接相关的函数大致有以下 3 个。

（1）seed(s=None)。它用于产生随机数种子，只有一个参数 s，如果省略该参数，则使用当前系统时间作为种子。如果不调用该函数，那么随机数发生器将使用默认种子，即当前系统时间。

（2）randint(x,y)。它用于产生[x,y]之间的随机整数。例如，randint(1,3)，它产生 1~3 之间的随机整数，即 1、2、3。

（3）choice(seq)。它用于从序列 seq 中随机返回一个元素。例如，从序列 seq=['剪刀','石头','布']中随机返回一个元素，相当于出拳。

内置模块 random 的使用很简单，使用要领如下：

首先，引用模块，如 from random import *。

然后，直接调用相关函数即可，如 randint(1,4)。

3. 计算机出拳

在理解产生随机数的原理后，要模拟计算机出拳就变得非常容易了。以下两种方式均可模拟计算机出拳。

```
computer=randint(1,3)
```

上述语句产生随机数 1、2 或 3，可分别代表剪刀、石头或布。

```
computer=choice(['剪刀','石头','布'])
```

上述语句直接随机产生'剪刀'、'石头'或'布'。

以下通过在 IDLE 中调用和运行 choice()函数，来演示它的使用方法。

```
>>> choice(['剪刀','石头','布'])

'布'
>>> choice(['剪刀','石头','布'])

'剪刀'
>>> choice(['剪刀','石头','布'])

'石头'
>>> choice(['剪刀','石头','布'])

'剪刀'
>>> choice(['剪刀','石头','布'])

'石头'
>>>
```

17.2.4 最高得分的保存与读取

在一般情况下，大多数游戏程序均具有保存历史数据的功能，如游戏者最高得分、游戏者的信息等。为此，必须借助文件操作，通过写文件操作可实现信息的保存；当游戏开始时，首先要通过读文件操作读取游戏者信息、本游戏最高得分及其得主等有关信息。

1. 读取历史数据

将历史数据保存于工程下的一个专门文件，如.\data\history.txt，即工程所在路径下 data 文件夹中的历史数据文件 history.txt。当然，本章对历史数据的保存是初步的，没有对数做任何加密操作，而且采用文本文件格式，因而该文件对任何文本阅读器都是透明的、可阅读的，文件中的数据很容易被修改，存在安全性较差的问题。如果将文件改成二进制格式文件，则将更合理。如果对文件进行加密和解密处理，则将更符合实际要求。

在历史数据文件 history.txt 中，文件是由一条一条的记录组成的，每条记录对应一个游戏者，每条记录包含两个字段，即姓名和得胜率，两者之间通过制表符加以分隔。

文件的具体内容示例如下：

```
张三      0.75
李四      0.25
王五      0.5555555555555556
刘文文    0.4
```

当游戏开始后，首先读取全部文件内容，得到一个列表，列表中的每个元素对应每个游戏者的一条信息：姓名和得胜率。其次，将每条信息逐一取出并处理后，得到该条信息的列表形式，它有两个元素，即姓名和得胜率。最后，循环判断该游戏者信息是否在历史数据中，如果是，则取出对应的历史最高得胜率、本游戏最高得胜率者的得胜率和他的姓名；否则，说明游戏者是第一次使用本游戏，则将该游戏者的历史最高得胜率设为0，同时取出本游戏最高得胜率者的得胜率和他的姓名。

实现上述要求的示例代码如下：

```python
#读取历史数据
def readdata(player):
    max=0                                          #擂主得分
    wo=0                                           #初始值，否则出现意外
    try:
        tf=open('.\data\history.txt','r')          #打开文件
        mytxt=tf.readlines()                       #列表
        #print(mytxt)                              #调试用
        for line in mytxt:                         #遍历列表
            line=line.replace('\t',' ')
            line=line.replace('\n',' ')
            #print(line)                           #调试用
            pll=line.split(' ')                    #将每条记录转换为列表
            #print(pll)                            #调试用

            if player in pll:                      #如果我在历史数据中
                wo=float(pll[1])                   #我的最高分，重名的取最后一条
            if max<float(pll[1]):                  #得到最高分（擂主）
                max=float(pll[1])
                maxer=pll[0]                       #最高分者的姓名（擂主）
        #print(wo,max,maxer)                       #调试用
        return [wo,max,maxer]                      #我的最高分，擂主最高分，擂主姓名
    except: #如果出现意外，则直接返回[0,0,' ']，说明没有文件，是首次使用
        return [0,0,' ']
```

在上述代码中，使用 try 语句以提高程序的容错性；使用 pll=line.split(' ')语句将每条记

录转换为列表，以便于分别取出姓名和得胜率。

如果该游戏程序首次被运行，那么上述代码将返回一个列表[0,0,' ']；否则返回另一个列表[wo,max,maxer]，3个元素分别代表我的历史最高得胜率、擂主最高得胜率和擂主姓名。

2. 写入新数据

当游戏结束后，首先计算得胜率，计算公式为：得胜率=得分/游戏局数。然后判断该数据是不是超过上次数据，如果是，则必须将新的得胜率作为历史数据写入文件；否则，不需要写入。写入时，要按照文件的组织结构"姓名　得胜率"逐条写入，如张三\t0.567\n，也就是说，每行代表一条记录。本项目实现程序没有加入对重名的处理算法，因此不允许出现重名。如果要处理重名，则必须调整文件结构，如增加编码，使得每个游戏者有唯一的编码。

分以下两种情况写入历史数据：如果当前游戏者是首次参加游戏，那么必须添加一条新记录，用于保存该游戏者的信息；如果当前游戏者不是首次参加游戏，而且本次游戏得分（得胜率）超过历史最高纪录，那么必须替换一条旧记录，用于覆盖该游戏者的原有信息。

具体写入算法如下：

首先，以"a+"方式打开文件并读入所有历史数据，以此可确保首次使用本游戏程序时程序的正常运行。因为首次运行程序时并不存在历史数据文件，而以"a+"方式打开文件可确保即便文件不存在，也能对文件进行读/写操作。

然后，通过逐条比对以确定当前游戏者信息是否在历史数据中。如果是，则使用替换操作；否则，使用添加操作，以保存当前游戏者的最高得胜率数据。

（1）替换操作：首先将列表中对应的记录替换为新的记录，然后将整个列表以覆盖方式重新写入历史数据文件 history.txt。此处采用两次打开文件的方式，第一次打开是为了读入，第二次打开则是为了重新写入。

（2）添加操作：将缓冲区中的列表完整地写入文件。

实现上述要求的示例代码如下：

```
#将我的最高分写入历史数据文件
def writedata(history):              #参数为列表[游戏者得分,姓名]
    if history==None:                #没有需要写入的
        return                       #直接返回
    with open('.\data\history.txt','a+') as tf:   #可拼写打开
        tf.seek(0)                   #文件指针归零，指向文件首
        txt=tf.readlines()           #读取所有内容
        flag=False                   #假设没有记录或者文件
        i=0
        for pl in txt:               #从文件内容（列表）中逐一读取
            if history[1] in pl:     #如果我已在文件中，则更新数据，[1]为姓名
                ss=history[1]+'\t'+str(history[0])+'\n'  #[0]为得胜率，拼成记录
                txt[i]=ss            #回写到列表
                flag=True
            i+=1                     #下一条数据
```

```
            if flag==True:                    #说明我在数据中，覆盖旧文件
                tf.close()
                tf=open('.\data\history.txt','w')
                tf.writelines(txt)
                tf.close()
                return
            if flag==False:                   #说明我不在数据中
                tf.close()
                ss=history[1]+'\t'+str(history[0])+'\n'
                txt.append(ss)                #新增数据，拼在列表后面
                tf=open('.\data\history.txt','w')
                tf.writelines(txt)            #写入
                tf.close()
```

在上述代码中，使用了字符串拼接方法 txt.append(ss)，请理解它的具体使用方法，因为它非常有用。

17.2.5 图形化界面

1. 图形库的选择与使用

用于实现 GUI 的图形库有很多，它们功能强弱不一，有些是免费的，而有些则是收费的。经常使用的图形库有以下几个。

1）Flexx

Flexx 是一个纯 Python 工具包，具有跨平台能力，既可用于创建桌面应用，也可用于导出一个应用为独立的 HTML 文档。由于它需要浏览器的支持，所以如果以桌面模式运行，则建议使用 Firefox 浏览器。

2）PyQt

PyQt 是 Qt 库的 Python 版，功能十分强大，通常有 PyQt3 和 PyQt4 之分。它提供商业版和 GPL 开源版两种版本。

3）wxPython

基于 wxPython 可方便地创建功能全面的应用程序图形化界面，它是跨平台的开源软件。实际上，它是 wxWidgets 的 Python 版，也就是说，它是 Python 对 wxWidgets 进行封装后的产物。

4）Tkinter

Tkinter 又被称为"Tk"，是 Python 唯一内置的 GUI 用户界面工具包，它允许跨平台。自 Python 3.0 后，它才被命名为"Tkinter"。它虽然能满足一般意义上的图形化界面开发的需要，但是，由于系统性的应用文档资料少，而且随带的英文说明文档不太适合初学者阅读，所以往往被学习者和开发者所舍弃。

5）Pywin32

Pywin32 是类 VC 的 MFC 风格和 win32 SDK 风格的图形化界面开发工具包。如果用户对 VC 等比较熟练，那么 Pywin32 是一个不错的选择，而且它是完全开源的。

6) pyui4win

使用 pyui4win 可以比较容易地开发类似于 QQ 和 360 安全卫士的华丽界面，而且它具有所见即所得的界面设计器，可供 Python 开发者直接使用，实现界面与逻辑的分离，使开发者更加专注于程序逻辑的设计与调试。

2. 窗口及其相关元素的图形化

由于本游戏程序的图形界面比较简单，为了更加符合 Python 程序的开发原则——优雅和简单，因此采用最简捷的实现方式。于是，选用一个基于标准库 Tkinter 封装的图形库，即 graphics.py 模块，它是一个完全开源的 Python 脚本程序，通过对 Tkinter 中晦涩难懂的底层接口进行封装，极大地方便了开发者的使用。从网上可以很方便地获取 graphics.py，下载后直接将它作为工程的一个模块。也就是说，使用它的方法是，将该文件作为工程的一部分（一个模块），直接复制到工程所在的文件夹即可。

以下是它的具体使用要领。

首先，创建一个窗口对象。

```
win=GraphWin('创建一个演示窗口',300,200)    #大小为 300 像素×200 像素，默认位置
```

然后，根据需要，可在窗口中创建 Point（点）、Line（线）、Circle（圆）、Rectangle（矩形）、Oval（椭圆形）、Polygon（多边形）、Text（文本）、Entry（输入框）等常用对象。上述所有对象必须通过调用方法 draw()和 undraw()来实现显示和清除，例如：

```
mytxt=Text(Point(100,100),'提示信息')    #以点(100,100)为中心，显示"提示信息"
mytxt.draw(win)                          #显示文本
mytxt.undraw(win)                        #清除文本
```

在退出程序前，必须通过 close()方法关闭窗口。

```
win.close()
```

需要提醒的是，在创建窗口后，窗口的左上角为坐标原点(0,0)；横坐标为 x，坐标指向为右；纵坐标为 y，坐标指向为下。

17.2.6 按键和鼠标的捕捉与处理

在 graphics.py 图形工具包中，涉及按键和鼠标的方法各有两个。

1. 按键方法

1）getKey()

它的功能是：等待用户在窗口"活动状态"下按键，返回按键对应的字符。例如，按【Y】键，则返回其对应的字符"Y"。

2）checkKey()

它的功能是：检查在窗口"活动状态"下是否有按键被按下。如果有，则返回按键对应的字符；否则返回空值（None）。

2. 鼠标方法

1）getMouse()

它的功能是：等待用户在窗口内单击，它的返回值为单击处的点坐标，即 Point 对象，该对象包含 x 和 y 坐标。

2）checkMouse()

它的功能是：检查在窗口内鼠标是否被单击。如果是，则返回鼠标单击处的坐标，即 Point 对象；否则返回空值（None）。

举例 1：捕捉与判断按键。

```
while True:
    if win.checkKey() in ['q','Q']:        #按【q】或【Q】键退出游戏
        break
```

举例 2：捕捉与判断鼠标。

```
while True:
    pm=win.checkMouse()                    #获取鼠标信息
    if pm is not None:                     #身份判断，鼠标是否被单击
        #判断被单击的点是否在由左上角点(50,150)和右下角点(150,100)围成的矩形区域内
        if pm.getX()>50 and pm.getX()<50+100 and pm.getY()<150 and pm.getY()>150-50:
            fist1.onme(10,win)             #在该区域内则切换背景色：黄色
            fist1.clickme(gamer,computer,win)   #出拳（在剪刀按钮上）
    else:
        fist1.displayme(11,win)            #画出按钮，背景为灰色
```

不管是捕捉按键还是捕捉鼠标，都必须将捕捉过程置于一个循环内，即通过循环扫描的方式。或许有人会问，上面两个例子使用的是 checkKey() 和 checkMouse() 方法，为什么不使用 getKey() 和 getMouse() 方法呢？

原因是，前者是用于捕捉按键和鼠标的，通过循环不断获取这两个函数的返回值，从而判断是否有按键被按下和鼠标被单击，它们不存在等待问题，因此不会导致程序的执行被中断；而后者是用于等待按键被按下和鼠标被单击的，如果使用它们，那么，当程序执行至这两个函数时，将产生等待动作，从而导致程序的执行被中断。

下面的举例可以更为清晰地阐明上述思想。

举例 3：

```
'''
程序名：按键捕捉的举例 3.py
演示按键捕捉和按键等待两种方法的区别
将程序中的 if 语句屏蔽掉一种，然后运行，对比看效果
可以帮助理解为什么要采用按键捕捉方法
沈红卫 2018 年 6 月 5 日
'''
from graphics import *
from time import *
win=GraphWin()
txt=Text(Point(80,50),'我是来打酱油的')
```

```
while True:
    txt.draw(win)
    sleep(1)
    '''
    if win.checkKey() in ['q','Q']:        #按键捕捉方法
        break
    '''
    if win.getKey() in ['q','Q']:          #按键等待方法
        break
    '''
    txt.undraw()
    sleep(1)
win.close()
```

运行上述程序,可以发现:按【q】或【Q】键后将正常退出程序;如果按其他按键,则对程序的运行毫无干扰,"我是来打酱油的"以每隔 2s 的频率正常闪烁。但是,如果将按键捕捉方法改为按键等待方法,即屏蔽第一条 if 语句,使用第二条 if 语句,那么程序将无法实现每隔 2s 闪烁的效果,必须按除【q】或【Q】键以外的任意键,才能使"我是来打酱油的"闪烁显示一次。当然,如果按【q】或【Q】键,那么程序也将退出运行。

17.3 编辑程序

17.3.1 新建 PyCharm 工程

1. 开发环境准备

本游戏程序是基于 PyCharm 2017.3.5(Community Edition,社区版)版本开发的。如果要模仿学习本程序,那么建议使用与此兼容的版本进行开发与调试,如 PyCharm 2017.3.5 或更高的版本。

为了遵循模块化设计思想,便于代码调试完成后生成可执行代码,在开始编写程序代码前,请先新建工程文件夹和相关的子文件夹。

笔者新建的文件夹和子文件夹如下。

(1)K:\python_work\caiquan:存储代码文件。

(2)K:\python_work\caiquan\data:存储历史数据文件。

2. 配置虚拟环境

图 17-4 【New Project】命令

启动 PyCharm 2017.3.5 后,通过【File】→【New Project】命令新建 PyCharm 工程,如图 17-4 所示。

选择【New Project】命令后,出现如图 17-5 所示的界面,然后在【Location】输入框

内输入工程文件名"caiquan"。

单击【Project Interpreter】配置工程解释器，具体的配置方法请参阅前面有关章节。配置完成后，单击【Create】按钮，有可能出现如图17-6所示的界面。

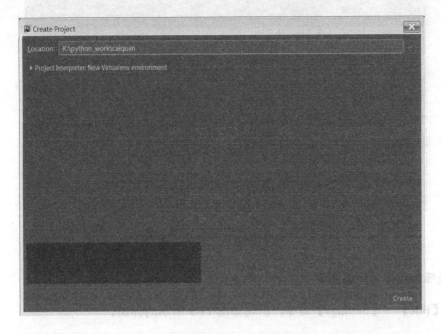

图 17-5　输入工程名

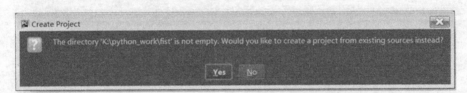

图 17-6　单击【Create】按钮后可能出现的界面

之所以出现上述提示信息，是因为在工程文件夹下已经新建了一个文件夹 data，即工程文件夹不是空的文件夹。单击【Yes】按钮即可，出现如图 17-7 所示的界面。

图 17-7　工程窗口选择

选择【Open in new window】单选按钮，然后单击【OK】按钮，出现如图 17-8 所示的界面。

至此，工程的基本框架已经搭建完成。

图 17-8　完成工程新建的起始界面

3. 选择解释器和外部模块

选择【File】→【Settings】命令，出现如图 17-9 所示的界面。

图 17-9　选择解释器

由图 17-9 可见，进入后默认状态为配置解释器【Project Interpreter】，单击右上角圆圈标识的设置按钮（小齿轮），出现如图 17-10 所示的界面。

第 17 章 桌面小游戏——剪刀、石头、布

图 17-10 进入 Virtualenv Environment 设置的方式

选择【Add Local】选项后，出现如图 17-11 所示的界面，可进行 Virtualenv Environment 设置，右侧为设置选项。

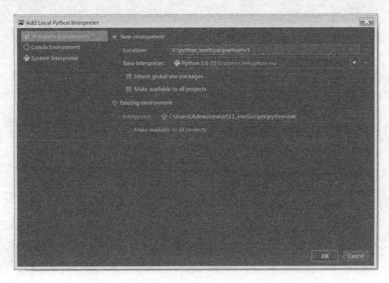

图 17-11 Virtualenv Environment 设置界面

在【Base interpreter】下拉列表框内，选择安装 Python 3.6 的解释器为 python.exe，该解释器所在的具体路径要视本地机器上安装 Python 的路径而定，图中是笔者计算机上安装 Python 的路径，同时勾选【Inherit global site-packages】复选框，即本工程继承使用所有已安装的外部模块，最终各选项的设置情况如图 17-12 所示。

图 17-12 工程虚拟环境配置

单击【OK】按钮后，得到设置好虚拟环境和解释器的最终结果如图17-13所示。

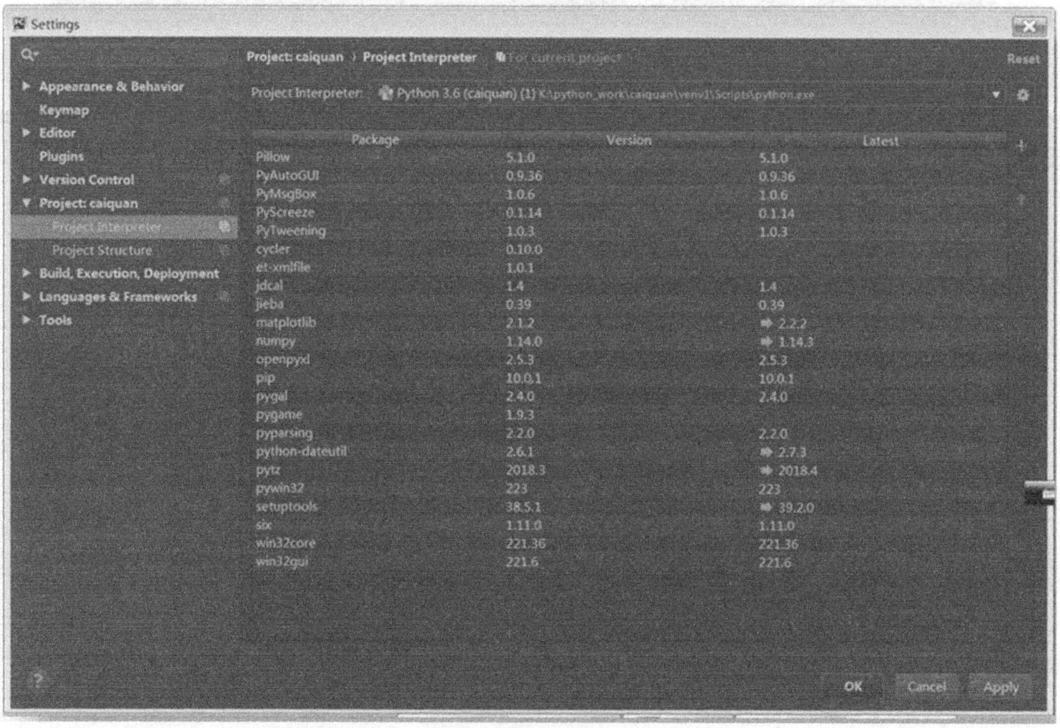

图17-13 解释器和外部模块的设置情况

从图17-13中可见，已安装的外部模块均被本工程所继承。也就是说，工程可引用这些外部模块。

需要说明的是，在前面的有关章节中，曾建议将解释器配置为【Existing environment】，这是一种不错的选择。

4．配置代码补齐、PEP 8 规范检查、程序文件编码格式等主要选项

1）外观设置

根据个人喜好选择编辑器外观，此处选择【Darcula】，如图17-14所示。

2）代码补齐

在【Editor】→【General】选项下，通过【Code Completion】选项设置代码补齐功能，该功能对程序开发十分有用。

图17-15指示了【Code Completion】所在的路径。

在【File Encodings】下设置【Default encoding for properties files】为UTF-8编码格式，如图17-16所示。因为Python规定，如果要将程序生成可执行文件（.exe文件），则必须设置程序文件编码格式为UTF-8。

3）编码检查

在【Inspections】选项下，取消勾选与PEP 8相关的两个复选框，如图17-17所示；否则，在编辑代码文件的过程中，一旦出现不符合PEP 8规范的情况就会报错。

第 17 章 桌面小游戏——剪刀、石头、布

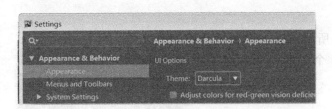

图 17-14 编辑器外观设置

图 17-15 【Code Completion】所在的路径

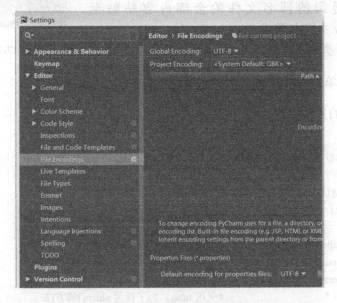

图 17-16 文件编码格式设置

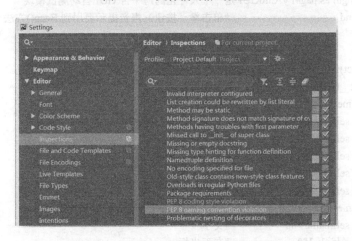

图 17-17 两个与 PEP 8 相关选项的设置

以上这些均为新建工程所需要的基本设置。

17.3.2 完整的源程序

1. 工程框架

本游戏程序的工程框架如图 17-18 所示。

从图 17-18 中可见，该工程包含 3 个文件：gamer.py、graphics.py 和 start.py。

- start.py：主文件。
- graphics.py：图形库文件。可从网上下载得到。直接将下载得到的同名文件的全部内容粘贴至 graphics.py 文件中即可。
- gamer.py：类定义文件。

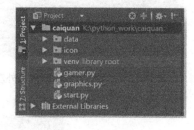

图 17-18　工程框架

2. 源程序清单

（1）start.py 的完整内容。

```
'''
"剪刀、石头、布" 游戏——图形版
沈红卫
绍兴文理学院 机械与电气工程学院
2018 年 6 月 4 日
'''
from graphics import *           #引用 graphics 库，实现 GUI
from random import *             #引用随机数发生库，用于计算机出拳
from gamer import *              #引用自定义类 Gamer
from time import *               #引用 time，为了使用 sleep()等方法
#import pyautogui as pag#PyAutoGUI 是一个人性化的跨平台 GUI 自动测试模块
import winsound                  #单击拳（按钮）声音提示要用到 Beep()方法

#定义拳类
class Fist(object):
    def __init__(self,name):     #参数就是拳名
        if name=='rock':         #石头
            self.name='石头'      #文字
            self.xl=200          #左下坐标 x
            self.yl=150          #左下坐标 y
            self.xr=300          #右上坐标 x
            self.yr=100          #右上坐标 y
        if name=='paper':
            self.name='布'        #文字
            self.xl=350          #左下坐标 x
            self.yl=150          #左下坐标 y
            self.xr=450          #右上坐标 x
            self.yr=100          #右上坐标 y
```

```
            if name=='scissors':
                self.name='剪刀'           #文字
                self.xl=50                 #左下坐标 x
                self.yl=150                #左下坐标 y
                self.xr=150                #右上坐标 x
                self.yr=100                #右上坐标 y
    #显示出来
    def displayme(self,ktype,win):
        '''
        x,y=pag.position()
        # print(x,y)
        xl,yl=win.toScreen(x,y)
        print(win.x,win.y)
        '''
        fistdraw(self.xl, self.yl, self.name, ktype, win)    #画出按钮，带图标
    #鼠标指针移到按钮上，按钮背景色改变
    def onme(self,ktype,win):
        fistdraw(self.xl,self.yl,self.name,ktype,win)        #改变按钮背景色
    #单击按钮（出拳）
    def clickme(self,gamer,computer,win):
        winsound.Beep(600,250)                               #单击按钮，给出提示
        res=judge(self.name,computer)                        #判断，返回得分
        # print(self.name)        #调试用
        # print(res)              #调试用
        gamer.count+=1            #局数+1
        if res==1:                #游戏者赢
            gamer.score+=res      #计分 1
            #报告结果
            message=Text(Point(250,50),'哇，你赢了！')
            message.setSize(20)
            message.draw(win)
            sleep(0.5)
            message.undraw()
        if res==0:                #平局
            #报告结果
            message=Text(Point(250,50),'你们平局了！')
            message.setSize(20)
            message.draw(win)
            sleep(0.5)
            message.undraw()
        if res==-1:               #游戏者输
            #报告结果
            message=Text(Point(250,50),'唉，你输了！')
            message.setSize(20)
            message.draw(win)
            sleep(0.5)
            message.undraw()
```

```python
#返回1表示游戏者赢并得1分；返回0表示平局，不得分；返回-1表示游戏者输，不得分
def judge(man,computer):

    #游戏出拳的情况
    if man=='剪刀':              #剪刀
        wo=1                      #用1表示
    if man=='石头':              #石头
        wo=2                      #用2表示
    if man=='布':                #布
        wo=3                      #用3表示

    #判断输赢
    if wo==1 and computer==1:
        return 0                  #平局
    if wo==1 and computer==2:
        return -1                 #输了
    if wo==1 and computer==3:
        return 1                  #赢了
    if wo==2 and computer==1:     #石头 剪刀
        return 1
    if wo==2 and computer==2:     #石头 石头
        return 0
    if wo==2 and computer==3:     #石头 布
        return -1
    if wo==3 and computer==1:     #布 剪刀
        return -1
    if wo==3 and computer==2:     #布 石头
        return 1
    if wo==3 and computer==3:     #布 布
        return 0

#开机界面
def welcome():
    win=GraphWin('剪刀石头布游戏 V1.0   沈红卫   绍兴文理学院',550,400)
    txt=Text(Point(280,100),"欢迎使用剪刀石头布")
    txt.setSize(36)
    txt.draw(win)
    sleep(2)                      #延时2s
    txt.setText("            ")
    return win                    #返回窗口，为后续函数所用

#输入游戏者大名
def inputname(win):
    txt=Text(Point(200, 100), " 请输入您的大名：")
    txt.draw(win)
    input1=Entry(Point(350,100),10)  #输入框
```

第17章 桌面小游戏——剪刀、石头、布

```python
        input1.draw(win)
        win.getMouse()
        name=input1.getText()           #返回输入的游戏者大名
        txt.undraw()
        input1.undraw()                 #清除输入对象
        return name                     #返回姓名

#画拳（按钮）
def fistdraw(x,y,name,ktype,win):
        jd10 = Rectangle(Point(x, y), Point(x+100, y-50))   #左下和右上对角
        jd10.draw(win)
        txt=Text(Point((x+x+100)//2, 125),name)             #以点为中心，显示文字
        txt.draw(win)
        if ktype==10:                                        #单击（出拳）为黄色
                jd10.setFill("YELLOW")
        if ktype ==11:
                jd10.setFill("LIGHTGRAY")                    #否则为灰色

#开始游戏
def startgame(player,win,history):                           #参数有3个：游戏者、窗口、历史数据
        txtscr=None
        fist1=Fist('scissors')                               #拳的实例
        fist2=Fist('rock')
        fist3=Fist('paper')
        fist1.displayme(11,win)
        fist2.displayme(11,win)
        fist3.displayme(11,win)
        gamer=Gamer(player,'M',22)                           #游戏者实例
        #显示我的历史最高分
        myhis='{}，你的最高得胜率：{:.2f}'.format(player,history[0])
        mymsg=Text(Point(280,320),myhis)
        mymsg.setSize(12)
        mymsg.draw(win)

        #显示本游戏最高得分及得主
        goldhis='霸主{}的最高得胜率：{:.2f}'.format(history[2],history[1])
        goldmsg=Text(Point(280,360),goldhis)
        goldmsg.setSize(12)
        goldmsg.draw(win)

        while True:
                computer=randint(1,3)                        #计算机出拳，默认种子为系统时间
                #print(computer)                             #调试用
                pm=win.checkMouse()
                if pm is not None:
                        #判断出拳
                        if pm.getX()>50 and pm.getX()<50+100 and pm.getY()<150 and pm.getY()>150-50:
```

```
                    fist1.onme(10,win)                          #在该区域内则切换背景色：黄色
                    fist1.clickme(gamer,computer,win)           #出拳：剪刀
                else:
                    fist1.displayme(11,win)                     #画出按钮，背景为灰色
                if pm.getX()>200 and pm.getX()<200+100 and pm.getY()<150 and pm.getY()>150-50:
                    fist2.onme(10,win)                          #在该区域内则切换背景色
                    fist2.clickme(gamer,computer,win)
                else:
                    fist2.displayme(11,win)                     #画出按钮，带图标
                if pm.getX()>350 and pm.getX()<350+100 and pm.getY()<150 and pm.getY()>150-50:
                    fist3.onme(10,win)                          #在该区域内则切换背景色
                    fist3.clickme(gamer,computer,win)
                else:
                    fist3.displayme(11,win)                     #画出按钮，带图标
            else:
                fist1.displayme(11,win)
                fist2.displayme(11,win)
                fist3.displayme(11,win)

            #显示得分
            if txtscr is not None:                              #数据更新用
                txtscr.undraw()                                 #如果已有显示，则清除，避免分数重叠
            report="{}，当前您的得分：{:>4}".format(gamer.name,gamer.score)
            txtscr=Text(Point(280,280),report)
            txtscr.setSize(16)
            txtscr.draw(win)
            #按【Q】键退出游戏
            if win.checkKey() in ['q','Q']:                     #按【q】或【Q】键退出游戏
                break
        #print(gamer.count)                                     #调试用，局数

        #判断我的得分情况，并写入历史数据文件（写入赢率）
        if gamer.count==0:                                      #如果游戏局数为0，则不需要写入，直接返回
            return
        mynow=gamer.score/gamer.count                           #得胜率计算
        if mynow>history[0]:                                    #判断是不是超过历史最高分
            history = [0,'']                                    #清空，只写入我的数据（最高分）
            history[0]=mynow                                    #新的最高分
            history[1]=player                                   #我的大名
        else:                                                   #否则说明我这次游戏得分没有上次得分高
            history=None                                        #没有要写入的数据
        writedata(history)                                      #写入我的最高分

#程序退出界面
```

```python
def byebye(player,win):
    ss=player+",感谢您的使用，期待下一次重逢！"
    Text(Point(280, 50), ss).draw(win)
    #win.getMouse()
    sleep(2)
    win.close()                          #关闭窗口

#读取历史数据
def readdata(player):
    max=0                                #擂主得分
    wo=0                                 #初始值，否则出现意外
    try:
        tf=open('.\data\history.txt','r')    #打开文件
        mytxt=tf.readlines()             #列表
        #print(mytxt)                    #调试用
        for line in mytxt:               #遍历列表
            line=line.replace('\t',' ')
            line=line.replace('\n',' ')
            #print(line)                 #调试用
            pll=line.split(' ')          #将每条记录转换为列表
            #print(pll)                  #调试用
            if player in pll:            #如果我在历史数据中
                wo=float(pll[1])         #我的最高分,重名的取最后一条
            if max<float(pll[1]):        #得到最高分（擂主）
                max=float(pll[1])
                maxer=pll[0]
        #print(wo,max,maxer)             #调试用
        return [wo,max,maxer]            #我的最高分,擂主最高分,擂主姓名
    except: #如果出现意外，则直接返回[0,0,' ']，说明没文件，是首次使用
        return [0,0,' ']

#将我的最高分写入历史数据文件
def writedata(history):                  #参数为列表[游戏者得分,姓名]
    if history==None:                    #没有需要写入的
        return                           #直接返回
    with open('.\data\history.txt','a+') as tf:   #可拼写打开
        tf.seek(0)
        txt=tf.readlines()               #读取所有内容
        flag=False                       #假设没有记录或者文件
        i=0
        for pl in txt:                   #从文件内容（列表）中逐一读取
            if history[1] in pl:         #如果我已在文件中，则更新数据
                ss=history[1]+'\t'+str(history[0])+'\n'
                txt[i]=ss
                flag=True
            i+=1                         #下一条数据
        if flag==True:                   #说明我在数据中，覆盖旧文件
```

```python
            tf.close()
            tf=open('.\data\history.txt','w')
            tf.writelines(txt)
            tf.close()
            return
        if flag==False:                    #说明我不在数据中
            tf.close()
            ss=history[1]+'\t'+str(history[0])+'\n'
            txt.append(ss)                 #新增数据
            tf=open('.\data\history.txt','w')
            tf.writelines(txt)             #写入
            tf.close()

#主函数
def main():
    history=[]
    win=welcome()
    player=inputname(win)
    history=readdata(player)
    #print(history)                        #我的最高分，擂主得分
    startgame(player,win,history)
    byebye(player,win)

#调用主函数
main()
```

在该程序中，定义了一个 main() 函数，然后在程序中直接调用 main() 函数以执行程序。

（2）gamer.py 的完整内容。

```python
#游戏者类模块：gamer.py
class Gamer(object):
    '''游戏者类定义'''
    #构造函数
    def __init__(self,name,sex,age):
        self.name = name
        self.sex = sex
        self.age = age
        self.__score = 0                   #得分
        self.__count = 0                   #游戏局数
    #类属性——得分
    #方法的属性化
    @property
    def score(self):
        return self.__score
    @score.setter
    def score(self,value):
        if not isinstance(value,int):      #判断设置值是否为整型
            raise ValueError('得分必须为整数')
```

```
            if value<0:
                raise ValueError('每局得分不能低于 0 分')
            self.__score=value              #计分
    #类属性——已进行局数
    #方法的属性化
    @property
    def count(self):
        return self.__count
    @count.setter
    def count(self,value):
        if not isinstance(value,int):       #判断设置值是否为整型
            raise ValueError('局数只能整数')
        if value<0:
            raise ValueError('局数不能为负数')
        self.__count=value                  #新局数

if __name__=='__main__':                    #本模块调试代码
    g1=Gamer('沈红卫','M',36)
    g1.score=g1.score+1
    g1.count=g1.count+1
    print(g1.score)
    print(g1.count)
    g1.score=g1.score+1
    g1.count=g1.count+1
    print(g1.score)
    print(g1.count)
```

（3）graphics.py 的完整内容。

该文件共有 1009 行代码。由于从网上可下载得到该文件，因此不再提供它的完整内容。

17.3.3 程序运行效果

程序开机界面如图 17-19 所示。

输入游戏者姓名的界面如图 17-20 所示。

图 17-19 程序开机界面

图 17-20 输入游戏者姓名的界面

开始游戏的界面如图 17-21 所示。

出拳的界面如图 17-22 所示。

图 17-21　开始游戏的界面　　　　　　　图 17-22　出拳的界面

结束游戏（退出程序）的界面如图 17-23 所示。

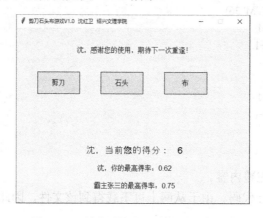

图 17-23　结束游戏（退出程序）的界面

17.4　归纳与总结

17.4.1　设置解释器时出现"Cannot Save Settings"错误及其解决办法

在设置解释器时，有时可能出现"Cannot Save Settings"的错误，如图 17-24 所示。

出现上述问题的原因是什么？如何解决此问题？

解决上述问题的办法为：单击右上侧的小齿轮按钮，选择其中的【Show All】选项，以显示所有可用的解释器（Interpreter），如图 17-25 所示。

通过上述方法显示所有可用的解释器列表后，选中全部内容并将它们删除。此后再设置解释器，上述问题将不再出现。

第17章 桌面小游戏——剪刀、石头、布

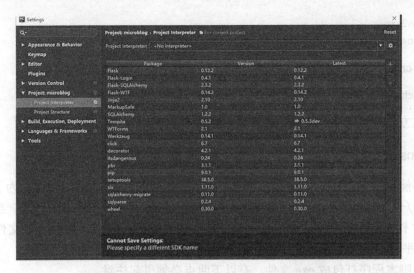

图 17-24 出现"Cannot Save Settings"错误的界面

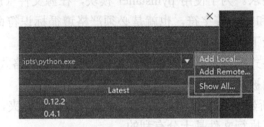

图 17-25 通过选择【Show All】选项显示所有可用的 Interpreter

17.4.2 将代码生成可执行文件

代码被设计和调试完成后，可在 Python 环境或开发平台下直接运行它。但是，如果将 Python 代码文件生成独立的.exe 可执行文件，那么不仅有利于代码的安全，而且可极大地方便使用。因为在此情形下，不需要搭建运行.py 代码的编译环境，代码所引用的模块也不需要被安装。

那么，如何实现将.py 脚本文件（程序）生成可执行文件呢？方法有多种，但是它们均需借助第三方模块。此处仅介绍其中的两种方法。

1. py2exe 模块

顾名思义，py2exe 模块就是将.py 文件转换为.exe 文件的模块。借助该模块，将源程序生成.exe 文件后，可摆脱编译环境和第三方模块（库）的限制，在任何兼容的 Windows 环境下运行.exe 程序，而不再需要安装 Python 的运行环境和所依赖的第三方模块（库）。

在使用 py2exe 之前，首先必须安装它。

然后编写一个内容如下所示的接口文件，并将该接口文件保存为 setup.py。

#转换.py 文件为可执行文件的接口文件，命名为 setup.py
from distutils.core import setup

```
import py2exe
setup(console=['test.py'])         #此处为要转换的脚本文件 test.py
```

通过"cmd"命令进入命令行状态，运行以下代码：

```
python setup.py py2exe
```

由于此方法相对复杂，所以不进行重点介绍。

2. pyinstaller 模块

由于不能在没有安装 Python 的机器上直接运行 Python 脚本程序，因此，为了便于将程序发布给用户，需要将脚本程序打包成.exe 文件，使脚本程序可脱离开发环境。当然，打包后的.exe 文件不一定在所有的 Windows 平台下均能运行。例如，某个.exe 文件在一部分 Windows 7 平台下不能很好地运行，但在 Windows 10 平台下却能很好地运行。

为了将脚本程序打包成.exe 文件，有以下两点必须引起注意。

（1）关于文件名的要求。为了使用 pyinstaller 模块，在源文件（脚本文件）的文件名中不能出现英文句点（.）和空格等字符，也就是必须严格遵循标识符命名规则命名文件：首字符必须为英文字母，余下字符只能是英文字母、下画线和数字。

（2）关于文件编码格式的规定。源文件必须使用 UTF-8 编码格式。所幸的是，在 IDLE 环境下编写的代码文件均被自动保存为 UTF-8 编码格式。

在新建工程前，先新建一个文件夹，将它作为工程专用文件夹，并将所有工程文件纳入该文件夹，这对生成可执行文件是十分有利的。

以下是利用 pyinstaller 模块生成.exe 文件的主要过程。

第一步：安装 pyinstaller 模块。通过"cmd"命令进入命令行状态，然后输入以下命令并执行。

```
pip install pyinstaller
```

安装过程如图 17-26 所示。

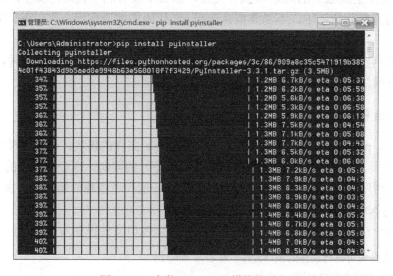

图 17-26 安装 pyinstaller 模块的过程

第17章 桌面小游戏——剪刀、石头、布

第二步：在命令行方式下，执行以下命令。

`pyinstaller -F k:\python_work\caiquan\start.py -noconsloe`

在上述命令中，只使用工程的主文件 start.py，-F 表示将多文件项目生成可执行文件；-noconsloe 表示去除控制台的黑框。

执行上述命令后，将生成可执行文件 start.exe。需要提醒的是，执行上述命令后，将自动生成两个文件夹 dist 和 build，它们的默认路径为 C:\Users\Administrator。这是因为上述命令是在该路径下被执行的，如图 17-27 所示。如果在此路径下无法找到这两个文件夹，则可通过文件搜索的方式搜索文件 start，找到它们所在的文件夹。

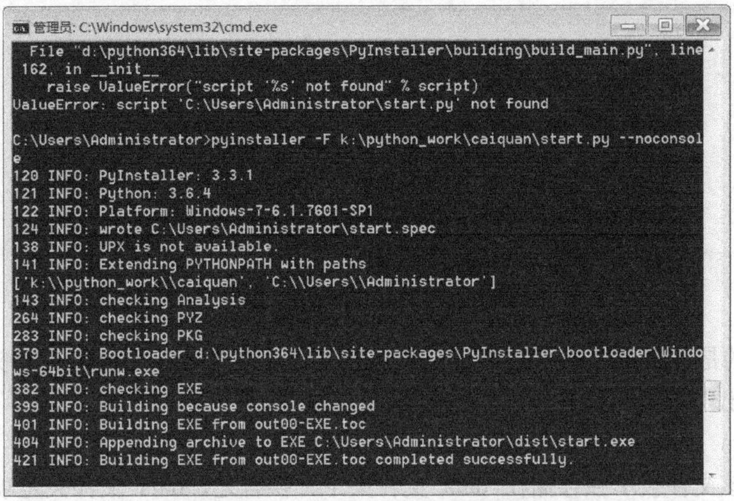

图 17-27　pyinstaller 命令及其执行过程

最终在如图 17-28 所示的文件夹下找到 dist 和 build 两个文件夹，并在 dist 文件夹下找到可执行文件 start.exe，如图 17-29 所示。

图 17-28　生成的 dist 和 build 两个文件夹

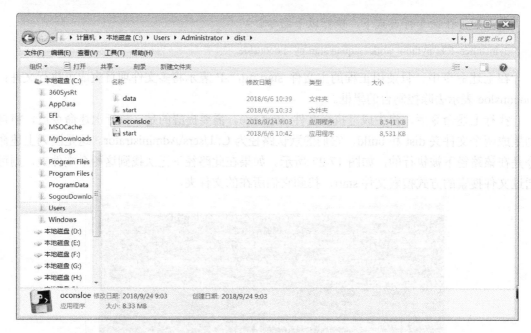

图 17-29　可执行文件及其所在路径

需要说明的是，图 17-29 中的 data 文件夹不是自动创建的，而 start 文件夹是自动创建的。为什么会出现 data 文件夹呢？

其实，data 文件夹是在开发阶段被人为创建的，因为项目需要保存历史数据文件 history.txt，而该文件被单独存储在 data 文件夹下。换言之，data 文件夹是项目保存数据的专用文件夹。在生成可执行文件时，作为项目的有机组成部分，data 文件夹被自动复制到 dist 文件夹下。

如果要发布本游戏程序，那么发布的内容只有 start.exe 文件和 data 文件夹。用户将上述两项复制到本地计算机的某个文件夹下，即可运行该游戏程序。

如果程序具有自动在当前路径下创建 data 文件夹的功能，那么需要发布的内容只有可执行文件 start.exe 一项，这将使得项目发布更为简便。如何通过代码自动创建 data 文件夹，使程序更加自动化，这是本项目可进一步优化和完善之处。

思考与实践

1．请在本项目的基础上增加一项功能，即增加功能按钮，通过它可按从高到低的顺序列出所有游戏者及其得胜率。

2．请模仿本例，编写一个掷骰子的程序。

第 18 章

数据挖掘与分析——Bilibili 视频爬虫

学习目标

- 理解数据挖掘与网络爬虫的有关概念。
- 了解网络爬虫程序开发的主要平台。
- 掌握网络爬虫的工作原理与开发流程。
- 理解 Bilibili 视频爬虫的主要内容。

多媒体课件和导学微视频

18.1 数据挖掘与网络爬虫

18.1.1 数据挖掘

随着互联网的发展和日益普及,如今已进入一个信息爆炸的时代,每个人都在产生数据和使用数据,人人都是数据的制造者。

2016 年,中国互联网信息中心发布第 37 次《中国互联网络发展状况统计报告》。该报告显示,截至 2015 年 12 月,中国网民规模达 6.88 亿人,互联网普及率为 50.3%;手机网民规模达 6.2 亿人,占比提升至 90.1%。2015 年,人均每周上网时长为 26.2 小时,相当于每天上网 3.75 小时。每天 50 亿次百度搜索、每天 1.75 亿次支付宝交易……在这些海量数据的背后,是线上与线下数字经济的真实脉动。

孤立的数据往往意义不大,但是大数据背后的价值却越来越让人震惊。大数据技术的战略意义不在于掌握庞大的数据信息,而在于对这些含有意义的数据进行专业化处理。换言之,如果将大数据视为一种产业,那么该产业实现盈利的关键在于提高对数据的"加工"能力,通过"加工"实现数据的"增值"。

举一个简单的例子，当消费者在网上点一份外卖时，商户可以轻易地获知消费者个人的相关信息，如送餐上门需要的家庭或单位地址及电话；还可以根据消费者曾经的消费习惯进行菜品上的调整，如加辣或不加辣；根据消费者使用的移动支付渠道，可以了解其信用度及是否拥有贷款等其他信息。此例是数据挖掘的一个缩影。

数据挖掘（Data Mining），又被称为资料探勘、数据采矿，一般是指通过一定的算法从大量的数据中搜索隐藏信息的过程。数据挖掘通常与计算机科学有关，它借助统计、在线分析处理、情报检索、机器学习、专家系统、模式识别等诸多方法和技术，最终实现使数据增值的目标。

正如有人所言，大数据远比人类自身更了解人类。数据是一座尚未被开发的富矿，数据挖掘越来越显现其价值和意义。

数据挖掘包含从数据采集到分析处理的全过程，而计算机最基本的处理功能就是数据采集、数据分析和结果呈现。

1. 数据采集

所谓数据采集，是指从大量的复杂数据中获取所需数据的过程。数据采集是数据分析和数据挖掘的前置条件。

2. 数据分析

所谓数据分析，是指将得到的数据进行分析，从而发现有用信息的过程。例如，通过爬虫技术获取主流论坛的发帖量，可分析得到论坛的流量信息，如果做进一步分析，则可得到某论坛在哪个领域流量最大的信息。

狭义的数据分析指的是通过常规的统计分析等方式提取有效信息的过程；而广义的数据分析除上述过程外，还应包括数据挖掘的过程。

3. 数据挖掘

所谓数据挖掘，是指采用一定的算法对数据进行深入挖掘以发现隐藏信息的过程，可将它理解为数据分析的一种，或者说是数据分析的更高层次。举一个例子，假如数据库中已累积了多年的论坛数据，那么通过数据挖掘的方法，可获知更多、更深层的信息。例如，某人在 A 论坛上发了一封邮件，在 B 论坛上发布的一个帖子中包含一个电话号码，在 C 论坛上透露他与某人是邻居，通过数据挖掘的方法可从上述信息中分析得到该用户的个人信息。

18.1.2 网络爬虫

1. 什么是网络爬虫

所谓"网络爬虫"，通俗地说，是指从网络的海量信息中获取专门信息（指定信息）的一种技术。网络爬虫又被称为"网络蜘蛛"，它是数据采集的一种形式，是主动获取数据的技术手段之一。

通过网络爬虫技术采集数据的过程是：首先从网络上采集数据，然后进行数据存储、数据清洗和数据分析，最后形成指定的标准数据。

2. 网络爬虫有哪些类型

1）按照系统结构和实现技术划分

按照系统结构和实现技术划分，网络爬虫大致可分为以下 4 种类型：

- 通用网络爬虫（General Purpose Web Crawler）。
- 聚焦网络爬虫（Focused Web Crawler）。
- 增量式网络爬虫（Incremental Web Crawler）。
- 深层网络爬虫（Deep Web Crawler）。

实际的网络爬虫系统往往是上述几种网络爬虫技术相结合的产物。在上述 4 种网络爬虫中，最为常见的是聚焦网络爬虫。所谓"聚焦网络爬虫"，是"面向特定主题需求"的一种网络爬虫程序。与通用网络爬虫的区别在于，聚焦网络爬虫在实施网页抓取时将对内容进行筛选，尽量保证只抓取与需求相关的网页信息。

本章要学习和讨论的网络爬虫主要指聚焦网络爬虫。

2）按照网络爬虫的效率划分

按照网络爬虫的效率划分，网络爬虫可分为单线程爬虫和多线程爬虫。

由于页面分析和下载不能同时进行，单线程爬虫的效率相对较低，因此出现了多线程爬虫。有一个例子可以帮助理解多线程的意义：很多下载软件均支持多线程同步下载，即先将下载内容分为几部分，然后通过多线程技术实现同步下载，使下载速度大大优于单线程方式。

3）按照网络爬虫的功能划分

按照网络爬虫的功能划分，网络爬虫又可分为两大类。

- 新网页爬虫：该类爬虫专门负责查找尚未被采集过的新网页或新网站。
- 定期爬虫：该类爬虫主要负责采集更新速度比较快、内容比较多的网站，定期采集以检查是否有内容被更新。

18.1.3 网络爬虫的工作原理

1. 基本流程

为了阐述网络爬虫的工作原理，首先分析访问网站的工作原理：通过浏览器访问某站点，浏览器得到站点返回的 HTML、JS、CSS 等代码，通过对该代码进行解析、渲染，得到丰富多彩的网页信息，将它们呈现给用户。

网络爬虫的工作原理与访问网站的工作原理有非常多的相似之处，因为网络爬虫也是通过向网站发起请求，获取资源后分析并提取有用数据的程序。从技术角度而言，网络爬虫以程序方式模拟浏览器请求站点，然后将站点返回的 HTML 代码、JSON 数据、二进制数据（图片、视频）等内容抓取并在本地加以保存，在此基础上进一步提取所需数据。

网络爬虫的基本工作流程如图 18-1 所示，主要包括以下 4 个步骤。

（1）选取种子 URL。

（2）将这些种子 URL 放入待抓取 URL 队列中。

（3）从待抓取 URL 队列中逐一取出待抓取 URL，解析 DNS，得到主机的 IP 地址，发起链接请求并下载该 URL 对应的网页，存储至已下载网页库，与此同时将该 URL 放入已抓取 URL 队列中。

（4）分析已抓取网页，从中解析得到其他 URL 信息，并将其放入待抓取 URL 队列中，从而进入下一轮循环。

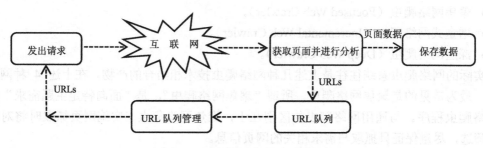

图 18-1 网络爬虫的基本工作流程

2. URL

URL 是 Uniform Resource Locator 的简称，将它翻译成中文即"统一资源定位符"，它是对从互联网上得到的资源的位置和访问方法的一种简洁表示，是互联网上的标准资源地址。互联网上的每个文件均有一个唯一的 URL，用于指示文件的位置及浏览器访问与处理的方式。通俗地说，URL 就是网址。它有绝对 URL（Absolute URL）和相对 URL（Relative URL）之分，就如同文件的路径有绝对路径和相对路径之分一样。

1）URL 的组成

URL 由 3 部分组成：网络协议、存放资源的主机域名和资源文件名。

它的一般语法格式为：

protocol://hostname[:port]/path/[;parameters][?query]#fragment

其中，带方括号的为可选项。

格式说明如下。

- protocol（协议）：指定所用的传输协议，最常用的有 3 类：HTTP、FTP 和 HTTPS。HTTP 是目前 Web 中应用最广的超文本传输协议，FTP 是文件传输协议，HTTPS 可被理解为 HTTP 的安全版。
- hostname（主机名）：指存放资源服务器的域名系统（DNS）主机名或 IP 地址。
- :port（端口号）：整数，可选，如省略则使用方案的默认端口号。各种传输协议均有默认的端口号，如 HTTP 的默认端口号为 80。有时候出于安全或其他考虑，可在服务器上对端口进行重定义，即采用非标准端口号，此时，URL 中就不能省略端口号选项。
- path（路径）：由 0 个或多个"/"符号隔开的字符串，一般用来表示主机上的一个目录或文件地址。

- ;parameters（参数）：这是用于指定特殊参数的可选项。
- ?query（查询）：可选，用于向使用诸如 CGI、ISAPI、PHP、JSP、ASP、ASP.NET 等技术的动态网页传递参数。此类参数可有多个，它们用"&"符号分隔，每个参数的名和值以"="符号隔开。
- fragment（信息片断）：它是一个字符串，用于指定网络资源中的片断。例如，一个网页中有多个名词解释，可使用 fragment 直接定位某一名词解释。

2）URL 举例

URL 举例如下：

https://www.baidu.com/s?rsv_bp=0&rsv_sug2=0&ie=utf-8&word=url%E5%9C%B0%E5%9D%80%E6%A0%BC%E5%BC%8F&tn=99455684_hao_pg

在上述例子中，
- https：代表协议。
- www.baidu.com：表示服务器。
- 80：表示服务器上的网络端口号，由于被省略，所以采用默认值 80。
- /s：表示路径。
- ?rsv_bp=0&rsv_sug2=0&ie=utf-8&word=url%E5%9C%B0%E5%9D%80%E6%A0%BC%E5%BC%8F&tn=99455684_hao_pg：表示具体查询。

18.1.4 实现网络爬虫的关键技术

网络爬虫是向网站发起请求并自动提取数据的自动化程序。它的主要流程包括：发起请求、获得响应、解析并提取信息、保存信息。

1. 发起请求

所谓"发起请求"，是指向 URL 发起一个 HTTP 请求并等待服务器响应的过程。通常借助 requests、urllib 等模块，可方便地实现向 HTTP 发起请求的功能。

1）requests 模块概述

urllib 模块是 Python 内置的一个功能强大、用于操作 URL，并被广泛应用于爬虫的标准库。在 Python 2.x 中，它被分为 urllib 模块和 urllib2 模块。在 Python 3.0 之后，它们被合并为 urllib 模块，但是在使用方法上存在一定的差异。

而 requests 是第三方模块，requests 模块是对 urllib 模块的进一步封装，因此在使用上显得更加方便、快捷，也更加友好。

在使用 requests 模块前，必须先进行安装。

通过"cmd"命令进入命令行方式，然后执行如下命令，即可安装 requests 模块。

pip install requests

requests 模块功能强大，支持丰富的链接访问功能，支持多种请求方式。它的 7 个主要方法如表 18-1 所示，分别是 request()、get()、head()、post()、put()、patch()和 delete()。其中，request()函数是其余 6 个函数的基础函数，其余 6 个函数均通过调用该函数加以实现。

表 18-1 requests 模块的 7 个主要方法（函数）

方法	用法	功能
request()	requests.request(method,url,**kwargs)	构造一个请求，支持以下各种方法
get()	requests.get(url,params,**kwargs) requests.get(url,timeout=n)	获取 HTML 的主要方法，对应于 HTTP 的 GET 超时处理，设定每次请求超时时间为 n 秒
head()	requests.head(url,**kwargs)	获取 HTML 头部信息的主要方法，对应于 HTTP 的 HEAD 请求（请求 URL 对应资源的头部信息）
post()	requests.post(url,data=None,json=None,**kwargs)	向 HTML 提交 POST 请求的方法，对应于 HTTP 的 POST 请求（请求向 URL 对应资源附加新的数据）
put()	requests.put(url,data=None,**kwargs)	向 HTML 提交 PUT 请求的方法
patch()	requests.patch(url,data=None,**kwargs)	向 HTML 提交局部修改的请求，对应于 HTTP 的 PATCH 请求（请求局部更新 URL 对应的资源）
delete()	requests.delete(url,**kwargs)	向 HTML 提交删除请求，对应于 HTTP 的 DELETE 请求（请求删除 URL 对应的资源）

在表 18-1 中，各方法涉及的参数及其含义如下：

- method：表示请求方式，对应 GET、PUT、POST 等 7 种。
- url：表示拟获取页面的 URL 链接。
- **kwargs：代表用于控制访问的参数，共有 12 个。
- params：它是字典或字节序列，作为参数，它是向 URL 增加的内容。
- data：它是字典、字节序列或文件对象，以作为请求的内容。

2）get()方法

get()方法一般有以下两种用法。

（1）不带参数，它的一般调用形式如下：

r = requests.get(url,timeout=n)

其中，

- r：包含服务器资源的 Response 对象。
- n：请求超时时间，单位为秒。
- url：拟获取页面的 URL 链接。

（2）带参数，它的一般调用形式如下：

r = requests.get(url,params=None,**kwargs)

其中，

- url：拟获取页面的 URL 链接。
- params：URL 中的额外参数，通常是字典或字节字符串类型，它是可选参数。
- **kwargs：12 个用于控制访问的参数之一。

3）get()方法举例

举例 1：GET 请求。

```
>>> import requests
>>> kw = {'key1':'values','key2':'values'}
```

```
>>> r = requests.request('GET','http://httpbin.org/anything',params=kw)
>>> r.status_code           #查看响应状态，200 表示正常
200
>>> r.text                  #显示响应的文本内容
'{"args":{"key1":"values","key2":"values"},"data":"","files":{},"form":{},"headers":{"Accept":"*/*","Accept-Encoding":"gzip, deflate","Connection":"close","Host":"httpbin.org","User-Agent":"python-requests/2.18.4"},"json":null,"method":"GET","origin":"61.175.244.121","url":"http://httpbin.org/anything?key1=values&key2=values"}\n'
>>>
```

举例2：POST 请求。

```
>>> import requests
>>> hd = {'user-agent':'Chrome/10'}         #模拟浏览器发起请求
>>> r=requests.request("POST","http://httpbin.org/anything",headers=hd)
>>> r.status_code
200
>>> r.text
'{"args":{},"data":"","files":{},"form":{},"headers":{"Accept":"*/*","Accept-Encoding":"gzip, deflate","Connection":"close","Content-Length":"0","Host":"httpbin.org","User-Agent":"Chrome/10"},"json":null,"method":"POST","origin":"61.175.244.121","url":"http://httpbin.org/anything"}\n'
```

在本例中，字典变量 hd 定义一个 header（待访问的 HTTP 头），借助它模拟以指定的浏览器方式发起对 URL 的访问，以此来"欺骗"服务器，让服务器以为是正常的浏览器访问。

举例3：get()方法模拟登录。

```
>>> import requests
>>> data={"username":"admin","password":"123456"}
>>> r=requests.get("https://m.aliyun.com/yunqi/ziliao/topic_92819",data)
>>> r.status_code
200
>>> r.text
```

输出内容为 r.text。由于信息较多，为了节省篇幅，此处只截取其中一部分，如下：

' <!DOCTYPE html>\n<html>\n\n<head>\n <meta charset="utf-8">\n <meta name="data-spm" content="5176" />\n <title>模拟用户登录_模拟登录_模拟登录 网页_用户登录 - 手机站 - 阿里云</title>\n <meta name="keywords" content="模拟用户登录" />\n <meta name="description" content="关于模拟用户登录的问答和话题。云栖社区是面向开发者的开放型技术平台。源自阿里云，服务于云计算技术全生态。包含博客、问答、培训、设计研发、资源下载等产品，以分享专业、优质、高效的技术为己任，帮助技术人快速成长与发展。">\n <meta http-equiv="X-UA-Compatible" content="IE=edge,chrome=1">\n <link rel="canonical" href="https://yq.aliyun.com//ziliao/topic_92819" >\n <meta name="renderer" content= "webkit">\n <meta name="viewport" content="wi

上述程序使用了"云栖社区"，它是面向开发者的开放型技术平台，为开发者免费提供与模拟用户登录相关的问答和话题的讲解，其中 h5 页面的地址如下：

https://m.aliyun.com/yunqi/ziliao/topic_92819

当使用上述 URL 模拟登录时，使用的用户名为 admin，对应的密码为 123456，它们被定义在字典变量 data 中。

2. 获得响应

如果服务器可正常响应，则将返回一个响应（Response），它是一个对象，其内容为所要获取的页面内容。页面内容可为 HTML、JSON 字符串、二进制数据（图片或者视频）等多种类型。

1）Response 对象包含什么

Response 对象是一个典型的 HTTP 响应。与 HTTP 请求相似，Response 对象由 3 部分组成。

- 第一部分——状态行。所有 HTTP 响应的第一行均为状态行，其内容依次是当前 HTTP 版本号、由 3 位数字组成的状态码、描述状态的短语等，彼此由空格加以分隔。

由 3 位数字组成的状态码有多种，如 200 代表成功，301 代表跳转，404 代表无法找到页面，502 代表服务器错误。具体分类如下：

1xx 消息——请求已被服务器接收，继续处理。
2xx 成功——请求已成功被服务器接收、理解并接受。
3xx 重定向——需要后续操作才能完成该请求。
4xx 请求错误——请求含有词法错误或无法被执行。
5xx 服务器错误——服务器在处理某个正确请求时发生错误。

- 第二部分——响应头。包含一系列键值对，如内容类型、类型的长度、服务器信息、设置 Cookie。
- 第三部分——响应正文。这是最主要的部分，它包含请求资源的内容，如网页 HTML、图片、二进制数据等。对于响应正文，可通过以下 4 种方式加以读取。
  - 普通响应——使用 r.text 获取。
  - JSON 响应——使用 r.json() 获取。
  - 二进制响应——使用 r.content 获取。注意：无()。
  - 原始响应——使用 r.raw 获取。注意：无()。

2）Response 对象的属性

Response 对象的具体属性如表 18-2 所示。

表 18-2 Response 对象的具体属性

属 性	功 能 描 述
status_code	HTTP 请求的返回状态，若为 200，则表示请求成功
text	HTTP 响应内容的字符串形式，即返回的页面内容
encoding	从 HTTP 头中猜测的响应内容编码方式
apparent_encoding	从内容中分析出来的响应内容编码方式（备选编码方式）
content	HTTP 响应内容的二进制形式
history	查看历史信息，即在访问成功之前的所有请求跳转信息
cookies	为辨别用户身份、进行 session 跟踪而存储在用户本地终端上的数据（通常经过加密）

举例 4：访问响应对象的 status_code 属性。

```
>>> import requests
>>> r = requests.get("http://httpbin.org/get")
>>> print(r.status_code)
```

运行上述程序，得到的结果如下：

```
200
>>>
```

200 是表示访问成功的状态码。程序中用到的域名 http://httpbin.org/是一个简单的 HTTP 请求和响应服务器，用于说明 HTTP 协议相关内容、测试请求与响应的结果，因此常被作为爬虫的一个练习网站。

3. 解析并提取信息

1) 解析流程

Response 对象的内容可为 HTML、JSON 字符串、二进制数据（图片或视频）等多种类型，因此必须根据需要进行针对性解析，以得到所需信息。以上过程被称为"网页解析"。完成网页解析的工具被称为"网页解析器"，它是一种 HTML 网页信息提取工具，即从 HTML 网页中解析、提取出"价值数据"或"新的 URL 链接"的一种工具。网页解析的流程如图 18-2 所示。

图 18-2　网页解析的流程

对页面进行解析的常用方式有多种，常被分为模糊匹配解析和结构化解析两类，前者利用 re 正则表达式进行匹配解析，后者则利用标准库或第三方模块（库）等工具进行网页解析。常见的解析工具有 JSON 解析、html.parser 标准模块、beautifulsoup4、PyQuery、XPath 和 lxm 库等，利用这些工具进行标签结构信息的提取。

鉴于 beautifulsoup4 的重要性，此处重点介绍 beautifulsoup4。

2) beautifulsoup4 及其安装

第三方模块 beautifulsoup4 又被简称为 bs4，它具有简单、方便的 Python 式函数，借助这些函数，可实现处理导航、搜索、修改分析树等功能。它自动将输入文档转换为 Unicode 编码格式，将输出文档转换为 UTF-8 编码格式。它是用于网页解析的利器。

① 安装方法

直接启动 cmd 命令行运行环境，使用 pip 管理工具进行安装，安装命令如下：

```
pip install beautifulsoup4
```

完成安装后，直接启动 IDLE 环境，引用 bs4 以测试其是否被安装成功。

```
>>> from bs4 import BeautifulSoup    #从 bs4 模块中导入 BeautifulSoup 模块（注意大小写）
```

```
>>> import bs4                          #引入整个 bs4 模块
>>> print(bs4)                          #显示 bs4
<module 'bs4' from 'D:\\python364\\lib\\site-packages\\bs4\\__init__.py'>
>>>
```

从上面的分析中不难看出 beautifulsoup4（bs4）和 BeautifulSoup 之间的关系。
② 使用 bs4 的三部曲
第一步：创建 BeautifulSoup 对象（DOM 对象）。
第二步：使用 BeautifulSoup 对象的 find_all()与 find()方法来搜索相应节点。
第三步：利用 DOM 结构标签特性，提取节点名称、属性、内容等更为详细的节点信息。
③ DOM 与 HTML 的 DOM

DOM 是 W3C（World Wide Web Consortium）标准。DOM 定义了访问诸如 XML 和 HTML 文档的标准，即 W3C 文档对象模型。DOM 的全称是 Document Object Model，它是一个使程序和脚本有能力动态访问和更新文档的内容、结构、样式的平台与接口，而且它独立于任何语言。简言之，DOM 定义了所有文档元素的对象、属性和访问它们的方法（接口）。

DOM 被分为 3 个不同的部分和级别。
- 核心 DOM：用于任何结构化文档的标准模型。
- XML DOM：用于 XML 文档的标准模型。
- HTML DOM：用于 HTML 文档的标准模型。

什么是 HTML DOM？简单地说，HTML DOM 是定义访问和操作 HTML 文档的标准方法，它以树结构形式表达 HTML 文档。

3）bs4 的简单使用
举例 5：bs4 的简单使用。

```
'''
bs4 使用三部曲的演示程序：bs4 使用三部曲的演示程序 1.py
沈红卫
绍兴文理学院 机械与电气工程学院
2018 年 6 月 14 日
'''
import requests                         #引用 requests 模块
from bs4 import BeautifulSoup           #引用 bs4 模块的 BeautifulSoup 模块

#发起请求
r=requests.get('http://www.baidu.com/',timeout=30)
#r=requests.get('http://httpbin.org/',timeout=30)
if r.status_code==200:                  #连接成功
    r.encoding= 'utf-8'                 #采用 UTF-8 编码格式，否则中文容易出现乱码
    soup=BeautifulSoup(r.text,"html.parser")   #用 r.text 创建 BeautifulSoup 对象
    print(soup.prettify())              #格式化输出页面内容
    print(soup.title)                   #输出 title 的内容
```

4）BeautifulSoup 模块的重点语法

BeautifulSoup 模块是 bs4 模块中的一个重要模块，它不仅支持 Python 内置的 HTML 解析器（html.parser），也支持部分第三方解析器，如 lxml 和 html5lib 等，不过在使用前需要先安装它们；如果不安装它们，则将使用 Python 默认的解析器。相较而言，lxml 解析器的功能更强大、速度更快，推荐安装；内置的标准解析器（html.parser）不需要安装，可直接使用；而 html5lib 是基于 Python 开发的解析器，它以浏览器方式解析文档，最终生成 HTML 5 格式的文档。

综合上述分析，请在本地机器上安装 lxml 和 html5lib 解析器，以方便对比学习与选用。

执行 pip install lxml 命令可安装 lxml 解析器，执行 pip install html5lib 命令可安装 html5lib 解析器。它们均为第三方解析器。

使用 BeautifulSoup 模块的方法为：创建 BeautifulSoup 对象，通过 find()和 find_all()方法搜索节点（可按节点名称、节点属性、节点文字进行搜索），然后访问相应的节点（名称、属性和文字）。

图 18-3 以节点 a 为例，说明了节点、节点名称、节点属性、节点文字四者之间的关系。

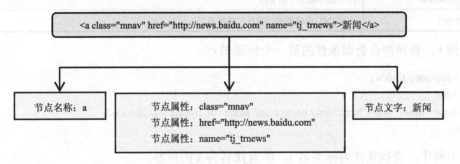

图 18-3　节点、节点名称、节点属性、节点文字之间的关系

BeautifulSoup 模块将 HTML 文档转换成一个复杂的树形结构，每个节点均为 Python 对象，所有对象可以被归纳为以下 4 种类型。

① Tag

Tag 是 HTML 中的一个标签，也就是节点。任何存在于 HTML 语法中的标签均可通过 soup.<tag>加以访问。当 HTML 文档中存在多个相同的 Tag 时，soup.<tag>返回的是第一个 Tag。例如，以下代码中存在两个标签（Tag），分别是 title 和 a，既可通过 soup.title 和 soup.a 获得，也可通过 find()和 find_all()方法搜索得到。

```
<title>The Dormouse's story</title>
<a class="sister" href="http://example.com/elsie" id="link1">Elsie</a>
```

- soup.find_all()：查找所有符合查询条件的标签节点，并返回一个列表。
- soup.find()：查找符合查询条件的第一个标签节点。

有多种方式可对标签进行访问，如表 18-3 所示。

表 18-3　标签的访问方式

属　　性	功　能　描　述
soup.a	返回<a>标签的内容

续表

属　性	功　能　描　述
soup.a.name	返回<a>标签的名字
soup.a.parent.name	返回<a>标签上一层的标签名字
soup.a.attrs	返回<a>标签的所有属性
soup.a.attrs['class']	返回<a>标签的 class 属性
soup.a.string	返回<a>标签中的非属性内容（<>...</>中的内容），只能获取一个
soup.get_text()	获取标签下所有的文字内容。使用 soup.get_text(" ",strip=True)可去除空白行
soup.strings	返回<a>标签中的所有非属性内容（<>...</>中的内容）
soup.stripped_strings	去除空格或空行的 strings
soup.contents	将 soup 对象的所有标签内容存入列表
soup.a.contents	将<a>标签的所有子节点存入列表
soup.a.children	与 contents 类似，但用于循环遍历子节点
soup.a.descendants	用于循环遍历孙节点
soup.prettify()	让 HTML 内容更加"友好"地被显示

举例 6：查找符合查询条件的第一个标签节点。

```
>>> res=soup.find('a')
>>> res
<a class="mnav" href="http://news.baidu.com" name="tj_trnews">新闻</a>
>>>
```

在上例中，查找条件为标签名 a，即查找名为 a 的标签。

举例 7：查找所有标签名为 a 的标签，并找出所有符合要求的链接。

```
>>> import requests
>>> from bs4 import BeautifulSoup
>>> request = requests.get("http://www.baidu.com")
>>> html = request.content
>>> soup = BeautifulSoup(html, "html.parser", from_encoding="utf-8")    #编码格式
>>> spans = soup.find_all(name='a', attrs={'class': 'mnav'})            #标签名和属性搜索
>>> spans
[<a class="mnav" href="http://news.baidu.com" name="tj_trnews">新闻</a>, <a class="mnav" href="http://www.hao123.com" name="tj_trhao123">hao123</a>, <a class="mnav" href="http://map.baidu.com" name="tj_trmap">地图</a>, <a class="mnav" href="http://v.baidu.com" name="tj_trvideo">视频</a>, <a class="mnav" href="http://tieba.baidu.com" name="tj_trtieba">贴吧</a>]
>>> hrefs = []
>>> for href in spans:
        hrefs.append(href.attrs["href"])    #通过属性 href 找出所有 URL 链接
>>> hrefs    #显示其内容，为所有链接列表
['http://news.baidu.com', 'http://www.hao123.com', 'http://map.baidu.com', 'http://v.baidu.com', 'http://tieba.baidu.com']
>>>
```

在举例 7 中，最有价值的部分是找出符合要求的 URL 链接。可从程序的注释中了解搜索 URL 链接的实现思想，从而理解相关的方法。

② NavigableString

如果已经得到了标签的内容，那么想要获取标签内部的文字怎么办？

也很简单，通过.string 的形式即可。例如，soup.p.string，它获取的是 soup 对象<p>标签的所有文字内容，它的类型是 NavigableString。NavigableString 的中文含义是"可遍历的字符串"。以下是获取文字的相关方法。

- soup.strings：如果 Tag 中包含多个字符串，则可使用.strings 来循环获取。
- soup.stripped_strings：soup.strings 输出的字符串中可能包含了很多空格或空行，使用.stripped_strings 可以去除多余的空白内容。

③ BeautifulSoup

BeautifulSoup 对象表示的是一个文档的全部内容。在多数情况下，可将它视为一个 Tag 对象，也就是一个特殊的标签对象，因此，可分别获取它的类型、名称和属性。

举例 8：BeautifulSoup 对象的使用。

```
>>> print(type(soup))
<class 'bs4.BeautifulSoup'>
>>> print(soup.name)
[document]
>>> print(soup.attrs)
{}
>>>
```

从上述程序中不难得知，该 BeautifulSoup 对象的属性是空字典，因为 soup.attrs 的结果是空字典。

④ Comment

Comment 对象是一个特殊类型的 NavigableString 对象，Comment 的中文含义为"注释"。但是，要特别注意的是，如果使用.string 获取 Comment 对象的内容，则是不包括注释符号的。因此，如果处理不当，那么很容易将它与一般内容混淆，从而导致误判。

HTML 注释即 HTML 中形式为 <!--...--> 的标签，它的语法如下：

<!--释文字-->

例如：

<!--这是一段注释。注释不会在浏览器中显示。-->

它与以下<p>标签的区别在于，<p>标签的内容将在浏览器中显示，而注释不会显示。

<p>这是一段普通的段落。</p>

假设对象 soup 的标签<a>的第一个内容为：

<a class="sister" href="http://example.com/elsie" id="link1"><!-- Elsie --></a>

那么，执行以下代码：

```
>>> print(soup.a.string)
>>> print(type(soup.a.string))
```

得到的结果如下：

```
Elsie
<class 'bs4.element.Comment'>
```

由此可见，上述标签<a>的内容实际上属于 Comment 类型，但在使用.string 输出的时候，会自动去掉注释符。这容易引起误判，建议做如下处理：

```
if type(soup.a.string)==bs4.element.Comment:      #判断是否是 Comment 类型的
    #按注释处理
else:
    #按正常内容处理
```

5）BeautifulSoup 信息提取举例

举例 9：BeautifulSoup 信息提取举例。

```
'''
bs4 使用三部曲的演示程序：bs4 使用三部曲的演示程序 2.py
沈红卫
绍兴文理学院 机械与电气工程学院
2018 年 6 月 16 日
'''
import requests                                    #引用 requests 模块
from bs4 import BeautifulSoup                      #引用 bs4 模块的 BeautifulSoup 模块

#发起请求
r=requests.get('http://www.baidu.com/',timeout=30)
#r=requests.get('http://httpbin.org/',timeout=30)
if r.status_code==200:                             #连接成功
    r.encoding= 'utf-8'
    #soup=BeautifulSoup(r.text,"html.parser")      #用 r.text 创建 BeautifulSoup 对象
    soup=BeautifulSoup(r.text,"html5lib")          #用 r.text 创建 BeautifulSoup 对象
    #soup=BeautifulSoup(r.text,"lxml")             #用 r.text 创建 BeautifulSoup 对象
    #print(soup.prettify())                        #格式化输出页面内容
    #print(soup.title)                             #输出 title 的内容
    links=soup.findAll('a')                        #搜索节点 a
    for link in links:                             #遍历
        print(link.name,link["href"],link.get_text())  #访问节点
```

在 IDLE 中运行上述程序，得到的结果如下：

```
a http://news.baidu.com 新闻
a http://www.hao123.com hao123
a http://map.baidu.com 地图
a http://v.baidu.com 视频
a http://tieba.baidu.com 贴吧
a  http://www.baidu.com/bdorz/login.gif?login&tpl=mn&u=http%3A%2F%2Fwww.baidu.com%2f%3fbdorz_
```

come%3d1 登录
    a //www.baidu.com/more/ 更多产品
    a http://home.baidu.com 关于百度
    a http://ir.baidu.com About Baidu
    a http://www.baidu.com/duty/ 使用百度前必读
    a http://jianyi.baidu.com/ 意见反馈
>>>

4. 保存信息

解析后的信息可以多种形式被保存，以便做进一步处理。以下是保存数据的 3 种形式。

（1）文本，如 JSON 文本、XML 文本等。
（2）关系型数据库，如 MySQL、Oracle、SQL 等结构化数据库。
（3）非关系型数据库，如 MongoDB、Redis 等，以键值对形式存储数据。

最后简要介绍 Pandas 模块，它在数据分析中具有举足轻重的地位。

Pandas（Python Data Analysis Library）是基于 NumPy 的一个工具，主要用于数据分析，它不仅提供了高效地操作大型数据库所需要的工具，还提供了大量使用户快捷地处理数据的函数和方法。从某种意义上说，正是由于 Pandas 模块的存在，才使得 Python 成为强大而高效的数据分析环境。因此，理解和掌握 Pandas，对解决数据处理问题显得十分重要。

18.1.5 爬虫的基本框架

以下是一个获取 URL 资源的基本爬虫框架。基于该框架实现的爬虫程序可获取指定 URL 的页面内容，以便于进一步解析和处理。

举例 10：简易爬虫框架。

```
'''
基于 requests 模块的基本爬虫框架：基本爬虫框架 1.py
沈红卫
绍兴文理学院 机械与电气工程学院
2018 年 6 月 18 日（端午节）
'''
import requests    #引用 requests 模块

#定义抓取网页函数
def getHTMLText(url):
    try:
        hd = {'user-agent' : 'Mozilla/5.0'}            #模拟浏览器登录
        r = requests.get(url, headers = hd, timeout = 30)    #请求时间为 30s

        r.raise_for_status()    #如果状态码不是 200，则触发异常；否则不触发
        r.encoding = r.apparent_encoding            #用 apparent_encoding 真实编码格式
        r.encoding="utf-8"   #建议使用 UTF-8 编码格式，上一条可屏蔽
        return r.text
```

```
        except:
            return '请求 url 时发生错误'              #异常提示，可以更细化

#测试用代码
if __name__ == '__main__':
    url = 'https://www.python.org/'                    #有些 URL 需要加 "/"，有些不需要
    print(getHTMLText(url))
```

上述程序演示了如何爬取 https://www.python.org 网站的内容。

在爬取中文网站时，常会遇到结果是乱码的情况，这往往是由于采用默认编码格式所导致的。因为在《HTTP 权威指南》第 16 章（国际化）中提到，如果不指定 HTTP 响应中 Content-Type 字段的字符集（charset，编码格式），那么页面将采用默认的 ISO-8859-1 编码格式。该编码格式用于处理英文页面毫无问题，但是，如果用于处理中文页面，则将出现乱码现象。

解决上述问题的方法如下：

如果已知该网站的字符集编码为"xxx"，就使用 r.encoding="xxx"设置正确的编码格式，当指定编码格式后，requests 在输出 text 时，将根据设定的字符集编码进行编码转换；如果不能确定该网站的字符集编码，则建议统一使用 r.encoding="utf-8"设置编码格式。

获得真实编码格式的另一种方法是使用 apparent_encoding 属性。

在使用 requests 模块向 URL 发起请求时，有时将产生异常，如网络连接错误、HTTP 错误异常、重定向异常、请求 URL 超时异常等。以下是常见的 requests 异常。

- requests.ConnectionError——网络连接错误异常，如 DNS 查询失败、拒绝连接等。
- requests.HTTPError——HTTP 错误异常。
- requests.URLRequired——URL 缺失异常。
- requests.TooManyRedirects——超过最大重定向次数，产生重定向异常。
- requests.ConnectTimeout——连接远程服务器超时异常（包括连接超时和读取超时）。
- requests.Timeout——请求 URL 超时，产生超时异常。

r.status_code 属性将反映所有异常的信息。因此，在获取响应内容前，首先必须判断 r.status_code 属性的值是否等于 200。如果等于 200，则表示请求成功；否则，表示请求失败。

必须说明的是，requests.ConnectTimeout 和 requests.Timeout 是有区别的，前者表示连接超时和读取超时，而后者只表示连接超时。

更具体地说，如果分别指定连接和读取的超时时间，即 timeout=([连接超时时间],[读取超时时间])，例如，requests.get('http://github.com', timeout=(6.05, 0.01))，表示连接超时时间设定为 6.05s，读取超时时间设定为 0.01s，那么服务器如在以上时间内无应答，则将引发 requests.exceptions.ConnectTimeout 异常。

一种更为简便的捕捉异常的方法是调用 r.raise_for_status()方法。该方法的本质是判断 r.status_code 属性，只不过它是在方法内部判断 r.status_code 属性的值是否等于 200 的。如果不等于 200，则将抛出异常。

18.1.6 反爬虫与 Robots 协议

网络爬虫是一个自动地批量提取网页内容的程序。但是，任何事物都有两面性，网络爬虫在给世界带来方便、快捷与高效的同时，也带来了阴暗的一面。当网络爬虫被滥用后，模仿和抄袭现象越来越普遍，原创得不到保护，引发诸多问题，如性能骚扰、法律风险、隐私泄露等。于是，多数网站开始采取反网络爬虫机制，以设法保护自己的内容。

所谓反爬虫，是指利用某些技术手段以阻止别人批量获取自己网站信息的一种方式。与网络爬虫相同的是，它的核心也在于批量。

常用的反爬虫技术有判断 IP 访问频率、判断浏览网页速度和间隔、通过使用账户登录、通过输入验证码、Flash 封装、JS 加密、CSS 混淆、检查来访 HTTP 协议头 User-Agent 域、只响应浏览器或友好爬虫的访问等。

互联网作为一个生态环境，光靠技术无法解决所有问题，最终要靠自觉和自律，靠道德的力量，靠法律的力量。于是，Robots 协议应运而生。

1. Robots 协议

Robots 协议又被称为"Robots 排除协议""爬虫协议"，它用于告知所有爬虫在爬取本网站时应遵循的策略，是一种要求爬虫遵守的约定。也就是说，网站主动告知网络爬虫，哪些页面可被抓取，哪些页面不可被抓取。该协议通常以 robots.txt 文件的形式存储在网站根目录下。当爬虫访问某网站时，如 http://www.abc.com，首先要检查该网站中是否存在 http://www.abc.com/robots.txt 文件，如果存在，则必须根据该文件的内容来确定自身可访问的权限。

2. robots.txt 文件的基本语义

robots.txt 文件包含一条或多条记录，所有记录通过空行加以分隔。

在该文件中，可以使用"#"进行注释，所有的记录通常以一行或多行 User-agent 开始，后面加上若干 Disallow 行。

每条记录的格式如下。

(1) User-agent。该项用于描述搜索引擎（机器人、Robot、网络爬虫）的名字。如果有多条 User-agent 记录，则说明有多个搜索引擎会受到该协议的限制。如果该项的值设为*，则该协议对任何机器人（网络爬虫）均有效。robots.txt 文件至少应包含一条 User-agent 记录。

(2) Disallow。该项用于描述不希望被访问的一个 URL。该 URL 可为一条完整的路径，也可为部分路径。任何以 Disallow 开头的 URL 均不允许被 User-agent 指定的爬虫所访问。

例如，"Disallow:/help"表示不允许搜索引擎访问/help.html 和 /help/index.html；而"Disallow:/help/"表示允许搜索引擎访问/help.html，而不能访问/help/index.html。如果任何一条 Disallow 记录均为空，则说明该网站的所有部分均允许被访问。在 robots.txt 文件中，至少要有一条 Disallow 记录。如果 robots.txt 文件是一个空文件，则表示该网站对于所有的搜索引擎都是开放的、可访问的。

3. robots.txt 文件的举例

在浏览器的地址栏中输入"https://www.baidu.com/robots.txt",可得到"百度"的爬虫协议文件 robots.txt。它的内容如下:

```
User-agent: Baiduspider
Disallow: /baidu
Disallow: /s?
Disallow: /ulink?
Disallow: /link?
Disallow: /home/news/data/

User-agent: Googlebot
Disallow: /baidu
Disallow: /s?
Disallow: /shifen/
Disallow: /homepage/
Disallow: /cpro
Disallow: /ulink?
Disallow: /link?
Disallow: /home/news/data/

User-agent: MSNBot
Disallow: /baidu
Disallow: /s?
Disallow: /shifen/
Disallow: /homepage/
Disallow: /cpro
Disallow: /ulink?
Disallow: /link?
Disallow: /home/news/data/

User-agent: Baiduspider-image
Disallow: /baidu
Disallow: /s?
Disallow: /shifen/
Disallow: /homepage/
Disallow: /cpro
Disallow: /ulink?
Disallow: /link?
Disallow: /home/news/data/

User-agent: YoudaoBot
Disallow: /baidu
Disallow: /s?
Disallow: /shifen/
Disallow: /homepage/
```

```
Disallow: /cpro
Disallow: /ulink?
Disallow: /link?
Disallow: /home/news/data/

User-agent: Sogou web spider
Disallow: /baidu
Disallow: /s?
Disallow: /shifen/
Disallow: /homepage/
Disallow: /cpro
Disallow: /ulink?
Disallow: /link?
Disallow: /home/news/data/

User-agent: Sogou inst spider
Disallow: /baidu
Disallow: /s?
Disallow: /shifen/
Disallow: /homepage/
Disallow: /cpro
Disallow: /ulink?
Disallow: /link?
Disallow: /home/news/data/

User-agent: Sogou spider2
Disallow: /baidu
Disallow: /s?
Disallow: /shifen/
Disallow: /homepage/
Disallow: /cpro
Disallow: /ulink?
Disallow: /link?
Disallow: /home/news/data/

User-agent: Sogou blog
Disallow: /baidu
Disallow: /s?
Disallow: /shifen/
Disallow: /homepage/
Disallow: /cpro
Disallow: /ulink?
Disallow: /link?
Disallow: /home/news/data/

User-agent: Sogou News Spider
Disallow: /baidu
```

Disallow: /s?
Disallow: /shifen/
Disallow: /homepage/
Disallow: /cpro
Disallow: /ulink?
Disallow: /link?
Disallow: /home/news/data/

User-agent: Sogou Orion spider
Disallow: /baidu
Disallow: /s?
Disallow: /shifen/
Disallow: /homepage/
Disallow: /cpro
Disallow: /ulink?
Disallow: /link?
Disallow: /home/news/data/

User-agent: ChinasoSpider
Disallow: /baidu
Disallow: /s?
Disallow: /shifen/
Disallow: /homepage/
Disallow: /cpro
Disallow: /ulink?
Disallow: /link?
Disallow: /home/news/data/

User-agent: Sosospider
Disallow: /baidu
Disallow: /s?
Disallow: /shifen/
Disallow: /homepage/
Disallow: /cpro
Disallow: /ulink?
Disallow: /link?
Disallow: /home/news/data/

User-agent: yisouspider
Disallow: /baidu
Disallow: /s?
Disallow: /shifen/
Disallow: /homepage/
Disallow: /cpro
Disallow: /ulink?
Disallow: /link?

```
Disallow: /home/news/data/

User-agent: EasouSpider
Disallow: /baidu
Disallow: /s?
Disallow: /shifen/
Disallow: /homepage/
Disallow: /cpro
Disallow: /ulink?
Disallow: /link?
Disallow: /home/news/data/

User-agent: *
Disallow: /
```

就上述内容而言，有两点需要说明。

（1）User-agent: Baiduspider。此行表示不允许 Baiduspider 访问该行下 Disallow 所指定的路径，具体包括/baidu、/s?、/ulink?等。

（2）robots.txt 文件的内容不是固定的，而是动态调整的。也就是说，反爬虫策略是在不断变化的。

18.2 Python 网络爬虫的开发平台与环境

对于小规模、轻量级的爬虫，由于其数据量较小，对爬取速度不敏感，所以可直接基于 requests 模块+ bs4 模块+关系型或非关系型数据库文件处理库等平台进行开发。

对于中大规模、中型或重量级的爬虫，由于其数据量较大，对爬取速度十分敏感，而且功能要求复杂，涉及页面往往包含动态页面，通常还涉及状态转换、反爬虫机制、高并发状态，所以最好基于框架的方式加以开发。

所谓"爬虫框架"，是指已实现功能代码的半成品爬虫，它对外保留若干接口。借助该框架，只需做少量的代码调整，按照要求调用相应接口，即可实现一个具有特定功能的爬虫。

常见的爬虫框架有以下这些。

1. Scrapy

Scrapy 是为从网站上提取结构性数据而开发的一个应用框架。Scrapy 的设计初衷就是为了开发网络爬虫，现已推出支持 Python 3 的版本。基于 Scrapy 框架开发爬虫，可达到事半功倍（甚至好几倍）的效果。它尤其适合专业爬虫开发。

2. Crawley

Crawley 支持高速网络爬虫的开发，支持关系型和非关系型数据库，支持将数据导出为 JSON、XML 等格式。

3. Portia

Portia 是一个开源的可视化爬虫工具，它允许用户在没有任何编程基础的情况下设计网络爬虫，因为它是一个网页版的 Portia 框架，用户在填写相关信息后，单击【Create Project】即可定制一个爬虫。

4. Newspaper

Newspaper 主要用于开发新闻提取、文章提取和内容分析等类爬虫。它使用多线程，并支持十多种语言。

5. Cola

Cola 是一个分布式的爬虫框架。对于用户而言，无须关注分布式运行的细节，只需设计若干特定的函数，即可实现一个爬虫。任务会被自动分配到多台机器上，而且整个过程对用户来说是透明的。

18.3 爬虫的案例——B 站网络爬虫

哔哩哔哩（英文为"Bilibili"）网站是当今国内领先的年轻人文化社区。该网站于 2009 年 6 月 26 日正式创建，被粉丝亲切地称为"B 站"，是 24 岁以下年轻用户偏爱的十大 App 之一。B 站的特色是悬浮于视频上方的实时评论功能，爱好者称其为"弹幕"。由于这种独特的视频体验，让基于互联网的弹幕可超越时空限制，构建一种奇妙的共时性关系，形成一种虚拟的部落式观影氛围，使 B 站成为极具互动分享和二次创造的文化社区。

它的官网地址为 http://www.bilibili.com/。

18.3.1 功能与设计要求

设计一个 Bilibili 视频爬虫，以爬取 B 站的最新视频信息。具体要求如下。

1. 抓取字段

要求能获取最新视频的以下信息：地区限制、播放数量、封面照片、编号（season_id）、视频标题（title）、视频的内容简介等。

2. 分析处理

网页被抓取后，生成 B 站最新视频的相关报告，以便于进一步分析结果。

3. 反爬虫处理

在浏览器的地址栏中输入"https://www.bilibili.com/robots.txt"，可得到该网站的爬虫协议文件 robots.txt，它的具体内容如下：

User-agent: *

```
Disallow: /include/
Disallow: /mylist/
Disallow: /member/
Disallow: /images/
Disallow: /ass/
Disallow: /getapi
Disallow: /search
Disallow: /account
Disallow: /badlist.html
Disallow: /m/
```

根据前面的相关讨论可知，第一条记录为"User-agent: *"，它表明该协议对任何搜索引擎均适用。如何在遵守该协议的情况下，爬取所需信息以实现功能要求，是本爬虫设计的重点和难点之一。

18.3.2 目标 URL 和应用接口的获取

目标 URL 和应用接口的获取是网络爬虫设计中最为关键的一步。

不同网络爬虫的目标 URL 各不相同，而且一个网站又往往具有很多不同的功能入口，因此只有动脑筋、下功夫、多尝试，才能找到真正的目标 URL。

以下以爬取 B 站"最近更新"视频信息为目标，详细讨论获取目标 URL 和应用接口的过程与要领。

通过在浏览器的地址栏中输入"https://www.bilibili.com/"，或者以百度搜索的方式，进入 B 站首页，如图 18-4 所示。必须说明的是，以下分析中所使用的浏览器是 QQ 浏览器，因为使用不同的浏览器，其界面和功能将有所不同。

图 18-4　B 站首页

在单击菜单【番剧】或栏目【番剧】后，可看到包含"最近更新"的页面，如图 18-5 所示。

图 18-5　包含"最近更新"的页面

此处必须介绍浏览器的神器——【F12】功能键，它其实是一个网页开发者工具，通过它可调试、测试网页并加快开发速度、微调 CSS 布局、查找内存泄漏。

在浏览器状态下按【F12】键，即可进入开发者工具界面。不同的浏览器，开发者工具的界面和功能会有所不同，但是它们的基本原理和工作方式是基本一致的。开发者工具通常包含以下 4 项主要功能。

（1）DOM 资源管理器。DOM 资源管理器用于显示在浏览器中渲染网页时网页的结构，并使在活动页中编辑页面样式和 HTML 成为可能。

（2）控制台——Console。"控制台"工具提供与运行代码交互、通过控制台的命令行发送信息和通过控制台调试 API 以获取信息等方式。

（3）调试器——Debugger。使用"调试器"工具可检查代码的作用、代码执行时间及其执行方式。在执行过程中，可暂停代码执行、逐行操作代码，然后查看每个步骤中变量和对象的状态，以达到调试网页代码的目的。

（4）网络——Network。"网络"工具提供涉及加载和操作网页的任何网络请求的详细信息。它是开发爬虫必须使用的重点功能，从加载和操作网页的网络请求信息中可提取所需的信息，如 URL 和 API。

在包含"最近更新"页面的浏览器界面下，按【F12】键，进入开发者工具界面，如图 18-6 所示。

在图 18-6 中，将鼠标指针移至黑框所示的边线位置，此时鼠标指针的形状将发生变化，然后通过左右拖动黑框内的边线以调整开发者工具界面的大小，从而方便查阅所需信息。

第18章 数据挖掘与分析——Bilibili 视频爬虫

单击【Network】，然后按【F5】键刷新，在【Filter】栏目中选择【XHR】，出现如图 18-7 所示的界面。

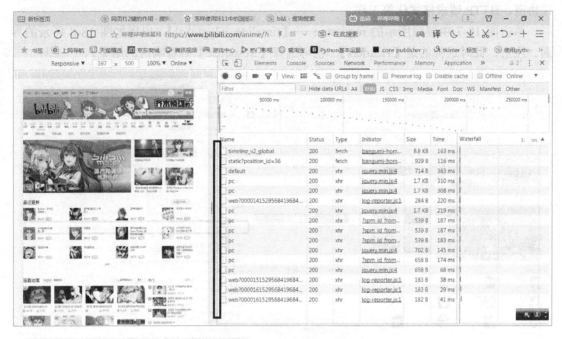

图 18-6　开发者工具界面

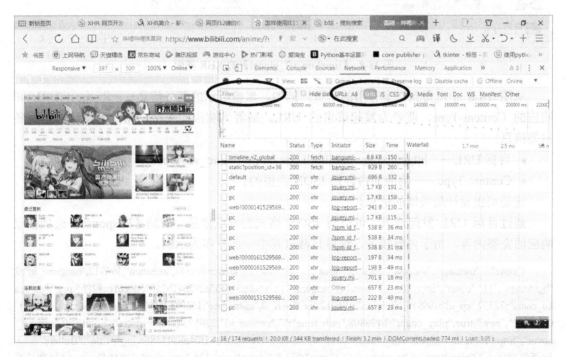

图 18-7　XHR 界面

这里说明一下 XHR。XHR 是一种浏览器应用接口（API），它极大地简化了异步通信的过程。借助 XHR，开发者无须关注底层的实现，因为浏览器将自动完成诸如连接管理、协议协商、HTTP 请求格式化等工作。

单击图 18-7 中黑线所示的 requests——【timeline_v2_global】，出现如图 18-8 所示的界面。注意，此时选择的是【Headers】，也可选择【Response】查看响应的结果。

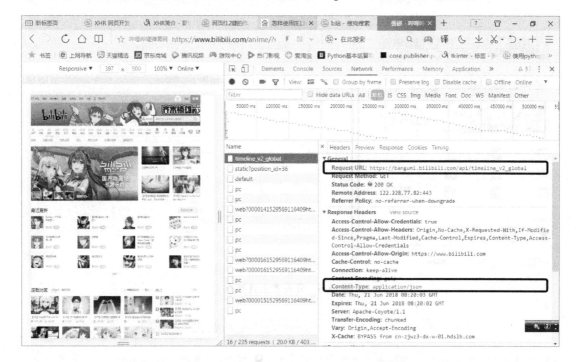

图 18-8 【timeline_v2_global】的 XHR 界面

从图 18-8 中可得到许多有用的信息，例如，黑框所示的两条信息——Request URL 和响应的 Content-Type，前者为发起请求的 URL，后者为响应的类型，由此可得到以下两条重要信息：

- 目标 URL——https://bangumi.bilibili.com/api/timeline_v2_global。
- Content-Type——响应的内容是 JSON 类型的。

这是爬虫设计最关键的信息！

通过目标 URL 发起请求，可得到 JSON 格式的响应信息，借助【Response】选项获取响应的完整内容。由于内容较多，这里只截取其中一部分作为示例。

{"code":0,"message":"success","result":[{"area":" 日 本 ","arealimit":341,"attention":196912,"bangumi_id":0,"bgmcount":"11","cover":"http://i0.hdslb.com/bfs/bangumi/776786d0a81f4b5e292e41b25515d0ec1ca828b5.png","danmaku_count":22352,"ep_id":199919,"favorites":196912,"is_finish":0,"lastupdate":1529512500,"lastupdate_at":"2018-06-21 00:35:00","new":true,"play_count":1496808,"pub_time":"","season_id":23817,"season_status":2,"spid":0,"square_cover":"http://i0.hdslb.com/bfs/bangumi/38e0e10948939beab57e76e01d75f04a8a44486a.jpg","title":"Butlers～千年百年物语～","viewRank":0,"weekday":4},{"area":"日本","arealimit":328,"attention":71045,"badge":"付费抢先","bangumi_id":0,"bgmcount":"13","cover":"http://i0.hdslb.com/bfs/bangumi/07533bee9beb33899d66fb88078259c3ca1667ee.jpg","danmaku_count":31825,"ep_id":199412,"favorites":71045,"is_finish":0,"lastupdate":1529506800,

"lastupdate_at":"2018-06-20 23:00:00","new":true,"play_count":1460930,"pub_time":"","season_id":23919,
"season_status":7,"spid":0,"square_cover":"http://i0.hdslb.com/bfs/bangumi/07c7c851c7e2e31eda50b48f8ba00fd77
e8820b5.png","title":"重神机潘多拉（中配）","viewRank":0,"weekday":3},…

以上内容是其中一个视频的相关信息，包含地区限制、播放数量、封面照片、编号（season_id）、视频标题（title）等，但是没有视频的"内容简介"信息，所以需要进入详情页面获取更多信息。

如何获取详情页面的链接呢？这就需要审查网页的元素——Elements。在图 18-9 中，选择【Elements】，如图中的黑框 1 所示，然后再次按【F5】键刷新，可找到标签<a>下的属性 href=http://bangumi.bilibili.com/anime/21469，如图中的黑框 2 所示，把这个 URL 复制到浏览器中，即可进入如图 18-10 所示的详情页面。

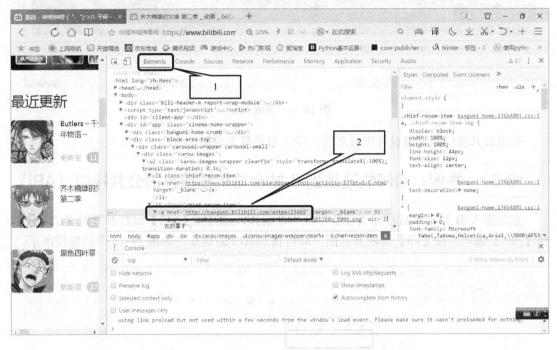

图 18-9　Elements 页面

在链接 http://bangumi.bilibili.com/anime/21469 中，数字 21469 是关键，从 JSON 格式的响应信息中可找到 season_id 字段，如"season_id":23817。由此可得出结论，详情页面的链接应为如下形式：

detail_url = https://bangumi.bilibili.com/anime/{season_id}

得到详情页面的链接，就能获取详情页面的数据，通过解析和分析，可爬取所需要的播放量、内容简介和其他信息。

综上所述，要得到 URL 接口，一是靠耐心和细心，二是靠运气，三是靠工具和方法。因为多数网站的数据均通过 JS 动态加载，而直接使用 requests 模块只能获得静态页面。对于动态页面而言，如果借助 Chrome 开发者工具或 Fidder 工具的监听抓包等技术手段，则可更快捷地找出 JS 文件并发现网站对外的公共接口。

图 18-10　详情页面

找出公共接口是爬虫设计中最难的一步，也是最为关键的一步。

18.3.3　举例：如何快速找到 B 站全站视频信息的公共接口（API）

首先进入 B 站，然后在首页任意打开一个视频，通过按【F12】键打开开发者工具，选择【json】选项，按【F5】键刷新页面，即可找到 API 的地址，如图 18-11 中的黑框所示。

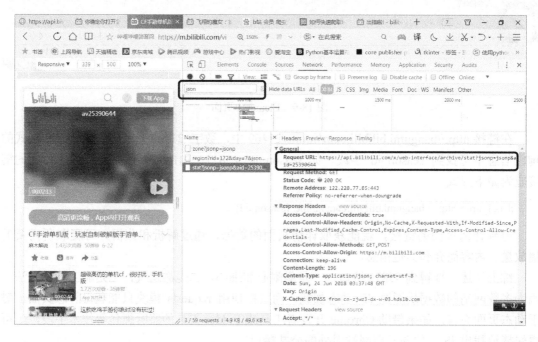

图 18-11　json 选项页面

将黑框中的链接复制后，删除多余的部分，得到最终的 URL 如下：

https://api.bilibili.com/x/web-interface/archive/stat?aid=25390644

其中，编号 25390644 为视频编号。很明显，它与左侧视频封面上显示的编号一致，由此可证明该 API 是正确的。

在浏览器的地址栏中输入上述链接以打开页面，可得到如下 JSON 格式的数据：

{"code":0,"message":"0","ttl":1,"data":{"aid":25390644,"view":13921,"danmaku":50,"reply":116,"favorite":234,"coin":29,"share":11,"like":127,"now_rank":0,"his_rank":0,"no_reprint":1,"copyright":1}}

上述各字段对应的含义如下。
- aid：视频编号。
- view：播放量。
- danmaku：弹幕数。
- reply：评论数。
- favorite：收藏数。
- coin：硬币数。
- share：分享数。
- like：喜欢系数。

以上详细演示了查找和确定某网站公共接口的方法。对于不同的网站，查找和确定公共接口的方法和过程肯定有所不同。但是，上述基本思想和方法可适用于查找和确定其他网站的公共接口。

18.3.4 算法与流程图

1. 流程图

B 站"最近更新"视频信息爬虫的工作流程应包括 4 个环节，分别是：发起网页链接请求并获取网页、解析网页获得目标 URL、从目标 URL 中抓取视频信息、保存信息。

以下简要分析各环节所涉及的主要技术。

（1）发起请求采用 requests 模块函数。

（2）解析网页必须借助 bs4 模块的 BeautifulSoup 模块，而保存信息则是通过对文件进行写操作加以实现的。

（3）为了使本案例更具典型性，也为了使爬取效率相对更高，本爬虫程序采用基于线程池的多线程方式。

通过引用标准库 multiprocessing.dummy 的 Pool 模块可实现多线程。Pool 模块是创建线程池、应用多线程的专门模块。在程序中加入了耗时计算功能，以达到对比单线程方式与多线程方式效率的目的，以显现多线程的优势。

B 站视频信息爬虫的主程序流程如图 18-12 所示。

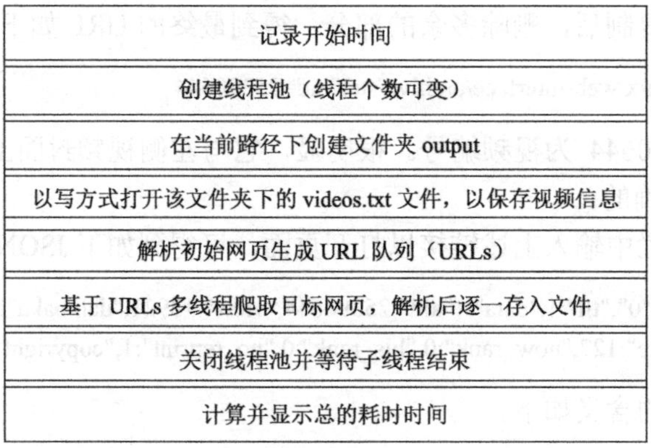

```
┌─────────────────────────────┐
│      记录开始时间            │
├─────────────────────────────┤
│  创建线程池（线程个数可变）  │
├─────────────────────────────┤
│ 在当前路径下创建文件夹 output │
├─────────────────────────────┤
│以写方式打开该文件夹下的 videos.txt 文件，以保存视频信息│
├─────────────────────────────┤
│ 解析初始网页生成 URL 队列（URLs）│
├─────────────────────────────┤
│基于 URLs 多线程爬取目标网页，解析后逐一存入文件│
├─────────────────────────────┤
│  关闭线程池并等待子线程结束  │
├─────────────────────────────┤
│      计算并显示总的耗时时间  │
└─────────────────────────────┘
```

图 18-12　B 站视频信息爬虫的主程序流程

2．关键技术及其分析

1）相对路径与文件存储

网络爬虫得到的结果通常以文件形式被保存，以便后续做进一步的处理和分析。那么，如何保存文件？这里不得不提到两个概念：绝对路径和相对路径，因为它们与保存文件密切相关。

- 绝对路径：从盘符开始的完整路径，形如 C:\windows\system32\cmd.exe。
- 相对路径：从当前路径开始的路径。假如当前路径为 C:\windows，要描述上述路径，只需采用 .\system32\cmd.exe 形式。其中，"."表示当前路径。

假设当前路径为 C:\program files，要执行 cmd.exe 命令，由于 cmd.exe 命令位于 C:\windows\system32\，因此以相对路径方式执行该命令，则必须以以下形式输入：

..\windows\system32\cmd.exe

其中，".."表示当前目录的父目录，此处为 C:\。

由于开发爬虫和运行爬虫往往不是在同一台主机上进行的，因此，如果程序使用绝对路径保存文件，那么很有可能导致运行爬虫的目标主机找不到该路径。例如，在开发爬虫的主机上存在 E:\demo 路径，因此，可将文件保存在该路径下。但是，爬虫程序在另一台主机上被运行，而在该主机上不存在 E:\demo 路径。如果在爬虫程序中直接使用类似于 E:\demo\myfile.txt 的绝对路径方式保存和处理文件，那么该爬虫程序就很难在另一台主机上被运行，除非在运行前人为地新建一个文件夹 E:\demo。

因此，使用相对路径处理文件显得非常有必要。实现方法是：将文件保存于当前路径下，或在当前路径下通过程序的方式自动创建一个确定的文件夹，专门用于存储数据文件，如 .\data。

在 Python 中，涉及路径处理的模块为 os，它是一个内置模块。

举例 11：使用相对路径方式创建新路径。

```
>>> import os              #引用 os 模块
>>> os.getcwd()            #获取当前路径
'D:\\python364'
```

```
>>> path=r".\mydata"              #以相对路径方式创建新的文件夹 mydata
>>> os.makedirs(path)             #创建文件夹 D:\python364\mydata
>>>
```

上述代码的功能是在当前路径下创建一个文件夹 mydata。一般而言，当前路径往往是爬虫程序所在的路径，因此，使用当前路径可确保文件被可靠地保存。

2）多线程处理

到目前为止，我们所讨论的爬虫均基于单线程、单进程，没有涉及多进程、多线程的问题。基于单线程、单进程的爬虫往往只适用于轻量级要求，也就是说，待爬取网页的数据量不大。如果待爬取的信息量较大、涉及的网页较多，那么必须采用多进程、多线程、多进程与多线程混合的实现方式。

何谓多进程？何谓多线程？

① 进程与多进程

所谓"进程"，是指一个程序在一个数据集上的一次动态执行过程。进程一般由程序、数据集和进程控制块 3 部分组成。程序负责描述进程的目标和实现方式；数据集是程序在执行过程中所需使用的资源；进程控制块负责记录进程的外部特征、描述进程的执行变化过程，系统可利用进程控制块控制和管理进程，进程控制块是系统感知进程存在的唯一标识。

举例 12：多进程的例子。

某教师正在批阅试卷，这就是一个进程。在该进程中，参考答案和评分标准为程序，试卷为数据集，教师为进程控制块（CPU）。该进程是教师根据评分标准和参考答案批阅试卷等一系列动作的总和。在改卷过程中，教师突然被通知参加会议，这时 CPU 从一个进程（改试卷）被切换到另一个高优先级的进程（参加会议）。上述两个进程拥有各自的程序，前者是评分标准和参考答案，后者则是会议议程。当会议结束后，该教师继续批阅试卷，恢复阅卷进程。

② 线程与多线程

从上述多进程举例的分析中可知，多进程程序不可避免地存在进程切换的问题，在进程 A 被切换为进程 B 前，必须首先保存进程 A 的上下文。为了降低上下文切换的消耗，提高系统的并发性，并突破一个进程只能完成一项功能的局限性，使并发成为可能，必须引入多线程机制。

举例 13：多线程的例子。

一个文本编辑程序通常需要具有以下基本功能：接收键盘输入，将内容显示在屏幕上，将编辑信息保存至硬盘。如果基于单进程方式开发该文本编辑程序，那么，由于单进程的限制，在某一时间只能实现一项功能，例如，当保存文本时，就无法接收键盘输入。如果基于多进程方式开发该文本编辑程序，那么每个进程负责一项任务，进程 A 负责接收键盘输入的任务，进程 B 负责将内容显示在屏幕上的任务，进程 C 负责保存内容的任务。进程 A、B、C 之间的协作涉及进程通信问题，这是因为三者均需使用同一个对象——文本内容。但是，进程的切换势必造成性能上的损失。为此，引入多线程机制，可使任务 A、B、C 共享资源，这样在进行上下文切换时保存和恢复的作业量减少，又可降低因通信导致的性能损耗。"线程"也被称为轻量级进程，它是一个基本的 CPU 执行单元，也是程序执行过程中的最小单元。由于线程的引入，减少了程序并发执行时的开销，提高了操作系统的并发性能。

例如，迅雷下载等下载工具就是典型的多线程。迅雷下载先将文件平分为 10 份，然后通过 10 个线程分别下载，主线程可控制下属线程，如某个线程下载缓慢甚至停止，主线程可将它强行关闭，重启一个新线程。通过多线程方法，可大大提高下载的速度。

再如，Office 中的 Word 具有"后台打印"的功能，执行打印命令后，在打印的同时可回到主界面继续执行修改、保存等操作。

18.3.5 多进程与多线程的选择

在 Python 中选择使用多进程还是多线程，这是一个颇受争议的问题。争论的焦点不是要不要使用多进程和多线程的问题，而是使用多进程和多线程哪个更好的问题。

其实，离开特定的运行环境谈多进程与多线程孰优孰劣的问题，不是很有意义。因为同一个采用多进程的 Python 程序在不同的平台上运行，性能差异将非常大。有人做过一个实验：创建一个进程，在进程中向内存中写入若干数据，然后读出数据并退出。此过程重复 1000 次，相当于创建/销毁进程 1000 次。测试结果是：

- 在 Ubuntu Linux 环境下，它需要耗时 0.8s。
- 在 Windows 7 环境下，它需要耗时 79.8s。

非常明显，两者的开销相差约 100 倍！

这意味着，在 Windows 环境下，进程创建的开销不容忽视。换句话说，在 Windows 应用中，不建议创建进程，如果程序涉及多进程，那么最好采用 Linux 系统。

人们普遍认为，对于多核系统，可优先考虑多进程方式；而对于单核系统，则可优先考虑多线程方式。当然，以上原则不是绝对的，例如，多核系统可考虑多进程与多线程并用。

尽管有人说 Python 中的并行化并不是真正的并行化，但是多线程方式可显著提高代码的执行效率，减少时间开销。B 站视频信息爬虫程序包含如何抓取网页、分析网页、获取目标内容等环节，其中最费时间的是网页抓取环节，而在进行网页抓取时，最费时间的是请求等待，所以一种最直接的优化方法是基于多线程。

1. 线程池

在抓取网页的时候，为每个网页创建一个线程。当待抓取的网页数较少时，采用多线程是可行的。但是，当待抓取的网页数较多时，简单的多线程处理方式将无法满足要求。因为线程的创建、启动和运行都将消耗资源，创建过多的线程将使资源被耗尽，导致机器被卡死。为了减少线程的创建，实现线程的重复利用，引入一种新的机制——线程池。

2. Python 中的多线程模块

在 Python 3 以后，可用于线程操作的内置模块主要有 3 个：_thread、multiprocessing 和 threading。第一个模块相对比较基础，一般不推荐使用；第二个模块推荐使用；第三个模块也常被使用。实际上，threading 模块是对_thread 模块的封装，而 multiprocessing 模块是基于 threading 模块封装而成的一个包，它规避了 Python 多线程全局解释器锁（Global Interpreter Lock，GIL）的诸多局限性，可实现真正意义上的多进程、多线程。

必须提醒的一点是，multiprocessing 是 Python 3 的一个标准内置模块，所以不需要安装即可直接使用。

还有一点也要加以提醒，multiprocessing.dummy 是基于 multiprocessing 多进程模块开发的一个多线程模块，它的接口函数（API）与 multiprocessing 是通用的。换句话说，multiprocessing 是用于多进程处理的模块，而 multiprocessing.dummy 是以相同 API 实现的多线程模块。

3. 实验研究

举例 14：基于 multiprocessing.dummy 的多线程池访问多个网页。

```python
'''
利用线程池实现多线程的范例：multiprocessing.dummy 多线程的基本使用.py
通过该程序的对比运行，可以发现多线程还是相当有效的
沈红卫
绍兴文理学院 机械与电气工程学院
2018 年 6 月 30 日
'''
from multiprocessing import Pool                          #多进程
from multiprocessing.dummy import Pool as ThreadPool      #多线程
import time
import requests

# URLs：URL 队列，通过多线程访问
urls = [
    'http://www.python.org',
    'http://www.python.org/about/',
    'http://www.onlamp.com/pub/a/python/2003/04/17/metaclasses.html',
    'http://www.python.org/doc/',
    'http://www.python.org/download/',
    'http://www.python.org/getit/',
    'http://www.python.org/community/',
    'https://wiki.python.org/moin/',
    'http://planet.python.org/',
    'https://wiki.python.org/moin/LocalUserGroups',
    'http://www.python.org/psf/',
    'http://docs.python.org/devguide/',
    'http://www.python.org/community/awards/'
    ]

#请求连接的自定义函数
def openurl(url):
    r=requests.get(url)
```

```
            if r.status_code==200:
                return r.text
            else:
                return ""

    if __name__=="__main__":
        urls=urls*1        #为了增加访问量,可以将1改为10,或者其他数字
        #单线程
        start = time.time()
        pool1 = ThreadPool(1)
        results = pool1.map(openurl, urls)
        pool1.close()
        pool1.join()
        print('单线程执行时间:',time.time()-start)

        #多线程
        start2 = time.time()
        #没有参数时默认是 CPU 的核心数
        pool2 = ThreadPool(4)
        #在线程中执行 openurl 并返回执行结果
        results2 = pool2.map(openurl, urls)
        pool2.close()
        pool2.join()
        print('多线程执行时间:', time.time() - start2)
```

在上述程序中,利用 multiprocessing.dummy 创建和使用线程池,关键语句如下。

- pool = ThreadPool(4) ——创建由 4 个线程组成的线程池。如果被省略,则取默认值,即 CPU 的核数。
- results = pool.map(openurl, urls)——在线程中执行打开网页并获取结果的操作。
- pool.close()——关闭 pool,使其不再接收新的任务。
- pool.join()——等待子进程的退出。一定要注意的是,必须在调用 close()或 terminate()方法后才能调用 join()方法。

执行 close()方法后不允许新的进程加入线程池,join()方法将等待所有子进程结束。

运行上述程序 3 次,得到如下基本相似的结果。从结果中可以看出,相较于只采用单线程的实现方法,当采用基于 4 个线程的线程池方式后,程序的运行效率差不多提高了 4 倍。当然,这并不意味着速度与线程数是线性关系,更不意味着线程越多,速度越快。通过多次测试发现,将线程数"4"改为更大,速度并没有得到明显提高。

```
单线程执行时间: 58.30533480644226
多线程执行时间: 15.30387568473816
>>>
```

上面的程序采用了线程池方式。当然,利用 multiprocessing.pool 模块也可实现进程池方式,参见举例 15。

举例 15:基于 multiprocessing.pool 的多进程池方式访问多个网页。

```
'''
利用进程池实现多进程的范例：multiprocessing.pool 多进程的基本使用.py
通过实验发现，利用多进程也可节省时间
沈红卫
绍兴文理学院 机械与电气工程学院
2018 年 6 月 30 日
'''
from multiprocessing.pool import Pool                    #多进程
#from multiprocessing.dummy import Pool as ThreadPool    #多线程
import time
import requests

# URLs：URL 队列，通过多线程访问
urls = [
    'http://www.python.org',
    'http://www.python.org/about/',
    'http://www.onlamp.com/pub/a/python/2003/04/17/metaclasses.html',
    'http://www.python.org/doc/',
    'http://www.python.org/download/',
    'http://www.python.org/getit/',
    'http://www.python.org/community/',
    'https://wiki.python.org/moin/',
    'http://planet.python.org/',
    'https://wiki.python.org/moin/LocalUserGroups',
    'http://www.python.org/psf/',
    'http://docs.python.org/devguide/',
    'http://www.python.org/community/awards/'
    ]

#请求连接的自定义函数
def openurl(url):
    r=requests.get(url)
    if r.status_code==200:
        return r.text
    else:
        return ""

if __name__=="__main__":

    urls=urls*1     #为了增加访问量，可以将 1 改为 10，或者其他数字

    #单进程
    start = time.time()
    pool1 = Pool(processes=1)
    results = []
    for url in urls:
```

```
            results.append(pool1.apply_async(openurl,(url,)))
        pool1.close()
        pool1.join()
        print('单进程执行时间:',time.time()-start)

        #多进程
        start = time.time()
        pool2 = Pool(processes=4)
        results = []
        for url in urls:
            results.append(pool2.apply_async(openurl,(url,)))
        pool2.close()
        pool2.join()
    print('多进程执行时间:',time.time()-start)
```

在上面的举例中,使用了 apply_async()函数。该函数的一般形式如下:

```
apply_async(func[,args[,kwds[,callback]]])
```

apply_async()函数的功能是向进程池提交目标请求,它支持非阻塞、返回结果后进行回调的方式。

在 IDLE 中运行上述程序,得到的结果如下:

```
单进程执行时间: 59.53940558433533
多进程执行时间: 17.559004306793213
>>>
```

由上面两个举例可以得到一个结论,那就是"实践是检验真理的唯一标准"。很显然,在实践的基础上,对类似于"爬虫程序中相对较少地使用多进程或进程池,而使用多线程或线程池的较多"这样的观点将多一分理性思考。

不少学习者是因为要学习爬虫才开始学习 Python 的,可见爬虫对学习者的重要性。要开发一个优秀的爬虫,并没有想象中那么容易,其中必然涉及多线程、多进程的概念和原理。要深刻理解和把握多线程与多进程的应用的确是一项挑战,建议读者在未来的学习中做进一步的探究和实践。

18.3.6 完整的程序代码

B 站"最近更新"视频信息爬虫程序对应的文件名为"B 站最新视频信息爬虫.py",以下是该程序的完整内容。

```
'''
多线程 B 站视频信息爬虫:B 站最新视频信息爬虫.py
爬虫看似简单,实则也是博大精深的
多进程、多线程,多线程+多进程
```

```
模拟，代理
涉及的东西很多
沈红卫
绍兴文理学院 机械与电气工程学院
2018年6月28日
'''
import requests
import json
from bs4 import BeautifulSoup
from multiprocessing.dummy import Pool as ThreadPool    #多线程库
import time
import os


'''
#以下被注释部分之所以保留，一是因为向原作者致敬，二是因为可以作为读者学习的资料
class Video(object):
    def __init__(self,name,see,intro):
        self.name=name
        self.see=see
        self.intro=intro

    def __str__(self):
        return "{}--{}--{}".format(self.name,self.see,self.intro)

class bilibili(object):
    recent_url = "https://bangumi.bilibili.com/api/timeline_v2_global"    #最近更新
    detail_url = "https://bangumi.bilibili.com/anime/{season_id}"

    def __init__(self):
        #self.dom=pq(requests.get('https://bangumi.bilibili.com/22/').text)
        pass

    def get_recent(self,num):
        #最近更新
        cnt=0
        items=json.loads(requests.get(self.recent_url).text)['result']
        #print(items)
        videos=[]
        for i in items:
            #name=i['title']
            link=self.detail_url.format(season_id=i['season_id'])

            r=requests.get(url=link)
            if r.status_code==200:
                r.encoding='utf-8'
                soup=BeautifulSoup(r.text,"html.parser")
```

```python
                #print(soup.prettify())
                my = soup.find(name="span", attrs="media-info-title-t")
                #print(my.string)
                name=my.string
                my=soup.find(name="div",attrs="media-info-datas")
                nn=my.find("em")
                soup = BeautifulSoup(r.text, "html.parser")
                #mylist = soup.findALL("meta")
                mylist=soup.find_all("meta")
                #intro = my.content"meta"

                intro=str(mylist[2])
                intro=intro[15:-19]
                videos.append(Video(name=name,see=nn.string,intro=intro))
                cnt+=1
        return cnt,videos[:num]
'''
# URL 队列
def get_urls():
    urls=[]
    recent_url = "https://bangumi.bilibili.com/api/timeline_v2_global"    #最近更新
    detail_url = "https://bangumi.bilibili.com/anime/{season_id}"
    cnt=0
    items=json.loads(requests.get(recent_url).text)['result']
    #print(items)
    for i in items:
        #name=i['title']
        link=detail_url.format(season_id=i['season_id'])
        urls.append(link)
        cnt+=1
    return cnt,urls

#解析视频信息
def get_onevideo(url):
    item={}
    r = requests.get(url)
    if r.status_code == 200:
        r.encoding = 'utf-8'
        soup = BeautifulSoup(r.text, "html.parser")
        # print(soup.prettify())
        my = soup.find(name="span", attrs="media-info-title-t")
        # print(my.string)
        name = my.string                  #视频名称
        my = soup.find(name="div", attrs="media-info-datas")
        nn = my.find("em")
        see=nn.string                     #视频播放量
```

```python
        soup = BeautifulSoup(r.text, "html.parser")
        # mylist = soup.findALL("meta")
        mylist = soup.find_all("meta")         #找到节点存入列表
        intro = str(mylist[2])                 #视频简介元素
        intro = intro[15:-19]                  #从中截取视频简介
        #videos.append(Video(name=name, see=see, intro=intro))
        item["name"] = name                    #写入字典
        item["see"] = see
        item["intro"] = intro
        writetofile(f,item)                    #将字典写入文件
        return
    else:
        return

#写一条信息到文件
def writetofile(f,item):
    #f.writelines("-----视频序号："+str(index)+"-----\n")
    f.writelines("-------------------------\n")
    f.writelines("视频名称："+item["name"]+"\n")
    f.writelines("播放次数："+item["see"]+"\n")
    f.writelines("视频简介："+item["intro"]+"\n")
    f.writelines("-------------------------\n\n")

#调试用函数
def spider(num):
    b = bilibili()
    cnt, vd = b.get_recent(num)
    print("视频总量：{}".format(cnt))
    if num<=cnt:
        for item in vd:
            print(item)
    else:
        print("输入数量超过了总量！")

#获取当前路径
def getcurpath():
    return os.getcwd()                         #获取当前路径

#在当前路径下创建文件夹 output，用于存储输出文件
def makepath(path):
    path = path.strip()                        #去除首尾空格
    path=path+"\output"                        #新文件夹
    isExists = os.path.exists(path)            #判断路径是否存在

    #判断结果
    if not isExists:
```

```python
            #如果不存在则创建目录
            #创建目录操作函数
            os.makedirs(path)              #创建路径

#测试用代码
if __name__ == '__main__':
    start = time.time()
    pool=ThreadPool(4)
    curpath=getcurpath()                   #线程数
    #print(curpath)                        #获取当前路径，用于存储文件
    makepath(curpath)                      #在当前文件夹下创建 output 文件夹

    f=open(curpath+r"\output\videos.txt","w",encoding="utf-8")
    urls=[]
    total,urls=get_urls()                  #URLs
    print("\n 视频总数：%d"%total)          #显示视频总量
    print("\n 我开始爬啦，等我哦...")
    #spider(num)
    pool.map(get_onevideo,urls)            #多线程爬取
    pool.close()
    pool.join()
    f.close()
    end = time.time()                      #结束时间
    print("\n 我爬好啦，你去看文件吧...")
    print("用时："+str(end - start) + 's')  #爬虫所花时间
```

上述程序是在 PyCharm 环境下开发的，当然也可在 IDLE 中开发。

在 PyCharm 中运行上述程序后，得到的结果如下：

视频总数：74

我开始爬啦，等我哦...

我爬好啦，你去看文件吧...
用时：7.805446624755859s

Process finished with exit code 0

运行结束后，在当前目录下新建了一个文件夹和一个文件，如下：

\output\videos.txt

打开 videos.txt 文件，看到的结果（部分）如图 18-13 所示。

由此可见，爬虫程序实现了设计要求，获得了 B 站"最近更新"视频的有关信息，这是多么令人兴奋的一刻！

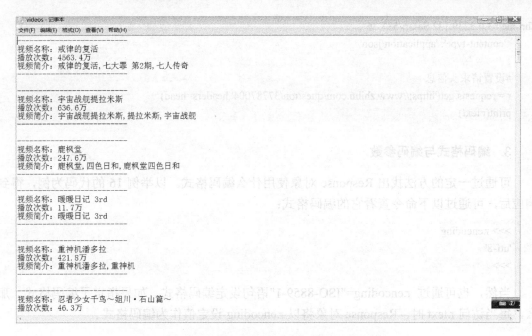

图 18-13 爬虫得到的"最近更新"视频

18.4 归纳与总结

18.4.1 关于 requests 中 get()方法的几点注意事项

1. 参数 timeout

```
response = requests.get("http://httpbin.org/get", timeout=0.5)
```

上述语句表示请求发出后在 500ms 内必须收到响应,否则会抛出 ReadTimeout 异常。但是,要引起注意的是,参数 timeout 仅对发起链接过程有效,与下载响应对象(Response)无关。换言之,参数 timeout 并不是指整个下载响应的时间限制,而是仅指如果服务器在 timeout 秒内无应答,则将会引发一个异常。更确切地说,是在 timeout 秒内没有从基础套接字上接收到任何字节的数据时会抛出异常。

2. 参数 headers

为了反爬虫,不少网站往往只允许通过浏览器正常登录的方式被访问。为了规避此项检查,爬虫程序可通过设置 headers 参数,以模拟浏览器登录的方式访问相应网站。

举例 16:以模拟浏览器登录的方式访问网站。

```
#设置 User-Agent 浏览器信息
head = {
    "User-Agent": "Mozilla/5.0 (Windows NT 6.1; Win64; x64) AppleWebKit/537.36 (KHTML, like Gecko)
```

Chrome/63.0.3239.132 Safari/537.36",
    'content-type': 'application/json'
}
#设置请求头信息
r = requests.get('https://www.zhihu.com/question/37787004',headers=head)
print(r.text)
```

### 3. 编码格式与编码参数

可通过一定的方法找出 Response 对象使用什么编码格式。以举例 16 的代码为例，得到响应后，可通过以下命令查看它的编码格式：

```
>>> r.encoding
'utf-8'
>>>
```

当然，也可通过 r.encoding="ISO-8859-1"语句设定编码格式。如果指定了编码格式，那么，每当访问 r.text 时，Response 对象将以 r.encoding 设定值作为编码格式。

18.4.2 爬虫尺寸

对于小规模爬虫，它爬取的是目标网页，往往数据量小，对爬取速度不敏感，可直接基于 requests 模块开发。

对于中规模爬虫，它爬取的是某个网站，往往数据规模较大，对爬取速度较敏感，常基于 Scrapy 模块进行框架式开发。

对于大规模爬虫，它爬取的目标是全网，对爬取速度十分敏感，往往基于搜索引擎，常采用定制开发方式。

18.4.3 反爬虫技术

对于以内容为驱动的网站而言，受到网络爬虫的光顾是不可避免的。一些智能的搜索引擎爬虫往往采取较为合理的爬虫策略和抓取频率，对网站资源的消耗相对较少，对访问网站的影响较小。但是，也有很多设计粗劣的网络爬虫，由于它们所用的爬虫算法和策略性能较差，因而抓取网页的能力也较差，常发生高并发请求，导致重复抓取。这类爬虫对于中小型网站来说往往意味着毁灭性打击，它们将导致网站访问速度明显被拖慢，甚至无法访问。

为此，多数网站一般采取 3 种反爬虫措施：(1)通过判别用户请求的头（Headers）；(2)分析访问网站的用户行为特征；(3)优化网站目录和数据加载方式。前两种措施使用得较多，大多数网站从这两个角度实施反爬虫策略；第三种措施往往用于基于 AJAX 的网站，可极大地增加抓取数据的难度。

1. 通过 Headers 反爬虫

通过用户请求的 Headers 实现反爬虫是最常见的反爬虫策略。很多网站均检测 Headers
```

的 User-Agent 内容，还有部分网站检测 Referer 内容，例如，某些资源网站的"防盗链"就是基于检测 Referer 内容实现的。如果遇到此类反爬虫机制，则可直接在爬虫中添加 Headers，将浏览器的 User-Agent 内容复制到爬虫的 Headers 中，或将 Referer 内容修改为目标网站的域名，然后将这两者添加到模拟访问请求头中，最后以模拟浏览器登录的方式向网站发起请求。对于检测 Headers 的反爬虫网站，在爬虫中修改或添加 Headers，可较好地绕过反爬虫策略。

2. 基于用户行为反爬虫

一部分网站是通过检测用户行为实现反爬虫的，例如，检测同一 IP 是否在短时间内多次访问同一页面，或检测同一账户是否在短时间内多次执行相同操作。大多数网站采用的是前一种方式。

对于第一种方式，使用代理 IP 可绕过反爬虫。那么，如何才能获取代理 IP？可设计一个专用爬虫，通过它抓取网上公开的代理 IP，然后将它们全部保存。由于爬虫常需使用代理 IP 信息，因此最好准备一个包含常用代理 IP 的文件，做到有备无患。有了一定数量的代理 IP，即可实现每请求若干次更换一个 IP 的目标，以此来绕开第一种反爬虫方式。借助 requests 或 urllib2 模块，可轻松实现动态更换 IP 的功能。

对于第二种方式，可在每次请求后，以随机间隔若干秒，继续发起下一次请求的方式躲避检测；如果有多个账户，则可采取轮流切换的方式发起请求，效果也很好。

3. 动态页面的反爬虫

上述两类反爬虫方式一般是针对静态页面的。对于动态网站来说，则必须通过 AJAX 请求或通过 Java 动态生成的方式来获取页面数据。首先，用 Firebug 或 HttpFox 等工具对网络请求进行分析，当然，也可使用 Google 浏览器、IE 浏览器等开发者工具进行网络请求分析；找到 AJAX 请求后，分析得到具体参数及其含义，在此基础上，可采用上述针对静态页面的方法，借助 requests 模块模拟 AJAX 请求获取响应，然后对 JSON 格式的响应结果进行分析，从而得到所需数据。

爬虫和反爬虫永远是矛盾体，它们永远在进化的路上。

本章讨论的网络爬虫是初步的，对其进行详细讨论的主要目的是展示爬虫的基本概貌，阐述爬虫的基本流程、基本原理和开发方法。

思考与实践

1. 修改本章爬虫程序，使之可爬取 B 站用户的基本信息。
2. 自行编写一个网络爬虫。

第19章

图像识别与机器学习——字符型验证码自动识别

学习目标

- 了解机器视觉、机器学习与神经网络。
- 理解基于 TensorFlow 的卷积神经网络。
- 掌握字符型验证码自动识别的原理。
- 理解字符型验证码自动识别的程序。

多媒体课件和导学微视频

19.1 机器视觉与机器学习

19.1.1 机器视觉

"机器视觉（Machine Vision）"又被称为"计算机视觉（Computer Vision）"，它是以机器代替人眼进行测量和判断的一种技术，是模式识别研究的一个重要方面。机器视觉通常可被分为低层视觉与高层视觉两类。低层视觉主要执行预处理功能，如边缘检测、移动目标检测、纹理分析、立体造型、曲面色彩等，主要目的是使可见对象更突出，它一般不具有理解能力。高层视觉的主要功能是理解对象，涉及与对象相关的知识领域。

在国外，机器视觉的应用已经相当普及，主要集中在电子、汽车、冶金、食品饮料、零配件装配及制造等行业，重点是实现质量检测等。国内机器视觉的研究和应用相对较晚，目前主要集中在制药、印刷、包装和食品饮料等行业。但随着国内制造业的快速发展，对于产品检测和质量的要求不断提高,各行各业对图像和机器视觉技术的工业自动化需求越来越大,因此机器视觉在未来制造业中将会有很大的发展空间。

机器视觉最直观,也是最为大家所熟悉的应用是人脸识别和汽车自动驾驶。例如,在宾馆入住登记时,前台往往要对住客进行各种登记,其中部分宾馆将进行人脸识别;不少知名机构或公司正在研究汽车无人驾驶系统,其中不乏 Google、华为、百度等知名企业。可以预见,在不远的将来,大街上一定会出现许多没有司机的汽车。要实现汽车无人自动驾驶,最为关键的技术是基于机器视觉的路况自动识别。

19.1.2 机器学习

谈到机器视觉,不得不联想到另一个概念——机器学习。因为机器视觉中最重要的技术是机器学习。

那么,什么是机器学习?

机器学习的英文名称为"Machine Learning",简称"ML"。机器学习主要研究的是如何使计算机能模拟人类的学习行为,从而获得新的知识和技能,并且重新组织已学习的知识和技能,使之在应用中能不断地被完善。

简单地说,机器学习就是让计算机从大量的数据中学习并找出相关的规律和逻辑,然后利用学习得到的规律去预测未知的事物。

图 19-1(来自网络)形象地揭示了机器学习的基本原理和基本过程。图中的学习机器(Learning Machine)代表一台用于学习的机器,通过"喂给"

图 19-1 机器学习的基本原理和基本过程的形象化图示

机器大量的数据(Data),使其产出相应的预测(Predictions)和假设(Hypothesis)。

机器学习已被广泛地应用于生产和生活中,下面列举两个典型的应用。

1. 今日头条的推送算法

相信很多人有过类似的经历,在手机上通过今日头条浏览某一新闻,第二天将有更多的同类新闻被推送。不知道有没有人注意到并思考过,为什么今日头条推送的新闻越来越符合用户的口味?那是因为今日头条的深度学习在起作用,它会记下用户的浏览习惯和浏览内容,然后通过学习,将符合用户口味的新闻定时推送给用户。

2. 科大"讯飞"的语音识别

语音输入功能非常了不起。尽管用户的普通话不是很标准,但是用户手机上的语音输入却很准确,这是为什么?那是因为它很聪明,会学习,会将用户每次输入的语音及其识别结果记录下来，不断地分析和学习，从而慢慢地摸准用户的脾气、适应用户的发音习惯。

以上两个例子只是机器学习的一个缩影。机器学习的最终目的就是使计算机拥有和人类一样的学习能力，也就是使计算机具有决策、推理、认知和识别等能力。总的来说，机器学习就是计算机上的一个系统程序，它能够根据提供的训练数据，按照一定的方式自我训练和学习，并建立一个学习模型；并且随着训练次数的不断增加，该模型在性能上可不断被改进和优化；最后，通过参数优化的学习模型可准确预测相关问题的答案（输出）。

说到机器学习，不得不提及深度学习。对许多机器学习问题而言，很重要的步骤是特征提取，但提取特征不是一件简单的事情。深度学习解决的核心问题之一就是自动地将简单的特征组合为更加复杂的特征，并使用这些组合特征解决问题。深度学习是机器学习的一个分支，它除学习特征和任务之间的关联外，还可自动地从简单特征中提取更加复杂的特征。

说到机器学习，还有一个概念不得不被提及，那就是人工智能（AI），它是目前和未来非常热门的研究领域和发展方向。总的来说，人工智能、机器学习和深度学习是高度关联的几个技术领域。图 19-2 总结了它们之间的关系。人工智能是一类非常广泛的问题，机器学习是解决这类问题的一个重要手段，深度学习则是机器学习的一个重要分支。在很多人工智能问题上，深度学习的方法突破了传统机器学习方法的瓶颈，推动了人工智能的发展。

图 19-2　深度学习、机器学习与人工智能的关系

19.1.3　机器学习与神经网络

机器学习算法利用大量标注好的数据样本（输入与对应输出），通过训练获得一个特定的程序（模型）。机器生成的程序（模型）不仅可处理训练用的样本，也可处理新的样本（模型的泛化）。在机器学习中，最广泛的一类算法是神经网络，它是一种深度学习算法。

神经网络是机器学习中的一种模型，是一种模仿动物神经网络行为特征，进行分布式并行信息处理的算法模型。神经网络算法受到生物神经网络的启发，目前的深度神经网络已被证明可以达到非常好的效果，它彻底变革了机器学习领域。由于神经网络的本质是一个通用函数逼近，因此它几乎可应用于任何需要从输入到输出空间进行复杂映射的问题，具有很强的适应性。

神经网络大致分为 3 类。

1. 前馈神经网络

前馈神经网络是实际应用中最常见的神经网络类型。它的第一层是输入，最后一层是输出，中间是隐藏层。如果有多个隐藏层，则被称为深度神经网络。前馈神经网络进行一系列的变换计算，每层神经元的活动均为前一层神经元活动的非线性函数。

2. 递归神经网络

在递归神经网络中存在有向环，这意味着可沿箭头方向回到开始的地方。递归神经网络具有非常复杂的动力学现象，因此很难被训练。不过，递归神经网络更接近生物体中真实的神经网络。

3. 对称连接网络

对称连接网络类似于递归神经网络，但是单元之间的连接呈对称（在两个方向上具有相同的权重）的关系。对称连接网络比递归神经网络更容易被分析和理解，不过也受到更多的限制，因为它们需要符合能量函数。没有隐藏单元的对称连接网络被称为 Hopfield 网络，包含隐藏单元的对称连接网络则被称为"玻尔兹曼机（Boltzmann Machine）"。

神经网络最常用的有 4 种架构形式，分别是卷积神经网络（CNN）、循环神经网络（又被称为"递归神经网络"）（RNN）、深度信念网络（DBN）和生成对抗网络（GAN）。

上述 4 种神经网络架构各有特色。在边缘检测和文字识别领域，卷积神经网络是应用最为广泛的一种。

19.2 TensorFlow 及其卷积神经网络

19.2.1 TensorFlow 及其介绍

TensorFlow 是 Google 基于 DistBelief 研发的第二代人工智能学习系统，又被称为"深度学习框架"，其命名来源于本身的运行原理。在它的原理中，Tensor（张量）意味着 N 维数组，Flow（流）意味着基于数据流图的计算，TensorFlow 是张量从流图的一端流至另一端的计算过程。TensorFlow 是将复杂的数据结构输入人工智能神经网络进行分析和处理的系统框架。

TensorFlow 可被用于语音识别或图像识别等多项机器学习、深度学习领域，它本身是对 2011 年开发的深度学习基础架构 DistBelief 的改进和优化，可运行于智能手机和有数千台数据中心服务器的各种设备上，具有很强的适应性。

TensorFlow 是完全开源的。

TensorFlow 是一个编程系统，以图表示计算任务。图中的节点被称为 op。一个 op 获得 0 个或多个 Tensor（张量），执行计算后，产生 0 个或多个 Tensor。每个 Tensor 是一个类型化的多维数组。例如，可将一小组图像集通过一个四维浮点数数组加以表示，4 个维度分别是[batch, height, width, channels]，分别代表批次、高度、宽度和通道。一张 TensorFlow 图用来描述计算的过程。为了进行计算，必须在会话（Session）中启动图。会话将图中的 op 分发至诸如 CPU 或 GPU 之类的设备上，同时提供执行 op 的方法。当这些方法被执行后，将产生的 Tensor 返回。在 Python 语言中，被返回的 Tensor 为 NumPy 模块的 array 对象。

简言之，TensorFlow 最基本的概念有张量、节点、操作、图和会话。要学习和应用 TensorFlow，需要从理解和掌握这些概念入手。

基于 TensorFlow 的程序通常被分为两个阶段：构建阶段和执行阶段。在构建阶段，op 的执行步骤被描述为一张图；在执行阶段，使用会话执行图中的 op。基于 TensorFlow 框架的程序流程大致如下。

1. 构建图

构建图的第一步是创建源 op（Source op）。

源 op 不需要任何输入，如常量（Constant）。源 op 的输出可作为输入被传递至其他 op，它们均被加入默认图（Graph）。

举例 1：构建图——构造阶段。

```
# 创建一个常量 op，产生一个 1×2 矩阵。这个 op 被作为一个节点
matrix1 = tf.constant([[3., 3.]])
# 创建另一个常量 op，产生一个 2×1 矩阵
matrix2 = tf.constant([[2.],[2.]])
# 创建一个矩阵乘法 matmul op，把"matrix1"和"matrix2"作为输入
# 返回值"product"代表矩阵乘法的结果
product = tf.matmul(matrix1, matrix2)
```

默认图中现有三个节点，包括两个常量的 op 节点和一个矩阵乘法的 op 节点。为了真正进行矩阵乘法运算，并得到矩阵乘法的结果，必须在会话中启动该图。

2. 在一个会话中启动图

构造阶段完成后，才可启动图。

启动图的第一步是创建一个会话（Session）对象。如果创建无任何参数的会话对象，那么会话构造器将启动默认图。

举例 2：启动默认图。

```
# 启动默认图
sess = tf.Session()
```

3. 运行会话

调用 Session 对象的 run()方法以执行矩阵乘法 op，将它传入 product 以作为该方法的参数。上面提到，product 代表矩阵乘法 op 的输出，因此传入参数可得到矩阵乘法 op 的输出。

整个执行过程是自动的，会话负责传递 op 所需的全部输入。所有 op 通常是并发执行的。调用 run(product)函数将触发图中三个 op（两个常量 op 和一个矩阵乘法 op）的执行。

举例 3：运行会话。

```
# 返回值为 result，它是一个 NumPy 的多维矩阵对象
result = sess.run(product)
```

4. 完成任务，关闭会话

```
sess.close()
```

在使用后，需要关闭 Session 对象以释放资源。除了显式调用 close()方法可实现关闭，还可使用 with 语句来自动执行关闭操作。

举例 4：关闭会话。

```
with tf.Session() as sess:
result = sess.run(product)
    print(result)
```

19.2.2 TensorFlow 的程序举例

为了较为完整地理解 TensorFlow 的运行过程和相关概念，通过以下程序举例加以说明。

举例 5：

```
'''
TensorFlow 程序举例：
涉及概念：张量、变量、占位符、常量、节点与操作 op、会话、feed 等
沈红卫
绍兴文理学院  机械与电气工程学院
2018 年 7 月 18 日
'''
import TensorFlow as tf                    #引用前必须先安装它

#定义变量
state = tf.Variable(0)                     #变量

#定义占位符
a = tf.placeholder(tf.float32)             #占位符 a
b = tf.placeholder(tf.float32)             #占位符 b
input1 = tf.placeholder(tf.float32,[4,3])
input2 = tf.placeholder(tf.float32,[3,2])

#定义常量
one = tf.constant(1)

#定义 op
adder = a + b
new_value = tf.add(state, one)
update = tf.assign(state, new_value)

output = tf.matmul(input1, input2)

#启动图后，变量必须先经过初始化——一个初始化 op
init_op = tf.global_variables_initializer()

#启动图，运行 op
with tf.Session() as sess:
```

```
#运行,初始化 op
sess.run(init_op)                    #有变量的话必须初始化

#用实际参数运行 op 并显示
print(sess.run(adder, {a: 3, b: 4.5}))
print(sess.run(adder, {a: [1, 3], b: [2, 4]}))

add_and_triple = adder * 3.
print(sess.run(add_and_triple, {a: 3, b: 4.5}))

#显示 state 的初始值
print(sess.run(state))
#运行 op,更新 state,显示 state
for _ in range(3):                   #3 次循环。注意,这个下画线很有意思
    sess.run(update)                 #更新
    print(sess.run(state))           #输出

#通过 feed 输入实际参数,运行 op——output(矩阵乘法)
print(sess.run([output],
    feed_dict={input1:[[1,2,3],[2,3,4],[3,4,5],[4.,5,6]], input2: [[2,2.],[3,3,],[4.,4]]}))
```

在 PyCharm 中运行上述程序,得到如下结果:

```
7.5
[3. 7.]
22.5
0
1
2
3
[array([[20., 20.],
       [29., 29.],
       [38., 38.],
       [47., 47.]], dtype=float32)]
```

要学习和理解上述程序,关键是抓住主要和关键问题:TensorFlow 的基本概念和程序流程。

19.2.3　基于 TensorFlow 的卷积神经网络

TensorFlow 提供了卷积神经网络、循环神经网络等深度学习模型。此处只讨论卷积神经网络。

1. 卷积神经网络

"卷积"是目前深度学习中的重要概念之一。正是由于卷积和卷积神经网络,深度学习才超越其他绝大部分机器学习手段。

卷积神经网络的英文是 Convolutional Neural Network，简称为 CNN。它是基于人工神经网络的深度机器学习方法。在最近的几年中，依靠深度卷积神经网络而发展起来的图像识别技术进展神速，在一些固定领域可达到甚至超越人类的识别精度。CNN 采用局部连接和权值共享，可保持网络的深层结构，同时减少网络参数，使模型具有良好的泛化能力，又较容易被训练。CNN 的训练算法是梯度下降的错误反向传播算法（Back Propagate，BP）的一种变形。

卷积神经网络通常采用若干个卷积层和子采样层的叠加结构作为特征抽取器。卷积层与子采样层不断将特征图缩小，但是特征图的数量往往将增多。在特征抽取器后连接一个分类器，分类器通常由一个多层感知机所构成。在特征抽取器的尾端，将所有的特征图展开并排列为一个向量，它被称为"特征向量"，该特征向量作为后层分类器的输入。

卷积过程有三个二维矩阵参与，分别是两张特征图和一个卷积核，也就是输入的原图 inputX、输出图 outputY 和卷积核 kernelW。卷积过程可被理解为：将卷积核 kernelW 覆盖在原图 inputX 的一个局部面上，kernelW 对应位置的权重乘以 inputX 对应神经元的输出，对各项乘积求和并赋值至 outputY 矩阵的对应位置，相当于矩阵的点乘；卷积核在 inputX 图中从左向右或从上至下每次移动一个位置，最终完成整张原图 inputX 的卷积过程。

2. 卷积神经网络的简单举例——图像边缘检测

此处不准备讨论卷积的详细概念，只是简单地表述卷积：卷积是分析数学中一种重要的运算，它的核心是两个变量在某范围内相乘后求和的结果。

为什么通过卷积计算可检测图像的边缘？举例说明如下：

一个二值化的图形用二维矩阵表示，0 表示图像暗色区域，10 表示图像亮色区域，用一个 3×3 过滤器（又被称为卷积核、滤波器）对图像进行卷积，即对相同位置的元素执行乘法后求和；当一个区块被计算完成后，移动一个像素的位置取下一个区块执行相同的运算，计算过程如图 19-3 所示。当无法继续移动以取得新区块的时候，卷积过程被终止，得到特征图（Feature Map）。得到的特征图呈现中间亮、两边暗的特征，亮色区域对应图像边缘。卷积计算后对应的图像关系如图 19-4 所示。

两者卷积计算：
即对相同位置的元素执行乘法后求和
10×1+10×1+10×1+10×0+10×0+10×0+10×(-1)+10×(-1)+10×(-1)=0

图 19-3 利用卷积计算进行边缘检测

上述举例讨论的是垂直边缘检测，因而采用的是垂直卷积核（滤波器）。从最终结果（特征图）可见，垂直滤波器可检测垂直边缘。

被检测图像-中间为垂直边缘　　　垂直滤波器　　　中间亮的部分表明是边缘

图 19-4　卷积计算后对应的图像关系

1	1	1
0	0	0
-1	-1	-1

图 19-5　水平滤波器

如果增加一个水平滤波器，那么，是不是可以检测水平边缘呢？通过如图 19-5 所示的水平过滤器，即可实现图像水平边缘检测。

请注意两种滤波器的构成和区别，从而对滤波器有进一步的认知。

3. 卷积神经网络的基本原理

1）卷积核

卷积神经网络中十分关键的部件是卷积核，它又被称为"过滤器"或"滤波器"。

卷积核通过与图像的卷积（点乘后求和），然后以一定的步长水平平移或上下平移，循环重复卷积过程，最终得到特征图。

卷积核大小（Kernel Size）用于定义卷积的视野。二维的卷积核常见的大小为 3，即 3 像素×3 像素矩阵。当然，也可为 5 像素×5 像素、1 像素×1 像素等。卷积核的大小直接决定学习效率和精度。

卷积核的参数如何被选取和优化，是深度学习的重点。在开始时，往往可选一组随机值，在学习过程中不断调整和优化，直至满足识别要求。对于多数应用而言，卷积核的选择和设定不像上述举例中所说的垂直滤波器、水平滤波器那么简单，只有经过漫长的学习，卷积核的相关参数才能被确定。所谓学习过程，其实就是卷积核被优化的过程，即从最初的原始卷积核逐步被训练和优化为实现目标的卷积核。这个过程是深度学习的主要过程。

2）步长（Stride）

步长是指遍历图像时卷积核移动的步长。虽然它的默认值通常为 1，但步长可为 2 或其他值，以实现 MaxPooling 采样。

3）填充（Padding）

填充是指如何处理样本的边界。填充的目的是保持卷积操作的输出尺寸等于输入尺寸，因为如果卷积核大于 1，那么，在不加填充的情况下，将导致卷积操作的输出尺寸小于输入尺寸。

Padding 有两种模式。

- Valid：no padding，在此情形下，如果输入图像大小为 n 像素×n 像素，过滤器大小为 f 像素×f 像素，那么输出图像大小为

$$高度 = 宽度 = (n-f+1)/Stride$$

- Same：在此情形下，如果输入图像大小为 n 像素×n 像素，过滤器大小为 f 像素×f 像素，那么输出图像大小为

$$高度 = 宽度 = n/Stride$$

如果步长为 1，那么输出图像和输入图像一致。

4）输入和输出通道（Channel）

在深度学习的算法学习中，均涉及"通道"这个概念。

输入通道：对于不同的输入样本，其通道数是不同的。一般而言，彩色 RGB 图片的通道数为 3，即红、绿、蓝；单色（Monochrome）图片的通道数为 1。

卷积通道：卷积核的通道数必须与进行卷积操作的数据的通道数相一致。例如，对于彩色图片，通道数为 3。

输出通道：卷积操作完成后，特征图的输出通道数取决于卷积核的数量。如果卷积核为 1 个，那么输出通道数为 1；如果卷积核为 2 个，那么输出通道数为 2，以此类推。

卷积层通常需要一定数量的输入通道（I），经计算得到一定数量的输出通道（O）。可通过公式 $I×O×K$ 来确定卷积层的参数数量，其中 K 为卷积核大小值。

19.3 字符型验证码的自动识别

19.3.1 字符型验证码

验证码被广泛应用于当今互联网，充当着很多系统的防火墙功能。很多学习者在入门爬虫时，一般会遇到一个环节——填写"验证码"，正是由于需要验证码验证，从而使爬虫开发就此止步。关于验证码的功能，本文不予赘述，可将它简单地概括为，验证码是一种防止程序自动化的措施，其最常见的表现形式就是看图识别字符。

验证码是一种反自动化技术。为了实现反自动化、反机器识别，验证码与时俱进，产品形式也越来越丰富，通常有以下几种：完整滑动解锁式、随机滑动拼图式、随机点选汉字式、图片分类选择式和各种字符型验证码。字符型验证码是验证码产品中相对简单而又早期的产品。

字符型验证码是在图片中嵌入字符，或在字符周围布置若干干扰点（或图形），字符采用简单排列、扭曲、粘连等方式呈现，目的是增加自动识别的难度。

然而，随着 OCR（字符识别）技术的发展，验证码暴露出来的安全问题也越来越严峻。有验证码技术，就会有反验证码技术。所谓反验证码技术，就是机器自动识别验证码的技术。在实现机器自动识别验证码的系统（简称"验证码自动识别系统"）中常采用的技术就是深度学习，它属于人工智能的范畴。

19.3.2 自动识别字符型验证码的两种方法

在字符型验证码的自动识别中，通常采用的机器学习算法有两种：SVM 和 CNN。

1. 支持向量机（SVM）

SVM 是英文 Support Vector Machines 的简称，将它翻译成中文即"支持向量机"，它是一种应用广泛、效果良好的分类算法。从简单到复杂，SVM 依次被分为 3 类，分别是线性可分的线性 SVM、线性不可分的线性 SVM、非线性 SVM。要真正搞懂 SVM，往往不是一件很容易的事。幸运的是，有人开发了 Python 环境下的开源 SVM 模块，它将复杂的算法加以封装，从而使 SVM 的应用变得十分简便。借助第三方 SVM 模块，开发者无须彻底理解和把握 SVM 的原理，就能方便地应用 SVM 开发识别验证码的系统。支持 SVM 的库不断涌现，常见的有 LIBSVM、mySVM、SVMLight 等。这些软件均为免费的，可从 kernel-machines 官方网站上下载它们，地址为 http://www.kernel-machines.org/。

LIBSVM 是台湾大学林智仁副教授团队开发设计的一个简单易用和快速有效的 SVM 模式识别与回归的软件包，它不但提供已经编译的 Windows 系统可执行文件，还提供源代码。借助源代码，用户可方便地改进和移植，使之适合其他操作系统。该软件还有一个特点，就是支持多默认参数，通过默认参数来降低对 SVM 所涉及参数进行调节的复杂度，利用默认参数即可解决一般的问题。另外，该软件还提供了交互检验（Cross Validation）功能。

该软件包可在 http://www.csie.ntu.edu.tw/~cjlin/网站上免费获得。

不过，从实际使用角度来看，因为 LIBSVM 有 32 位和 64 位版本之分，所以在安装中容易出现问题，对此用户要有足够的心理准备。

2. 卷积神经网络（CNN）

卷积神经网络是深度学习众多算法中的一种，它是一种多层神经网络，擅长处理图像特别是大图像的相关机器学习问题。卷积神经网络通过一系列方法，成功地将数据量庞大的图像不断地降维，最终使其能够被训练。CNN 最早由 Yann LeCun 提出并应用在手写字体识别上，它被简称为"MINST"。

卷积神经网络的结构一般包含以下几层。

（1）输入层：用于数据的输入。
（2）卷积层：使用卷积核进行特征提取和特征映射。
（3）激励层：由于卷积也是一种线性运算，因此需要增加非线性映射。
（4）池化层：对输入进行降采样（下采样），对特征图进行稀疏处理，减少数据运算量。
（5）全连接层：通常在 CNN 的尾部进行重新拟合，减少特征信息的损失。
（6）输出层：用于输出结果。

中间可使用若干其他的功能层。

（7）归一化层：在 CNN 中对特征进行归一化。
（8）切分层：对某些图片数据进行分区域的单独学习。
（9）融合层：对独立进行特征学习的分支进行融合。

TensorFlow 提供了 CNN 框架，它是目前极为流行的 CNN 开发平台。与 LIBSVM 相比较，它容易安装。

在命令行方式下，直接执行以下命令进行安装：

C:\Users\Administrator>pip install –upgrade tensorflow

在安装过程中，将自动安装它所依赖的第三方库，如 NumPy。有可能会出现要求更新 msvcp140.dll 的问题，为此，只要在错误提示中直接单击链接，下载后安装即可解决该问题。在安装 msvcp140.dll 的过程中，要根据实际操作系统选择合适的版本。

19.4 字符型验证码自动识别程序的实现

19.4.1 字符型验证码自动识别程序的算法设计

1. 功能与性能要求

1）功能要求

- 对字符型验证码进行自动识别。字符型验证码举例如图 19-6 所示,即采用 4 个字符的验证码。验证码字符包含数字、大写字母和小写字母。从图片中自动识别相应的字符,例如,从图 19-6 中识别的字符串为"9285"。
- 为了满足学习与训练的需要,要求能自动批量产生如图 19-6 所示的验证码图片或图片文件。生成的图片必须包括对应的验证码(字符串)和对应的图片,也就是答案(验证码)和待识别的包含验证码的图片。

图 19-6 字符型验证码举例

2）性能要求

- 识别正确率应优于 80%。
- 识别速度:在 10ms 以内识别一张验证码图片。
- 学习时间:小于 5 小时。

2. 算法及其流程图

字符型验证码自动识别程序包括三大功能模块:批量产生用于训练的验证码图形、训练深度学习模型、用学习后的模型识别给定的验证码图形,分别对应训练、学习和识别 3 个不同的阶段。

三者之间的逻辑关系如图 19-7 所示。

图 19-7 训练、学习和识别之间的逻辑关系

为此,遵循模块化程序设计思想,将各功能模块分别设计成独立的脚本文件,最后通过主文件组织这些功能文件。每个功能文件又包含若干个功能函数,这些功能函数要充分考虑通用性,在输入参数和返回值的设计上尽可能具有灵活性和可移植性。

以训练模块为例,它的流程图如图 19-8 所示。相对而言,其他模块比较简单,为了节省篇幅,不再一一给出其他模块的流程图。

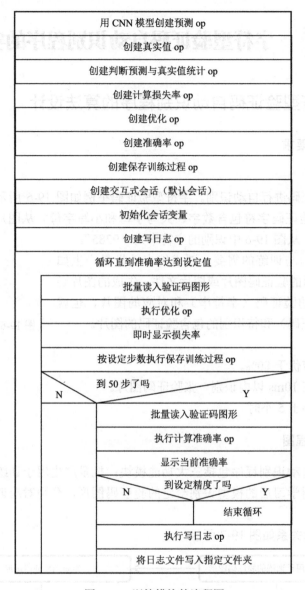

图 19-8　训练模块的流程图

19.4.2　字符型验证码自动识别程序架构

1. 程序架构

整个项目由 9 个文件组成，项目是基于 PyCharm 平台开发的。项目架构图如图 19-9 所示。

在项目程序中，9 个文件的功能如下。

（1）__init__.py。它是空文件，是为满足模块化设计需要而创建的。

图 19-9　项目架构图

(2) cnnmodel.py。它是定义 CNN 模型的模块。CNN 模型包含三个卷积层+池化层、两个全连接层。

(3) cnntrain.py。它是用于训练模型的模块。

(4) config.py。它是定义工程有关参数的模块,通过改变相关参数,使得程序的通用性和灵活性有所增强。例如,可设定验证码图形的大小等。

(5) general.py。它是定义通用接口函数的模块。

(6) getcaptcha.py。它是产生验证码图形的模块,可批量产生验证码图形,这些验证码图形被用于训练模型,或者被保存后为其他程序所用。

(7) main.py。它是主模块,以菜单化形式组织三大功能模块,以方便操作。

(8) recognition.py。它是识别验证码图形的演示模块,可自动使用训练后的模型识别给定数量的验证码图形并统计准确率。

(9) traindatabatch.py。它是批量生成验证码图形的模块,是对 getcaptcha.py 模块的再封装。在本项目中,它被 cnntrain.py 模块直接调用。

2. 模仿要点

在模仿和学习本范例时,可先在本地机上新建一个子文件夹,如 mycaptcha,然后逐一将 9 个文件的内容通过新建 Python 文件并粘贴的方式形成项目的 9 个文件,纳入 PyCharm 项目。注意,文件名必须与上述 9 个文件相同。当然,如果能完全读懂程序,自己修改程序,那么可自定义文件名。运行程序后,在项目文件夹 mycaptcha 下将自动生成 3 个子文件夹。因此,本项目的文件存储结构如图 19-10 所示。

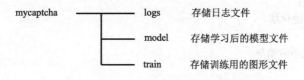

图 19-10 本项目的文件存储结构

3. 程序特点

本项目程序参考了来自网络的有关代码,在此基础上,做了大量的梳理和改进,使得程序的逻辑关系更为清晰、原理表达更为准确,程序的灵活性更好、容错性更强。

有关可调参数均被定义在 config.py 模块中。

以下是可调参数及其说明。

(1) 卷积核可自定义。只要改变 myfilter 的值,即可改变卷积核大小,以调整学习效率和精度。

(2) 验证码图形大小可自定义。只要改变 IMAGE_HEIGHT=60、IMAGE_WIDTH=160 的值,即可自适应地被用于训练学习、识别,因此突破了原程序中必须使用固定的 160 像素×60 像素验证码图形尺寸的限制。当然,按照卷积神经网络的建议,图形大小最好是 2 的倍数,如果过小则将导致识别困难,如果过大则将导致学习时间增长。

(3) 主要功能函数可带参数,以此来增强功能函数的灵活性。如训练模块,可自行设定训练的目标精度、训练结果及保存的步数间隔等。

（4）对代码做了充分而比较准确的注释。可方便地弄懂代码的算法，以便在此基础上加以改进、优化和移植。

（5）相对路径。可确保有关文件和文件夹被正确地自动创建，而不用关心程序所用路径是否存在，也不需要事先创建相关文件夹。

19.4.3 字符型验证码自动识别程序

以下是 9 个程序文件的具体内容。

1. 文件 1：__init__.py

它的内容为空。

2. 文件 2：cnnmodel.py

它的完整内容如下：

```
"""
深度学习模型中的卷积神经网络（Convolution Neural Network，CNN）
近年来在图像领域取得了惊人的成绩。CNN 直接利用图像像素信息作为输入，
最大限度地保留了输入图像的所有信息，通过卷积操作进行特征的提取和高层抽象，
模型输出直接是图像识别的结果。
这种基于"输入-输出"的端到端的学习方法取得了非常好的效果，得到了广泛的应用。
卷积神经网络的定义：
3 个卷积层+激励层+池化层
2 个全连接层
该模型能适应不同大小的图形
沈红卫
绍兴文理学院 机械与电气工程学院
2018 年 7 月 13 日
"""
import TensorFlow as tf
import math                          #图形大小向上取整 ceil 函数

from config import IMAGE_HEIGHT, IMAGE_WIDTH, CHAR_SET_LEN, MAX_CAPTCHA,myfilter

#预定义输入值（图形矩阵）、输出真实值
X = tf.placeholder(tf.float32, [None, IMAGE_HEIGHT * IMAGE_WIDTH])
#行不定，列随图形大小而定
Y = tf.placeholder(tf.float32, [None, MAX_CAPTCHA * CHAR_SET_LEN])
#行不定，列随验证码字符集和验证码个数而定
keep_prob = tf.placeholder(tf.float32)        # dropout
#定义 dropout 变量，用于改变参与计算的神经元单元个数，其值可调

# 定义模型函数
```

```python
# 参数为 w 和 b，默认值分别为 0.01 和 0.1，可根据学习质量和速度调整
# CNN 在图像大小是 2 的倍数时性能最高
# 卷积核（滤波器）为 5×5（似乎比 3×3 好）
def crack_captcha_cnn(w_alpha=0.01, b_alpha=0.1):
    # 重定型图形矩阵
    x = tf.reshape(X, shape=[-1, IMAGE_HEIGHT, IMAGE_WIDTH, 1])

    #3 个卷积层（conv layer）+池化层（pool):最大池化（Max Pooling）
    # 第 1 层
    w_c1 = tf.Variable(w_alpha * tf.random_normal([myfilter, myfilter, 1, 32]))
    # 卷积核（滤波器）为 3×3×1，核数为 32，随机产生呈正态分布的初始值
    b_c1 = tf.Variable(b_alpha * tf.random_normal([32]))
    conv1 = tf.nn.relu(tf.nn.bias_add(tf.nn.conv2d(x, w_c1, strides=[1, 1, 1, 1], padding='SAME'), b_c1))
    # relu()为激励函数：将矩阵中每行的非最大值置 0
    # conv2d 卷积计算，strides=(batch,左右步长,上下步长,通道数)
# padding 采用的填充方式为方式 0
    conv1 = tf.nn.max_pool(conv1, ksize=[1, 2, 2, 1], strides=[1, 2, 2, 1], padding='SAME')
    # 2×2 最大池化，水平步长为 2，垂直步长为 2
    conv1 = tf.nn.dropout(conv1, keep_prob)
    # keep_prob 是为了避免过拟合，对网络进行瘦身，不让所有神经元参与工作（keep_prob<1）
    # 第 2 层
    w_c2 = tf.Variable(w_alpha * tf.random_normal([myfilter, myfilter, 32, 64]))
    b_c2 = tf.Variable(b_alpha * tf.random_normal([64]))
    conv2 = tf.nn.relu(tf.nn.bias_add(tf.nn.conv2d(conv1, w_c2, strides=[1, 1, 1, 1], padding='SAME'), b_c2))
    conv2 = tf.nn.max_pool(conv2, ksize=[1, 2, 2, 1], strides=[1, 2, 2, 1], padding='SAME')
    conv2 = tf.nn.dropout(conv2, keep_prob)

    # 第 3 层
    w_c3 = tf.Variable(w_alpha * tf.random_normal([myfilter, myfilter, 64, 64]))
    b_c3 = tf.Variable(b_alpha * tf.random_normal([64]))
    conv3 = tf.nn.relu(tf.nn.bias_add(tf.nn.conv2d(conv2, w_c3, strides=[1, 1, 1, 1], padding='SAME'), b_c3))
    conv3 = tf.nn.max_pool(conv3, ksize=[1, 2, 2, 1], strides=[1, 2, 2, 1], padding='SAME')
    conv3 = tf.nn.dropout(conv3, keep_prob)

    # 全连接层（Fully Connected，FC）
    # 第 1 层：fc1
    #w_d = tf.Variable(w_alpha * tf.random_normal([8 * 20 * 64, 1024]))
    # 根据图形大小自适应参数（否则会出错）
    w_d = tf.Variable(w_alpha * tf.random_normal([math.ceil(IMAGE_HEIGHT/8)*math.ceil(IMAGE_WIDTH/8)* 64,1024]))
    #3 层卷积和池化，因为采用 2×2 卷积核并且步长为 2 的池化，所以每次池化后大小减半
    b_d = tf.Variable(b_alpha * tf.random_normal([1024]))
    dense = tf.reshape(conv3, [-1, w_d.get_shape().as_list()[0]])
    dense = tf.nn.relu(tf.add(tf.matmul(dense, w_d), b_d))
    dense = tf.nn.dropout(dense, keep_prob)
```

```python
        # 第2层：fc2
        w_out = tf.Variable(w_alpha * tf.random_normal([1024, MAX_CAPTCHA * CHAR_SET_LEN]))
        b_out = tf.Variable(b_alpha * tf.random_normal([MAX_CAPTCHA * CHAR_SET_LEN]))
        out = tf.add(tf.matmul(dense, w_out), b_out)
        # out = tf.reshape(out,(CHAR_SET_LEN,MAX_CAPTCHA))
        # out = tf.nn.softmax(out)
        return out    #输出预测结果


'''
卷积神经网络之训练算法
同一般机器学习算法，先定义 Loss function，衡量和实际结果之间的差距。
找到最小化损失函数的参数 w 和 b，在 CNN 中采用的算法是 SGD（随机梯度下降）。
'''
```

3. 文件3：cnntrain.py

它的完整内容如下：

```
"""
CNN 模型训练程序：
——程序参考了文章：http://blog.topspeedsnail.com/archives/10858
用于对模型进行训练，训练结果保存在 model 路径下，用于预测和识别
在进行预测和识别时，取出最近一次的训练结果
因此，要特别注意保存训练结果的步长，如 200 步
步长越短，保存的越是最接近训练结果的数据，但会增加存储量
沈红卫
绍兴文理学院 机械与电气工程学院
2017 年 7 月 14 日
"""
import TensorFlow as tf

from config import MAX_CAPTCHA, CHAR_SET_LEN, tb_log_path, save_model
from cnnmodel import crack_captcha_cnn, Y, keep_prob, X
from traindatabatch import get_next_batch

# 定义训练模型函数
# 有两个参数：
# 训练结束的准确率，默认为 0.98
# 保存训练结果的步长，默认为 200 步
def train_crack_captcha_cnn(accurate=0.98,savestepgap=200):
    # 调用模型定义函数得到返回结果
    output = crack_captcha_cnn()
    predict = tf.reshape(output, [-1, MAX_CAPTCHA, CHAR_SET_LEN])    #重定型
    label = tf.reshape(Y, [-1, MAX_CAPTCHA, CHAR_SET_LEN])


    max_idx_p = tf.argmax(predict, 2)                    #取第二维验证码的预测结果
```

```python
        max_idx_l = tf.argmax(label, 2)              #取第二维验证码的真实结果
        correct_pred = tf.equal(max_idx_p, max_idx_l)  #逐一比较判断相等的个数

        # 以下是为TensorBoard准备日志
        # 变量的命名空间（让变量有相同的命名）
        with tf.name_scope('my_monitor'):
'''loss = tf.reduce_mean(tf.nn.softmax_cross_entropy_with_logits(logits=predict, labels=label))
'''
            loss = tf.reduce_mean(tf.nn.sigmoid_cross_entropy_with_logits(logits=output, labels=Y))
            #两种交叉熵（损失函数）计算，得到损失平均值
        tf.summary.scalar('my_loss', loss)            #将损失记录汇总到日志中
        # 分类softmax和sigmoid的效率有较大不同，在字符识别中，前者不如后者
        # 在未来的版本中，softmax将被放弃
        # 此函数是Adam优化算法：是一个寻找全局最优点的优化算法，采用了二次方梯度校正
        # 学习率默认为0.001，开始较大，后面变小。此处为损失最小优化
        optimizer = tf.train.AdamOptimizer(learning_rate=0.001).minimize(loss)


        # 与loss相同的命名空间
        with tf.name_scope('my_monitor'):
            accuracy = tf.reduce_mean(tf.cast(correct_pred, tf.float32))
            # 计算准确率的平均值
        tf.summary.scalar('my_accuracy', accuracy)    #写入日志


        saver = tf.train.Saver()                      #创建训练过程保存的实例


        # 构建交互式会话
        sess = tf.InteractiveSession(
            config=tf.ConfigProto(
                log_device_placement=False
            )
        )


        # 对会话的变量进行初始化（必需的）
        sess.run(tf.global_variables_initializer())
        merged = tf.summary.merge_all()               #合并所有日志内容
        writer = tf.summary.FileWriter(tb_log_path, sess.graph)  #创建写入日志类实例


        step = 0            #计步器清零
        while True:         #循环开始训练
            batch_x, batch_y = get_next_batch(64)     #批量读入
            _, loss_ = sess.run([optimizer, loss], feed_dict={X: batch_x, Y: batch_y, keep_prob: 0.95})
            # 优化操作，得到损失率
            print(step, 'loss:\t', loss_)             #即时显示损失率

            step += 1                                  #计步


            # 每savestepgap步保存一次实验结果
```

```python
            if step % savestepgap == 0:
                saver.save(sess, save_model, global_step=step)        #保存训练信息

            # 在测试的数据集上计算精度
            if step % 50 != 0:
                continue                                              #没到 50 步，不计算准确率

            # 每 50 步计算一次准确率，使用新生成的数据
            batch_x_test, batch_y_test = get_next_batch(256)          #用新生成的数据集做测试
            acc = sess.run(accuracy, feed_dict={X: batch_x_test, Y: batch_y_test, keep_prob: 1.})
            # 执行计算准确率操作
            print(step, 'acc---------------------------------\t', acc)   #显示准确率

            # 终止条件：优于设定的准确率
            if acc > accurate:
                break                                                 #优于设定的准确率，则结束训练

            # 启用监控
            summary = sess.run(merged, feed_dict={X: batch_x_test, Y: batch_y_test, keep_prob: 1.})
            writer.add_summary(summary, step)                         #将日志数据写入日志，并记录步数


# 本模块测试代码
if __name__ == '__main__':
    train_crack_captcha_cnn(0.99)
#可以带两个参数——准确率设定和写日志步长间隔，否则使用默认值
    print('********  训练结束  ********')
```

4. 文件 4：config.py

它的完整内容如下：

```python
'''
工程配置文件：
配置工程所需的有关参数，以方便灵活改动
沈红卫
绍兴文理学院  机械与电气工程学院
2018 年 7 月 8 日
'''
from os.path import join                          #引用路径合并模块

# 定义可产生的字符集
# 数字 10 个
number = ['0', '1', '2', '3', '4', '5', '6', '7', '8', '9']
# 大写字母 26 个
ALPHABET = ['A', 'B', 'C', 'D', 'E', 'F', 'G', 'H', 'I', 'J', 'K', 'L', 'M', 'N', 'O', 'P', 'Q', 'R', 'S', 'T', 'U', 'V', 'W', 'X', 'Y', 'Z']
```

```python
# 小写字母 26 个
alphabet = ['a', 'b', 'c', 'd', 'e', 'f', 'g', 'h', 'i', 'j', 'k', 'l', 'm', 'n', 'o', 'p', 'q', 'r', 's', 't', 'u', 'v', 'w', 'x', 'y', 'z']

#gen_char_set = number + ALPHABET     #用于生成验证码的数据集
gen_char_set = number                 #用于生成验证码的数据集参数，可增减

# 图像数组大小
IMAGE_HEIGHT = 60
IMAGE_WIDTH =  160
IMAGE_NONAME = 3                      #(R,G,B)通道数

# 验证码字符个数
MAX_CAPTCHA = 4

# 验证码字符集的长度
CHAR_SET_LEN = len(gen_char_set)

# 产生训练用图片的文件数
TRAINFILES = 5000


# 有关文件存储的路径
# 在使用前必须首先新建这些文件夹与子文件夹
# 建议在当前目录下新建 3 个文件夹
# ——model 存放训练模型的输出数据，自动生成系列文件
#     |
#       ——train 存放训练数据集（如 5000 张验证码图片）（根据需要确定，本项目不需要）
#     |
#       ——logs   存放输出日志以便 TensorBoard 监控

# 路径归并
# 注意 join 的用法：/或\均可。如果使用/更方便，则不用转义
home_root = r'.\data'
work_space = join(home_root,r'train')
model_path = join(home_root,r'model')
save_model = join(home_root,r'model\captchamodel')
#captchamodel 是系列文件名的，自动以-xxxx 存储
tb_log_path = join(home_root,r'logs')


myfilter=5                            #卷积核默认为 5×5，也可以改为 3×3

# 模块调试代码
if __name__=="__main__":
    print("验证码字符数", MAX_CAPTCHA)
    print('验证码字符集长度:', CHAR_SET_LEN)
    print('model_path:', save_model)
```

5. 文件5：general.py

它的完整内容如下：

```
'''
通用接口函数：
共4个：字符转序号，序号转字符，字符串矢量化，矢量转字符串
沈红卫
绍兴文理学院 机械与电气工程学院
2018年7月11日
'''

import numpy as np

from config import MAX_CAPTCHA, CHAR_SET_LEN

# CHAR_SET_LEN=62 #本模块测试用，使用后关闭

# 将字符转换为在字符集中的位置信息（字符集中的序号，也就是下标）
# 数字10个：下标0～9
# 大写字母26个：下标10～35
# 小写字母26个：下标36～61
def char2pos(c):                          #c 为被转换的字符
    k = ord(c) - ord("0") #48
    if k > 9:     #不是数字字符
        k = ord(c) - ord("A")+10          #-65+10=55
        if k > 10+26-1:                   #3 不是大写字母
            k = ord(c) - ord("a")+10+26   #61
            if k > 61:                    #只有61个字符是有效的
                raise ValueError('No Map')
    return k


# 按索引号（下标）从字符集中取出对应的字符
def pos2char(char_idx):                   #参数：下标
    if char_idx < 10:                     #对应的是数字字符
        char_code = char_idx + ord('0')
    elif char_idx < 36:                   #对应的是大写字母
        char_code = char_idx - 10 + ord('A')
    elif char_idx < 62:                   #对应的是小写字母
        char_code = char_idx - 36 + ord('a')
    else:                                 #其他则是错误的
        raise ValueError('error')         #抛出异常

    return chr(char_code)                 #将ASCII码转换为相应的字符并返回


# 将图片转换为灰度图像
```

```python
def convert2gray(img):                      #参数为欲转换的有色图像
    if len(img.shape) > 2:                  #图像以三维数组的形式呈现，如果小于或等于2则无须转换
        gray = np.mean(img, -1)             #按行求平均
        # r, g, b = img[:,:,0], img[:,:,1], img[:,:,2]
        # gray = 0.2989 * r + 0.5870 * g + 0.1140 * b
        return gray
    else:
        return img

# 将验证码矢量化
# 矢量的大小为 MAX_CAPTCHA*CHAR_SET_LEN
# 每个字符对应 CHAR_SET_LEN，它所在的序号为1，其余均为0
def text2vec(text):
    text_len = len(text)
    if text_len > MAX_CAPTCHA:
        raise ValueError('验证码超过设定的%d'%(MAX_CAPTCHA))
    vector = np.zeros(MAX_CAPTCHA * CHAR_SET_LEN)       #清零矢量

    for i, c in enumerate(text):                        #从字符串中按序号逐个取出：序号和字符
        idx = i * CHAR_SET_LEN + char2pos(c)            #在矢量中的位置
        vector[idx] = 1                                 #写入1
    return vector                                       #返回整个矢量


# 矢量转回文本
def vec2text(vec):
    char_pos = vec.nonzero()[0]
    #vec.nonzero()找出非0元素所在的序号存入数组中，取出第0行（一个列表）
    text = []
    for i, c in enumerate(char_pos):                    #从列表中逐个取出序号和对应的元素
        char_idx = c % CHAR_SET_LEN                     #通过求余转换为字符集中的相对位置（索引号）
        char_code = pos2char(char_idx)                  #转换为对应的字符
        text.append(char_code)                          #拼接到字符列表
    return "".join(text)                                #将列表转换为字符串返回

# 矢量化举例
"""
text="1283"
字符集为 10 个数字
那么矢量化为：
([0,1,0,0,0,0,0,0,0,0,1,0,0,0,0,0,0,0,0,0,0,0,0,0,0,1,0,0,0,0,0,1,0,0,0,0,0,0,0,])
反矢量过程相反
"""

# 本模块测试代码
if __name__ == '__main__':
    if CHAR_SET_LEN<=10:                                #字符集只有数字
```

```
            text = '1792'
        elif CHAR_SET_LEN<=36:              #字符集有数字和大写字母
            text = '1X7H'
        elif CHAR_SET_LEN<=62:              #字符集有数字、大写字母和小写字母
            text = '1a9G'
        else:
            print("所选字符集不包含%s 对应的字符"%text)
    vec= text2vec(text)
    print(vec)
    text=vec2text(vec)
    print(text)
```

6. 文件 6：getcaptcha.py

它的完整内容如下：

```
'''
生成验证码图片模块：
包括生成验证码图片、批量保存、显示、从已存的训练文件中提取图片信息
沈红卫
绍兴文理学院  机械与电气工程学院
2018 年 7 月 8 日
'''
import uuid                                 #引用程序全局唯一标识符库（第三方库）
import glob                                 #glob 模块用来查找匹配的文件
import random                               #引用随机数发生库
import os
from os import path                         #路径模块
from os.path import join,exists             #路径合并模块
import shutil                               #内置标准库，用于对文件和目录进行操作

import matplotlib.pyplot as plt             #绘图库
import numpy as np                          #数学运算库
from PIL import Image                       #图形处理库
from captcha.image import ImageCaptcha      #验证码生成库

from config import IMAGE_HEIGHT,IMAGE_WIDTH,MAX_CAPTCHA
from config import gen_char_set,IMAGE_NONAME,work_space

# 随机产生一个验证码所需要的字符列表
def random_captcha_text(char_set=gen_char_set,captcha_size=MAX_CAPTCHA):
    captcha_text = []                       #存储验证码字符的列表
    for i in range(captcha_size):           #产生指定数量的验证码字符
        c = random.choice(char_set)         #从指定的字符集中随机抽取
        captcha_text.append(c)              #存入缓冲区
    return captcha_text                     #返回生成的验证码字符列表
```

```python
# 将验证码字符列表生成验证码图片（生成的图片用于训练）
def gen_captcha_text_and_image():
    image = ImageCaptcha(width=IMAGE_WIDTH,height=IMAGE_HEIGHT) #可指定图片大小

    captcha_text = random_captcha_text()        #验证码字符列表
    captcha_text = ''.join(captcha_text)        #转换为验证码字符串

    captcha = image.generate(captcha_text)      #使用 generate()方法将 captcha_text 生成图片

    captcha_image = Image.open(captcha)         #用 Image 模块的 open()函数打开图片
    captcha_image = np.array(captcha_image)     #用 np 模块的 array()函数将图片转换为数组
    return captcha_text, captcha_image          #返回验证码字符串和图片数组


# 从图片文件中生成验证码图片（通过已有文件训练）
def gen_captcha_text_and_image_fromfile(fileno):
    captcha_text=""
    captcha_image=[[[]]]
    if os.path.exists(work_space):
        image_name = r'_%s_*.png' % (str(fileno))       #拼成文件名，类型为.png
        image_file = join(work_space, image_name)       #拼成完整路径
        image_file = image_file.replace(r'\\','/')      #路径使用 "/" 更方便
        fl=glob.glob(image_file)
        if len(fl)>=1:
            im=Image.open(fl[0])
            captcha_image = np.array(im)                #用 np 模块的 array()函数将图片转换为数组
            captcha_text=fl[0][-12:-4]                  #从后面取文件名，跳过.png
            captcha_text=captcha_text.replace('\\'," ")
            captcha_text=captcha_text.replace('_'," ")
            captcha_text=captcha_text.split(" ")
            captcha_text=captcha_text[-1]
            return captcha_text,captcha_image           #返回验证码图片数组
        else:
            return captcha_text,captcha_image
    else:
        return captcha_text,captcha_image


# 封装图片
# 参数 1 默认为 1，选择直接生成验证码图片，否则从文件中生成
# 参数 2 默认为 0，从 0 号文件开始取
# 如果选择方式 1（mode==1），则调用时两个参数都不需要
# 如果选择方式 2（mode!=1），则需要第二个参数，用于选择从第几号图片文件中提取验证码信息
def wrap_gen_captcha_text_and_image(mode=1,fileno=0):
    while True:                                 #直到图片符合规格要求
        if mode==1:
            text, image = gen_captcha_text_and_image()
```

```python
                        #判断数组的维度大小
            if image.shape != (IMAGE_HEIGHT, IMAGE_WIDTH, IMAGE_NONAME):
                continue                    #不符合规格要求，则继续
            return text, image              #否则，返回符合规格的图片数据
        else:
            text, image = gen_captcha_text_and_image_fromfile(fileno)
            if image.shape != (IMAGE_HEIGHT, IMAGE_WIDTH, IMAGE_NONAME):
                continue                    #不符合规格要求，则继续
            return text, image              #否则，返回符合规格的图片数据

# 批量生成验证码图片集，并保存到本地，方便做模型训练
# 文件名为_序号_xxxx.png，例如，_1_45a7.png，以便后期处理
# 被调用后，首先将文件夹下的图片文件清空
def gen_and_save_image(files):          #参数 files 为要生成的图片文件总数
    if exists(work_space)==True:
        shutil.rmtree(work_space,True)      #先强制删除文件夹
    os.makedirs(work_space)             #再新建同名文件夹，以达到删除全部文件的效果

    for i in range(files):              #产生指定数量的验证码图片文件供日后训练
        text, image = wrap_gen_captcha_text_and_image()

        im = Image.fromarray(image)         #从数组转换为图片数据

        myuuid = uuid.uuid1().hex           #生成全局唯一标识符，以确保文件名的唯一性
        image_name = '_%s__%s.png' % (text, myuuid)     #拼成文件名，类型为.png
        #上述语句在本函数中不起作用，之所以保留，是因为可以学习全局唯一标识符
        image_name='_%s_%s.png' % (str(i),text)         #拼成文件名，类型为.png
        image_file = path.join(work_space, image_name)  #拼成完整路径
        im.save(image_file)                 #写入文件

# 使用 matplotlib 来显示生成的图片
# 内部函数，只供调试用
# 参数 mode 用于选择生成验证码图片的方式，默认值 1 为直接生成
# 否则从文件中生成
# 当 mode 不是 1 时，第二个参数用于选择从第几号图片文件中提取验证码信息
def __demo_show_img(mode=1,fileno=0):
    if mode==1:
        text, image = wrap_gen_captcha_text_and_image()
    else:
        text, image = gen_captcha_text_and_image_fromfile(fileno)
    print("验证码图像通道:", image.shape)
    f = plt.figure()
    ax = f.add_subplot(111)
    ax.text(0.1, 0.9, text, ha='center', va='center', transform=ax.transAxes)
    plt.imshow(image)

    plt.show()
```

```python
# 本模块测试代码
if __name__ == '__main__':
    # gen_and_save_image(20)         #用于测试生成训练用图片文件
    __demo_show_img(2,6)             #用于测试验证码信息是否正常（显示图片和验证码字符）
```

7．文件 7：main.py

它的完整内容如下：

```
'''
主文件：main.py
对程序环境的初始化（路径初始化等），将功能集成（产生、训练和识别）
沈红卫
绍兴文理学院  机械与电气工程学院
2017 年 7 月 15 日
'''
'''
from os.path import exists       #导入 exists
import os
from os import path              #路径模块
'''
#import numpy as np
#import TensorFlow as tf

from config import *
from getcaptcha import *
from recognition import *
from cnntrain import *


# 定义工作路径判断和处理函数
# 在当前路径下自动创建和管理相关 config 模块设定的子路径，确保程序正常运行
def judgepath():
    if exists(home_root)!= True:
        os.makedirs(home_root)
        os.makedirs(work_space)
        os.makedirs(model_path)
        os.makedirs(tb_log_path)
    elif exists(work_space)!= True:
        os.makedirs(work_space)
    elif exists(model_path) != True:
        os.makedirs(model_path)
    elif exists(tb_log_path) != True:
        os.makedirs(tb_log_path)
```

```
        return True                    #该函数不是很严谨，到底不严谨在哪里

# 定义菜单函数
def menu():
    choice=int(input("1.产生训练文件 2.训练识别模型 3.识别验证码:"))
    if choice==1:
        print(r"训练文件被保存在 train 文件夹下")
    elif choice==2:
        print(r"模型数据被保存在 model 文件夹下")
    elif choice==3:
        print(r"演示验证码识别的效果")
    else:
        print(r"选择错误")
        return 0
    return choice

# 定义执行各功能程序的函数
def execute(choice,modelload=False):
    if choice==1:
        total=int(input("你要产生文件的数量："))
        gen_and_save_image(total)          #用于测试生成训练用图片文件
    elif choice==2:
        acc=float(input("训练的准确度设定（默认 0.98）："))
        gap=int(input("训练保存步长间隔（默认 200）："))

        train_crack_captcha_cnn(acc,gap)
#可带两个参数——准确率和写日志步长间隔，否则使用默认值
    elif choice==3:
        total=int(input("你要演示识别的样本数量："))
        BatchRecognitionCaptcha(total)     #预测样本可设定，默认为 1000
    return

# 本模块测试代码
if __name__=="__main__":
    print("-"*28)
    print("欢迎使用验证码识别程序-沈红卫")
    print("-"*28)
    if(judgepath()!=True):
        print("文件路径无法创建")
    choice=menu()
    execute(choice)

    print("*"*28)
    print("感谢您的使用！ ")
    print("*"*28)
```

8. 文件 8：recognition.py

它的完整内容如下：

```python
"""
预测识别程序：
用来检验训练的效果，查看识别准确率
沈红卫
绍兴文理学院 机械与电气工程学院
2017 年 7 月 14 日
"""
import time

import numpy as np
import TensorFlow as tf

from config import MAX_CAPTCHA, CHAR_SET_LEN, model_path

from cnnmodel import crack_captcha_cnn, X, keep_prob
from getcaptcha import wrap_gen_captcha_text_and_image
from general import convert2gray, vec2text


# 定义识别函数
def recognition(sess, predict, captcha_image):
    # 执行预测操作，此时的 dropout 为 1
    text_list = sess.run(predict, feed_dict={X: [captcha_image], keep_prob: 1})
    # 将预测结果中的验证码字符转换为列表
    text = text_list[0].tolist()
    # 将验证码字符串矢量化
    vector = np.zeros(MAX_CAPTCHA * CHAR_SET_LEN)
    i = 0
    for n in text:
        vector[i * CHAR_SET_LEN + n] = 1
        i += 1
    return vec2text(vector)


# 定义批量识别函数，用于计算准确率（识别率）
# 参数为样本数量。默认为 1000 个样本
# 先批量生成验证码，再进行批量识别
def BatchRecognitionCaptcha(task_cnt=1000):
    # 定义预测计算图
    output = crack_captcha_cnn()                    #创建 CNN 网络
    predict = tf.argmax(tf.reshape(output, [-1, MAX_CAPTCHA, CHAR_SET_LEN]), 2)

    saver = tf.train.Saver()

    with tf.Session() as sess:
```

```
            saver.restore(sess, tf.train.latest_checkpoint(model_path))  #从最近模型点得到模型参数

            stime = time.time()                                    #任务开始时间

            right_cnt = 0
            for i in range(task_cnt):                              #循环
                text, image = wrap_gen_captcha_text_and_image()    #生成验证码及其图形
                image = convert2gray(image)                        #彩色变灰度
                image = image.flatten() / 255                      #图像归一化
                predict_text = recognition(sess, predict, image)   #识别后的验证码矢量
                if text == predict_text:                           #判断矢量是否相等
                    right_cnt += 1                                 #识别个数+1
                else:
                    #否则，显示不能识别的验证码及其对应的正确码
                    print("正确: {}    识别: {}".format(text, predict_text))

        #del saver
        print('样本数:', task_cnt, ' 花费时间:', (time.time() - stime), 's')  #完成任务的总时间
        print('被识别/总数=', right_cnt, '/', task_cnt,"准确率={}%".format(100*right_cnt/task_cnt))
        #sess.close()


#本模块测试代码
if __name__ == '__main__':
    BatchRecognitionCaptcha(2000)                        #预测样本可设定，默认为1000
    print('******** 预测结束 ********')
```

9. 文件 9：traindatabatch.py

它的完整内容如下：

```
"""
批量数据生成程序：
用于训练模型
沈红卫
绍兴文理学院 机械与电气工程学院
2017 年 7 月 15 日
"""

import numpy as np

from config import IMAGE_HEIGHT, IMAGE_WIDTH, CHAR_SET_LEN, MAX_CAPTCHA
from getcaptcha import wrap_gen_captcha_text_and_image
from general import convert2gray, text2vec


# 批量生成训练用验证码图片
# 参数为总数，默认值为 128 个
```

第19章 图像识别与机器学习——字符型验证码自动识别

```
# 该函数用于对数据进行预处理
def get_next_batch(batch_size=128):
    batch_x = np.zeros([batch_size, IMAGE_HEIGHT * IMAGE_WIDTH])        #用 0 填充数组
    batch_y = np.zeros([batch_size, MAX_CAPTCHA * CHAR_SET_LEN])        #用 0 填充数组

    for i in range(batch_size):
        text, image = wrap_gen_captcha_text_and_image()        #生成验证码图片信息
        image = convert2gray(image)                            #图形灰度化

        batch_x[i, :] = image.flatten() / 255
        #flatten()用于将多维数组转换为一维数组，/255 是对 RGB 数据进行相对化、归一化
        batch_y[i, :] = text2vec(text)                         #将文本矢量化
        #[i,:]表示将后面的一维数组依次赋值给 i 行的各列
    return batch_x, batch_y

# 本模块测试代码
if __name__ == "__main__":
    bx,by=get_next_batch(4)                                     #只是为了验证，所以只生成 4 张验证码图片
    print(bx)
    print(by)
```

19.4.4 程序运行结果及其分析

1. 结果统计

（1）学习时间。

开始时间为 14:41，结束时间为 15:49，学习次数共计 2000 次。

（2）学习精度。

学习精度设定为 0.98，实际精度为 0.984375。

（3）识别速度和准确率。

被识别样本数为 100 个，识别过程耗时 1.9431114196777344s，达到每个样本识别时间小于 10ms 的设计要求；被识别/总数=85/100，因此，识别准确率为=85.0%，也达到准确率优于 80%的设计要求。

2. 运行结果举例

以下是某次识别运行后的结果：

```
---------------------------
欢迎使用验证码识别程序-沈红卫
---------------------------
1.产生训练文件  2.训练识别模型  3.识别验证码:3
演示验证码识别的效果
你要演示识别的样本数量：500
正确: 6941    识别: 6947
```

```
正确: 0968    识别: 0964
正确: 8851    识别: 8521
正确: 3527    识别: 3520
正确: 0175    识别: 0015
正确: 2005    识别: 2085
正确: 8812    识别: 8012
正确: 0308    识别: 0306
正确: 9166    识别: 9163
正确: 3157    识别: 3151
正确: 6987    识别: 0981
正确: 7455    识别: 1455
正确: 3624    识别: 5614
正确: 7286    识别: 7266
正确: 6357    识别: 6351
正确: 8588    识别: 8583
正确: 5918    识别: 5978
正确: 1032    识别: 1052
正确: 1643    识别: 7613
正确: 5109    识别: 5709
正确: 3250    识别: 4754
正确: 7971    识别: 7911
正确: 6022    识别: 6027
正确: 1576    识别: 1526
正确: 2603    识别: 0673
正确: 3934    识别: 3933
正确: 4795    识别: 4796
正确: 9374    识别: 8324
正确: 3519    识别: 3319
正确: 6525    识别: 6555
正确: 8289    识别: 8789
正确: 4291    识别: 4211
正确: 3006    识别: 3020
正确: 1737    识别: 1137
正确: 6512    识别: 6517
正确: 0188    识别: 0788
正确: 1128    识别: 1178
样本数: 500   花费时间: 8.80350375175476 s
被识别/总数= 463 / 500  准确率=92.6%
*****************************
感谢您的使用！
*****************************
```

在 data、model 文件夹下，自动保存了最近的 5 个训练点数据，由此可见 tf.train.Saver 是一个长度为 5 的、先进先出的缓存队列结构，因此只能保存最近的 5 个训练点数据文件和最近的一个检查点，如图 19-11 所示。

第 19 章　图像识别与机器学习——字符型验证码自动识别

图 19-11　自动产生的训练结果文件

在 logs 子文件夹下，自动保存最近的两个 log 文件，如图 19-12 中黑框所示。由此可见，通过一个长度为 2 的先进先出缓存队列结构自动保存最近的两个日志文件。

图 19-12　两个 log 文件

上述两个 log 文件非常有用，可借助 TensorBoard 实现可视化监视。关于 TensorBoard 的问题，此处不予讨论。

19.5　归纳与总结

19.5.1　关于 CNN 模型

1. 模型的主要参数

CNN 是用于深度学习的神经网络算法框架。

在本例中，定义了一个基于 CNN 的模型，这个模型涉及的主要参数如下。

（1）keep_prob（dropout）。keep_prob 是代表 dropout 方法的概率。所谓 dropout，是指在深度学习网络的训练过程中，按照一定的概率（keep_prob）将神经网络单元暂时从网络中丢弃。请注意，这种丢弃是暂时性的。dropout 是一种有效的正则化方法，可有效防止过拟合。keep_prob 是 CNN 中防止过拟合、提高学习效果的一个重要参数。每进行一次 dropout 操作，相当于从原始的网络中找到一个更瘦的网络，从而解决学习时间过长的问题。在本程序中，训练阶段的 keep_prob 为 0.95，当然也可取其他值，如 0.9；辨识阶段的 keep_prob 则为 1。

keep_prob 的取值范围为 0~1，该参数主要影响学习的速度。例如，如果将该值取为 0.95，那么历时 1 小时零 8 分钟，共学习 2000 次，精度即可达到 0.984375；如果将该值取为 0.90，那么历时 1 小时零 8 分钟，共学习 2150 次，精度只有 0.9814453。很显然，要达到同样的学习精度，前者的速度更快。

（2）w_alpha。它是权值的初始化系数，在程序中使用默认值 0.01。

（3）b_alpha。它是偏置的初始化系数，在程序中使用默认值 0.1。

（4）learning_rate。它代表"学习率"，在程序中默认取为 0.001，它必须从较小的数开始尝试。

通过实验，得到两个学习率下的学习结果情况对比：

如果学习率被取为 0.001，那么经 1 小时零 8 分钟、共 2150 次学习，学习精度即可达到 0.9814453；如果被取为 0.01，那么经 1 小时零 10 分钟、共 5950 次学习，此时损失率始终徘徊在 0.32 左右，而学习精度（准确率）始终徘徊在 0.10 左右。很显然，学习是失败的。

上述几个参数可基于经验和实验加以微调。它们将影响学习的速度和精度，当然，也可能导致学习无法收敛的极端情况。

2. 学习的内容

CNN 一种深度学习算法，它学习的核心内容是卷积核的参数。

在开始学习时，卷积核的参数值通常取随机值，也就是卷积核矩阵的参数是由 w_alpha * tf.random_normal()所产生的，这是它的初值，此时卷积得到的特征图显然毫无意义。通过不断输入被预测图像和给定答案，不断加以训练，不断调整卷积核的参数，在这个学习过程中得到的特征图逐渐显现有意义的特征，也就是被预测图像和给定答案越来越逼近，最终达到学习目标。

3. 模型的适应性

项目所用的 CNN 模型是否只能用于识别验证码，能不能用于解决其他识别问题？

这个模型不能直接用于解决其他识别问题。但是，如果对这个模型做一些改动和调整，那么它是可被用于解决其他识别问题的。那么，如何改动呢？主要改动的地方就是输入和输出，即预测输入和真实答案。而这些改动主要涉及模型定义和模型训练两个模块，这两个模块需要被改动的地方如下。

(1) 模型定义模块。

```
#预定义输入值（图形矩阵）、输出真实值
X = tf.placeholder(tf.float32, [None, IMAGE_HEIGHT * IMAGE_WIDTH])
#行不定，列随图形大小而定
Y = tf.placeholder(tf.float32, [None, MAX_CAPTCHA * CHAR_SET_LEN])
#行不定，列随验证码字符集和验证码个数而定
```

(2) 全连接层 2 的输出相关部分。

```
w_out=tf.Variable(w_alpha * tf.random_normal([1024, MAX_CAPTCHA * CHAR_SET_LEN]))
b_out=tf.Variable(b_alpha * tf.random_normal([MAX_CAPTCHA * CHAR_SET_LEN]))
```

(3) 模型训练模块。

```
predict = tf.reshape(output, [-1, MAX_CAPTCHA, CHAR_SET_LEN])        #重定型
label = tf.reshape(Y, [-1, MAX_CAPTCHA, CHAR_SET_LEN])
```

以幼儿认识一只苹果为例简单解读学习的过程：上述模型即幼儿，父母拿出 500 张各种各样的苹果图片，不断告诉幼儿这是苹果，最终幼儿学会了辨认苹果。

所以，上述模型其实是具有通用性的，只要更换输入（待学习的原始图）和输出（学习后的答案），即可识别不同的目标。

19.5.2 关于 TensorFlow 的一些问题

1. 不能连续加载 checkpoint

在 main.py 模块中，主测试代码如下：

```
if __name__=="__main__":
    print("-"*28)
    print("欢迎使用验证码识别程序-沈红卫")
    print("-"*28)
    if(judgepath()!=True):
        print("文件路径无法创建")
    choice=menu()
    execute(choice)

    print("*"*28)
    print("感谢您的使用！")
    print("*"*28)
```

运行后，选择选项"3.识别验证码"，识别模块自动加载 checkpoint，识别指定的样本数后，显示准确率和识别总时间。接下来，再次运行 main.py，同样选择选项"3.识别验证码"，程序正常运行。

但是，如果将上述程序改为如下形式：

```
if __name__=="__main__":
    print("-"*28)
```

```
        print("欢迎使用验证码识别程序-沈红卫")
        print("-"*28)
        if(judgepath()!=True):
            print("文件路径无法创建")
        choice=menu()
        execute(choice)
        if(judgepath()!=True):
            print("文件路径无法创建")
        choice=menu()
        execute(choice)

        print("*"*28)
        print("感谢您的使用！")
        print("*"*28)
```

运行后，第一次执行 choice=menu()时，选择选项 3，程序正常运行；第二次执行 choice=menu()时，选择选项3，程序运行出现异常。

以下是两次执行的结果：

欢迎使用验证码识别程序-沈红卫

1.产生训练文件 2.训练识别模型 3.识别验证码:3
演示验证码识别的效果
你要演示识别的样本数量：10
正确: 3326　识别: 3376
样本数: 10　花费时间: 0.23201322555541992 s
被识别/总数 = 9 / 10　准确率=90.0%
1.产生训练文件 2.训练识别模型 3.识别验证码:3
演示验证码识别的效果
你要演示识别的样本数量：10

然后出现了以下异常：

2018-07-19 17:13:25.496942: W T:\src\github\TensorFlow\TensorFlow\core\framework\op_kernel.cc:1318] OP_REQUIRES failed at save_restore_v2_ops.cc:184 : Not found: Key Variable_10 not found in checkpoint
    Traceback (most recent call last):
        File "D:\python364\lib\site-packages\TensorFlow\python\client\session.py", line 1322, in _do_call
            return fn(*args)
        File "D:\python364\lib\site-packages\TensorFlow\python\client\session.py", line 1307, in _run_fn
            options, feed_dict, fetch_list, target_list, run_metadata)
        File "D:\python364\lib\site-packages\TensorFlow\python\client\session.py", line 1409, in _call_tf_sessionrun
            run_metadata)
    TensorFlow.python.framework.errors_impl.NotFoundError: Key Variable_10 not found in checkpoint
        [[Node: save_1/RestoreV2 = RestoreV2[dtypes=[DT_FLOAT, DT_FLOAT, DT_FLOAT, DT_FLOAT, DT_FLOAT, ..., DT_FLOAT, DT_FLOAT, DT_FLOAT, DT_FLOAT, DT_FLOAT], _device="/job:localhost/replica:0/task:0/device:CPU:0"](_arg_save_1/Const_0_0, save_1/RestoreV2/tensor_names, save_1/RestoreV2/

shape_and_slices)]]

During handling of the above exception, another exception occurred:

Traceback (most recent call last):
  File "K:/python_work/myCAPTCHA/main.py", line 80, in <module>
    execute(choice)
  File "K:/python_work/myCAPTCHA/main.py", line 65, in execute
    BatchRecognitionCaptcha(total)   #预测样本可设定，默认为1000
  File "K:\python_work\myCAPTCHA\recognition.py", line 44, in BatchRecognitionCaptcha
    saver.restore(sess, tf.train.latest_checkpoint(model_path))   #从最近模型点得到模型参数
  File "D:\python364\lib\site-packages\TensorFlow\python\training\saver.py", line 1768, in restore
    six.reraise(exception_type, exception_value, exception_traceback)
  File "D:\python364\lib\site-packages\six.py", line 693, in reraise
    raise value
  File "D:\python364\lib\site-packages\TensorFlow\python\training\saver.py", line 1752, in restore
    {self.saver_def.filename_tensor_name: save_path})
  File "D:\python364\lib\site-packages\TensorFlow\python\client\session.py", line 900, in run
    run_metadata_ptr)
  File "D:\python364\lib\site-packages\TensorFlow\python\client\session.py", line 1135, in _run
    feed_dict_tensor, options, run_metadata)
  File "D:\python364\lib\site-packages\TensorFlow\python\client\session.py", line 1316, in _do_run
    run_metadata)
  File "D:\python364\lib\site-packages\TensorFlow\python\client\session.py", line 1335, in _do_call
    raise type(e)(node_def, op, message)
TensorFlow.python.framework.errors_impl.NotFoundError: Key Variable_10 not found in checkpoint
      [[Node: save_1/RestoreV2 = RestoreV2[dtypes=[DT_FLOAT, DT_FLOAT, DT_FLOAT, DT_FLOAT, DT_FLOAT, ..., DT_FLOAT, DT_FLOAT, DT_FLOAT, DT_FLOAT, DT_FLOAT], _device="/job:localhost/replica:0/task:0/device:CPU:0"](_arg_save_1/Const_0_0, save_1/RestoreV2/tensor_names, save_1/RestoreV2/shape_and_slices)]]

Caused by op 'save_1/RestoreV2', defined at:
  File "K:/python_work/myCAPTCHA/main.py", line 80, in <module>
    execute(choice)
  File "K:/python_work/myCAPTCHA/main.py", line 65, in execute
    BatchRecognitionCaptcha(total)   #预测样本可设定，默认为1000
  File "K:\python_work\myCAPTCHA\recognition.py", line 41, in BatchRecognitionCaptcha
    saver = tf.train.Saver()
  File "D:\python364\lib\site-packages\TensorFlow\python\training\saver.py", line 1284, in __init__
    self.build()
  File "D:\python364\lib\site-packages\TensorFlow\python\training\saver.py", line 1296, in build
    self._build(self._filename, build_save=True, build_restore=True)
  File "D:\python364\lib\site-packages\TensorFlow\python\training\saver.py", line 1333, in _build
    build_save=build_save, build_restore=build_restore)
  File "D:\python364\lib\site-packages\TensorFlow\python\training\saver.py", line 781, in _build_internal
    restore_sequentially, reshape)
  File "D:\python364\lib\site-packages\TensorFlow\python\training\saver.py", line 400, in _AddRestoreOps

```
                    restore_sequentially)
          File "D:\python364\lib\site-packages\TensorFlow\python\training\saver.py", line 832, in bulk_restore
                return io_ops.restore_v2(filename_tensor, names, slices, dtypes)
          File "D:\python364\lib\site-packages\TensorFlow\python\ops\gen_io_ops.py", line 1546, in restore_v2
                shape_and_slices=shape_and_slices, dtypes=dtypes, name=name)
          File   "D:\python364\lib\site-packages\TensorFlow\python\framework\op_def_library.py",   line   787,   in
_apply_op_helper
                op_def=op_def)
          File "D:\python364\lib\site-packages\TensorFlow\python\framework\ops.py", line 3414, in create_op
                op_def=op_def)
          File "D:\python364\lib\site-packages\TensorFlow\python\framework\ops.py", line 1740, in __init__
                self._traceback = self._graph._extract_stack()   # pylint: disable=protected-access

    NotFoundError (see above for traceback): Key Variable_10 not found in checkpoint
                [[Node: save_1/RestoreV2 = RestoreV2[dtypes=[DT_FLOAT, DT_FLOAT, DT_FLOAT, DT_FLOAT,
DT_FLOAT, ..., DT_FLOAT, DT_FLOAT, DT_FLOAT, DT_FLOAT, DT_FLOAT], _device="/job:localhost/
replica:0/task:0/device:CPU:0"](_arg_save_1/Const_0_0,   save_1/RestoreV2/tensor_names,   save_1/RestoreV2/
shape_and_slices)]]

    Process finished with exit code 1
```

经查阅资料，初步判断产生上述问题的原因在于 TensorFlow 不允许重复加载 checkpoint，而两次执行出现重复加载，从而导致问题出现。对此要引起注意！

2. 文件冲突的问题

必须特别提醒的一点是，在引用 TensorFlow 库开发程序时，在程序所在文件夹下不要出现 getpass.py 的同名文件，否则可能会出现意外。笔者曾遇到这个问题，为此，经历长达数天的艰苦摸索和比对查找，最终发现了问题所在。

如果程序所在文件夹下包含 getpass.py，那么在加载 TensorFlow 库时，首先执行名为 getpass.py 的程序，也就是说，TensorFlow 库引用了一个同名模块。这是一个让人十分意外的结论。

首先，新建一个文件夹，例如，在桌面上新建"jjj"文件夹，在这个文件夹中包含两个文件：getpass.py 和 TensorFlowdemo1.py。其中，在验证文件 TensorFlowdemo1.py 中引用了 TensorFlow 库。这两个文件的具体内容如下。

（1）getpass.py 文件的内容如下：

```
print("hello,world")
print("test")
```

（2）TensorFlowdemo1.py 文件的内容如下：

```
import TensorFlow as tf                          #引用 TensorFlow
# 创建两个占位 Tensor 节点
a = tf.placeholder(tf.float32)
b = tf.placeholder(tf.float32)
```

```
# 创建一个 adder 节点，对上面两个节点执行 "+" 操作
adder = a + b
# 打印三个节点
print(a)
print(b)
print(adder)
# 运行一下，后面的 dict 参数是为占位 Tensor 提供输入数据的
sess = tf.Session()
print(sess.run(adder, {a: 3, b: 4.5}))
print(sess.run(adder, {a: [1, 3], b: [2, 4]}))

add_and_triple = adder * 3.
print(sess.run(add_and_triple, {a: 3, b: 4.5}))
```

然后，在 IDLE 中运行 TensorFlowdemo1.py，奇怪的结果出现了，如下：

```
hello,world
test
Tensor("Placeholder:0", dtype=float32)
Tensor("Placeholder_1:0", dtype=float32)
Tensor("add:0", dtype=float32)
7.5
[3. 7.]
22.5
>>>
```

如果将 getpass.py 改为其他合法的文件名，如 getpppp.py，再次在 IDLE 中运行程序 TensorFlowdemo1.py，则得到了正确的结果，如下：

```
Tensor("Placeholder:0", dtype=float32)
Tensor("Placeholder_1:0", dtype=float32)
Tensor("add:0", dtype=float32)
7.5
[3. 7.]
22.5
>>>
```

上述实验结果不仅在 IDLE 环境下会出现，在 PyCharm 环境下也会出现。通过上述实验，证实了文件冲突问题的存在。

19.5.3 关于深度学习框架的问题

关于深度学习的框架之争一直没有停止过。在 PyTorch、TensorFlow、Caffe 和 Keras 中，到底哪个更强？

上述框架均为国外产品。

PaddlePaddle 是百度自主研发的深度学习平台，它覆盖了搜索、图像识别、语音语义识别与理解、情感分析、机器翻译、用户画像推荐等诸多领域，是国内极为成熟的深度学习平台。

有研究表明，PyTorch 更适合业余爱好者和小型项目，而 TensorFlow 则更适合大规模的调度，尤其是跨平台和嵌入式调度场景。

PyTorch 实际上是 NumPy 的替代，它支持 GPU，可被用于构建和训练深度神经网络。如果熟悉 NumPy、Python 和常见的深度学习概念（如卷积层、递归层、SGD 等），那么学习 PyTorch 相对更容易。

TensorFlow 可被看成一种嵌入 Python 的编程语言。如果使用 TensorFlow，那么开发者需要学习一些额外的概念，如会话、图、变量作用域和占位符等。使用 TensorFlow 的前期准备时间肯定比使用 PyTorch 的前期准备时间要长。

"深度学习"是一个值得深度学习的全新领域！

思考与实践

1．请将本例改为可自动识别 5 个字符的字符型验证码识别程序，这 5 个字符包含大写字母、小写字母和数字。

2．请总结卷积神经网络的主要流程和主要原理。

第20章

智能控制——基于串口控制的二极管花样显示

学习目标

- 了解 MicroPython。
- 理解 Python 跨平台及其在自动测控领域的应用。
- 掌握串口通信的原理和方法。
- 初步建立基于 Python 开发控制系统的概念和流程。

多媒体课件和导学微视频

本项目与前三个项目有很大的不同,最大的不同在于它涉及硬件——串口与电路板。不过不用担心,笔者将尽可能通俗易懂地阐述本项目所涉及的硬件及其原理,而且程序所涉及的硬件是比较简单的,涉及范围也不大。换言之,在进行程序设计时,不用太拘泥于每个部件的详细结构和具体原理,只要理解相关指令的参数及其意义即可。

之所以选择这个项目作为最后一个案例,一是因为它十分有趣,相信很多人会感兴趣,尤其对于从未接触过硬件的学习者更是如此;二是因为它与自动化的测量和控制直接相关,通过该例可从更大的视野展现 Python 的应用领域。套用一句广告词,那就是,对 Python 而言,"一切皆有可能"。

20.1 项目的设计目标

20.1.1 项目设计要求

设计一个发光二极管花样显示系统,采用上下位形式,其结构和功能如下。

1. 上位机

即 PC，基于 Python 开发下达显示花样指令的上位机程序，由它控制下位机发光二极管显示的花样和速度，其中花样有三种可选，速度有两档可选。

2. 下位机

即 Pyboard 开发板，基于 MicroPython 开发控制发光二极管显示板的显示控制程序，花样选择则由上位机控制，因此，它必须与上位机建立通信并接收指令。

3. 上下位机的通信

采用串行通信方式，即借助串口。

4. 发光二极管显示板

它是通过在"洞洞实验板"上自行焊接加以实现的。发光二极管显示板共有 8 个发光二极管。通过 Pyboard 开发板的 X1～X8 共 8 个 GPIO 引脚控制 8 个发光二极管。

系统组成图如图 20-1 所示。

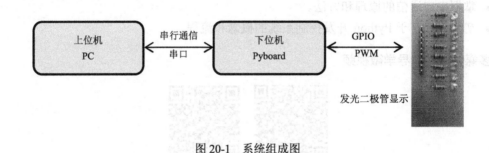

图 20-1　系统组成图

20.1.2　串口及其设置

1. 串口

串行通信接口被简称为"串口（Serial Interface）"，也即 COM 接口，它是串行通信的标准接口。串行通信一般基于标准的串口或串口规范。串行通信的数据以二进制的位为单位，一位一位地被顺序发送或接收。其特点是通信线路简单，只要一对传输线就可以实现双向通信，从而大大降低了成本。串行通信特别适用于远距离通信，但传送速度较慢。

早期的计算机均将串口作为标准接口，通常有两个串口：COM1 和 COM2。它们采用的接口标准是 RS-232C。RS-232C 接口是过去、现在和未来很长一段时间内的工业标准接口之一。遗憾的是，现在的计算机，尤其是家用计算机，往往只有 USB 接口，没有 COM 接口。那么，如何实现串口通信呢？

解决办法是购买一块 USB 转 232（TTL）转接头。它的价格很便宜，一般为 5～10 元，型号有多种，建议购买采用 CH340G 芯片的转接头，此类转接头的稳定性和兼容性更好。

在购买时，记得向店家索取与之配套的驱动程序，当然也可从网上搜索并下载驱动程序，要正确选择与操作系统的类型相一致的驱动程序。安装驱动程序后，即可使用该转接头。

USB 转 232（TTL）转接头的实物如图 20-2 所示，虽然品牌不一，但是它们的外观通常是大同小异的。

正面　　　　　　　　　　　　　　反面

图 20-2　USB 转 232（TTL）转接头的实物

安装驱动程序后，插入 USB 转 232（TTL）转接头，然后在"计算机"图标上单击鼠标右键，在弹出的快捷菜单中选择"属性"命令，会出现"设备管理器"，单击后，出现如图 20-3 中黑框所示的界面，说明已成功安装驱动程序，USB 转 232（TTL）转接头已将所在 USB 接口"转换"为 COM10 通信口，不过它的电平标准是 TTL 电平。

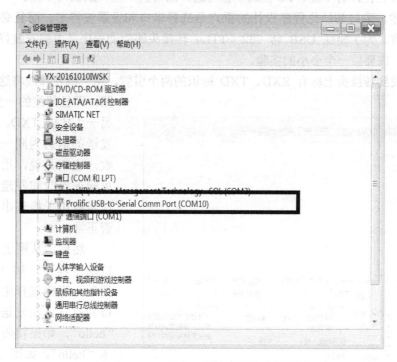

图 20-3　USB 转串口驱动安装成功的界面

转接头通常有 3 个或 5 个引脚，其中 3 个引脚是 RXD、TXD 和 GND，分别代表接收、发送和信号地。为了与 Pyboard 开发板的串口进行通信，必须通过杜邦线正确连接这三对引脚。杜邦线的实物如图 20-4 所示。

四头杜邦线　　　　　　杜邦线的头

图 20-4　杜邦线的实物

2. 串口的设置

串口通信的程序并不复杂，主要包括参数设置（串口初始化）、打开串口、发送和接收数据、关闭串口等几个步骤。

串口初始化包括：

- 选择串口，即选择串口的串口号，如 COM10。
- 选择串口的通信速度，即波特率，常用的波特率有 4800bit/s、9600bit/s、11200bit/s 等，它代表每秒发送的二进制位数。
- 设定数据位数，一般为 8 位，也有 7 位和 9 位的。默认为 8 位。
- 设定停止位，有 1 位、1.5 位或 2 位可选，通常为 1 位。默认为 1 位。

综上所述，串口初始化程序设计的重点是选择串口和设置波特率，而且必须确保通信双方严格一致。为了验证 USB 转 232（TTL）转接头的驱动程序是否被安装好，转接头是否正常可用，需要做一个小小的实验。

首先，找到转接头上标有 RXD、TXD 标识的两个引脚，用一根杜邦线将这两个引脚短路，即杜邦线的一头插接 RXD，另一头插接 TXD。这意味着，发送的信息为同一个串口所接收，也就是说，用一个串口即可验证接收和发送的情况。此法常被用于检查串口的硬件是否正常。

然后，从网上下载一个串口助手程序，如 SSCOM。运行后，正确选择生成的虚拟串口并打开；在发送区发送文本"hello"，如果接收区能看到文本"hello"，如图 20-5 所示，则说明转接头及其驱动程序已被正常安装，这为项目的后续工作奠定了良好的基础。

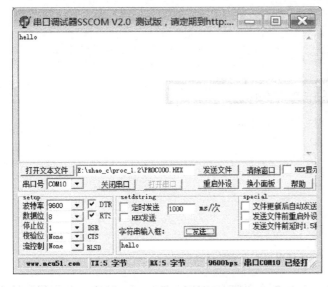

图 20-5　串口助手（SSCOM）的接收/发送示例

20.2 Pyboard 开发板及其应用

20.2.1 Pyboard 开发板

1. MicroPython

Pyboard 是一块小巧而强大的电子开发板。它通过 USB 接口与 PC 连接，提供一个 USB 闪存驱动器以保存 Python 脚本程序。它与 PC 连接用的是 Micro USB 连接线。

Pyboard 开发板内嵌一个 Python 解释器，该解释器与 PC 上的 Python 解释器基本兼容，这个解释器被称为"MicroPython"。

MicroPython 是对 Python（3.4 版本）的完整重写，进行了诸多优化与改进，以提高运行效率，降低内存资源（RAM）占用，因此，它特别适合微控制器。该解释器内置 pyb 模块，该模块包含 Pyboard 开发板上所有可用外部设备的功能和类，如 UART、I2C、SPI、ADC 和 DAC 等。

简言之，MicroPython 是在单片机上运行的 Python 语言，而 Python 是在 PC 上运行的 Python 语言，两者均为 Python 语言，在语法上完全兼容，它们的关系就如同美国英语和新加坡英语的关系。

2. Pyboard 开发板的特性

Pyboard 开发板的主要特性如下：

（1）它采用 STM32F405RG 作为微控制器，它是具有硬件浮点运算功能的 168MHz Cortex M4 CPU，内嵌 1024KiB 闪存 ROM 和 192KiB RAM。

（2）它带有用于电源和串行通信的 Micro USB 连接口。

（3）它带有 Micro SD 卡插槽，支持标准和高容量的 SD 卡。

（4）板上带 3 轴加速度计（MMA7660）。

（5）可带备用电池备份的实时时钟。

（6）在左边缘、右边缘及底侧，共有 30 个以上的 GPIO（通用输入/输出口）。

（7）3 个 12 位模拟数字转换器（ADC），16 个输入引脚，4 个模拟地。

（8）2 个 12 位数模转换器（DAC），可以引脚 X5 和 X6 作为输出。

（9）板上自带 4 个 LED，颜色分别是红色、绿色、黄色和蓝色。

（10）1 个复位和 1 个用户开关。

（11）板上自带 3.3V LDO 电压调节器，提供 300mA 工作电流，输入电压可为 3.6~10V。

（12）ROM 中的 DFU 引导加载程序被用于升级固件。

3. Pyboard 开发板的实物

Pyboard 开发板的实物如图 20-6 所示，其价格约为 60 元。

图 20-6　Pyboard 开发板的实物

Pyboard 开发板上的插针通常需要自行焊接。焊接好插针后，可通过杜邦线与 USB 转 232（TTL）转接头等外部设备连接。Pyboard 开发板提供了多个串口，如果选用串口 1，按照 Pyboard 开发板的使用手册，TXD 对应的引脚为 X9，RXD 对应的引脚为 X10，那么它与 USB 转 232（TTL）转接头的实物连接如图 20-7 所示。

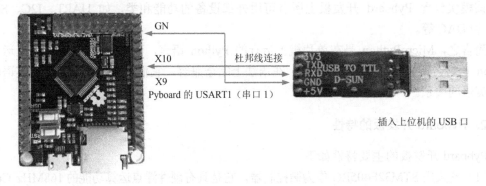

图 20-7　Pyboard 开发板与 USB 转 232（TTL）转接头的实物连接

20.2.2　Pyboard 开发板的安装

随带的手机数据线一头为 Micro USB（扁）接口，另一头为 USB 接口。将 Micro USB（扁）头插入 Pyboard 开发板，将数据线的另一头（USB）插入 PC 上的 USB 接口，此时将自动安装移动磁盘驱动和虚拟串口驱动。在一般情况下，均可安装成功。如果出现安装失败的情况，就必须手动指定驱动程序。驱动程序在产生的移动磁盘下，文件名为 pybcdc.inf，它是 Windows 下的虚拟串口驱动文件。

如何判断是否安装成功？如果出现以下两个特征，则说明 Pyboard 开发板已被顺利安装。

1. 特征一

在【设备管理器】的【端口（COM 和 LPT）】下出现一个名为 Pyboard USB Comm Port(COMx)的虚拟串口（此处是 COM9，如果换一个 USB 接口就不一定是 COM9 了），如图 20-8 所示。

图 20-8　出现虚拟串口

第20章 智能控制——基于串口控制的二极管花样显示

2. 特征二

在【计算机】下出现一个名为 PYBFLASH 的可移动存储设备,如图 20-9 所示。

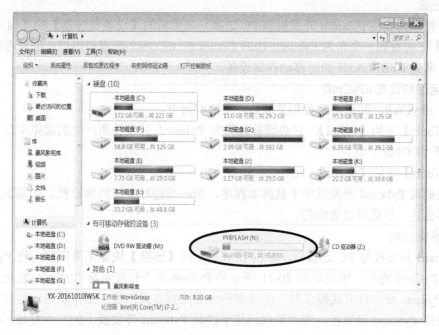

图 20-9 出现名为 PYBFLASH 的可移动存储设备

双击该设备,出现如图 20-10 所示的内容(注意,内容不尽相同)。

在 PYBFLASH 设备下,通常至少有以下 4 个默认文件。

(1) main.py:开机自动运行文件。也就是说,它是被开发的项目主文件,必须被命名为 main.py。

(2) boot.py:开机引导文件,由它加载 main.py 主程序,达到开机自动运行程序的效果。

(3) pybcdc.inf:Windows 下的虚拟串口驱动文件,以实现模拟终端方式。

(4) readme.txt:是关于 Pyboard 开发板的简要说明和 MicroPython 的帮助文档,此处不再列出它的全部内容。

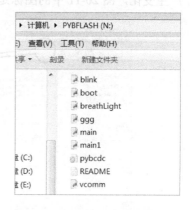

图 20-10 PYBFLASH 里的内容

20.2.3 Pyboard 开发板的控制方式

要控制、操作或应用 Pyboard 开发板,通常推荐以下两种方式。

1. 终端控制方式

将 Pyboard 开发板与 PC 连接后,通过一个支持串口功能的终端软件,如 PuTTY、KiTTY 和 Windows 下的超级终端,来实现对 Pyboard 的程序开发与调试。本章示例所用的是uPyCraft终端程序，它的使用十分简便。

以下以uPyCraft为例说明终端控制方式的具体操作过程。

1）连接

用手机数据线将Pyboard开发板和PC连接，在主机的【设备管理器】的【端口（COM和LPT）】下可看到一个名为Pyboard USB Comm Port(COM9)的虚拟串口，同时在计算机下出现一个名为PYBFLASH的可移动存储设备。

2）运行和设置uPyCraft

打开uPyCraft，并正确配置相关参数，主要有两个。

- 【Tools】下的【Serial】，它必须被选择为Pyboard开发板所产生的虚拟串口，此处选择"COM9"。
- 【Tools】下的【board】，此处必须选择"Pyboard"。

如果要向Pyboard开发板中下载脚本程序，则必须进行上述两项设置。如果不需要下载程序，那么这一步是可以省略的。

3）终端控制

Pyboard开发板与PC连接后，单击uPyCraft的【连接】快捷工具图标，将Pyboard开发板与uPyCraft连接，出现如图20-11所示的Python命令行提示符">>>"，它是大家最为熟悉的Python命令行方式提示符，由此表明终端控制方式已处于工作状态，即可通过发送指令来操作Pyboard开发板，图中的代码用于控制Pyboard开发板上的一个发光二极管闪烁显示。

声明一点：由于uPyCraft不断升级，导致【连接】快捷工具图标也随着版本的不同而产生变化，图20-11中的图标是V0.29版本中的。

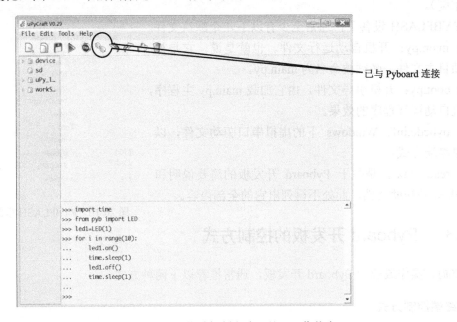

图20-11　终端控制方式已处于工作状态

经过实践发现，为了确保上述方式正常工作，如果【Tools】下的【board】选项被选择为"Pyboard",则必须将可移动存储设备"PYBFLASH"下的 main.py 文件更改为其他文件名,如 main1.py,否则 main.py 将被自动装载并运行,从而干扰上述终端方式的工作。

2. 文件控制方式

Pyboard 开发板内嵌的 MicroPython 有一个小的内置文件系统,用于管理微控制器闪存。如果想拥有更多的存储空间,则可通过将 SD 卡插入 SD 卡插槽加以实现。当将 Pyboard 开发板连接 PC 时,它被显示为移动存储设备,可像使用 U 盘一样,访问内部文件和 SD 卡。

如果将 Python 脚本程序复制到该移动存储设备中并将其命名为 main.py,那么在启动或复位 Pyboard 开发板后,该脚本程序将被自动加载并执行。此时,Pyboard 开发板可完全脱离 PC,在不连接 PC 的情况下自动运行程序。很显然,该方式可被用于自动控制。

综上所述,终端控制方式(命令行方式)不太适合编写程序,只适合交互式地执行少量语句。

在命令行方式下,要编写和调试较大的程序,显然是十分不便的。如何实现在命令行方式下运行程序文件?方法如下:

首先采用 Notepad 等编辑软件编写程序文件,然后将其复制到 Pyboard 开发板所产生的移动存储设备中,并将程序的主文件更改为 main.py。此时,按下 Pyboard 开发板上的复位键,即可自动运行该程序。

为了确保文件系统安全,在向 Pyboard 开发板所产生的移动存储设备复制文件后,必须通过安全退出的方式退出移动存储设备,如果强行插拔,则将导致 Pyboard 开发板上的文件系统遭到破坏。一旦出现此类情况,通常只能通过恢复出厂设置的方式来使文件系统恢复正常。

20.2.4 Pyboard 开发板与上位机的串口通信测试

以下演示 PC 如何实现与 Pyboard 开发板的串行通信。该测试实验非常有趣。

首先,请按图 20-12 所示连接有关设备,即 PC、USB/串口转接头和 Pyboard 开发板。

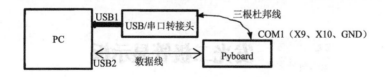

图 20-12 计算机串口与 Pyboard 的连接

此时,在 PC 上出现如图 20-13 所示的端口。此处再次强调,COMx 将随着插入的 USB 接口的不同而发生变化,即便在同一台计算机上也是如此,只不过此处为 COM9 而已。

```
▲ 🖳 端口 (COM 和 LPT)
      🖤 Intel(R) Active Management Technology - SOL (COM3)
      🖤 Prolific USB-to-Serial Comm Port (COM10)
      🖤 Pyboard USB Comm Port (COM9)
      🖤 通信端口 (COM1)
```

图 20-13 出现虚拟端口

在 PC 上安装 pyserial 串口通信模块。安装命令如下：

pip install –upgrade pyserial

然后，在 PC 上打开 IDLE 作为上位机程序，同时在 PC 上打开一个终端程序作为下位机程序，此处采用 uPyCraft。在下位机终端方式下执行发送代码，在上位机终端方式下执行接收代码，可看到发送的信息被成功接收。

上述演示所用的上位机程序、下位机程序和通信结果如图 20-14 所示。

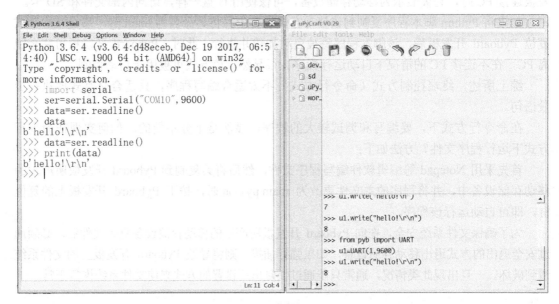

图 20-14　上下位机通信演示

此处必须加以提醒的是，在使用 MicroPython 初始化串口时，UART()函数的第一个参数用于指定 Pyboard 开发板的串口，只能使用 1、2、3、4、5 等序号来表示串口号；而上位机上 serial 模块的 Serial()方法则有所不同，它必须使用"COM1""COM9"等字符串来表示所用串口。

20.3　发光二极管显示板

之所以选择发光二极管作为本项目的控制对象，原因有两个：一是必须考虑学习者实现的简便性；二是可达到项目的目的。而本项目最大的目的是让学习者理解 Python 的无限应用。也就是说，Python 也可被应用于基于硬件的测量与控制系统。

由于在网上很难买到符合设计要求的发光二极管显示板，因此，只能另辟蹊径，自己动手做。当然，大可不必紧张，自己动手焊制这个板子并不难。该板子的原理图如图 20-15 所示，从图中可知，所需元器件和材料十分常见。板子涉及的材料主要有如下几种。

1. 发光二极管

发光二极管共有 8 个，颜色可根据喜好自选，大小规格无特别要求，例如，可选用直径为 3mm 的发光二极管。建议选用高亮或超高亮的发光二极管。

2. 电阻

电阻共有 8 个，阻值均为 1kΩ，它们是用于限流的电阻，建议使用功率为 1/8W 的电阻，对电阻的精度则无特别要求。

3. 洞洞板

建议使用一块大小为 5cm×5cm 的单面洞洞板。另外，还需要使用适量的导线，用作焊接时引脚之间的连线。

单面洞洞板的实物如图 20-16 所示。

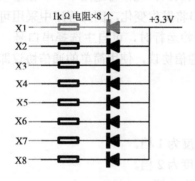

图 20-15 发光二极管显示板原理图

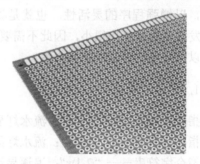

图 20-16 单面洞洞板的实物

项目中发光二极管显示板所需的主要元器件有单面洞洞板、8 个 1kΩ 电阻、8 个发光二极管、9 脚 2.54mm 插针。

本项目实施中唯一有点挑战性的是焊接的基本功。

焊接后的实物如图 20-17 所示。

实物正面

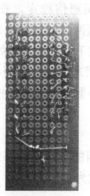

实物反面

图 20-17 焊接后的实物

20.4 项目的算法及其分析

本项目由上位机程序和下位机程序两部分组成。

20.4.1 上位机程序的算法

上位机程序主要包括串行通信、简易菜单、发送和接收数据的处理 3 个主要模块。这里着重讨论串行通信部分,因为其他两部分相对简单,所以不予讨论。

串行通信部分主要包括串口的选择与初始化、发送与接收数据。

根据 USB 转 232(TTL)转接板插入 PC 生成的具体端口号选用串口。由于 USB 转 232(TTL)转接板插入不同的 USB 接口生成的端口将发生变化,因此程序中采用可选端口方式,以增强程序的灵活性。也就是说,程序在开始运行时,可自主选择串口号。由于接收和发送的数据量均很小,因此不需要采用复杂的通信协议,使用简单的通信协议即可。

以下是通信协议的主要内容。

1. 上位机发送

指令字符串——"1-1\r":流水灯显示方式,速度为 1 档。
指令字符串——"1-2\r":流水灯显示方式,速度为 2 档。
指令字符串——"2-1\r":追逐显示方式,速度为 1 档。
指令字符串——"2-2\r":追逐显示方式,速度为 2 档。
指令字符串——"3-\r":呼吸灯显示方式。
指令字符串——"4-\r":退出程序。

2. 下位机接收

为了确保上下位机通信稳定,在通信协议中加入握手处理的内容:下位机不断发送"OK\r",并扫描接收缓冲区,如果串口接收缓冲区非空(接收了数据),则从缓冲区中读取数据;上位机不断接收下位机信息,如果收到的信息为"OK",则表示双方握手成功,上位机处于等待发送指令状态。此后,根据用户选择,上位机将发送指令字符串,下位机接收并判断指令字符串的类型,分别进行相应的处理,以控制发光二极管显示的花样。

3. 串口设置

串行通信双方所用的串口参数必须严格一致。串口参数设定:波特率为 9600bit/s,数据位数为 8 位,停止位为 1 位。

4. 上位机的接收与发送

借助 serial 模块的读写方法可实现上位机的接收与发送功能,例如,readline()方法可直接用于接收,write()方法可直接用于发送,十分简便,所以不再详细讨论具体算法。

20.4.2 下位机程序的算法

由于下位机程序并不复杂，所以此处只阐述主函数的算法。主函数的流程图如图 20-18 所示。

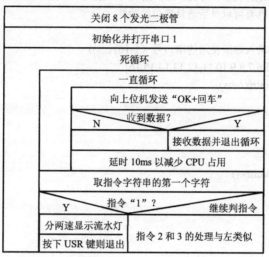

图 20-18　下位机主函数的流程图

在程序中，使用了 Pyboard 开发板上的用户键（USR 键）。在 Pyboard 开发板的使用手册中，对该键的使用做了说明，它的使用方法如下：

```
sw = pyb.Switch()
```

上述 Switch()方法的功能是：判断 USR 键是否被按下。如果被按下，则返回值为 True；否则返回值为 False。该函数相当于其他语言中的按键捕捉函数，如 C 语言中的 kbhit()函数。

20.5　项目的程序

20.5.1　上位机程序

上位机程序只有一个文件，所以直接基于 IDLE 环境加以开发。该文件的具体内容如下：

```
'''
上位机演示程序
采用简易菜单
功能：流水灯、追逐灯、呼吸灯和退出程序
要求：在切换菜单前，下位机程序要先切换，方法是按 USR 键退出当前功能
沈红卫
绍兴文理学院　机械与电气工程学院
2018 年 8 月 7 日
'''
```

```python
import serial                          #引用串口模块，使用前需要先安装
from time import sleep                 #引用标准模块 time

# 选择串口函数
# 因为使用 USB 转串口接头插入不同的 USB 接口所产生的串口是不一样的
# 所以，在程序中必须具有可以灵活选择串口的功能
def SelComm():
    comx=int(input("请输入你所使用的串口号（1-16）："))
    if comx in [1,2,3,4,5,6,7,8,9,10,11,12,13,14,15,16]:
        return "COM"+str(comx)

# 接收数据函数
def recv(serial):
    while True:
        data = serial.readline()
        if data == '':
            continue
        else:
            break
        sleep(0.02)
    return data

if __name__ == '__main__':

    COMx=SelComm()
    ser = serial.Serial(COMx,9600,timeout=0.5)   #带超时打开串口，否则容易不正常
    # print(COMx)                                #调试用
    if ser.isOpen():                             #判断串口是否被打开
        print("{}串口被打开！".format(COMx))
    else:
        print("{}串口无法打开".format(COMx))

    # 主程序
    while True:
        flag=False                               #是否退出标志
        while True:                              #循环等待下位机发送准备好信息："OK"

            data =ser.readline()                 #读取下位机信息
            #print(len(data),data)               #调试用
            if len(data)>=2:                     #如果数据大于 2 字节
                break                            #则结束等待下位机信息

        if chr(data[0])=='O'and chr(data[1])=='K':    #判断下位机是否准备就绪

            cmd=[]
            print("请选择功能：")
```

```python
            sel=input("1-流水灯  2-追逐灯  3-呼吸灯  4.退出: ")
            sel=sel.strip(" ")              #去除字符串前后空格
            cmd.append(ord(sel))            #字符转换为 HEX 码
            cmd.append(ord("-"))
            if sel in ['1','2']:
                spd=input("选择速度：1 或 2: ")      #流水灯速度
                spd=spd.strip(" ")
                cmd.append(ord(spd))
                cmd.append(0x0a)
            elif sel=="3":
                cmd=[ord("3"),ord("-"),0x0a]
            else:
                cmd=[ord("4"),ord("-"),0x0a]
                flag=True

            cmd=bytes(cmd)                  #将字符串转换为二进制字符串
            ser.write(cmd)                  #发送给下位机
            if flag:                        #如果是退出选项，则退出循环
                break

    ser.close()                             #关闭串口，否则会导致下次无法打开串口
    print("\n")
    print("-"*36)
    print("感谢使用本程序  沈红卫")
    print("\n")
    print("-"*36)
```

运行上位机程序，呈现如图 20-19 所示的界面。

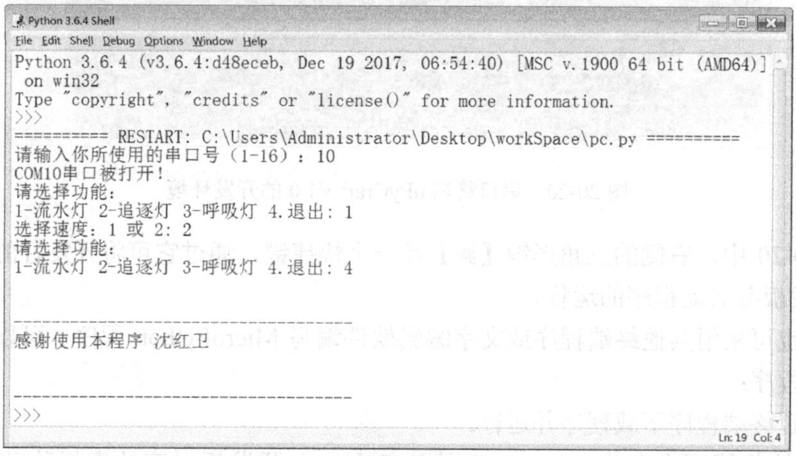

图 20-19　上位机程序运行效果图

从实际运行效果中可知，上位机采用的是简易菜单，它共有 4 个选项，分别通过输入 1、2、3、4 表示选择对应的选项，选择 4 则退出程序。

20.5.2 下位机程序

1. 串口终端 uPyCraft V1.0 及其使用

下位机程序是运行在 Pyboard 开发板上的，它由 MicroPython 解释器负责解释并执行。而 MicroPython 语言与 Python 语言完全兼容。

程序的开发环境是终端程序，本章采用的是 uPyCraft V1.0 终端程序。需要引起注意的是，该终端程序被运行后将执行自动更新，因此它的版本不断升级，所以要关注不同版本之间的差异。在设置好 Pyboard 开发板对应的虚拟串口后，便可进入开发状态。

串口终端 uPyCraft V1.0 的开发环境如图 20-20 所示。由图可知，该终端程序具有良好的程序编辑能力，有利于 Pyboard 程序的开发。

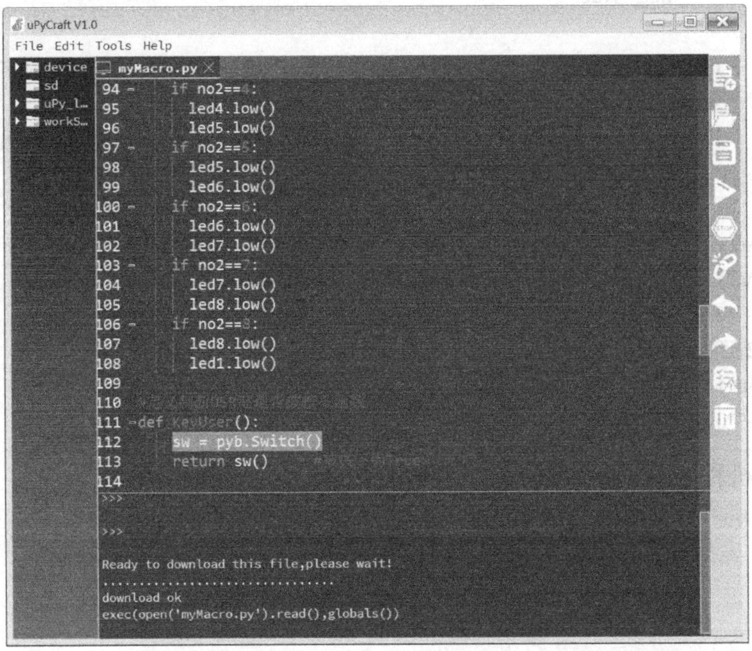

图 20-20　串口终端 uPyCraft V1.0 的开发环境

在图 20-20 中，右侧的三角形键【▶】是一个快捷键，通过它可将开发好的程序下载至 Pyboard 开发板并启动程序的运行。

当然，也可采用其他终端程序或文字编辑软件编写 MicroPython 程序。可以通过以下两种方式运行程序：

（1）通过终端程序下载程序并运行。

（2）直接将程序命名为 main.py，写入 Pyboard 开发板对应的虚拟移动盘，然后按 Pyboard 开发板上的复位键即可自动启动程序。

2. 下位机程序的完整内容

下位机程序的完整内容如下：

```python
#---------------------------------------
#Python 在嵌入式系统中的应用演示程序
#功能:8 个发光二极管的花样显示
#基于 Pyboard 开发板
#沈红卫 绍兴文理学院
#2018 年 8 月 4 日
#---------------------------------------

#外部模块引用
from pyb import Pin          #引用 GPIO 模块

from pyb import Timer        #引用定时器模块
import pyb                   #引用整个 pyb 模块
from pyb import UART         #引用串口模块

#全局变量定义
no1=0       #用于流水灯灯号选择
no2=0       #用于追逐灯灯号选择

#定义 8 个灯对应的控制引脚函数
led1=Pin('X1', Pin.OUT_PP)
led2=Pin('X2', Pin.OUT_PP)
led3=Pin('X3', Pin.OUT_PP)
led4=Pin('X4', Pin.OUT_PP)
led5=Pin('X5', Pin.OUT_PP)
led6=Pin('X6', Pin.OUT_PP)
led7=Pin('X7', Pin.OUT_PP)
led8=Pin('X8', Pin.OUT_PP)

#定义关闭 8 个灯的函数
def OffAllLed():
    led1.high()        #高电平为关闭
    led2.high()
    led3.high()
    led4.high()
    led5.high()
    led6.high()
    led7.high()
    led8.high()

#定义呼吸灯函数
def BreathLed1():
    p = Pin('X1')     #X1 对应的是 TIM2 的通道 CH1
    tim = Timer(2, freq=10000)    #选用定时器 2,频率为 10000Hz
    ch = tim.channel(1, Timer.PWM, pin=p)    #通道 1 为 PWM 输出
    while True:
        for i in range(255):
```

```
            ch.pulse_width_percent(255-i) #脉冲宽度变化，使得 LED 的电流发生变化
            pyb.delay(20)
        for i in range(255):
            ch.pulse_width_percent(i)
            pyb.delay(20)
        if KeyUser():          #判断 USR 键是否被按下
            break              #如果被按下，则退出循环

#定义流水灯函数
def StepbyStep():
    global no1
    no1=(no1+1)%9              #得到当前显示的灯号
    OffAllLed()                #默认全部关闭
    if no1==1:
        led1.low()             #点亮相应的灯
    if no1==2:
        led2.low()
    if no1==3:
        led3.low()
    if no1==4:
        led4.low()
    if no1==5:
        led5.low()
    if no1==6:
        led6.low()
    if no1==7:
        led7.low()
    if no1==8:
        led8.low()


#定义追逐灯函数
def Pursue():
    global no2
    no2=(no2+1)%9
    OffAllLed()
    if no2==1:
        led1.low()
        led2.low()
    if no2==2:
        led2.low()
        led3.low()
    if no2==3:
        led3.low()
        led4.low()
    if no2==4:
        led4.low()
```

```python
            led5.low()
        if no2==5:
            led5.low()
            led6.low()
        if no2==6:
            led6.low()
            led7.low()
        if no2==7:
            led7.low()
            led8.low()
        if no2==8:
            led8.low()
            led1.low()

#定义判断USR键是否被按下的函数
def KeyUser():
    sw = pyb.Switch()
    return sw()                    #被按下则返回True




#定义主函数
def main():
    u1 = UART(1, 9600)             #初始化串口
    while True:
        while True:                #循环等待上位机发送的信息
            u1.write(b"OK\r\n")    #向上位机发送就绪信息
            if u1.any()!=0:        #收到信息则读取
                rec=u1.readline()  #读取一行信息
                break              #退出循环，转入执行
            pyb.delay(10)

        sel=chr(rec[0])            #接收的二进制字符串中第0字节为命令
        if sel=='1':               #命令1：流水灯
            spd=chr(rec[2])        #第2字节为速度：1和2
            if spd=='1':
                tm=100             #延时时间，调节速度
            else:
                tm=200
            while True:
                StepbyStep()
                pyb.delay(tm)
                if KeyUser():
                    OffAllLed()
                    Break
        if sel=='2':               #命令2：追逐灯
            spd=chr(rec[2])
```

```
            if spd=='1':
                tm=100
            else:
                tm=200
            while True:
                Pursue()
                pyb.delay(tm)
                if KeyUser():
                    OffAllLed()
                    break
        if sel=='3':                #命令 3：LED1 呼吸灯演示
            BreathLed1()            #由于呼吸灯周期较长，所以按键时间也要长一点，才能被捕捉到


#执行主函数
if __name__=="__main__":
    main()
```

下位机程序包含呼吸灯的实现代码。所谓"呼吸灯"，就是通过模拟心跳或呼吸的节奏使发光二极管的亮度发生动态变化的一种显示方式。呼吸灯所使用的核心技术是发光二极管亮度的动态调节。

实现发光二极管亮度调节的方式是 PWM（脉宽调制），通过将占空比可变的脉冲信号施加于发光二极管两端，改变占空比可改变脉冲的宽度，而脉冲宽度的变化将导致发光二极管两端电压平均值随之变化，从而改变流过发光二极管的电流大小，达到改变发光二极管亮度的目的。Pyboard 开发板上部分定时器的输出通道往往具有 PWM 输出功能，因此在 Pyboard 开发板上实现 PWM 控制是十分简便的。

为了实现 PWM 输出，使用定时器 2 的 PWM 输出通道 1（CH1），涉及的主要代码如下：

```
p = Pin('X1')                                   #X1 对应的是 TIM2 的通道 CH1
tim = Timer(2, freq=10000)                      #选用定时器 2，设置频率为 10000Hz
ch = tim.channel(1, Timer.PWM, pin=p)           #通道 1 为 PWM 输出方式，引脚为 X1
```

20.6 实际运行效果及其分析

20.6.1 样机及其运行演示

样机实物如图 20-21 所示。
在实验过程中，要特别注意以下几点。

1. 引脚不要弄错

Pyboard 开发板上串口 1（USART1）的发送和接收引脚是固定的，不能搞错。

2. 正确选用串口

由于 USB 转串口（TTL）转接头插入不同的 USB 接口所产生的虚拟串口是不一样的，因此，首先要掌握获取串口号的方法。在此基础上，再正确选用串口。

3. 有效电平为低电平

发光二极管显示板的插针共有 9 个引脚，其中 8 个引脚对应 8 个发光二极管，另一个引脚连接 Pyboard 开发板的 3.3V 电源引脚。因为发光二极管采用共阳极方式，因此是低电平有效（0）。换言之，当对应的发光二极管的控制引脚为低电平时，该发光二极管被点亮；反之，被熄灭。

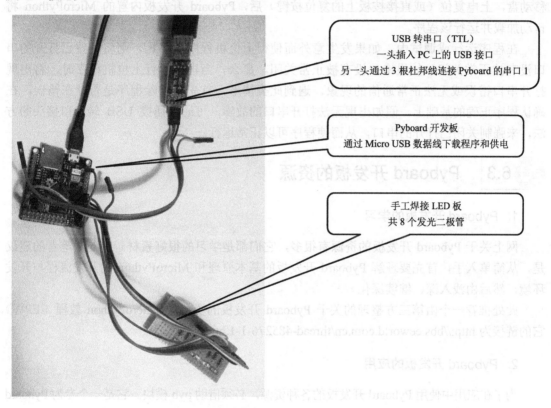

图 20-21 样机实物

20.6.2 程序运行要点

由于程序中已设计简易的握手协议，因此对上位机和下位机的开机顺序无特别要求。在模仿该项目时，唯一要注意的是，上位机在切换显示花样前，下位机程序必须终止当前正在运行的花样程序。实现切换的方法是：按 Pyboard 开发板上的 USR 键，尤其是在呼吸灯显示时，需要长按 USR 键，才能确保结束呼吸灯显示方式，可再次接收来自上位机的花样显示指令。具体原因请参阅程序代码。

上位机的菜单项"4"用于退出上位机程序，但不能控制下位机的退出。此时，上位机程序如果再次被运行，那么可继续控制下位机的显示花样。

本项目只演示 Pyboard 开发板的 GPIO 的应用。实际上，Pyboard 开发板具有丰富的资源，可实现复杂的自动化测量和控制。例如，控制一个两足舞蹈机器人、控制一个简易写字机器人等。

为了开发更多、更复杂的控制系统，请务必认真阅读和理解 Pyboard 开发板的官方手册 *MicroPython Documentation*，里面有详细而有趣的讨论和举例，有助于用户设计更富创意的自动化测量与控制系统。

下位机程序被调试完成后，可将它更名为 main.py，复制到 Pyboard 开发板生成的虚拟移动盘，上电复位（或直接按板上的复位按键）后，Pyboard 开发板内置的 MicroPython 将自动加载并运行该程序。

在程序运行或调试中，如果发生意外而使得上位机程序被终止，则将导致已打开的串口没有被正常关闭。如果串口没有被正常关闭，那么，当再次运行上位机程序时，将出现打开串口错误或无法正常通信的现象。遇到此类情形，首先要排除程序是否存在错误，在确认程序正确的基础上，假如出现无法打开串口的故障，可通过插拔 USB 转串口接头的方法，来强制关闭已打开的串口，从而使程序可以正常运行。

20.6.3　Pyboard 开发板的资源

1. Pyboard 开发板的学习

网上关于 Pyboard 开发板的资源有很多，它们都是学习的很好素材。对此，笔者的建议是，从简单入手，首先要理解 Pyboard 开发板的基本原理和 MicroPython 的开发流程与开发环境，然后由浅入深、继续深化。

此处推荐一个由第三方整理的关于 Pyboard 开发板的资料：《MicroPython 教程_EEPW》，它的链接为 http://bbs.eeworld.com.cn/thread-485276-1-1.html。

2. Pyboard 开发板的应用

为了在应用中使用 Pyboard 开发板的各种资源，必须借助 pyb 模块。它是一个专为 Pyboard 开发板定制的模块，被运行于 MicroPython 解释器环境。

在使用前首先要引入 pyb 模块。引入 pyb 模块的方式有以下两种。

第一种引入方式的形式如下：

from pyb import UART	#引用 pyb 中的 UART 串口模块
from pyb import Pin	#引用 pyb 中的 GPIO 模块
from pyb import Timer	#引用 pyb 中的 Timer 定时器模块

第二种引入方式的形式如下：

import pyb	#引用 pyb 模块

在引入 pyb 模块的基础上，即可使用它的所有模块。

第20章 智能控制——基于串口控制的二极管花样显示

以下列举部分功能部件的函数及其应用。
（1）延时。

```
pyb.delay(50)                # 延时 50ms
pyb.millis()                 # 获取从启动开始计时的毫秒数
```

（2）板载 LED 的控制。

```
from pyb import LED          #引用 LED 模块

led = LED(1)                 #参数 1 对应板上的红色 LED
led.toggle()                 #使 LED 状态翻转
led.on()                     #使 LED 点亮
led.off()                    #使 LED 熄灭
```

（3）GPIO 的操作。

```
from pyb import Pin          #引用 GPIO 模块

p_out = Pin('X7', Pin.OUT_PP)          #设置 p_out 为输出引脚
p_out.high()                           #设置 p_out 引脚为高电平
p_out.low()                            #设置 p_out 引脚为低电平

p_in = Pin('Y7',Pin.IN,Pin.PULL_UP)    #设置 p_in 为输入引脚，采用上拉模式
value = p_in.value()                   #读入 p_in 引脚的值
```

（4）定时器的应用。

```
from pyb import Timer        #引用 Timer 定时器模块

tim = Timer(4, freq=1000)                      #采用定时器 Timer4，初始频率为 1000Hz
tim.counter()                                  #读取当前计数值
tim.freq(1)                                    #设置频率为 1Hz
tim.callback(lambda t: pyb.LED(1).toggle())    #通过回调函数使红色 LED 秒闪
```

（5）PWM 的应用。

```
p = Pin('X1')                              #X1 对应的是 TIM2 的通道 CH1
tim = Timer(2, freq=10000)                 #选用定时器 2，频率为 10000Hz
ch = tim.channel(1, Timer.PWM, pin=p)      #通道 1 为 PWM 输出
ch.pulse_width_percent(60)                 #设置占空比以改变脉宽，从而改变亮度
```

（6）UART 串行通信。

```
from pyb import UART         #引用 UART 模块

uart = UART(3, 9600)         #设置 UART 3 的波特率为 9600bit/s
uart.write('hello')          #发送字符串 "hello"
uart.read(5)                 #从串口接收 5 字节
```

20.7 归纳与总结

1. 关于 Python 应用于自动控制

因为本项目涉及硬件,所以可能使无硬件基础的学习者感到恐惧。但是,很多事情往往是想想很难,其实做起来并没有那么难。所以,信心是完成本项目的重要保证。

本项目涉及的知识和技能有:发光二极管的工作原理;如何通过单片机的一个 I/O 引脚控制发光二极管的点亮与熄灭;需要有一定的焊接能力。如果你具有这样的基础和能力,那么完全可在模拟学习的基础上改造和优化本项目。

引用本项目主要是为了向学习者传递两点:Python 语言可应用于多种软/硬件平台,包括单片机系统;Python 语言的应用十分广泛。未来社会是智能社会,生活和生产都将越来越智能化,Python 在智能化进程中将发挥强大的影响力和生命力。

2. MicroPython 程序开发平台

MicroPython 与 Python 语言具有很好的兼容性。

开发 MicroPython 程序的常用平台是超级终端。超级终端种类较多、功能不一。笔者倾向于使用 uPyCraft V1.0 超级终端开发 MicroPython 程序,因为它具有一定的调试能力。例如,快捷工具"✓"用于对源代码进行语法检查,借助该工具,可方便地发现程序中的语法问题。虽然大多数终端程序均具有代码编辑功能,但不具备语法检查和纠错的能力,如果程序中有语法错误存在,则不可能像 IDLE、PyCharm 等开发平台那样自动报告语法错误。从这个意义上说,终端程序 uPyCraft 的语法检查功能显得尤为重要。

思考与实践

1. 请参照此例,自行焊接一个包含 16 个发光二极管的板子,以实现 16 个发光二极管的更多花样显示。

2. 利用 Pyboard 开发板实现自己的创意,例如,利用外接一个热敏电阻作为温度传感器,实现一个上下位结构的温度显示系统。下位机 Pyboard 负责采集温度,通过串口发送至上位机 PC,PC 上的上位机程序负责图形化显示温度。上下位机程序均采用 Python 语言开发。

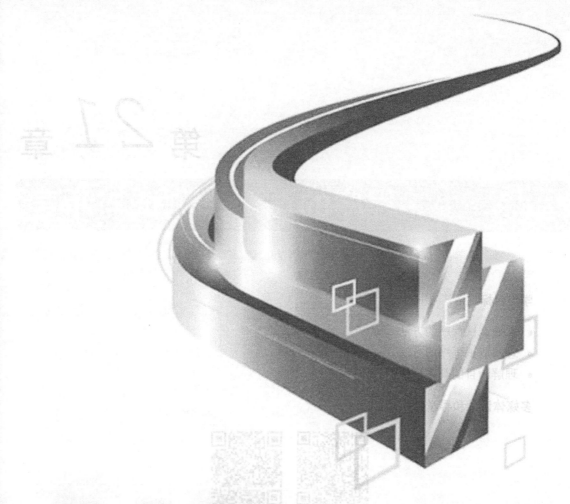

第 4 篇

继续前进

第 21 章

程序的调试、测试与断言

学习目标

- 掌握调试程序的方法。
- 理解测试程序的方法。
- 理解断言的基本应用。

多媒体课件和导学微视频

21.1 程序的调试与测试

在内涵上，程序调试与测试有部分重叠，但是在概念上和各自的目标上，程序调试和测试均有不同。程序调试主要用于查找和发现程序中的错误，尤其是功能性错误，因为语法性错误较易被发现，而且程序中如果存在语法性错误，那么它也无法被运行；而测试则主要用于判断程序在功能上是否完备，其重点在于判断程序是否存在对部分数据不适用的问题。

21.1.1 程序调试的方法

1. 信息输出法

在前面的很多举例中，常出现"#print()调试用"等类似语句，它是一种用于调试的语句，可在可能存在问题或需要求证的语句（块）后，通过 print() 及时显示相关变量内容的方式加以确认，是一种非常简便而且有效的调试方法。

为了避免程序中出现较多的 print() 语句，可采取从前到后逐步加入的方式，一段一段地对程序中可能存在问题的语句块进行调试。也就是说，要调试某段程序，就在该程序段后加入 print() 语句，显示执行该段程序后的相关变量值，通过对比分析，确定该程序段是否存在错误和设计问题。

在完成调试后，应删除所有用于调试的 print()语句，以免干扰程序的正常运行。

举例 1：

```
import serial
ser = serial.Serial("COM1",9600,timeout=0.5)    #带超时打开串口，否则容易不正常
while True:
while True:                                      #循环等待下位机发送准备好信息："OK"
data =ser.readline()                             #读取下位机信息
    print(len(data),data)
```

在上述程序段中，使用了 print()语句作为调试手段，以判断能不能接收串口的数据。如果能接收到数据，则继续判断具体信息；如果不能接收到数据，即打印显示数据长度为 0，则说明无法接收串口的数据，需要进一步确定串口的初始化和连接是否有问题，或者发送方的程序是否有问题。

2. 断言法

在学习和开发 Python 程序的过程中，善于使用断言语句是一个非常好的习惯。因为在调试一个尚未完善的程序时，往往无法确定程序错在哪里，此时借助断言语句可很容易地确定出错点。

1）什么是断言

从本质上说，Python 的断言（assert）就是检测某个条件的真假性，如果条件为真，就直接跳过；反之，它将抛出一个带可选错误信息的异常（AssertionError）。

通俗地说，assert 的中文解释为"断言"，用于断定某个程序执行后将出现设定的结果，如果不是，则抛出一个异常。

2）断言的语法

断言的语法形式如下：

```
assert expression [, arguments]
assert 表达式 [, 参数]
```

上述语句的功能是断定表达式 expression 为真（True），如果为假（False），则打印输出 arguments 的内容。虽然参数 arguments 为可选项，但是它常被使用，因为在断言表达式后添加提示信息，更加有利于程序的调试。

3）断言的举例

举例 2：

```
>>> lists=[1,2,3]
>>> assert len(lists)>=5,"小于 5"
Traceback (most recent call last):
  File "<pyshell#1>", line 1, in <module>
    assert len(lists)>=5,"小于 5"
AssertionError: 小于 5
>>>
```

上述断言语句的含义是，lists 列表的长度应大于或等于 5，否则将抛出一个类型为 AssertionError 的异常"AssertionError: 小于 5"。其中，"小于 5"为断言表达式后的参数。由此可见，该参数有助于更清晰地表达错误信息。

当然，如果在程序中过多地使用断言语句，则将破坏程序的优雅性。因此，在一般情况下，应尽量少用断言语句。

3. 日志法

1）什么是日志

在现实生活中，记录日志非常重要。例如，在转账时，银行将有转账记录；在飞机飞行过程中，黑盒子将记录飞行过程中的重要信息。日志的意义在于事后追溯，一旦出现问题，可通过日志追溯过程来查找出现问题的原因。对于系统开发、调试和运行维护，记录日志同样十分重要。如果没有记录日志，那么在出现程序崩溃的情况时，将很难确定产生问题的原因所在。例如，对一个服务器应用程序而言，记录日志是非常必要的。因为如果没有记录日志，则当服务器崩溃后，几乎无法确定发生故障的原因。日志不仅对服务器很重要，对桌面应用也是如此。例如，当客户的应用程序崩溃时，可通过客户提供的日志文件找到问题所在。

2）如何记录日志

要实现记录日志的功能并不难，只要借助 Python 的标准日志模块（logging）即可。它是一个内置模块，使用简便、灵活。

举例 3：

```
'''
日志模块的使用演示
借鉴了网络上的一份资料
沈红卫
绍兴文理学院 机械与电气工程学院
2018 年 8 月 11 日
'''
import logging                                      #引用日志模块
logging.basicConfig(level=logging.INFO)             #日志等级设置
logger = logging.getLogger(__name__)                #得到程序文件名
handler = logging.FileHandler('hello.log')          #将日志同步写入文件 hello.log
handler.setLevel(logging.INFO)                      #写入日志的信息等级
#日志文件的记录格式
formatter = logging.Formatter('%(asctime)s - %(name)s - %(levelname)s - %(message)s')
handler.setFormatter(formatter)                     #设置日志文件格式
logger.addHandler(handler)                          #其后的信息会自动被写入日志文件
logger.info('Start reading database')               #INFO
# 读取数据
records = {'john': 55, 'tom': 66}
logger.debug('Records: %s', records)                #DEBUG
logger.info('Updating records ...')                 #INFO
# 此处可更新数据
```

```
logger.info('Finish updating records')          #INFO
```

运行上述程序后，得到的结果如下：

```
INFO:__main__:Start reading database
INFO:__main__:Updating records ...
INFO:__main__:Finish updating records
```

而同时被写入日志文件 hello.log 的内容如下：

```
2018-08-11 15:19:41,789 - __main__ - INFO - Start reading database
2018-08-11 15:19:41,802 - __main__ - INFO - Updating records ...
2018-08-11 15:19:41,809 - __main__ - INFO - Finish updating records
```

通过对比可知，两者是一致的。

有 5 个日志级别可供选择，级别从高到低依次是 DEBUG、INFO、WARNING、ERROR 和 CRITICAL。很显然，级别越低，被记录的日志信息越详细。

通过赋予 logger 或 handler 不同的级别，以实现记录特定日志信息的目的。前者用于将信息输出显示；后者则用于将信息写入日志文件。

将举例 3 中 logger 的日志级别改成 DEBUG，即做如下修改：

```
logging.basicConfig(level=logging.DEBUG)
```

再次运行程序，得到的结果如下：

```
INFO:__main__:Start reading database
DEBUG:__main__:Records: {'john': 55, 'tom': 66}
INFO:__main__:Updating records ...
INFO:__main__:Finish updating records
```

而此时，由于 handler 的日志等级仍为 INFO，因此日志文件中的日志信息如下：

```
2018-08-11 15:21:18,134 - __main__ - INFO - Start reading database
2018-08-11 15:21:18,153 - __main__ - INFO - Updating records ...
2018-08-11 15:21:18,159 - __main__ - INFO - Finish updating records
```

举例程序中涉及输出调试信息的代码如下：

```
records = {'john': 55, 'tom': 66}
logger.debug('Records: %s', records)            #DEBUG
```

从上面两个运行结果中可知，当将 logger 的日志等级改为 DEBUG 后，调试记录被显式输出，即 DEBUG:__main__:Records: {'john': 55, 'tom': 66}。但是，由于 handler 的日志等级仍为 INFO，所以调试信息未被写入日志文件。

3）以合适的等级输出日志记录

借助日志模块，可按合适的等级将日志记录输出至显示器或文件。

如何正确选用日志等级？

在一般情况下，不需要日志中出现太多的细节，而在调试程序时，则希望日志的信息越详细越好。所以，一般只在调试过程中才会使用 DEBUG 等级，因为使用 DEBUG 等级可获取详细的调试信息。在处理请求或服务器状态变化等日常事务中，通常使用 INFO 等级。当发生很重要的事件，但并不是错误时，应该使用 WARNING 等级。例如，当用户登录密码错误时，或者连接速度变慢时。当有错误发生时，则必须使用 ERROR 等级。例如，抛出异常、I/O 操作失败、连接出现问题等。

总而言之，要根据具体的应用场景选用不同的日志等级。

4）日志的深入使用

记录日志对程序调试十分有益。Python 使用 logging 模块记录日志主要涉及 4 个类。

- Logger：提供应用程序可直接使用的接口。
- Handler：将（Logger 创建的）日志记录发送至合适的目的地，如写入文件。
- Filter：提供过滤日志信息的方法。
- Formatter：通过格式化字符串的形式决定日志记录的最终输出格式。常用的格式化字符串如下：
    - %(name)s：Logger 名。
    - %(levelno)s：数字形式的日志级别。
    - %(levelname)s：文本形式的日志级别。
    - %(pathname)s：调用日志输出函数模块的完整路径名。
    - %(filename)s：调用日志输出函数模块的文件名。
    - %(module)s：调用日志输出函数的模块名。
    - %(funcName)s：调用日志输出函数的函数名。
    - %(lineno)d：调用日志输出函数的语句所在代码行的行号。
    - %(created)f：当前时间，以浮点数形式表示。
    - %(asctime)s：字符串形式的当前时间，默认格式是"2003-07-08 16:49:45,896"，逗号后面是毫秒数。
    - %(thread)d：线程 ID，可能没有。
    - %(threadName)s：线程名，可能没有。
    - %(process)d：进程 ID，可能没有。
    - %(message)s：用户输出的消息。

21.1.2 使用 Python 内置单步调试器（Pdb）调试程序

1. Pdb 的基本命令

启动 Python 内置的调试器（Pdb），让程序以单步方式运行，可随时查看运行状态。内置调试器（Pdb）的命令主要有以下 4 个：

- 输入命令"l"以查看代码。
- 输入命令"n"可单步执行代码。
- 输入命令"p 变量名"以查看变量。
- 输入命令"q"结束调试（退出程序）。

举例 4：Pdb 调试命令的使用。

被调试的程序文件如下：

```
#判断输入的年份是否是闰年
while True:
    year=int(input("请输入年份： "))
    if year%4==0 and year%100!=0 or year%400==0:
        print("%d 是闰年！"%year)
    else:
        print("%d 不是闰年！"%year)
    answer=input("继续吗(Y/N)? ")
    if answer in ['y',"Y"]:          #故意留了一个错误
        break
```

为了进入调试状态，必须以参数"-m"的方式执行 Python 命令，具体命令如图 21-1 所示。在上述命令中，-m pdb 代表启动 Pdb，"判闰年调试用.py"为被调试程序。

进入调试状态后，可使用 l、n、p、q 命令进行单步调试，从单步运行结果与预期值的比对中可发现程序的错误所在。

通过命令"l"查看程序代码，结果如图 21-2 所示。

图 21-1　进入 Pdb 的命令 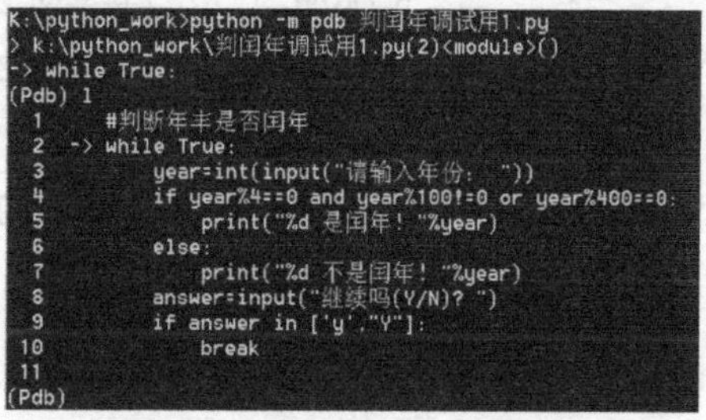　　　　　图 21-2　通过命令"l"查看程序代码

通过命令"n"单步运行程序，结果如图 21-3 所示。注意，箭头（->）所指语句为待执行语句。

在图 21-3 中，if 语句为即将被执行的语句。此时，可通过命令"p"查看相应的变量，如图 21-4 所示。

图 21-3　通过命令"n"单步运行程序 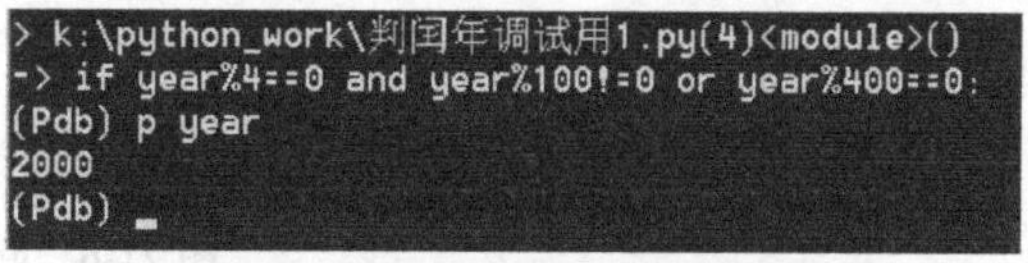　　　图 21-4　通过命令"p"查看变量

由图 21-4 可知，变量 year 的值为 2000，与输入完全一致，说明输入年份的语句没有错误。如果变量 year 的值不是 2000，则可以断定输入年份的语句存在错误。

继续单步运行程序，箭头下移，指向下一条语句。

命令"q"用于结束调试（退出程序），如图 21-5 所示。

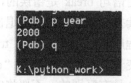

图 21-5　通过命令"q"结束调试

2. 断点

以上讨论的是 Pdb 的命令行方式，其实 Pdb 也具有断点调试能力，可通过在代码中设置断点的方式，从而使调试更加快捷、高效。

具体方法为：在被调试程序中使用 import pdb 语句引用 pdb 模块，在被怀疑的语句或语句块后插入 pdb.set_trace()语句，即可设置一个断点。根据需要可设置多个断点。

举例 5：断点调试演示。

```
import pdb

#判断输入的年份是否是闰年
while True:
    year=int(input("请输入年份： "))
    if year%4==0 and year%100!=0 or year%400==0:
        print("%d 是闰年！"%year)
    else:
        print("%d 不是闰年！"%year)
    answer=input("继续吗(Y/N)? ")
    if answer in ['y',"Y"]:        #故意留了一个错误
        pdb.set_trace()            #运行到这里会自动暂停（断点1）
        break
```

在 IDLE 中全速运行上述程序，输入年份 2000，然后输入回答"y"，得到的结果如图 21-6 所示，程序自动进入断点（注：断点后的下一条语句是 break，即箭头所指的语句）。

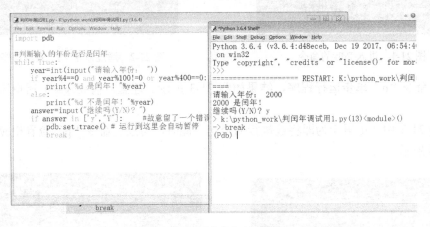

图 21-6 断点执行的示例

此时，在输入单步命令"c"后，程序将执行 break 语句退出循环，如图 21-7 所示。由此说明语句 break 是错误的，应该改为 continue，只有这样，才能实现在回答"y"或"Y"后继续执行程序，而不是退出循环，结束程序。

程序将自动在 pdb.set_trace()语句后暂停并进入 Pdb 调试环境，此时可使用命令"p"来查看变量，或者使用命令"c"来继续单步运行程序。注意，此方式下的单步命令与前述单步命令是有区别的，不要将它们混淆。

借助 Pdb 可对程序进行调试，但是调试的效率较低，不适合调试大型程序。

```
请输入年份： 2000
2000 是闰年!
继续吗(Y/N)? y
> k:\python_work\判闰年调试用1.py(13)<module>()
-> break
(Pdb) c
>>>
```

图 21-7　断点下的单步命令 c

21.1.3　利用 IDE 集成开发环境调试程序

目前比较流行的 Python 集成开发平台（IDE）主要是 PyCharm 等。基于集成开发环境调试程序具有得天独厚的优势，不过，也有人认为基于 logging 模块的日志才是终极武器。笔者的观点是各有千秋。关于 PyCharm 和 IDLE 环境下的程序调试方法，在前面的章节中已有详细讨论，此处不再赘述。

21.2　程序测试的方法

21.2.1　为什么要对程序进行测试

在开发自定义类或自定义功能函数时必须进行测试，通过测试，可确定在各种输入情况下能否正常工作，从而得到正确结果。

Python 的内置模块 unittest 提供了代码测试工具。

测试的目的在于，核实一系列输入均得到预期的输出，通过测试可发现代码中存在的问题，以便改进和优化代码。

为什么要对程序进行测试？

简言之，就是程序的某个模块被写好后，为了测试其在各种情形下是否均能正常工作，必须通过输入有关数据，测试输出结果，通过分析、比较这些结果与预期结果的吻合度来确定该模块是否正确可行。

测试的方法通常有两种。

1．人工测试

人工测试是通过运行被测试模块，输入有一定代表性的数据，观察得到的结果，模块的工作状况必须依靠调试者的经验进行判断。

2．自动测试

自动测试是通过编写一个测试程序（测试代码），让测试程序自动将测试数据输入被测试模块，然后将模块的输出结果与预期结果进行逐一比对，从而判断该模块的正确性。

很显然，人工测试效率低，一般适用于数据量较小的应用场景；自动测试效率高、覆盖面广、可靠性高，对于数据量大的应用场景尤为适合。

21.2.2 通过 unittest 实现一般测试

Python 内置一个测试模块 unittest，可方便地设计测试程序。

为了设计测试程序，首先要导入 unittest 模块和被测试的模块（函数），然后创建一个继承父类 unittest.TestCase 的测试子类，并为该类设计一系列方法，以便对被测试模块（函数）行为的不同方面进行测试。要引起注意的是，所有测试方法名必须以"test_"为前导。

举例 6：利用 unittest 模块实现自动测试。

首先，准备若干待测的方法，这些待测的方法被保存为文件 mytestfunc.py。该文件的具体内容如下：

```python
# 待测的方法
# 共 2 个
# 判断某个数是否是素数
# 沈红卫
# 绍兴文理学院 机械与电气工程学院
# 2018 年 8 月 12 日
def isprime(dat):
    '''判断某个数是否是素数模块'''    #便于测试代码输出时更准确
    for i in range(dat):              #1 不是素数，但是该模块把 1 当成素数
        if i in [0,1]:
            continue
        elif dat%i==0:
            return False
    return True


# 判断某个数是否是完数
def isperfect(dat):
    '''判断某个数是否是完数模块'''    #便于测试代码输出时更准确
    sum=0
    for i in range(dat):
        if i!=0 and dat%i==0:
            sum=sum+i                 #求因子的和（除本身外）
    if sum==dat:                      #如果相等则为完数
        return True
    else:
        return False  简单示例
```

然后，为上述两个方法编写一个测试程序，并将其保存为文件 mytest.py。该文件的具体内容如下：

```python
# 测试代码
# 用于对 mytestfunc.py 中的两个方法进行自动测试
# 沈红卫
```

```python
# 绍兴文理学院 机械与电气工程学院
# 2018年8月12日

import unittest                          #引用 unittest 模块
from mytestfunc import *                 #引用 mytestfunc 模块中的所有方法，以便对其进行测试

# 定义测试类
class TestMathFunc(unittest.TestCase):
    """Test mytestfunc.py"""

    # 测试方法1——测试判断素数函数
    def test_isprime(self):
        """Test method isprime(a)"""
        self.assertEqual(False,isprime(1))          #用1测试
        self.assertNotEqual(False,isprime(12))      #用12测试，12不是素数
        self.assertNotEqual(True,sprime(17))        #用17测试

    # 测试方法2——测试判断完数函数
    def test_isperfect(self):
        """Test method isperfect(a)"""
        self.assertEqual(False, isperfect(12))
        self.assertEqual(True, isperfect(6))
        self.assertEqual(True, isperfect(496))

if __name__ == '__main__':
    unittest.main()                      #执行测试
```

综上所述，为测试待测试的两个方法，在测试程序中定义了两个测试方法，分别对应一个待测试方法。提请注意的是，mytestfunc.py 和 mytest.py 文件应在同一个文件夹下。

在 IDLE 中运行测试程序 mytest.py，得到的结果如下：

```
.F
======================================================================
FAIL: test_isprime (__main__.TestMathFunc)
Test method isprime(a)
----------------------------------------------------------------------
Traceback (most recent call last):
  File "K:/python_work/mytest.py", line 17, in test_isprime
    self.assertEqual(False,isprime(1))          #用1测试
AssertionError: False != True

----------------------------------------------------------------------
Ran 2 tests in 0.012s

FAILED (failures=1)
>>>
```

从结果中可知，本次测试共运行两个测试（分别对应两个待测试方法），其中一个测试的结果为失败，并且给出失败原因，即 False!= True。也就是说，待测试方法 isprime()存在问题。问题被发现了：

```
    self.assertEqual(False,isprime(1))        #用 1 测试
AssertionError: False != True
```

上述信息说明，isprime(1)的返回值是 True，从而导致 assertEqual(False,isprime(1))触发异常，因为 False!=True。因此，可以断定被测试的判断素数函数 isprime()存在逻辑错误，将不是素数的 1 视为素数。

由上述举例可知，测试报告包含每个测试的详细执行情况、待测试函数名和有关描述。在定义每个测试方法时，加注类似于示例代码中的"""Test method isprime(a)"""注释字符串，将使测试报告更便于阅读，也有利于更精确地定位问题。

以下对测试结果做 6 点说明。

1．测试结果

测试报告的第一行给出每个待测试方法被执行测试的结果，通过测试的以"."来表示，未通过测试的则以"F"来表示，如果测试中出现错误，则以"E"来表示，对不执行测试的则以"S"来表示。

2．测试顺序

从举例所示的测试报告中可知，对待测试函数（方法）进行测试的顺序与它在程序中本身的顺序并无关系。在举例的被测试文件中共有两个待测试方法，方法 isprime()虽被写在第一的位置，但却是第二个被执行测试的。

3．测试方式的命名

每个测试方法均必须以"test_"开头，否则无法被 unittest 模块识别。

4．参数 verbosity 的作用

在 unittest.main()方法中，允许带入参数 verbosity 以控制测试报告的详细程度，它的值默认为 1。如果设为 0，则不输出测试结论，即测试报告中将不出现第一行的内容".F"；如果设为 2，则输出更为详细的执行结果。

5．执行测试

执行测试是通过 unittest.main()方法实现的。

6．测试中常用的断言方法

常用的断言方法如下。
（1）断言真假。
断言假：

self.assertFalse(表达式, "表达式为 True 时打印的 message")

断言真：

self.assertTrue(表达式, "表达式为 False 时打印的 message")

（2）断言是否相等。
断言相等：

self.assertEqual(表达式 1,表达式 2,"表达式 1 不等于表达式 2 时打印的 message")

例如：

self.assertEqual(3,x, "x 不等于 3")

断言不等：

self.assertNotEqual(表达式 1,表达式 2,"表达式 1 等于表达式 2 时打印的 message")

（3）断言是否存在。
断言不存在：

self.assertIsNone(表达式, "如果表达式存在则打印的 message")

断言存在：

self.assertIsNotNone(表达式, "如果表达式不存在则打印的 message")

为了便于演示，现将上述测试文件进行适当修改：设置 main()函数的参数。
修改后的测试文件如下：

```
# 测试代码
# 用于对 mytestfunc.py 中的两个方法进行自动测试
# 沈红卫
# 绍兴文理学院 机械与电气工程学院
# 2018 年 8 月 12 日

import unittest                    #引用 unittest 模块
from mytestfunc import *           #引用 mytestfunc 模块中的所有方法，以便对其进行测试

# 定义测试类
class TestMathFunc(unittest.TestCase):
    """Test mytestfunc.py"""

    def test_isprime(self):
        """Test method isprime(a)"""
        self.assertEqual(False,isprime(1))      #用 1 测试
        self.assertNotEqual(False,isprime(12))  #用 12 测试
        self.assertNotEqual(True,sprime(17))    #用 17 测试

    def test_isperfect(self):
        """Test method isperfect(a)"""
```

```
        self.assertEqual(False, isperfect(12))
        self.assertEqual(True, isperfect(6))
        self.assertEqual(True, isperfect(496))

if __name__ == '__main__':
    unittest.main(verbosity=2)                    #执行测试,参数的值为 2
```

在 IDLE 中运行上述测试程序,得到的结果如下:

```
test_isperfect (__main__.TestMathFunc)
Test method isperfect(a) ... ok
test_isprime (__main__.TestMathFunc)
Test method isprime(a) ... FAIL

======================================================================
FAIL: test_isprime (__main__.TestMathFunc)
Test method isprime(a)
----------------------------------------------------------------------
Traceback (most recent call last):
  File "K:/python_work/mytest.py", line 17, in test_isprime
    self.assertEqual(False,isprime(1))            #用 1 测试
AssertionError: False != True

----------------------------------------------------------------------
Ran 2 tests in 0.054s

FAILED (failures=1)
>>>
```

上述程序只演示了参数 verbosity=2 的情况。如果将参数 verbosity 的值设置为 0,则其结果如何?请读者自行尝试吧!

以上举例初步表明,自动测试具有巨大的威力。

21.2.3 使用 TestSuite 进行测试

1. TestSuite 的基本使用

上一节中的代码演示了如何编写一个简单的测试程序和如何进行测试,由此引出两个问题。

问题一:如何控制待测试函数(方法)被执行测试的顺序?因为在很多时候,执行方法 1 和方法 2 是有顺序关系的,也就是需要先执行方法 1,再执行方法 2。

问题二:上例中只有一个待测试文件,因此可直接运行。如果有多个待测试文件,那么如何组织这些待测试文件,以便测试程序可以自动逐一测试待测试文件?

上述两个问题的答案全在 TestSuite 类中。在 unittest 模块中有一个 TestSuite 类,通过该类可以解决上述两个问题。

举例 7:TestSuite 类的使用。

在文件夹中再新建一个测试程序文件——mytestsuit.py，该文件的具体内容如下：

```python
# 基于 TestSuite 的测试代码
# 用于对 mytestfunc.py 中的两个方法进行自动测试
# 沈红卫
# 绍兴文理学院 机械与电气工程学院
# 2018 年 8 月 12 日

import unittest                                  #引用 unittest 模块
from mytest import TestMathFunc as TM            #引用 TestMathFunc

if __name__ == '__main__':
    mysuite = unittest.TestSuite()               #创建 TestSuite 类对象 mysuite

    tests = [TM("test_isprime"),TM("test_isperfect")]   #规定测试的先后顺序
    mysuite.addTests(tests)                      #加入测试序列

    runner = unittest.TextTestRunner(verbosity=2)  #参数的值为 2
    runner.run(mysuite)                          #运行 mysuite
```

在 IDLE 中运行上述程序，得到的结果如下：

```
test_isprime (mytest.TestMathFunc)
Test method isprime(a) ... FAIL
test_isperfect (mytest.TestMathFunc)
Test method isperfect(a) ... ok

======================================================================
FAIL: test_isprime (mytest.TestMathFunc)
Test method isprime(a)
----------------------------------------------------------------------
Traceback (most recent call last):
  File "K:/python_work\mytest.py", line 17, in test_isprime
    self.assertEqual(False,isprime(1))        #用 1 测试
AssertionError: False != True

----------------------------------------------------------------------
Ran 2 tests in 0.017s

FAILED (failures=1)
>>>
```

从运行结果中可以清晰地看到，它的执行情况与预期完全一致：按照设定的顺序执行两个测试：tests = [TM("test_isprime"),TM("test_isperfect")]。在该测试程序中，使用 TestSuite 类的 addTests()方法将多个测试方法按一定的顺序直接传入 TestCase 列表，从而规定测试时待测试函数（方法）被执行测试的顺序。

上述讨论解决了第一个问题，那么该如何解决多个待测试文件的测试问题呢？关键在

于定义测试序列。

在 TestSuite 类中要实现测试，主要涉及 4 个方面。

(1) 创建类对象。

```
mysuite = unittest.TestSuite()          #创建 TestSuite 类对象 mysuite
```

(2) 定义测试序列。

```
tests = [TM("test_isprime"),TM("test_isperfect")]    #规定测试的先后顺序
mysuite.addTests(tests)                              #加入测试序列
```

上述代码适用于只有单个待测试文件的情形。如果有多个待测试文件，那么只需将待测试函数列表改为如下：

```
tests = [TM1("test_isprime"),TM1("test_isperfect"),TM2("test_func")]
```

其中，TM1 和 TM2 是两个待测试文件的别名。

(3) 创建执行对象。

```
runner = unittest.TextTestRunner(verbosity=2)    #参数的值为 2
```

(4) 执行测试。

```
runner.run(mysuite)                              #运行 mysuite
```

2. 将测试结果输出至文件

以上测试代码的运行结果只被输出至控制台，该方式有一个明显的弊端，即无法查看以前的测试记录。但是，不少场合希望保留测试结果，以便事后仔细推敲和检查。那么，该如何解决这一问题呢？关键在于将测试结果同时输出至文件。

如何将测试结果以文件形式加以保存？

举例 8：将测试结果保存至文件。

在文件夹下新建文件——mytestsuite2.py，该文件的具体内容如下：

```python
# 将测试结果同时写入文件
import unittest
from mytest import TestMathFunc as TM

if __name__ == '__main__':
    mysuite = unittest.TestSuite()              #创建类对象
mysuite.addTests(unittest.TestLoader().loadTestsFromTestCase(TM))
#自动按待测试文件中函数定义的顺序将待测试函数写入测试序列

    with open('testreport.txt', 'a') as f:      #创建文件并写入，以拼接方式打开
        runner = unittest.TextTestRunner(stream=f, verbosity=2)    #写入文件
        runner.run(mysuite)                     #执行测试
```

运行上述程序，发现在同一目录下生成一个名为 testreport.txt 的文件，则所有的测试结果将在输出至控制台的同时被写入该文件。testreport.txt 是一个文本式的测试报告。

在上述程序中，测试序列是通过以下方法自动生成的：

mysuite.addTests(unittest.TestLoader().loadTestsFromTestCase(TM)) #测试序列

这与上一个举例程序通过列表确定测试序列有所不同，请注意两者的区别，掌握它们的使用方法。

写入文件是通过将 stream 参数的值设置为刚被打开的文件句柄 f 来实现的：

runner = unittest.TextTestRunner(stream=f, verbosity=2) #写入文件

3. 测试环境的准备与清理

一般而言，以上测试举例程序可满足多数情况下的测试需求。如果要满足以下需求，就必须另辟蹊径了，如执行测试前需要连接数据库，测试执行完成后需要还原数据、断开与数据库的连接。

解决办法是，在每个待测试方法中都添加准备环境、清理环境的代码。但是，此法显得过于烦琐。如果能在每次执行测试前自动准备环境，在每次执行测试后自动清理和恢复环境，那该多好！解决办法是利用 test fixture 类。其中最重要的是两个方法——setUp()和tearDown()。前者用于测试环境的准备；后者用于测试环境的恢复和清理。这两个方法在每个测试方法执行前和执行后各被执行一次。

在文件夹下新建一个测试文件——mytest2.py，具体内容如下。

举例 9：setUp()和 tearDown()方法。

```
# 带环境准备和恢复的测试代码
# 用于对 mytestfunc.py 中的两个方法进行自动测试
# 沈红卫
# 绍兴文理学院 机械与电气工程学院
# 2018 年 8 月 12 日

import unittest                    #引用 unittest 模块
from mytestfunc import *           #引用 mytestfunc 模块中的所有方法，以便对其进行测试

# 定义测试类
class TestMathFunc(unittest.TestCase):
    """Test mytestfunc.py"""

    def setUp(self):
        print("\n 每个测试前都会被执行->")       #根据具体程序定义该函数，此处仅用于演示

    def tearDown(self):
        print("\n 每个测试后都会被执行<-")       #根据具体程序定义该函数，此处仅用于演示

    def test_isprime(self):
        """Test method isprime(a)"""
        self.assertEqual(False,isprime(1))      #用 1 测试
        self.assertNotEqual(False,isprime(12))  #用 12 测试
```

```
            self.assertNotEqual(True,sprime(17))        #用 17 测试

    def test_isperfect(self):
        """Test method isperfect(a)"""
        self.assertEqual(False, isperfect(12))
        self.assertEqual(True, isperfect(6))
        self.assertEqual(True, isperfect(496))

if __name__ == '__main__':
    unittest.main(verbosity=2)                          #执行测试
```

在 IDLE 中运行上述测试程序后，得到的结果如下：

```
test_isperfect (__main__.TestMathFunc)
Test method isperfect(a) ...
每次测试前都会被执行->

每次测试后都会被执行<-
ok
test_isprime (__main__.TestMathFunc)
Test method isprime(a) ...
每次测试前都会被执行->

每次测试后都会被执行<-
FAIL

======================================================================
FAIL: test_isprime (__main__.TestMathFunc)
Test method isprime(a)
----------------------------------------------------------------------
Traceback (most recent call last):
  File "K:/python_work/mytest2.py", line 23, in test_isprime
    self.assertEqual(False,isprime(1))              #用 1 测试
AssertionError: False != True

----------------------------------------------------------------------
Ran 2 tests in 0.051s

FAILED (failures=1)
>>>
```

　　从运行结果可知，setUp()和 tearDown()方法在每次对某个待测试函数（方法）执行测试前后各被执行一次。

　　但是，如果只希望在执行所有测试前统一准备环境、在执行所有测试后统一清理环境，那又该如何解决？此时必须使用另外两个方法：setUpClass()和 tearDownClass()。至于这两个方法的具体用法，请读者自行参阅相关资料。

21.3 归纳与总结

1. 关于测试

单元测试可以有效地测试某个程序模块的行为,是未来重构代码的信心保证。单元测试的测试用例(测试方法)必须覆盖常用的输入组合、边界条件和异常。

单元测试代码必须尽量简短。如果测试代码太复杂,那么测试代码本身包含 Bug 的可能性就会大大增加。

通过单元测试并不意味着被测试程序就不存在问题了。但如果无法通过测试,则说明被测试程序肯定存在问题。

2. 关于调试

只要是人设计的程序,从理论上来说,都有可能存在错误。既然存在错误是绝对的,那么必须通过调试加以解决。学会调试是学好计算机语言最重要的能力,所以一定要重视调试的练习与掌握。幸运的是,诸如 PyCharm 等集成开发环境(IDE)均具有良好的调试(DEBUG)工具,极大方便了开发者的调试。

3. 关于断言

断言实际上是用于捕获用户所定义的约束的,而不是用于捕获程序本身的错误的。

因此,在程序开发中不要滥用断言,这是使用断言最基本的原则。断言应该被用在正常逻辑不可到达的地方或在正常情况下总是为真的场合。如果是通过异常即可处理的情况,就不要使用断言进行处理,如数组越界、类型不匹配、除数为 0 之类的错误,不建议使用断言进行处理。

也不要使用断言检查用户的输入。例如,对于一个数字类型,根据用户的设计要求,该值的范围应该是 2~10,如何确保输入的正确性和容错性呢?较好的做法是使用条件判断,并在不符合条件时输出错误信息。

在调用函数后,如果需要确认返回值是否合理,则可以使用断言进行处理。

思考与实践

1. 自行编写一个程序,利用上述各种调试方法进行调试练习。
2. 自行编写一个程序,利用上述各种测试方法对程序中的函数进行测试练习。

第 22 章 Python 程序的打包与发布

学习目标

- 理解为什么要将程序打包。
- 掌握打包程序的方法。

多媒体课件和导学微视频

22.1 为什么要将程序打包

Python 是一种脚本语言。Python 程序由 Python 解释器逐条解释并执行。与 C、C++ 语言不同的是,Python 不是编译型语言,而是一种解释型语言。也正因为如此,导致 Python 程序的运行速度较慢。这被认为是它的缺陷之一。

一个实际项目往往包含若干个模块,而且往往又涉及多个外部模块,如果不进行打包处理,那么在向用户发布程序时将是十分不利的。

为了理解将程序进行打包处理的目的和意义,首先讨论 Python 程序的发布方式。Python 程序的发布方式通常有以下 3 种。

1. .py 文件

对于开源项目或源代码不涉及核心知识产权的项目,在完成项目的开发后,通常直接向用户提交项目源代码(一个或多个.py 文件)。在此情况下,用户需自行安装 Python 和程序所依赖的所有外部模块(库),建立与开发环境相匹配的程序运行环境,只有这样,才可以在 IDLE 中或在命令行方式下运行项目程序。

进入命令行方式后,首先更改当前路径,将项目所在的文件夹(路径)作为当前路径,然后通过如下命令运行项目程序:

```
python 代码主文件.py
```

图 22-1 演示了在命令行方式下运行项目程序的方法，其中代码文件（程序文件）必须是项目的主文件。

由图 22-1 可知，上述命令中所用的代码文件名必须是完整的，即必须包含文件名和文件类型".py"，否则是无法被运行的。这一点务必加以注意！

图 22-1 在命令行方式下运行.py 程序的方法

2. .pyc 文件

有些时候，出于机密或保护知识产权的考虑，大多数开发者不希望公开源代码。在此情形下，可将项目的所有源代码转为.pyc 文件，然后以.pyc 文件的形式提交给用户。.pyc 文件是经 Python 解释器编译后生成的字节码文件，允许跨平台，但它不是可执行文件。因此，为了正常运行项目程序，用户必须在本地机上安装相应版本的 Python 软件和项目所涉及的所有外部模块。

.pyc 文件的特点：因为文件相对较小，所以运行速度有所提高；因为不是源码而是二进制码，所以具有一定的保密性。

3. .exe 可执行文件

不管是出于保密需要，还是出于方便用户使用需要，将源代码文件打包为一个.exe 可执行文件是最简便和安全的发布方式。

以.exe 可执行文件形式将项目程序提交给用户，用户无须关心 Python 软件和各种外部模块的安装问题，只需按照程序的要求正确操作即可。它的优点是安全性较高，安装和使用更方便。它唯一的缺点是不能跨平台，也就是说，在某平台下生成的.exe 可执行文件，不能被运行于另一个平台上，为此需要重新打包。例如，在 Windows 平台下生成的.exe 可执行文件就不能被运行在 Linux 平台上。

22.2 如何将程序打包

综上所述，一个项目被打包的主要形式有两种，分别是.pyc 文件和.exe 可执行文件。所以，本节重点讨论如何将项目程序打包为上述两种形式。

22.2.1 打包成.pyc 文件

.pyc 文件是.py 源代码文件经"编译"后生成的字节码文件，是 Python 支持的一种文件格式。.pyc 文件最终必须经 Python 解释器解释才能被运行。所以，.pyc 文件可以跨平台部署，与 Java 中的.class 文件非常相似。当然，一旦.py 文件被改变，则必须重新生成.pyc 文件。

那么，如何生成.pyc 文件呢？

1. 自动生成

既然是自动生成,那么什么时候会自动生成.pyc 文件呢?

Python 可自动将被项目中某个模块引用的模块文件(代码文件)转换为.pyc 文件。换言之,只有被 import 语句引用的文件才会被自动转换为.pyc 文件。Python 解释器认为,只有被 import 引用的模块才需要被重用。也就是说,当多次运行程序时,不需要对被引用的模块进行重新解释,以此来提高加载和运行模块的速度。

很显然,由于主文件一般不会被其他模块所引用,所以主文件不会被自动转换为.pyc 文件。

举例 1:自动生成.pyc 文件。

在 K:\ddd 文件夹下存有两个.py 文件:demo1.py 和 demo2.py。这两个文件的编码格式均为 UTF-8,因为 Python 默认的编码格式为 UTF-8。

文件 demo1.py 的内容如下:

```
print("演示而已")
print("*"*20)
print("会不会自动生成.pyc 文件")
```

文件 demo2.py 的内容如下:

```
import demo1
```

首先,在命令行下运行 demo1.py,结果如图 22-2 所示。

此时,K:\ddd 文件夹下的文件依然只有两个,即两个源代码文件,如图 22-3 所示。

图 22-2　在命令行下运行 demo1.py 的结果　　　　图 22-3　K:\ddd 文件夹下的文件

然后,在命令行下运行 demo2.py,结果如图 22-4 所示。

此时,K:\ddd 文件夹下的文件显然不是只有两个源代码文件了,如图 22-5 所示。

图 22-4　在命令行下运行 demo2.py 的结果　　　　图 22-5　K:\ddd 文件夹下的内容发生变化

很明显,文件夹 K:\ddd 下多了一个文件夹_pycache_,是被 Python 自动创建的。打开该文件夹,看到的内容如图 22-6 所示。

此时,demo1.py 源代码文件被自动生成 demo1.cpython-36.pyc 文件,也就是自动生成了 demo1.py 的.pyc 文件。它是按以下规律被自动命名的：源代码文件名.cpython-36.pyc。它被保存在专用文件夹_pycache_下。

图 22-6　_pycache_文件夹的内容

2. 手动生成

由上面的讨论可知，要自动生成.pyc 文件是有前提的。那么，如果要手动提前生成.pyc 文件，该通过何种途径？以下分单个文件和批量文件两种情形加以讨论。

1）生成单个.pyc 文件

方法 1：对于单个.py 文件，可执行以下命令生成.pyc 文件。

```
python -m demo1.py
```

带参数-m 运行 python 命令后，将命令中的源代码文件 demo1.py 转换为.pyc 文件，在源代码文件所在文件夹下自动创建一个专用文件夹_pycache_，并在该文件夹下增加一个.pyc 文件 demo1.cpython-36.pyc。由此可见，此法与自动生成的效果完全一致。

方法 2：通过代码来生成.pyc 文件。

该方法必须使用 Python 内置的标准模块 py_compile。它的作用就是将.py 文件"编译"为.pyc 文件。

py_compile 模块的用法如下。

首先，将以下两行代码写入脚本文件，如 compyc.py。该文件必须以 UTF-8 为编码格式，被存储在与源代码文件相同的文件夹下。

```
import py_compile
py_compile.compile( r'k:\ddd\demo1.py')
```

该文件只有两行代码：第一行是引用模块语句；第二行是通过调用 compile(r'k:\ddd\demo1.py')方法指定待编译的源代码文件。此处待编译的源代码文件为 K:\ddd\demo1.py。

然后，在命令行下运行 compyc.py，如图 22-7 所示。采用此法，同样可将 demo1.py 文件转换为.pyc 文件。

图 22-7　在命令行下运行 compyc.py

2）批量生成.pyc 文件

如果要将一个目录下所有的.py 文件批量"编译"并生成.pyc 文件，那么又该如何操作？办法总比困难多！那可借助 Python 提供的一个内置模块：compileall。

compileall 模块的用法与 py_compile 模块的用法十分相似，通常采用一个代码文件。该文件的内容也只有两行，具体如下：

```
import compileall
compileall.compile_dir(r'/path')
```

其中，compile_dir(r'/path')中的"/path"为需要整体被编译的.py 源代码文件所在的文件夹。注意，由于路径中已用正斜杠字符"/"，所以字符串前的"r"可省略。如果用的是反斜杠字符"\"，那么"r"通常是必需的。

例如，将上述内容改写为以下内容并保存为 comall.py 文件。

```
import compileall
compileall.compile_dir(r'k:/ddd')
```

在命令行下运行 comall.py，可以看到文件夹 K:\ddd 下的所有.py 源代码文件均被自动转换为.pyc 文件，如图 22-8 所示。

当然，函数 compile_dir()的用法和功能不仅如上述那么简单，它有多种用法和功能。请读者自行参阅相关资料，进一步理解和掌握它。

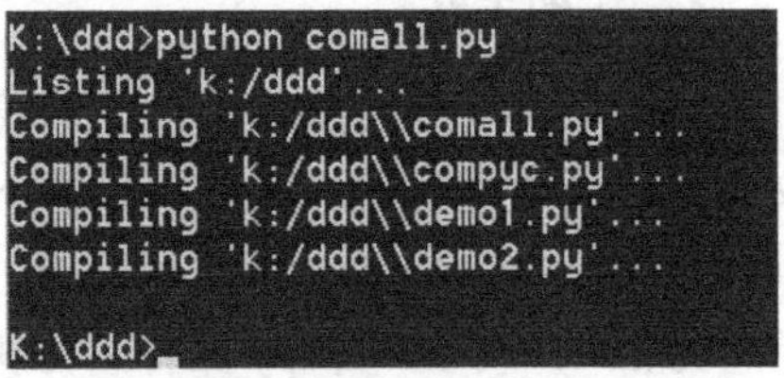

图 22-8 运行 comall.py 的过程

22.2.2 Python 程序的运行过程

Python 解释器在执行任何一个 Python 程序文件时，第一步是对 Python 源代码文件进行编译，编译的主要结果是产生一组 Python 的字节码，然后将编译的结果提交给 Python 虚拟机（Virtual Machine），由虚拟机按照顺序一条一条地执行字节码指令，从而完成对 Python 程序的运行。

但是，由上一节的讨论可知，并不是所有的源代码文件均被编译为.pyc 文件，那么以上两种说法不是自相矛盾吗？

其实，并不矛盾，原因如下：

对于 Python 编译器而言，只有 PyCodeObject 对象才是真正的编译结果，而.pyc 文件只是该对象在硬盘上的表现形式。

在程序运行期间，编译结果被保存在内存的 PyCodeObject 对象中；而在程序运行结束后，编译结果又被保存为相应的.pyc 文件。当下次运行同一个程序时，Python 将根据.pyc 文件中记录的编译结果直接建立内存的 PyCodeObject 对象，而不用对源码再次进行编译。但是，此处有一点需要声明，对于被独立运行的单一源代码文件，Python 将不保存它的.pyc 格式文件。所以，并不是所有的 PyCodeObject 对象均被保存为.pyc 文件。换言之，只要源代码程序被运行，则它们均被编译为 PyCodeObject 对象，但不一定会被保存为.pyc 文件。

将.py 源代码文件（源程序）的编译结果保存为.pyc 文件的最大优势在于，在运行程序时，不需要对源码重新进行编译。

如果被运行程序包含"import 模块"语句，那么在运行程序时将自动触发生成.pyc 文件的过程，并将生成的字节码保存为与模块同名的.pyc 文件；但是，如果在 Path 系统变量指定的路径下已有与该模块对应的.pyc 文件，则不启动生成.pyc 文件的过程。

所以，.pyc 文件其实是 PyCodeObject 对象的一种持久化保存方式。

22.2.3 打包成 .exe 文件

相对而言，创建 .py 文件和 .pyc 文件较为简单，因为 Python 环境本身即可完成创建。但是，要将 Python 脚本文件（程序文件、源代码文件）创建为可执行文件，虽然方法较多，但是相对比较复杂。常用的方法是借助 bbFreeze、py2exe、cx_Freeze、PyInstaller 等外部模块实现转换。限于篇幅，此处只讨论 PyInstaller 模块的使用方法。

1. 安装 PyInstaller

首先，必须安装 PyInstaller，因为它是第三方模块。
安装方式如下：

pip install pyinstaller

或者使用以下方式：

pip install -upgrade pyinstaller

完成安装后，最好检查一下安装成功与否，方法如下：

pyinstaller --version

执行上述命令后，如果可以看到版本信息，则说明 PyInstaller 已被成功安装。安装成功后，可使用以下 3 个主要命令。
（1）pyinstaller。它是打包可执行文件的主要命令，其详细用法在后面将专门予以讨论。
（2）pyi-archive_viewer。它是查看可执行文件内文件列表的命令，即查看包的文件组成。
（3）pyi-bindepend。它是查看可执行文件所依赖的动态库（.so 或 .dll 文件）的命令。

2. 使用 PyInstaller 打包 .py 文件

1）pyinstaller 命令的常用语法

pyinstaller 命令的功能较多，因此可选参数也较多。此处仅介绍 pyinstaller 命令的常用语法形式，具体如下：

pyinstaller -可选命令参数 绝对路径.py 文件 --distpath exe 存放路径

其中，
- pyinstaller：它是命令关键字。
- -可选命令参数：它是可选参数，可为一个或多个。例如，-F -w，各参数间以空格分隔。
- 绝对路径.py 文件：它代表被转换的源代码文件，允许使用全路径形式表示。
- --distpath：它用于指定 .exe 文件的存储路径，允许使用全路径。

需要特别加以说明的有以下两点。
- 绝对路径.py 文件。如果该选项只有 .py 文件名，如 demo1.py，那么系统将默认从当前路径下寻找该文件，即执行 pyinstaller 命令的路径。由于源代码文件通常存储在一个专门的项目文件夹下，所以此处常使用绝对路径表示文件，如 K:/myprj/demo/mydmo1.py。如果是多文件项目，那么它必须是项目的主文件（主模块）。

- --distpath。该参数包含两个"-"字符,用于指定存储生成的.exe 文件的路径。如果省略该参数,那么.exe 文件将被存储在当前路径下。

2)pyinstaller 命令的使用举例——简单用法

pyinstaller 命令最简单的用法如下:

第一步,将当前路径切换至项目(源程序)所在路径。

例如,当前路径是 C:\Users\Administrator>,如果要从当前路径切换至项目所在路径 K:\ddd,则在命令行方式下使用 DOS 命令 cd 切换路径,具体过程演示如图 22-9 所示。

图 22-9 切换路径演示

第二步,执行 pyinstaller 命令。

在当前路径(与项目源文件同路径)下执行 pyinstaller 命令,如图 22-10 所示。

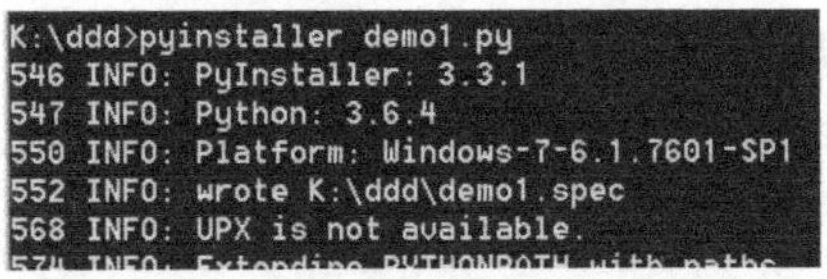

图 22-10 同路径执行 pyinstaller 命令

由图 22-10 可知,在此方式下,pyinstaller 命令的使用形式很简单:

pyinstaller demo1.py

pyinstaller 命令后的 demo1.py 为被打包的主文件。

成功执行上述命令后,可以看到,在当前路径 K:\ddd 下新增了两个文件夹:build 和 dist。在 dist 文件夹内有多个文件,其中包含可执行文件 demo1.exe,其余大多是各种动态链接库文件(.dll),如图 22-11 所示。

在 dist 文件夹下自动生成了一堆文件,这些文件是项目的有机组成部分,也是发布时必需的文件。换言之,需要将 dist 文件夹整体发布给用户,因为一旦丢掉某个动态链接库,将导致可执行程序无法被执行。

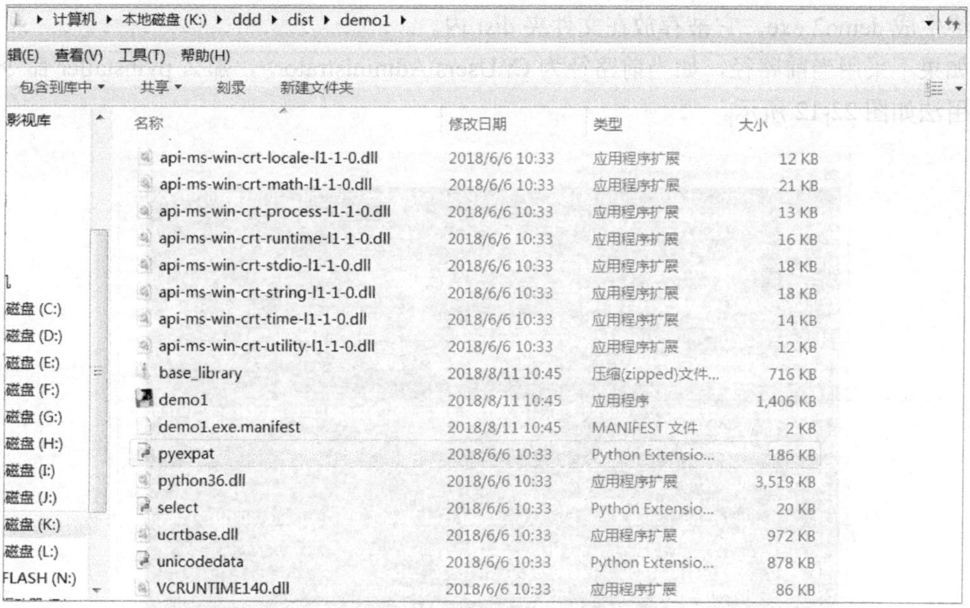

图 22-11　dist 文件夹内的文件

那么，能不能直接生成单一 .exe 文件呢？

3）pyinstaller 命令的使用举例——典型用法

相较于上述方法，该方法更为典型，基于 pyinstaller 命令支持以下两点：

- pyinstaller 命令支持单一 .exe 文件模式。
- pyinstaller 命令支持绝对路径。

如果在同路径下执行 pyinstaller 命令，则只需要执行以下代码：

pyinstaller -F demo1.py

执行此命令后，将会发现 dist 文件夹内只有一个可执行文件 demo1.exe，这个可执行文件就是用于发布的文件。当然，该可执行文件只能被运行在与生成 .exe 文件兼容的操作系统上。

提醒一下，上述命令中的参数"-F"必须是大写的 F。

当然，pyinstaller 命令还有各种选项，体现出它强大的功能，如 -d 选项用于 debug。注意，此时必须小写，因为 -D 的作用和意义与 -d 的作用和意义完全不同。

以上这些举例只是针对一个源代码文件 demo1.py 的情形。但是，实际项目通常包含多个源代码文件，在这样的情况下，又如何生成 .exe 可执行文件呢？

不用担心，只要打包"主文件"即可。例如，本章开头提到 K:\ddd 文件夹内有两个源代码文件：demo1.py 和 demo2.py，其中文件 demo2.py 的内容只有一条 import demo1.py 语句，即引用 demo1.py 模块。如果将这两个文件视为一个项目的两个源代码文件，也就是说，该项目涉及两个脚本文件，那么打包时必须使用主文件 demo2.py，方法如下：

pyinstaller -F demo2.py

通过该方法可将 demo2.py 和它所涉及的各种模块自动打包生成单一 .exe 可执行文件，

即最终生成 demo2.exe。它被存放在文件夹 dist 内。

如果不采用当前路径，如当前路径为 C:\Users\Administrator>，那么 pyinstaller 命令的更典型用法如图 22-12 所示。

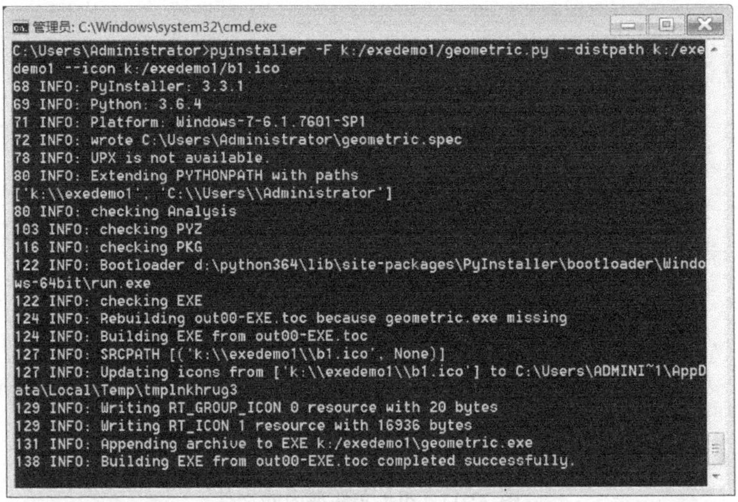

图 22-12　在执行 pyinstaller 命令时指定路径

在图 22-12 中所用的命令为：

C:\Users\Administrator>pyinstaller -F k:/exedemo1/geometric.py --distpath k:/exedemo1 --icon k:/exedemo1/b1.ico

其中，--distpath k:/exedemo1 用于指定.exe 文件的存储路径；--icon k:/exedemo1/b1.ico 用于指定.exe 文件的图标，即不使用默认图标。

22.3　归纳与总结

1. 关于.exe 文件的说明

模块 PyInstaller 其实就是把 Python 解释器和脚本文件打包成一个可执行文件，与编译成真正的机器码完全是两回事，所以千万不要指望通过打包来提高运行速度；相反，它可能会降低运行速度和效率。尽管如此，打包的优势还是很明显的，因为在用户的机器上不再需要安装 Python 软件和程序所依赖的各种第三方模块（库），给项目发布带来了诸多便利。

需要注意的是，被 PyInstaller 模块打包的可执行文件只能被运行在与执行打包的机器兼容的系统环境下。也就是说，它不具备跨平台可移植性，如果需要在不同系统上运行，就必须针对该系统重新打包。

2. 如何自定义程序图标

有时候，发布给用户的程序不希望使用默认的图标，那么又该如何操作？
可用以下方法实现自定义可执行程序图标：

```
pyinstaller -F --icon=my.ico test.py
```

其中，my.ico 是一个图标文件，采用.ico 文件格式。同时要注意图标的大小，笔者在实践时使用 64 像素×64 像素的图标文件，证明是可行的。图标文件必须与被打包的源代码文件 test.py 或项目处在同一路径（文件夹）下，如果不在同一个路径下，则需要使用绝对路径加以指定，如--icon=k:/my.ico。上述命令中的命令选项--icon 等同于-i，这两个选项的用法完全相同，即-i 也可采用-i= k:/my.ico 形式。

3. pyinstaller 命令的常用参数

以下将 pyinstaller 命令的常用参数归纳整理为表 22-1。

表 22-1　pyinstaller 命令的常用参数

参　　数	功　　能
-F	只生成一个.exe 文件
--distpath	指定生成的.exe 文件存放的目录
--workpath	指定编译中临时文件存放的目录
-D	创建一个目录，包含.exe 文件、依赖文件
-i	指定.exe 文件的图标
-p	指定.exe 文件依赖的包、模块（基本不使用）
-d	编译为 debug 模式，获取运行中的日志信息
-clean	清理编译时的临时文件
-c	使用控制台
-w	使用窗口（仅适用于 GUI 界面）
-version-file	添加.exe 文件版本信息

思考与实践

1. 请将目前已经写好的至少两个程序打包，要求：其中一个是单文件程序；另一个是多文件程序。

2. 在第 1 题的基础上，修改程序的默认图标为自定义图标。

第 23 章

Python 那些不得不说的事情

学习目标

- 理解如何使程序更 Pythonic。
- 掌握迭代器及其应用。
- 理解生成器及其应用。

多媒体课件和导学微视频

23.1 如何使程序更 Pythonic

23.1.1 Python 程序的基本原则

不少 Python 学习者往往有过其他语言的学习经历。由于先入为主，这些学习者在学习和编写 Python 程序的过程中，常不自觉地使用已学语言的风格和思维。但是，Python 语言真的是一种与传统语言区别很大的语言。从 Python 的角度审视，这些学习者写的代码不够"Pythonic"。因此，有人用一句名言"Code Like a Pythonista"描述上述现象，其中文含义是"像侏儒一样的代码"，换句话说，就是代码很丑陋，不够优雅。

那么，如何写出真正 Python 风格（Pythonic）的程序，使自己逐步成为一个真正的 Python 程序员（Pythoneer）呢？

1. Python 程序的设计原则

the Zen of Python（Python 之禅）是 Python 语言的指导原则，遵循它所确立的基本原则，学习者就可像一个 Pythoneer 一样编写程序。为了查看"Python 之禅"的具体内容，可通过在 Python 命令行方式（终端方式）下输入命令 import this 加以实现，如图 23-1 所示。

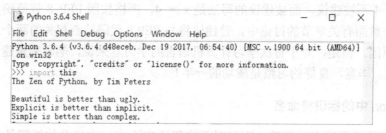

图 23-1　import this 命令及其执行结果

这里仅列举其中的几条原则。

（1）Beautiful is better than ugly：优美胜于丑陋。Python 以编写优美的代码为目标。

（2）Explicit is better than implicit：明了胜于晦涩。优美的代码应当是明了的，命名规范，风格相似。

（3）Complex is better than complicated：复杂胜于凌乱。如果复杂是不可避免的，那么尽量使代码之间的关系简单，保持接口简洁。

（4）Flat is better than nested：扁平胜于嵌套。优美的代码应当是扁平的，不能有过多的嵌套。

（5）Sparse is better than dense：间隔胜于紧凑。优美的代码应该有适当的间隔，不要奢望一行代码解决所有问题。

（6）Readability counts：可读性很重要。优美的代码应该具有较高的可读性。

2．PEP 8——Python 的编码规范

Abelson & Sussman 在《计算机程序的构造和解释》一书中说道：程序是写来给人读的，只是顺带让机器执行。由此可见，程序的可读性多么重要！所以，开发者在设计程序时，应尽量让程序容易被阅读。

PEP 是 Python Enhancement Proposal 的缩写。PEP 8 包括的编码规范内容较为丰富。本章仅介绍缩进与命名等主要内容。

3．空格和缩进

空格和缩进（WhiteSpace and Indentation）在 Python 语言中具有非常重要的地位。它们替代了其他语言中{}的作用，用于区分代码块和作用域。关于空格和缩进，PEP 8 规范有以下 6 条建议。

（1）每次缩进使用 4 个空格。

（2）建议不要使用【Tab】键，更不要将【Tab】键和空格混用。

（3）两个方法的定义之间使用一个空行，两个类的定义之间使用两个空行。

（4）在字典、列表、序列、参数表列中的分隔符","后添加一个空格，在字典中的":"后添加一个空格，而不是之前。

（5）在赋值运算符和比较运算符的两边各放置一个空格（参数表列除外）。

(6) 紧随括号后或参数表列第一个参数前不要存在空格。

例如，x=4 不被建议，而被建议的写法是 x = 4，严格按照 PEP 8 规范确实有点严格和烦琐，所以在前面有关章节的讨论中，曾建议将与 PEP 8 代码检查相关的两个选项去掉，就是基于这个原因。但是，对于首次学习计算机语言的学习者来说，笔者郑重建议应遵循 PEP 8 的各项规范。毕竟，良好的习惯是成功的一半！

4. Python 中的标识符命名

命名规范是编程语言的基础，而且对于高级语言而言，大部分的规范是基本一致的。Python 的基本命名规范如下。

（1）方法名与属性名：往往采用小写形式，如 myadd()。
（2）常量名：可使用小写或全部大写的形式，如 MAXSIZE。
（3）类名：首字符往往采用大写形式，如 TestMathFunc。
（4）类属性名：往往采用小写形式，如 name；或者以下画线为首字符，如 _internal、__private，不过它们往往表示特殊属性，而不是一般属性。

23.1.2 交换变量值（Swap Values）

在其他语言中，要实现将两个变量值相互交换，通常采用以下算法：

```
temp = a
a = b
b = temp
```

而在 Python 中，可以采用如下更为简洁的算法：

```
b, a = a, b
```

真的太神奇了！Python 是如何实现 a、b 之间的相互交换的？

奥妙在于，逗号","是 Python 中元组的语法特征符，上述语句是基于以下原理执行交换操作的。

（1）将右边的 a, b 生成一个元组，存放在内存中。
（2）执行赋值操作，将元组拆开。
（3）将元组的第一个元素赋值给左边的第一个变量，将第二个元素赋值给左边的第二个变量。

原来如此！这真是其他语言所没有的特性。其实，元组（Tuple）和列表（List）均具有这种特性。为了进一步阐述该特性，再举一个列表拆分的例子。

举例 1：列表拆分。

```
>>> myl=("aaa", "bbb", "ccc")
>>> c1,c2,c3 = myl
>>> c1,c2,c3
('aaa', 'bbb', 'ccc')
>>> myl=("aaa", "bbb", "ccc")
>>> c1,c2,c3 = myl
```

```
>>> print(c1,c2,c3)
aaa bbb ccc
>>> myl2=["aaa", "bbb", "ccc"]
>>> x1,x2,x3 = myl2
>>> print(x1,x2,x3)
aaa bbb ccc
>>>
```

类似于举例 1 所涉及的这种语法在 for 循环中可以发挥重要作用。

举例 2：列表拆分在循环中的应用。

```
>>> tongxunlu = [["zhangsan","M",21],["wangwu","F",20]]
>>> for name,sex,year in tongxunlu:
        print("姓名：{}".format(name))
        print("性别：{}".format(sex))
        print("年龄：{}".format(year))


姓名：zhangsan
性别：M
年龄：21
姓名：wangwu
性别：F
年龄：20
>>>
```

在 Python 中，逗号 "," 是创建元组的构造器，可以很方便地创建一个元组。需要注意的是，如果定义只有一个元素的元组，那么在该元素后必须加逗号，而定义有两个以上元素的元组则无此必要，当然加上也可。因此，定义元组的语法虽然简单，但要特别小心。如果发现变量不可思议地成为元组类型，那么很可能是因为多了一个逗号。

举例 3：元组定义。

```
>>> x=(1) # x 不是元组，而是普通整型变量
>>> x
1
>>> x=(1,) # x 是元组，注意元素后的 ","
>>> x
(1,)
>>>
```

23.1.3 合并字符串

如果采用其他语言的思维合并若干个字符串，则常采用举例 4 所示的算法。

举例 4：字符串的传统合并法。

```
>>> ss=["Hello",",","沈红卫",",","一切都会过去！"]
>>> result=""              # 定义空字符串
>>> for s in ss:           # 遍历列表，逐一取出字符串
```

```
                result += s          # 拼接
>>> print(result)
Hello,沈红卫,一切都会过去!
>>>
```

但是，不得不遗憾地指出，上述方法非常低效，尤其当列表为大列表（字符串数量较大）时，情况更加突出。而且，由于 Python 中的字符串对象是不可改变的，因此，对字符串进行的任何修改操作，如拼接、修改等，实际上都将产生一个新的字符串对象，而不是基于原字符串对象。这意味着，每修改一次都会产生一个新的对象。所以，上述方法将消耗很大的内存。

更高效的方法是使用 Python 中的 join()方法，举例 5 演示了该方式的具体形式。

举例 5：字符串的 Python 合并法。

```
>>> ss=["Hello",",","沈红卫",",","一切都会过去！"]
>>> result="".join(ss)
>>> result
'Hello,沈红卫,一切都会过去！'
>>>
```

关于 join()方法的具体用法在有关章节中已有讨论。它的功能是将序列 ss 中的元素以指定的字符串加以合并，即指定字符串.join(待合并的序列)。因此，举例 5 中的指定字符串为空字符串。

相较于传统的方法，join()方法更简单、更高效。

当合并元素较少时，使用 join()方法看不出太大的效果；当合并元素超量时，将发现 join()方法可明显提高运行效率。不过，在使用的时候，必须注意一点，join()方法只适用于元素是字符串的列表、元组、集合等类型，它不会进行任何的强制类型转换。如果使用它连接存在一个或多个非字符串元素的对象，则将抛出异常。

23.1.4 使用关键字 in

当需要判断一个关键词 key 是否在字典中或遍历字典的键时，最好的方法是使用关键字 in。它是成员运算符，是多数其他语言所没有的"神器"。

举例 6：in 的使用。

```
#使用关键词更好
d = {'a': 1, 'b': 2}

#建议使用
if 'c' in d:           #判断键"c"是否在字典 d 中
    print(True)

#不建议使用
if 'c' in d.keys():
    print(True)
```

```
#建议使用
for key in d:            # 遍历所有的键
    print(key)

#不建议使用
for key in d.keys():
    print(key)
```

Python 的字典对象是以键为关键词进行散列压缩（hash 压缩）的对象，而 keys()方法则将字典中所有的键作为一个列表对象。所以，直接使用 in 运算时执行效率更高、速度更快，代码更简洁。

23.1.5 Python 的 True 值（Truth Value）

当判断一个变量是否为 True 的时候，Python 具有自身独特的方式。举例 7 演示了 Python 判断 True 的典型方式。

举例 7：判断 True。

```
#对于布尔对象，建议这样做
if x:
    pass
#不建议这样做
if x == True:
    pass


#对于列表对象，建议这样做
if items:                #判断列表是否为空
    pass
#不建议这样做
if len(items) != 0:      #判断列表是否为空
pass
```

由举例 7 可知，如果要判断一个列表对象是否为空，那么最好不要通过判断长度的方法，而应直接通过判断真假的方法：if items:。其实这个方法同样适用于元组、集合、字典等对象。具体原因通过举例 8 加以说明。

举例 8：

```
>>> ll=[]            #空列表
>>> bool(ll)         #它的真假性：False
False
>>> ss=set()         #创建一个空集合
>>> bool(ss)         #判断它的真假性
False
```

常用的 Python 真值对象较多，可归纳为表 23-1。

表 23-1 Python 真值对象

False	True
False (== 0)	True (== 1)
"" (空字符串)	除 "" 之外的字符串，如 " "、"anything"
0, 0.0	除 0 之外的任何数字，如 1、0.1、-1、3.14
[], (), {}, set()	非空的 list、tuple、set 和 dict，[0]、(None,)、[""]
None	大部分对象，除了明确指定为 False 的对象

23.1.6 enumerate——索引和元素（Index & Item）

enumerate 翻译成中文意为"枚举"。

enumerate() 是 Python 的内置函数。它的功能是将一个可迭代的（Iterable）/可遍历的对象（列表、字符串等）组成一个索引序列，可以同时获得索引和值。

由于 enumerate() 方法是惰性方法，它的本质是一个生成器（Generator），所以它只在需要时生成一个元素。通过该方法，将使 for 循环变得更为简单。

举例 9：enumerate 在 for 循环中的应用。

```python
# enumerate 的妙用演示
mylist=["小张","小李","小王"]
# 建议的用法
for index, item in enumerate(mylist):
    print(index, item,sep=" ")

print("-"*20)

# 不建议的用法：传统法 1
index = 0
for item in mylist:
    print(index, item,sep=" ")
    index += 1

print("-"*20)

# 不建议的用法：传统法 2
for i in range(len(mylist)):
    print(i, mylist[i],sep=" ")
```

在本例中，通过 enumerate(mylist) 将列表生成一个包含下标和值的索引序列，每对下标和值组成一个元组类型。

由此可见，使用 enumerate() 的代码比其他两种用法的代码更精简，也更容易被读懂。

本例的对象为列表，其实 enumerate() 方法对元组、字符串、集合等对象同样适用。

23.1.7 Python 方法中参数的默认值

对于 Python 初学者而言，在涉及方法的默认参数时，非常容易出错的一个地方是在默认参数中使用可变对象。

先看一段程序及其运行结果。

举例 10：在默认参数中使用可变对象 1。

```
>>> # 在方法中使用默认参数的一个陷阱演示
def appendwithbug(new_item, mylist=[]):     #使用带默认值的参数 mylist
    mylist.append(new_item)
    return mylist

>>> appendwithbug(1)
[1]
>>> appendwithbug(12)
[1, 12]
>>>
```

请仔细分析上述程序及其运行结果，从两次调用结果中体会差异。为了进一步看出差异，再举一个例子，请仔细对比。

举例 11：在默认参数中使用可变对象 2。

```
>>> def appendok(new_item, mylist=None):
    if mylist is None:
        mylist = []
    mylist.append(new_item)
    return mylist

>>> appendok(1)
[1]
>>> appendok(12)
[12]
>>>
```

通过对比发现，举例 10 中的默认参数只在首次被调用时发生作用，而举例 11 中的默认参数在每次被调用时均发生作用。

产生上述问题的主要原因是在举例 10 中，参数 mylist 的默认值是一个空的列表，它在函数被定义时已经创建。所以，在每次调用该函数时，参数 mylist 的默认值使用的都是该列表对象，因而每被调用一次，它的值就被修改一次，也就是说，它保留上一次的值。在举例 11 中，参数 mylist 的默认值是一个空值，在每次调用该函数时，在函数内首先判断该参数是否为空值，如果是空值，则再创建一个空列表对象，然后将参数 new_item 拼接至列表；如果不是空值，而是列表，则不创建空列表对象，直接将参数 new_item 拼接至该列表。

以下是对举例 11 的再次演示，通过演示验证上述分析。

```
>>> def appendok(new_item, mylist=None):
```

```
        if mylist is None:
            mylist = []
        mylist.append(new_item)
        return mylist

>>> appendok(12)
[12]
>>> appendok(12,[13])
[13, 12]
>>>
```

23.2 迭代器

23.2.1 迭代器及其应用

1. 迭代器协议、可迭代对象和迭代器对象的界定

1）迭代

所谓"迭代",是指一个重复的过程,每次重复均基于上一次的结果。

2）迭代协议

所谓"迭代协议",是指对象必须支持 next()方法。在正常情况下,执行该方法返回迭代中的下一项,如果已为最后一项,那么执行该方法将引起一个 StopIteration 异常,以终止迭代。迭代过程必须是正向的(从第一项依次往后),不能是逆向的。

3）可迭代（Iterable）对象

所谓"可迭代对象",是指支持迭代协议的对象。

实现可迭代的途径有两个:
- 系统内置的可迭代类型数据。
- 自定义类创建的对象。

4）迭代器（Iterator）对象

"迭代器对象"又被简称为"迭代器",是由可迭代对象通过__iter__()或__getitem__()方法所创建的对象。

2. 可迭代对象

凡是实现__iter__()或__getitem__()方法的对象,均为可迭代对象。

常见的可迭代对象主要有以下 3 类。

（1）序列:包括字符串、列表、元组。

（2）非序列:包括字典、文件。

（3）自定义可迭代对象:首先自定义满足一定条件的一个类,即其必须包含__iter__()和__getitem__()两个方法中的任何一个;然后由该类创建一个或若干个对象。这些对象即可迭代对象。

简言之，上述第（1）类和第（2）类的所有对象均支持__iter__()或__getitem__()方法；而第（3）类对象是实现__iter__()或__getitem__()方法的对象。

3. 创建迭代器对象

通过内置函数 iter(iterable)或对象的内置方法__iter__()均可创建迭代器对象。两者的区别在于，前者是一个标准函数，而后者是上述第（1）类和第（2）类对象的一个内置方法。

举例 12：

```
>>> myl1=[11,12,13,1,4,15]
>>> myl11=iter(myl1)            #迭代器对象
>>> next(myl11)
11
>>> next(myl11)
12
>>>
>>> myl12=myl1.__iter__()       #迭代器对象
>>> myl12
<list_iterator object at 0x0000000002F6AE80>
>>> next(myl12)
11
>>> next(myl12)
12
>>>
```

4. next()方法

迭代器对象可通过 next()方法进行访问。

next()方法的功能是返回迭代器对象的下一个元素。

next()方法的语法形式如下：

```
next(iterator[, default])
```

两个参数说明如下。

- iterator：它必须是一个可迭代对象。
- default：可选参数，用于设置默认值，在没有下一个元素时返回该默认值。如果省略该参数，那么在无下一个元素时将触发 StopIteration 异常。

举例 13：next()方法的用法 1。

```
# 首先获得 Iterator 对象
it = iter([1, 2, 3, 4, 5])      #创建迭代器对象
# 循环
while True:
try:
# 获得下一个值
x = next(it)
```

```
print(x)
except StopIteration:
#  遇到 StopIteration 就退出循环
break
```

举例 14：next()方法的用法 2。

```
>>> mytu=(12,16,18)
>>> mytu4=iter(mytu,0)
Traceback (most recent call last):
    File "<pyshell#30>", line 1, in <module>
        mytu4=iter(mytu,0)
TypeError: iter(v, w): v must be callable
>>>
```

在举例 14 中，next()方法使用了第二个参数，但是出现了"TypeError:iter(v,w):v must be callable"，即第一个参数必须可调用。这是因为，next()方法如果传递第二个参数，则第一个参数必须是一个可调用的对象，如函数。而 iter(mytu,0)中的第一个对象为非可调用对象，因此无法使用默认值。

23.2.2 列表生成式

列表生成式（List Comprehensions）也是一种迭代器，是 Python 内置的非常简单但功能强大、用于创建列表的表达式。它提供了创建迭代器的一种新途径，可在不使用迭代器时，通过 for 语句与 if 语句的相互配合创建一个新列表。

举例 15：传统的列表生成方式举例。

```
>>> myold=[1,5,7,11,15,19,21,35]
>>> mynew=[]
>>> for item in myold:
            if item%5==0:
                    mynew.append(item*item)

>>> print(mynew)
[25, 225, 1225]
>>>
```

如果使用列表生成式，那么需要对上述程序做如下修改。

举例 16：使用列表生成式创建列表。

```
>>> myold=[1,5,7,11,15,19,21,35]
>>> mynew=[item**2 for item in myold if item%5==0]
>>> print(mynew)
[25, 225, 1225]
>>>
```

举例 15 和举例 16 均创建了一个能被 5 整除的新列表，但是后者所用的方法显得更为简便。它是典型的列表生成式。

23.3 生成器

生成器（Generator）是包含一条或多条 yield 语句的特殊函数。它的特殊性体现在不使用 return 语句，而是使用 yield 语句，从而实现与普通函数不同的功能。每个生成器都是一个迭代器，但迭代器不一定是生成器。

23.3.1 生成器及其应用

如果一个函数包含 yield 语句，那么这个函数就是一个生成器。换言之，yield 语句将一个函数转换为生成器。

生成器并不是一次性返回所有结果，而是在每次遇到 yield 语句后返回相应结果，并保留函数当前的运行状态，等待下一次的调用。

yield 语句的功能类似于 return 语句，不同之处在于它返回的是迭代器。该迭代器可使用 for 循环语句加以访问。Python 3 不支持生成器使用 next()方法。

以下通过举例 17 说明生成器的定义与访问方法。

举例 17：生成器及其访问方法。

```
# 定义斐波那契数列
# 定义生成器
def fib(max):
    n, a0, a1 = 0, 0, 1
    while n < max:
        yield a1            # yield 语句
        a0, a1 = a1, a0 + a1
        n = n + 1

# 通过 for 语句访问生成器
for x in fib(6):
    print(x)
```

Python 支持一种更为简便的生成器，笔者姑且称之为"列表生成器"。注意，它有别于"列表生成式"。因为前者的结果是生成器，而后者的结果则为列表（可迭代对象）。举例 18 解析了这两者的区别。

举例 18：计算 1～100 的立方和。

（1）方法一：经典算法，通过 for 循环。

```
>>> tol=0
>>> for n in range(1,101):
        tol += n**3

>>> print(tol)
25502500
>>>
```

（2）方法二：迭代法（列表生成式）。

```
>>> mm=[n**3 for n in range(1,101)]    #列表生成式
>>> tol=0
>>> tol=sum(x for x in mm)             #又一次使用列表生成式
>>> tol
25502500
>>>
```

（3）方法三：列表生成器法。

```
>>> tol=0
>>> tol=sum(x**3 for x in range(1,101))    #列表生成器
>>> tol
25502500
>>>
```

上面 3 种方法的最终结果是一样的，但是性能却大为不同。

第一种方法是其他语言常用的算法，不够 Pythonic；第二种方法采用列表生成式（本质是迭代器），由于该迭代器一次性地计算出整个结果列表，而此处只需要计算立方和，不需要立方的列表，因此将占用大量的 CPU 和内存资源，效率低下；第三种方法采用列表生成器（本质是生成器），它是惰性的，换言之，生成器只在需要时产生一个元素，所以生成器对内存的消耗最小，不会导致内存溢出。

实验结果如下：

ll=[x**3 for x in range(1,100000000000)]语句是利用列表生成式生成列表，执行该语句后，通过任务管理器可见，占用内存率不断提高，直到系统崩溃。

tol=sum(x**3 for x in range(1,100000000000))语句是通过生成器求和，不产生列表，因而内存占用率保持不变，也就是说，系统能正常工作。

23.3.2　yield 及其使用

将关键字 yield 翻译成中文，就是"生产"的意思。

yield 语句是生成器的核心和关键所在。如果理解了 yield 语句，就能够很好地理解生成器及其应用。

1．yield 语句的作用

简单地说，yield 语句的作用就是将一个函数变成一个生成器。

举例 19：通过生成器计算 1～100 的立方和。

```
def addlist(alist):
    for i in alist:
        yield i**3              #使用 yield 语句使得函数成为一个生成器

tol=0
for x in addlist(range(1,101)):     #调用函数
```

```
        tol += x

print(tol)
```

2. yield 语句的工作原理

yield 是一个类似 return 的关键字。每次迭代时，遇到 yield 语句即返回其后表达式的值。重点是，当下一次迭代时，从上一次 yield 后的代码开始执行。换言之，yield 语句返回一个值，并且记住这个返回的位置，下一次迭代从此后开始。

带有 yield 语句的函数不仅可用于 for 循环中，也可作为某个函数的参数，只要该参数支持迭代即可。

为了更加直观地阐述 yield 语句的工作原理，现举两例，请认真比对。

举例 20：

```
'''
yield 语句的演示 1
沈红卫
绍兴文理学院 机械与电气工程学院
2018 年 9 月 23
中秋节快乐
'''
def yield_test(n):
    for i in range(n):
        yield call(i)            #使用 yield 语句
        print("i=",i)            #做一些其他的事情
    print("do something.")
    print("end.")
def call(i):
    return i*2

#使用 for 循环，它使用了 next()方法
for i in yield_test(5):
    print(i,",")
```

在 IDLE 中运行上述程序，得到的结果如下：

```
0 ,
i= 0
2 ,
i= 1
4 ,
i= 2
6 ,
i= 3
8 ,
i= 4
do something.
```

end.
\>\>\>

举例 21：

```
'''
yield 语句的演示 2
沈红卫
绍兴文理学院  机械与电气工程学院
2018 年 9 月 23
中秋节快乐
'''
def yield_test(n):
    for i in range(n):
        yield call(i)           #使用 yield 语句
        # print("i=",i)          #与举例 20 不同的是，该句已被删除
        print("do something.")
        print("end.")
def call(i):
    return i*2

#使用 for 循环，它使用了 next()方法
for i in yield_test(5):
    print(i,",")
```

在 IDLE 中运行上述程序，得到的结果如下：

0 ,
2 ,
4 ,
6 ,
8 ,
do something.
end.
\>\>\>

通过对上述两例进行认真比对和分析，必将有助于理解 yield 语句的工作原理。

此处的关键是，执行 yield 语句返回本次迭代项后，下一次迭代是从 yield 语句的下一条语句开始的，这个位置将被自动记住。这是 yield 语句与 return 语句的最大区别。

23.4 归纳与总结

Python 的确是容易入门和上手的语言，但它更是一门博大精深的语言。

本章只讨论和展示 Python 精彩绝伦、与众不同的一些方面。其实，它还有诸多特色和特性未被展现，如对象的概念。发明 Python 的初心就是面向对象，它有一个重要的概念，即"一切皆对象"。而诸如 Java、C++等其他语言，虽然也是面向对象编程的语言，但是它们的"血统"没有 Python 纯正。在 Python 中，一切皆对象，如数字、字符串、元组、列表、

字典、函数、方法、类和模块等均为对象，包括代码本身也是对象。如何从更高层面深刻理解对象，关乎对 Python 的真正理解。

从这个意义上来说，学习 Python 之路才刚刚开始，真心祝愿各位学习者学有所获并享受学习的快乐！

思考与实践

1. 自行搜寻两个使用迭代器的程序，理解并分析其原理。
2. 自行搜寻两个使用生成器的程序，理解并分析其原理。
3. 自行搜寻两个别人编写或自己曾经编写的程序，找出其中不太"Pythonic"的部分并修改。

后　　记

　　本书成稿于炎热的七月，那个难忘而刻骨的夏日。

　　细心的你也许可以从字里行间捕捉到笔者心绪躁动的痕迹，以及由此导致的不少遗憾。

　　我要祝贺你，安心阅读完全书，因为它说明一件事：你是一个勇于坚持的人。出发很难，但是坚持更难。我想，只要你能始终怀有这份坚持，一定可以学会、学好 Python 语言。希望你不忘初心，继续前进。

　　学完本书，仅仅是学习的开始，而不是结束，未来你将用这些所学开发项目，因此，学习的难度将更大。我不得不再次提醒你，Python 入门容易，但是要掌握精髓、融会贯通并不容易，因为它是那么博大精深和标新立异。

　　祝你未来的学习更加顺利！

致　谢

要感谢的人和事很多。

感谢在写作中默默无闻的支持者，不仅有资料的提供者、作者，也有帮助我分担工作的同事，还有帮我提供衣食住行的家人。这些支持看似渺小，但是弥足珍贵。

感谢电子工业出版社的诸位同仁。为了该书的出版，他们提供了诸多物质和精神上的赞助，提供了精细周到的服务，正是有了这些，才使得本书能以较快的速度立项、校审和出版发行。

感谢曾经经历的磨难。在写作本书的过程中，我不仅仅牺牲了本该享受的惬意和轻松，也缺席了许多温馨的陪伴。这些让我失去了很多，但也收获了不少。我想有心人会看见，也许有些结果就是最好的安排。

感谢自己不曾倒下。为了出版该书，我全力以赴，倾注了全部的精力和心血，只为打造一本符合新教学理念、可学性强的好教材。

参 考 文 献

[1] Eric Matthes. Python 编程从入门到实践[M]. 袁国忠，译. 北京：人民邮电出版社，2016.

[2] 嵩天，礼欣，黄天羽. Python 语言程序设计基础[M]. 北京：高等教育出版社，2017.

[3] 刘长龙. Python 高效开发实战 Django Tornado Flask Twisted[M]. 北京：电子工业出版社，2016.

[4] 廖雪峰官方网站：https://www.liaoxuefeng.com/.